EUL VERLAG

Reihe: Rechnungslegung und Wirtschaftsprüfung · Band 19

Herausgegeben von Prof. (em.) Dr. Dr. h. c. Jörg Baetge, Münster, Prof. Dr. Hans-Jürgen Kirsch, Münster, und Prof. Dr. Stefan Thiele, Wuppertal

Dr. Hannes Köhrmann

Die Rechnungslegung kommunaler Gebietskörperschaften

Eine Analyse der Regelungen des NKF und der IPSAS

Mit einem Geleitwort von Prof. Dr. Hans-Jürgen Kirsch,
Westfälische Wilhelms-Universität Münster

EUL VERLAG

Bibliografische Information der Deutschen Nationalbibliothek

Die Deutsche Nationalbibliothek verzeichnet diese Publikation in der Deutschen Nationalbibliografie; detaillierte bibliografische Daten sind im Internet über <http://dnb.d-nb.de> abrufbar.

Dissertation, Westfälische Wilhelms-Universität Münster, 2009

D 6 (2009)

ISBN 978-3-89936-844-4
1. Auflage September 2009

JOSEF EUL VERLAG GmbH
Brandsberg 6
53797 Lohmar
Tel.: 0 22 05 / 90 10 6-6
Fax: 0 22 05 / 90 10 6-88
E-Mail: info@eul-verlag.de
http://www.eul-verlag.de

Bei der Herstellung unserer Bücher möchten wir die Umwelt schonen. Dieses Buch ist daher auf säurefreiem, 100% chlorfrei gebleichtem, alterungsbeständigem Papier nach DIN 6738 gedruckt.

Geleitwort

Die Rechnungslegung von Gebietskörperschaften unterliegt einem umfassenden Reformprozess. Charakteristisch hierfür ist die Ablösung der Kameralistik durch die doppelte Buchführung. In Nordrhein-Westfalen findet dieser Prozess Ausdruck durch die Verabschiedung des Gesetzes über ein Neues Kommunales Finanzmanagement für Gemeinden. 427 Kommunen sind in Nordrhein-Westfalen seit dem 1. Januar 2009 verpflichtet, das doppische Rechnungswesen anzuwenden. Diese Entwicklungen wurden von dem Verfasser zum Anlass genommen, zum einen das Neue Kommunale Finanzmanagement detailliert zu analysieren. Zum anderen existieren für den öffentlichen Sektor mit den IPSAS auch internationale Rechnungslegungsstandards, deren Bedeutung für den nationalen Reformprozess in der Literatur mit sehr unterschiedlichem Tenor diskutiert wird. Auch diese werden in der Arbeit näher untersucht und analysiert, ob die Anwendung der internationalen Standards in Deutschland sinnvoll sein könnte.

Im zweiten Kapitel beleuchtet der Verfasser, als Ausgangspunkt der Untersuchung, zunächst die Reform der kommunalen Rechnungslegung in Nordrhein-Westfalen. Nach einem kurzen allgemeinen Überblick zu der Ausarbeitung des Neuen Kommunalen Finanzmanagements werden im Folgenden die wesentlichen Ziele des Gesetzgebers mit dem Neuen Kommunalen Finanzmanagement skizziert. Diese Ziele werden in der weiteren Untersuchung für die Auslegung und Interpretation von Gemeindeordnung und Gemeindehaushaltsverordnung herangezogen.

Im dritten Kapitel erläutert der Verfasser die Haushaltswirtschaft der Kommunen in Nordrhein-Westfalen. Als konzeptionelle Grundlage für eine normierte Rechnungslegung dient hierbei zunächst die Prinzipal-Agenten-Theorie. In der Gemeinde liegen zahlreiche Beziehungen vor, die durch Informationsasymmetrien und Interessenkonflikte geprägt sind. Die Rechnungslegung kann hierbei als Instrument genutzt werden, um Informationsasymmetrien zu reduzieren. Der Verfasser macht überzeugend deutlich, dass eine hinreichend verlässliche Berichterstattung eine grundlegende Voraussetzung ist, um dieses Ziel zu erreichen.

Einen Schwerpunkt der Ausführungen im dritten Kapitel stellen die allgemeinen Haushaltsgrundsätze dar, die maßgeblichen Einfluss auf die Haushaltswirtschaft haben. Wichtigster Grundsatz ist die Sicherung der stetigen Aufgabenerfüllung. Mit diesem Haushaltsgrundsatz wird deutlich, dass die Aufgabenerfüllung nicht nur im aktuellen Haushaltsjahr, sondern auch in den Folgejahren gesichert sein muss und somit auch die Interessen künftiger Bürger zu berücksichtigen sind. Konkretisiert wird der Grundsatz der stetigen Aufgabenerfüllung durch den Grundsatz des Haushaltsausgleichs. Demnach muss der Haushalt jedes Jahr in Planung und Rechnung ausgeglichen sein. Gleiches gilt für das Verbot der Überschuldung. Hier wird der Bezug der allgemeinen Haushaltsgrundsätze zur normierten Rechnungslegung deutlich. Das Jahresergebnis als Saldo von Aufwand und Ertrag sowie das Eigenkapital werden durch die Normen für den Ansatz und die Bewertung der Aktiva und Passiva bestimmt und sind somit von den zu Grunde liegenden Rechnungslegungsnormen abhängig. Diese Rechnungslegungsnormen sind indes konkretisierungsbedürftig. Dieser Problematik widmet sich der Verfasser im folgenden Kapitel.

Im vierten Kapitel arbeitet der Verfasser die Grundlage für die bilanzielle Behandlung konkretisierungsbedürftiger sowie ungeregelter Sachverhalte im Jahresabschluss von nordrhein-westfälischen Gemeinden heraus. Dazu analysiert er die Bedeutung der handelsrechtlichen Zwecke und GoB im Neuen Kommunalen Finanzmanagement, und prüft, ob und wie dieses handelsrechtlich geprägte Grundgerüst auf die Rechnungslegung kommunaler Gebietskörperschaften übertragen werden kann. Die Zwecke des kommunalen Jahresabschlusses sind, ebenso wie die des handelsrechtlichen Jahresabschlusses, Dokumentation, Rechenschaft und Kapitalerhaltung. Gegenüber dem HGB wird der Rechenschaftszweck im Neuen Kommunalen Finanzmanagement erweitert, indem er auch die Rechenschaft über die Ausführung des Haushaltsplans einschließt. Der Zweck der Kapitalerhaltung berücksichtigt den Schutz künftiger Bürger. Der Verfasser zeigt, dass die Zwecke des Jahresabschlusses ausgewogen sind und der Gesetz- und Verordnungsgeber mit dem kommunalen Jahresabschluss eine Interessenregelung anstrebt, mit der heutige Bürger vor einer überzogenen finanziellen Belastung durch den Staat sowie künftige Generationen vor einer solchen durch die gegenwärtige Generation geschützt werden sollen.

Als Bezugsrahmen für eine sachgerechte Bilanzierung dienen aber nicht nur die Zwecke des Jahresabschlusses sondern auch die GoB. Diese ergänzen und konkretisieren im Neuen Kommunalen Finanzmanagement die Rechnungslegungsvorschriften und sind zur Lösung von konkreten Buchführungs- und Bilanzierungsproblemen heranzuziehen. Dies gilt indes nur, soweit in Gemeindeordnung oder Gemeindehaushaltsverordnung nichts anderes bestimmt ist. Abweichungen von den GoB aufgrund kommunaler Besonderheiten bedürfen daher einer expliziten Regelung in der Gemeindeordnung oder der Gemeindehaushaltsverordnung. Vor diesem Hintergrund analysiert der Verfasser die Bedeutung der handelsrechtlichen GoB im Neuen Kommunalen Finanzmanagement. In die Analyse werden dabei auch die zum Teil kritischen Ansichten der Literatur einbezogen. Letztlich zeigt sich, dass der Gesetz- und Verordnungsgeber einzelne GoB explizit normiert hat und bei verschiedenen nicht-kodifizierten GoB explizit zum Ausdruck bringt, dass diese im kommunalen Jahresabschluss anzuwenden sind. Aufbauend auf diesen Ergebnissen werden diese eher allgemeinen Ergebnisse auf ein konkretes Betrachtungsobjekt übertragen. Dazu wird exemplarisch die Bewertung von Vermögensgegenständen des Sachanlagevermögens im kommunalen Jahresabschluss untersucht. Hierbei betrachtet der Verfasser ausführlich sowohl die Zugangs- als auch die Folgebewertung.

Im fünften Kapitel der Arbeit setzt sich der Verfasser mit den IPSAS auseinander. Hierfür werden die IPSAS zunächst allgemein vorgestellt, und anschließend die Zwecke und Grundsätze der IPSAS-Rechnungslegung herausgearbeitet. Der Verfasser verweist dabei auf den Zielkonflikt zwischen der Vermittlung nützlicher Informationen für verschiedene Entscheidungssituationen auf der einen und der Rechenschaftsfunktion auf der anderen Seite. Im public sector ist die Rechenschaftsfunktion dabei von besonderer Bedeutung, weshalb verstärkt verlässliche Informationen erforderlich sind. Darüber hinaus wird exemplarisch die Bewertung des Sachanlagevermögens, insbesondere aus dem Blickwinkel der Verlässlichkeit der Rechnungslegung, betrachtet. Hierbei wird deutlich, dass eine hohe Verlässlichkeit der IPSAS-Rechnungslegung nicht immer gewährleistet ist. Der Verfasser verdeutlicht dies an der Bestimmung des beizulegenden Zeitwerts, sofern keine aktiven Märkte vorliegen und folglich anerkannte Bewertungsverfahren verwendet werden müssen. Diese ermöglichen dem Bilanzierenden große Ermessensspielräume.

Im Anschluss vergleicht der Verfasser die IPSAS mit dem Neuen Kommunalen Finanzmanagement. Unterschiede werden hier bereits in den Zwecken der Rechnungslegung deutlich. Während ein IPSAS-Abschluss ausschließlich der Informationsvermittlung dient, intendiert der Gesetz- und Verordnungsgeber in Nordrhein-Westfalen mit den Rechnungslegungsvorschriften des Neuen Kommunalen Finanzmanagements eine Interessenregelung, die in einem ausgeglichenen Verhältnis von Rechenschaft und Kapitalerhaltung zum Ausdruck kommt. Der Jahresabschluss ist eng in das allgemeine Haushaltsrecht eingebunden, was bspw. durch das Verbot der Überschuldung und der Verpflichtung zum Haushaltsausgleich zum Ausdruck kommt. Auch in konkreten Bilanzierungsregeln zeigen sich deutliche Unterschiede zwischen den IPSAS und dem Neuen Kommunalen Finanzmanagement. Aufbauend auf diesen Unterschieden würdigt der Verfasser die zum Teil in der Literatur vertretene Forderung, die IPSAS als Grundlage der Rechnungslegung in Deutschland zu nutzen.

Der Verfasser identifiziert als Problembereich zum einen den geringen Grad an Objektivierung der IPSAS-Rechnungslegung. Problematisch erscheint zum anderen die vergleichsweise frühzeitige Ertragsrealisierung. Der Verfasser zeigt, dass die IPSAS für die kommunale Rechnungslegung in Deutschland zwar (vereinzelnde) wichtige Anhaltspunkte bei Bilanzierungsfragen liefern können, dass eine umfassende Anwendung dieses internationalen Regelwerkes für deutsche kommunale Gebietskörperschaften indes kaum sachgerecht sein dürfte.

Im sechsten Kapitel werden die zentralen Ergebnisse der Arbeit noch einmal knapp zusammengefasst. Die Arbeit schließt mit einem Ausblick.

Insgesamt legt der Verfasser eine Arbeit vor, in der die Rechnungslegung kommunaler Gebietskörperschaften umfassend in ein bilanztheoretisches Umfeld eingebettet wird, ohne allerdings den Anwendungsbezug aus den Augen zu verlieren. Er leistet damit einen wichtigen Beitrag in der Diskussion um die Rechnungslegung kommunaler Gebietskörperschaften, die derzeit sehr stark von politischen und föderalen Interessen geprägt zu sein scheint. Insofern wünsche ich der Arbeit eine weite Verbreitung sowohl in der theoretischen Diskussion als auch in der praktischen Weiterentwicklung der Rechnungslegung kommunaler Gebietskörperschaften, verbunden mit der Hoffnung, dass die berechtigte Kritik des Verfassers an der Anwendung der IPSAS in Deutschland gehört wird.

Münster, im August 2009 Prof. Dr. Hans-Jürgen Kirsch

Vorwort des Verfassers

Die vorliegende Arbeit entstand während meiner Tätigkeit als wissenschaftlicher Mitarbeiter am Institut für Rechnungslegung und Wirtschaftsprüfung (IRW) der Westfälischen Wilhelms-Universität Münster. Sie wurde von der Wirtschaftswissenschaftlichen Fakultät in Münster im Sommer 2009 als Dissertation angenommen.

An dieser Stelle möchte ich all jenen danken, die mich bei der Anfertigung dieser Arbeit auf vielfältige Weise unterstützt haben. Im Besonderen gilt dies für meinen verehrten akademischen Lehrer und Doktorvater, Herrn Prof. Dr. Hans-Jürgen Kirsch. Ihm danke ich sowohl für die Möglichkeit zur Promotion als auch für die ständige Diskussionsbereitschaft und die wertvollen fachlichen Hinweise, die erheblich zum Gelingen dieser Arbeit beigetragen haben. Bedanken möchte ich mich auch bei Herrn Prof. Dr. Wolfgang Berens für die Übernahme des Zweitgutachtens und Herrn Prof. Dr. Heinz Lothar Grob für seine Mitwirkung in der Promotionskommission.

Großer Dank gilt auch Herrn Prof. Dr. Dr. h.c. Jörg Baetge und den Mitarbeitern seines Forschungsteams für die stets gute Zusammenarbeit und die fachlichen Anregungen in zahlreichen Doktorandenseminaren. Ebenfalls für seine fachlichen Anregungen danke ich Herrn WP/StB Dr. Marc-Alexander Vaubel. Weiterhin ist es mir ein Anliegen, meinen (ehemaligen) Kollegen am Institut in Münster zu danken. Namentlich erwähnen möchte ich Herrn Dipl.-Kfm. Christoph Berentzen, Frau Dipl.-Kffr. Corinna Ewelt, Herrn Dr. Peter Koelen, Herrn Dipl.-Kfm. Lüder Kurz, Herrn Dr. Dirk Meth, Herrn Dr. Sebastian Nimwegen, Herrn Dipl.-Kfm. Alexander Olbrich, Herrn Dr. Alexander Scheele, Herrn Dipl.-Kfm. Oliver Tinz sowie Herrn Dipl.-Ök. Sören Peters von der Leibniz Universität Hannover. Zudem danke ich Herrn Johannes Schwall für die Durchsicht meines Manuskripts und die Beratung in typografischen Fragen sowie den wissenschaftlichen Hilfskräften für die Unterstützung bei der Literaturrecherche.

Ganz besonders möchte ich mich bei meinen Eltern bedanken, die mich auf meinem bisherigen Lebensweg zu jeder Zeit unterstützt und gefördert haben. Sie ließen mich immer meine eigenen Wege gehen, standen mir aber stets mit Rat und Tat zur Seite. Ebenso großen und herzlichen Dank möchte ich meiner Freundin Hannah aussprechen, die mit ihrer Hilfsbereitschaft, ihrem Verständnis und ihren liebevollen Aufmunterungen wesentlich zum Gelingen dieser Arbeit beigetragen hat. Ihnen ist diese Arbeit gewidmet.

Münster, im August 2009 — Hannes Köhrmann

Inhaltsübersicht

Inhaltsverzeichnis

Abbildungsverzeichnis

Abkürzungsverzeichnis

a. A.	anderer Auffassung
a. F.	alte Fassung
Abs.	Absatz
Abschn.	Abschnitt
Abt.	Abteilung
AK	Anschaffungskosten
AktG	Aktiengesetz
AO	Abgabenordnung
Art.	Artikel
BB	Betriebs-Berater (Zeitschrift)
BC	Basis for Conclusions
BFuP	Betriebswirtschaftliche Forschung und Praxis (Zeitschrift)
BgA	Betrieb gewerblicher Art
BGBl.	Bundesgesetzblatt
BilMoG	Bilanzrechtsmodernisierungsgesetz
BilReG	Bilanzrechtsreformgesetz
bspw.	beispielsweise
BT	Bundestag
BWL	Betriebswirtschaftslehre
bzgl.	bezüglich
bzw.	beziehungsweise
DB	Der Betrieb (Zeitschrift)
DBW	Die Betriebswirtschaft (Zeitschrift)
DCF	Discounted Cashflow
d. h.	das heißt
Dr.	Doktor
DRS	Deutscher Rechnungslegungs Standard
DStR	Deutsches Steuerrecht (Zeitschrift)
DSWR	Datenverarbeitung – Steuer – Wirtschaft – Recht (Zeitschrift)
DStZ	Deutsche Steuer-Zeitung (Zeitschrift)
E	Entwurf
ED	Exposure Draft

EStG	Einkommensteuergesetz
EUR	Euro (Währung)
e. V.	eingetragener Verein
F	Framework
f.	folgende (Seite)
ff.	folgende (Jahre)
FASB	Financial Accounting Standards Board
Fn.	Fußnote
GAAP	Generally Accepted Accounting Principles
GemHVO	Gemeindehaushaltsverordnung
GG	Grundgesetz
GO	Gemeindeordnung
GoB	Grundsätze ordnungsmäßiger Buchführung
GoöB	Grundsätze ordnungsmäßiger öffentlicher Buchführung
GuV	Gewinn- und Verlustrechnung
GV	Gesetz- und Verordnungsblatt
HFA	Hauptfachausschuss des IDW
HGB	Handelsgesetzbuch
HGrG	Haushaltsgrundsätzegesetz
HGrGMoG	Haushaltsgrundsätzemodernisierungsgesetz
HK	Herstellungskosten
Hrsg.	Herausgeber
HTTP	Hypertext Transfer Protocol
IAS	International Accounting Standards
IASB	International Accounting Standards Board
IASC	International Accounting Standards Committee
IDW	Institut der Wirtschaftsprüfer in Deutschland e. V.
IFAC	International Federation of Accountants
IFRIC	International Financial Reporting Interpretations Committee
IFRS	International Financial Reporting Standard(s)
IPSAS	International Public Sector Accounting Standard(s)
IPSASB	International Public Sector Accounting Standards Board
IRZ	Zeitschrift für Internationale Rechnungslegung
i. V. m.	in Verbindung mit

IVR	Integrierte Verbundrechnung
IVSC	International Valuation Standards Committee
KGSt	Kommunale Gemeinschaftsstelle für Verwaltungsmanagement
KLR	Kosten- und Leistungsrechnung
KoR	Zeitschrift für internationale und kapitalmarktorientierte Rechnungslegung
krp	Kostenrechnungs-Praxis (Zeitschrift)
KWahlZG	Gesetz über die Zusammenlegung der allgemeinen Kommunalwahlen mit den Europawahlen
Lifo	Last in – first out (Bewertungsverfahren bei Vorräten)
LT	Landtag
LV	Landesverfassung
M&A	Mergers & Aquisitions
m. E.	meines Erachtens
m. w. N.	mit weiteren Nachweisen
NKF	Neues Kommunales Finanzmanagement
NKFEG	Gesetz zur Einführung des Neuen Kommunalen Finanzmanagements für Gemeinden im Land Nordrhein-Westfalen
NKFG	Gesetz über ein Neues Kommunales Finanzmanagement für Gemeinden im Land Nordrhein-Westfalen
NRW	Nordrhein-Westfalen
Nr.	Nummer
ÖFA	Fachausschuss für öffentliche Unternehmen und Verwaltungen des IDW
ÖPNV	Öffentlicher Personennahverkehr
ÖPP	Öffentlich-Private-Partnerschaften
PiR	Praxis der internationalen Rechnungslegung (Zeitschrift)
Prof.	Professor
PSC	Public Sector Committee
RGBl.	Reichsgesetzblatt
Rn.	Randnummer

RS	Stellungnahme zur Rechnungslegung
RWZ	Zeitschrift für Recht und Rechnungswesen
S.	Seite
SME	Small and Medium-sized Entities
Sp.	Spalte
StabG	Gesetz zur Förderung der Stabilität und des Wachstums der Wirtschaft
StB	Der Steuerberater (Zeitschrift)
StuB	Steuern und Bilanzen (Zeitschrift)
u. a.	und andere
US	United States
vgl.	vergleiche
VO	Verordnung
VOP	Zeitschrift für Verwaltung, Organisation und Personal
vs.	versus
WPg	Die Wirtschaftsprüfung (Zeitschrift)
WWW	World Wide Web
z. B.	zum Beispiel
ZfB	Zeitschrift für Betriebswirtschaft
ZfbF	Zeitschrift für betriebswirtschaftliche Forschung
ZfCM	Zeitschrift für Controlling & Management
ZGR	Zeitschrift für Unternehmens- und Gesellschaftsrecht
ZKF	Zeitschrift für Kommunalfinanzen
ZögU	Zeitschrift für öffentliche und gemeinwirtschaftliche Unternehmen

1 Problemstellung und Gang der Untersuchung

Die Rechnungslegung kommunaler Gebietskörperschaften befindet sich in einem tiefgreifenden Umbruch.[1] Kennzeichnend für diese „Epochenwende"[2] ist die Ablösung der traditionellen Kameralistik durch die doppelte Buchführung.[3]

In der Vergangenheit wurde der Haushalt einer Gemeinde kameralistisch geführt.[4] Im Mittelpunkt der Kameralistik stehen das Geldvermögen und seine Veränderung. Die Kameralistik erfasst die Einnahmen und Ausgaben innerhalb eines Haushaltsjahres, weshalb auch vom „Geldverbrauchskonzept"[5] gesprochen wird.[6] Eine Bilanz, in der Vermögensgegenstände und Schulden vollständig erfasst werden, wird indes in der Regel nicht erstellt.[7] Auch den Ressourcenverbrauch, bspw. den Werteverzehr der eingesetzten Vermögensgegenstände in Form von Abschreibungen, bildet die Kameralistik nicht ab.[8]

Die traditionelle Kameralistik wird von der doppelten Buchführung und dem sogenannten Ressourcenverbrauchskonzept abgelöst, in dem auch nicht zahlungswirksame Ressourcenverbräuche erfasst werden.[9] Im Mittelpunkt stehen hierbei Aufwendungen und Erträge (periodisierte Zahlungen). Darüber hinaus ist am Ende des Haushaltsjahres eine Bilanz zu erstellen, in der Vermögen und Schulden gegenübergestellt werden.

Die Reform der kommunalen Rechnungslegung wurde länderübergreifend bereits frühzeitig durch die Innenministerkonferenz begleitet. Die Bundesländer bekräftigten dabei

---

1 Vgl. exemplarisch BUDÄUS, D./BEHM, C./ADAM, B., Reformen des öffentlichen Haushalts- und Rechnungswesens, S. 228; HILGERS, D., Performance Management, S. 184.

2 So WIRTZ, H., Grundsätze ordnungsmäßiger öffentlicher Buchführung, S. 1.

3 Vgl. MÜLLER-MARQUÉS BERGER, T., Kameralistik, S. I.

4 Der Begriff der Kameralistik leitet sich aus dem lateinischen Wort camera, fürstliche Rechnungskammer, ab; vgl. hierzu bspw. ZAHRADNIK, S., Das kommunale Rechnungswesen, S. 13.

5 So KOMMUNALE GEMEINSCHAFTSSTELLE FÜR VERWALTUNGSMANAGEMENT, Vom Geldverbrauchs- zum Ressourcenverbrauchskonzept, S. 11.

6 Das „Geldverbrauchskonzept" wird vom sogenannten „Ressourcenverbrauchskonzept" abgegrenzt, in dessen Mittelpunkt Aufwand und Ertrag stehen, vgl. hierzu KOMMUNALE GEMEINSCHAFTSSTELLE FÜR VERWALTUNGSMANAGEMENT, Vom Geldverbrauchs- zum Ressourcenverbrauchskonzept, S. 11.

7 Vgl. KUSSMAUL, H./HENKES, J., Kameralistik, S. 95.

8 Vgl. BERENS, W./BÜCKER, H.-H./FINKEN, T., Einführung der Kosten- und Leistungsrechnung, S. 373; FREUDENBERG, D., Reform des öffentlichen Rechnungs- und Haushaltswesens, S. 234; APRILL, R., Neuordnung des Haushalts- und Rechnungswesens, S. 185; ZEIS, A., Neues kommunales Haushaltsrecht, S. 67 f.

9 Vgl. KÜNZER, A., Jahresabschlussanalyse, S. 148; kritisch THIEME, W., Kaufmännische Buchführung in der öffentlichen Verwaltung, S. 433-441.

ihre Absicht, die Einheitlichkeit des kommunalen Haushaltsrechts sicherzustellen. Die Innenministerkonferenz beschloss am 21. November 2003, eine flächendeckende Umstellung der kommunalen Rechnungslegung vorzunehmen.[10] Sie empfiehlt, die zuvor ausgearbeiteten Leittexte zur Grundlage bei der Umsetzung in den Ländern zu machen.[11] Die Leittexte lassen indes Raum für eine individuelle Gestaltung in den einzelnen Bundesländern.[12] Die Länder haben diese Freiräume intensiv und teilweise sehr unterschiedlich genutzt, so dass die Regelungen zur Rechnungslegung in Deutschland sehr heterogen sind.[13]

Bei der Reform der Rechnungslegung auf kommunaler Ebene nahm das Land Nordrhein-Westfalen in der Vergangenheit eine Vorreiterrolle ein.[14] Der nordrhein-westfälische Landtag verabschiedete am 16. November 2004 das „Gesetz über ein Neues Kommunales Finanzmanagement für Gemeinden im Land Nordrhein-Westfalen (Kommunales Finanzmanagementgesetz NRW – NKFG NRW)". In den Anwendungsbereich des Neuen Kommunalen Finanzmanagements fallen 427 Kommunen in Nordrhein-Westfalen, die sich aus 23 kreisfreien Städten, 31 Kreisen und 373 kreisangehörigen Gemeinden zusammensetzen.[15] Diese sind seit dem 1. Januar 2009 verpflichtet, das doppische Rechnungswesen anzuwenden (§ 1 NKFEG).[16]

10 Vgl. INNENMINISTERKONFERENZ, IMK-Beschluss. Vgl. zur Bedeutung der Innenministerkonferenz für die Reform der kommunalen Rechnungslegung in Deutschland STROBEL, H., Reform des Gemeindehaushaltsrechts, S. 15-17.

11 Vgl. INNENMINISTERKONFERENZ, IMK-Beschluss, S. 20.

12 Vgl. DREYER, H./LAMM, C.-P./KRÜGER, K.-M., Umstellung der Rechnungslegung, S. 412.

13 Vgl. exemplarisch ELLERICH, M., Zur Reform der Rechnungslegung der öffentlichen Verwaltung in Deutschland, S. 621-625; KUSSMAUL, H./HENKES, J., Grundstruktur, S. 136 f.

14 Vgl. JÜRGENS, A., Das neue Haushalts- und Rechungswesen, S. 153; KÖSTER, T., Bilanzierung von Sparkassen, S. 619; vgl. zu Umstellungsterminen der Bundesländer im Überblick FRISCHMUTH, B., Zum Stand der Reform des Gemeindehaushaltsrechts, S. 209; VOGELPOTH, N./POULLIE, M., Einführung der Doppik im Gemeindehaushaltsrecht, S. 518.

15 WIRTZ, H., Grundsätze ordnungsmäßiger öffentlicher Buchführung, S. 75. Die folgende Untersuchung konzentriert sich auf Gemeinden, die hier, in Anlehnung an PÜNDER, verallgemeinernd als Gemeinden oder Kommunen bezeichnet werden, vgl. hierzu PÜNDER, H., Haushaltsrecht im Umbruch, S. 26 f.

16 Das sogenannte Optionsmodell, welches jeder einzelnen Gemeinde die Wahl zur Umstellung auf das doppische Rechnungswesen ermöglicht hätte, wurde in Nordrhein-Westfalen nicht umgesetzt. Ausweislich der Gesetzesbegründung hätte der Parallelbetrieb zweier gemeindlicher Rechnungswesen zu einem hohen, vermeidbaren Doppelaufwand und einer mangelnden interkommunalen Vergleichbarkeit geführt. Vgl. LT-Drucksache 13/5567, S. 165; ablehnend gegenüber dem Optionsmodell auch FRISCHMUTH, B., Doppik, S. 12; vgl. auch KUSSMAUL, H./HENKES, J., Die erweiterte Kameralistik, S. 451-459.

Das Neue Kommunale Finanzmanagement orientiert sich dabei eng am Handelsgesetzbuch (HGB) und den Grundsätzen ordnungsmäßiger Buchführung (GoB).[17] Das kaufmännische Rechnungswesen ist das Referenzmodell für das Neue Kommunale Finanzmanagement, soweit die spezifischen Ziele und Aufgaben des Rechnungswesens der Gemeinden dem nicht entgegenstehen.[18]

Eine enge Anlehnung an das Handelsrecht für die Rechnungslegung von Gebietskörperschaften ist in der Literatur indes umstritten. So wird in Teilen des Schrifttums die Notwendigkeit zur Formulierung eigenständiger Rechnungslegungsgrundsätze betont.[19] Dem gegenüber stehen Ansichten in der Literatur, die eigenständige Rechnungslegungsgrundsätze auf Grund ähnlicher Zwecke der Rechnungslegung als nicht notwendig ansehen.[20]

Die Nähe des Neuen Kommunalen Finanzmanagements zum Handelsrecht zeigt sich auf unterschiedliche Art. Hinsichtlich der Regelungen des kommunalen Konzernabschlusses wird zum Teil mit einem statischen Verweis auf das HGB gearbeitet, d. h. in der Gemeindehaushaltsverordnung (GemHVO) wird direkt auf die handelsrechtlichen Normen des HGB in der zuletzt am 24. August 2002 geänderten Fassung verwiesen. Bei den Vorschriften für den **kommunalen Einzelabschluss** werden handelsrechtliche Paragrafen nahezu wörtlich oder leicht verändert in die Regelungstexte der Gemeindeordnung (GO) und der Gemeindehaushaltsverordnung (GemHVO) übernommen.[21] Darüber hinaus sind auch Vorschriften kodifiziert, die im HGB so nicht bekannt sind.

Die bilanzielle Behandlung zahlreicher Sachverhalte ist in Gemeindeordnung und Gemeindehaushaltsverordnung explizit geregelt. Diese Regelungen können indes konkretisierungsbedürftig sein. Daneben bestehen aber für die bilanzielle Abbildung verschiedener Sachverhalte keine expliziten Regeln. Ziel dieser Arbeit ist, die Grundlage für die

---

17 Vgl. LT-Drucksache 13/5567, S. 168; vgl. auch BERENS, W./MOSIEK, T./RÖHRIG, A./GERHARDT, B., Verwaltung, S. 327; KUSSMAUL, H./HENKES, J./PINKOS, E., Kommunale Betriebe, S. 981.

18 Vgl. LT-Drucksache 13/5567, S. 168.

19 Vgl. exemplarisch ARBEITSKREIS „INTEGRIERTE VERBUNDRECHNUNG", Grundsätze ordnungsmäßiger Buchführung, S. 888 f.; BUDÄUS, D., Reform des öffentlichen Haushalts- und Rechnungswesens in Deutschland, S. 195; LÜDER, K., Notwendige rechtliche Rahmenbedingungen, S. 642 f.

20 Vgl. exemplarisch BÖCKING, H.-J./DUTZI, A., Rechnungslegung, S. 417 f.; BREIDERT, U./RÜDINGER, A., Eignung der handelsrechtlichen GoB, S. 41; EIBELSHÄUSER, M., Bilanzierungsgrundsätze und öffentliche Rechnungslegung, S. 623; PÜNDER, H., Haushaltsrecht im Umbruch, S. 547; VOGELPOTH, N./POULLIE, M., Einführung der Doppik im Gemeindehaushaltsrecht, S. 524.

21 Vgl. KUSSMAUL, H./HENKES, J., Haushalts- und Jahresabschlussanalyse, S. 327; MÜLLER, S./WELLER, N., Bilanzrechtsmodernisierungsgesetz und mögliche Änderungsnotwendigkeiten der kommunalen Einzelabschlüsse, S. 259.

bilanzielle Behandlung konkretisierungsbedürftiger sowie ungeregelter Sachverhalte im Jahresabschluss von nordrhein-westfälischen Gemeinden herauszuarbeiten. Hierfür ist die Bedeutung der handelsrechtlichen Zwecke und GoB im Neuen Kommunalen Finanzmanagement zu analysieren. Der Untersuchung wird dabei die Fassung des Handelsgesetzbuches vom 10. Mai 1897 (RGBl. S. 219-436), zuletzt geändert durch Gesetz vom 24. August 2002 (BGBl. I S. 3412), zu Grunde gelegt. Mögliche Auswirkungen des BilMoG auf die kommunale Rechnungslegung sollen im Rahmen dieser Untersuchung nicht im Vordergrund stehen.[22]

Ebenso wie im Handelsrecht existieren auch für die Rechnungslegung von Gebietskörperschaften internationale Rechnungslegungsstandards, die International Public Sector Accounting Standards (IPSAS). Die IPSAS werden von einem privaten Standardsetter, dem International Public Sector Accounting Standards Board (IPSASB), herausgegeben und orientieren sich eng an den International Financial Reporting Standards (IFRS). Die Bedeutung der IPSAS und ihre mögliche Einführung in Deutschland werden in der Literatur dabei aus unterschiedlichen Perspektiven diskutiert.

Ein Teil des Schrifttums sieht die IPSAS als Möglichkeit zu einer Harmonisierung der in den einzelnen Bundesländern heterogenen kommunalen Rechnungslegung[23] in Deutschland.[24] Die IPSAS könnten hierbei „Leitlinien für die Entwicklung nationaler Rechnungslegungsstandards für den öffentlichen Sektor"[25] darstellen. Darüber hinaus könnten die IPSAS Anhaltspunkte für die Bilanzierung von Sachverhalten bieten, wo das HGB keine Lösungen zur Verfügung stellt.[26]

Die IPSAS werden aber auch in einen internationalen Kontext gestellt. So wird auf Internationalisierungstendenzen im Handelsrecht verwiesen[27] und eine möglichst schnelle

22 Vgl. hierzu aber BOLSENKÖTTER, H., Modernisierung des Bilanzrechts, S. 302-310; ELLERICH, M., Auswirkungen, S. I; VOGELPOTH, N./POULLIE, M./VOSS, K., Probleme im Zusammenwirken von HGB, BilMoG und kommunaler Rechnungslegung, S. 86 f.; BAUER, L./KIRCHMANN, U./SASS, J., Auswirkungen durch das Bilanzrechtsmodernisierungsgesetz, S. 143-145.

23 Vgl. zur Heterogenität exemplarisch VOGELPOTH, N./POULLIE, M., Einführung der Doppik im Gemeindehaushaltsrecht, S. 519.

24 Vgl. ELBERS, M., Einheitliche Standards, S. 5; FISCHER, E., Neues Haushalts- und Rechnungswesen, S. 2.

25 Vgl. VOGELPOTH, N./DÖRSCHELL, A./VIEHWEGER, C., Rechnungslegung nach den IPSAS, S. 1011.

26 Vgl. ELLERICH, M., Auswirkungen, S. I.

27 Vgl. SCHAEFER, C., Mergers & Acquisitions im öffentlichen Sektor, S. 204; KRÖGER, C., Auswirkungen der internationalen Rechnungslegung, S. 630; ähnlich auch BUDÄUS, D., Reform des öffentlichen Haushalts- und Rechnungswesens in Deutschland, S. 194 f.

Adaption der IPSAS gefordert, „um wieder an internationale Entwicklungen Anschluss zu finden."[28] Zudem wird die Befürchtung geäußert, es „wäre ein fataler Irrtum, wenn sich die öffentliche Rechnungslegung (weiter) am HGB orientiert, während der privatwirtschaftliche Sektor sich hiervon wegen dessen Bewertungsunzulänglichkeiten löst."[29] Ferner wird die Notwendigkeit einer internationalen Harmonisierung der öffentlichen Rechnungslegung diskutiert.[30]

Neben diesen tendenziell eher pragmatischen Argumenten wird im Schrifttum aber auch die konzeptionelle Eignung der IPSAS für die Rechnungslegung von Gebietskörperschaften kontrovers diskutiert. Ein Teil des Schrifttums sieht die IPSAS dabei als geeignete konzeptionelle Grundlage für die Rechnungslegung von Gebietskörperschaften an, da sie das Ziel der Abbildung eines den tatsächlichen Verhältnissen entsprechenden Bildes der Vermögens-, Finanz- und Ertragslage verfolgen und die Bildung stiller Reserven verbieten.[31] Daneben finden sich indes auch kritische Ansichten hinsichtlich der Eignung der IPSAS.[32] So wird darauf hingewiesen, dass diese durch die enge Anlehnung an die IFRS den Besonderheiten des öffentlichen Sektors zu wenig gerecht würden.[33]

Da grundsätzlich davon auszugehen ist, dass die IPSAS in Zukunft an Bedeutung gewinnen werden,[34] erscheint es geboten, auch diese näher zu beleuchten und zu analysieren.

Im Anschluss an die Einleitung werden im **2. Kapitel** zunächst die Ziele des Gesetzgebers mit dem Neuen Kommunalen Finanzmanagement in Nordrhein-Westfalen herausgearbeitet und erläutert. Diese können im weiteren Verlauf der Untersuchung wichtige Hinweise für die Auslegung von Rechnungslegungsnormen bieten.

---

28 HEINE, P., Doppik, S. 2.

29 BUDÄUS, D., Weiterentwicklung des öffentlichen Haushalts- und Rechnungswesens, S. 142.

30 Vgl. umfassend LÜDER, K., Internationale Standards, S. 151-166 sowie LÜDER, K., Internationale Harmonisierung, S. 341-357; vgl. auch BOLSENKÖTTER, H., Öffentliche Erwerbsunternehmen, S. 642.

31 Vgl. SROCKE, I., Konzernrechnungslegung in Gebietskörperschaften, S. 66.

32 Vgl. ARBEITSKREIS „INTEGRIERTE VERBUNDRECHNUNG", Grundsätze ordnungsmäßiger Buchführung, S. 888; BUDÄUS, D., Weiterentwicklung des öffentlichen Haushalts- und Rechnungswesens, S. 148 f.; LÜDER, K., Internationale Standards, S. 161; SCHAEFER, C., Mergers & Acquisitions im öffentlichen Sektor, S. 204.

33 Vgl. SCHAEFER, C., Öffentliches Beteiligungscontrolling, S. 347; LÜDER, K., Internationale Standards, S. 161.

34 Vgl. exemplarisch WIRTZ, H., Grundsätze ordnungsmäßiger öffentlicher Buchführung, S. 78 m. w. N.

Im **3. Kapitel** werden die wesentlichen Eckpfeiler der Haushaltswirtschaft der Gemeinden in Nordrhein-Westfalen dargestellt. Sie bilden den Rahmen, um in Kapitel 4 die Rechnungslegung im Jahresabschluss näher zu untersuchen. Als Ausgangspunkt dient zunächst die Prinzipal-Agent-Theorie und ihre Anwendung auf Gemeinden. Hieraus können wichtige Erkenntnisse für Anforderungen an eine normierte Rechnungslegung für Gemeinden gewonnen werden. Darüber hinaus sind die allgemeinen Haushaltsgrundsätze nach § 75 GO näher zu betrachten. Die Haushaltsgrundsätze nennen Anforderungen an das Handeln der Verantwortlichen der Gemeinde. Sie sind aber auch – bspw. über die Forderung nach einem ausgeglichenen Haushalt – direkt mit der Rechnungslegung verknüpft. Ein weiterer wesentlicher Eckpfeiler der Haushaltswirtschaft ist der Haushaltsplan. Seine Bedeutung für die Haushaltswirtschaft und die Bestandteile werden im Anschluss an die Haushaltsgrundsätze skizziert. Als Gegenstück zum Haushaltsplan werden daneben der Jahresabschluss und der Lagebericht, die zum Ende des Haushaltsjahres aufzustellen sind, näher dargestellt und in die Haushaltswirtschaft eingeordnet. Des Weiteren werden die Ausführungen zur Haushaltswirtschaft durch den Gesamtabschluss, die Rechnungsprüfung sowie die Offenlegung abgerundet.

Nachdem in Kapitel 3 die Rahmenbedingungen für die Rechnungslegung von Gemeinden im Neuen Kommunalen Finanzmanagement dargestellt werden, wird in **Kapitel 4** die Rechnungslegung selbst näher untersucht, um die Grundlage für die bilanzielle Behandlung konkretisierungsbedürftiger sowie ungeregelter Sachverhalte im Jahresabschluss von nordrhein-westfälischen Gemeinden zu legen. Hierfür wird zunächst die Bedeutung der handelsrechtlichen Jahresabschlusszwecke und GoB im Neuen Kommunalen Finanzmanagement untersucht. Den Ausgangspunkt bildet dabei auf Grund der Nähe des Neuen Kommunalen Finanzmanagements zum HGB jeweils das Handelsrecht. Abschließend wird die Bilanzierung im Neuen Kommunalen Finanzmanagement exemplarisch anhand eines konkreten Sachverhalts, der Bewertung des Sachanlagevermögens, unter Berücksichtigung der GoB betrachtet.

In **Kapitel 5** werden die IPSAS näher beleuchtet. Nach einem kurzen Überblick über die Hintergründe der IPSAS sollen zunächst die Zwecke und Grundsätze der IPSAS skizziert werden. Auch die Bestandteile eines IPSAS-Abschlusses sind zu thematisieren. Im Anschluss wird die Rechnungslegung am Beispiel der Bewertung des Sachanlagevermögens erörtert.

Die Arbeit schließt mit einer Zusammenfassung und einem Ausblick im **6. Kapitel**.

2 Die Reform der kommunalen Rechnungslegung in Nordrhein-Westfalen

21 Die Entwicklung des Neuen Kommunalen Finanzmanagements

Der Verabschiedung des Neuen Kommunalen Finanzmanagements im Jahr 2004 ging eine längere Entwicklungsphase voraus. Bereits 1999 wurde das sogenannte „Modellprojekt zur Einführung eines doppischen Kommunalhaushalts in Nordrhein-Westfalen“ initiiert, an dem sich unter Leitung des nordrhein-westfälischen Innenministeriums verschiedene Modellkommunen beteiligten.[35] In einer ersten Projektphase von Juli 1999 bis Juni 2000 erarbeiteten diese die betriebswirtschaftliche Konzeption für ein neues kommunales Haushaltswesen auf der Basis kaufmännischer Grundsätze sowie der Einführung der doppelten Buchführung.[36] In einer zweiten Projektphase von Juli 2000 bis Juni 2003 wurde das ausgearbeitete Konzept in den eigenen Verwaltungen dieser Modellkommunen erprobt.[37] Die Modellkommunen legten dann am 30. Juni 2003 einen Abschlussbericht zum Projekt vor, in dem die wesentlichen Erkenntnisse aufgeführt wurden. Darüber hinaus enthält der Abschlussbericht auch ausformulierte Regelungsvorschläge für ein künftiges neues Haushaltsrecht.[38]

Am 16. November 2004 wurde das „Gesetz über ein Neues Kommunales Finanzmanagement für Gemeinden im Land Nordrhein-Westfalen (Kommunales Finanzmanagementgesetz NRW – NKFG NRW)“ im nordrhein-westfälischen Landtag beschlossen. Es ist zum einen geprägt durch die Empfehlungen des Modellprojektes, zum anderen ist es aber auch mit den von der Innenministerkonferenz beschlossenen Leittexten in vollem Umfang vereinbar.[39]

---

35 Vgl. INNENMINISTERIUM NORDRHEIN-WESTFALEN (Hrsg.), Neues Kommunales Finanzmanagement, S. 10. Modellkommunen waren die Städte Brühl, Dortmund, Düsseldorf, Moers und Münster; vgl. INNENMINISTERIUM NORDRHEIN-WESTFALEN (Hrsg.), Neues Kommunales Finanzmanagement, S. 10.

36 Vgl. LT-Drucksache 13/5567, S. 166.

37 Vgl. LT-Drucksache 13/5567, S. 166; kritisch hierzu VOLLMER-ZIMMERMANN, M., Neues Kommunales Finanzmanagement, S. 224 f. Hierbei beteiligten sich zusätzlich auch der Kreis Gütersloh und die Gemeinde Hiddenhausen; vgl. INNENMINISTERIUM NORDRHEIN-WESTFALEN (Hrsg.), Neues Kommunales Finanzmanagement, S. 10.

38 Vgl. hierzu MODELLPROJEKT „DOPPISCHER KOMMUNALHAUSHALT IN NRW“, Neues Kommunales Finanzmanagement.

39 Vgl. LT-Drucksache 13/5567, S. 168.

Mit dem Neuen Kommunalen Finanzmanagement und der damit verbundenen Reform des Haushaltsrechts verfolgt der Gesetz- und Verordnungsgeber in Nordrhein-Westfalen verschiedene Ziele, auf die in der Gesetzesbegründung zum Neuen Kommunalen Finanzmanagement hingewiesen wird. Die in der Gesetzesbegründung genannten Ziele werden im Folgenden ausführlich dargestellt. Sie können im weiteren Verlauf der Untersuchung wichtige Hinweise für die Auslegung und Interpretation von Gemeindeordnung und Gemeindehaushaltsverordnung liefern.

22 Ziele des Gesetzgebers mit dem Neuen Kommunalen Finanzmanagement

221. Beitrag zu intergenerativer Gerechtigkeit

Die Reform des kommunalen Haushaltsrechts ist eng mit der angespannten finanziellen Situation vieler Gemeinden verbunden. Immer mehr Gemeinden verfehlen den Haushaltsausgleich, zahlreiche Gemeinden befinden sich in einem Haushaltssicherungskonzept.[40] Die zunehmende Verschuldung der öffentlichen Haushalte verringert die Handlungs- und Gestaltungsspielräume und belastet künftige Generationen.[41]

Dabei bestanden auch im bisherigen Gemeindehaushaltsrecht verschiedene Regelungen, welche künftige Generationen vor ungerechtfertigten Belastungen schützen und eine gerechte Lastenverteilung zwischen den Generationen sicherstellen sollten.[42] So musste der Haushalt jedes Jahr in Einnahmen und Ausgaben ausgeglichen sein.[43] Diese Verpflichtung zum Haushaltsausgleich sollte die stetige Aufgabenerfüllung sichern.[44] Zudem begrenzte das kommunale Haushaltsrecht die Kreditaufnahme einer Gemeinde auf Investitionen, Investitionsförderungsmaßnahmen und auf Maßnahmen der Umschuldung. Konsumtive Ausgaben durften nicht durch die Aufnahme von Krediten finanziert werden.[45] Hierdurch sollte erreicht werden, dass einer Kreditaufnahme stets die Schaffung

---

40 Vgl. DIEMERT, D., Das Haushaltssicherungskonzept, S. 1.

41 Vgl. BUDÄUS, D./HILGER, D., Reform des öffentlichen Haushalts- und Rechnungswesens, S. 25.

42 Vgl. DIEMERT, D., Das Haushaltssicherungskonzept, S. 69.

43 Vgl. ZAHRADNIK, S., Von der Kameralistik zur Doppik, S. 40.

44 Vgl. PÜNDER, H., Haushaltsrecht im Umbruch, S. 168. Dabei wird unterstellt, dass eine anhaltend defizitäre Haushaltswirtschaft eine umfassende Aufgabenerfüllung auf Dauer unmöglich macht, vgl. PÜNDER, H., Haushaltsrecht im Umbruch, S. 168 m. w. N.

45 Vgl. auch HÄFNER, P., Doppelte Buchführung, S. 97.

realer Werte gegenübersteht und Vermögen und Schulden in einem verträglichen Gleichgewicht bleiben.[46]

Die Kreditaufnahme wurde darüber hinaus an die Subsidiarität und die Leistungsfähigkeit der Gemeinde gebunden.[47] Kredite durften demnach nur aufgenommen werden, wenn eine andere Finanzierung nicht möglich oder wirtschaftlich unzweckmäßig war.[48] Darüber hinaus mussten die aus der Kreditaufnahme resultierenden Verpflichtungen mit der dauernden Leistungsfähigkeit der Gemeinde im Einklang stehen.[49]

Die genannten Regelungen konnten indes eine gerechte Lastenverteilung nicht ausreichend gewährleisten.[50] Darüber hinaus bestand ein weiteres Problem in Verpflichtungen, die zwar wirtschaftlich verursacht waren, indes erst später zu Auszahlungen führten. In der Kameralistik bleibt der Haushaltsausgleich bis zum tatsächlichen Eintritt der Zahlungsverpflichtung hierbei unberührt.[51]

Wichtigstes Beispiel hierfür sind die Pensionsverpflichtungen für Beamte.[52] Diese müssen in der Kameralistik erst bei der Zahlung der Pensionen im Rahmen des Haushaltsausgleichs gedeckt werden.[53] In der Tätigkeitsphase des Beamten wird lediglich die gezahlte Besoldung berücksichtigt. Verstärkend kommt hinzu, dass derzeit mehr Pensionsansprüche begründet als ausgezahlt werden.[54] Die Pensionslasten werden somit in Zukunft eher steigen.[55] Durch die fehlende Berücksichtigung des Aufwandes für Pensionsrückstellungen werden somit Lasten auf künftige Generationen verschoben.[56]

46 Vgl. FREYTAG, D./HAMACHER, C./WOHLAND, A., Neues Kommunales Finanzmanagement, S. 91; HÄFNER, P., Doppelte Buchführung, S. 98.

47 Vgl. SCHWARTING, G., Grenzen der Kommunalverschuldung, S. 82.

48 Vgl. DIEMERT, D., Das Haushaltssicherungskonzept, S. 32-37; SCHWARTING, G., Grenzen der Kommunalverschuldung, S. 82.

49 Vgl. DIEMERT, D., Das Haushaltssicherungskonzept, S. 37-44.

50 Vgl. hierzu ausführlich DIEMERT, D., Das Haushaltssicherungskonzept, S. 29-50.

51 Vgl. SCHWARTING, G., Haushaltskonsolidierung in Kommunen, S. 39.

52 Vgl. zu der Problematik der Pensionsrückstellungen auch BUDÄUS, D., Doppik in öffentlichen Verwaltungen, S. 3; ABELN, B., Haushaltsausgleich und Budgetierung, S. 53.

53 Vgl. GROSSE LANWER, C./MUTSCHLER, K., Neues kommunales Finanzmanagement, S. 7 f.

54 Vgl. BAUER, L./MAIER, M., Doppischer Haushaltsausgleich für Kommunen, S. 268.

55 Vgl. SCHWARTING, G., Haushaltskonsolidierung in Kommunen, S. 88.

56 Vgl. WINDMÖLLER, R., Ansatz und Bewertung, S. 176. WINDMÖLLER weist zudem darauf hin, dass Pensionsverpflichtungen nicht unter die Kreditdefinition fallen, dass indes eine kreditähnliche, nach den bisher für die öffentliche Hand geltenden Rechnungslegungsgrundsätzen nicht oder nur eingeschränkt sichtbare Verschuldung aus den Lasten der künftigen Alters- und Hinterbliebenenversorgung aufgebaut wurde, vgl. WINDMÖLLER, R., Ansatz und Bewertung, S. 176.

Problematisch war im System der Kameralistik auch der drückende Unterhaltungsstau bei Gebäuden und Infrastruktureinrichtungen.[57] Bisher belasteten lediglich tatsächlich durchgeführte Instandhaltungsarbeiten den Haushalt, unterlassene Instandhaltungen wurden gar nicht berücksichtigt.[58] Wurden zunächst vorgesehene Instandhaltungen unterlassen, so entstand sogar der Eindruck einer verbesserten Haushaltslage und eines wirtschaftlichen Vorgehens der Verwaltung.[59] Kürzungen im Bereich der Instandhaltung waren dadurch häufig ein Konsolidierungsinstrument bei einem unausgeglichenen Haushalt.[60]

Besonders problematisch ist, dass Gebäude, Straßen und Anlagen bei dauerhaft unterlassenen Instandhaltungen Schaden nehmen können und notwendige Reparaturen in der Zukunft unter Umständen wesentlich teurer sind, als die zunächst eingesparten Mittel.[61] Das kamerale Haushaltsrecht versteckt dabei systembedingt den schleichenden Wertverfall,[62] künftige Generationen werden belastet.

Das bisherige Haushaltsrecht begünstigte somit, Belastungen in die Zukunft zu verschieben und folglich zu Lasten künftiger Generationen zu wirtschaften.[63] Das Neue Kommunale Finanzmanagement ist in direktem Zusammenhang mit dieser Problematik zu sehen. Ein wesentliches Ziel des Neuen Kommunalen Finanzmanagements und der Reform des Gemeindehaushaltsrechts ist die **Förderung nachhaltiger Haushaltswirtschaft und intergenerativer Gerechtigkeit.**[64]

---

57 Vgl. MODELLPROJEKT „DOPPISCHER KOMMUNALHAUSHALT IN NRW", Neues Kommunales Finanzmanagement, S. 39.

58 Vgl. DIEMERT, D., Das Haushaltssicherungskonzept, S. 346.

59 So HENKES, J., Der Jahresabschluss kommunaler Gebietskörperschaften, S. 56 in Anlehnung an BREYER, W., Das neue Steuerungsmodell, S. 151.

60 Vgl. GROSSE LANWER, C./STOCKEL-VELTMANN, C., Das nordrhein-westfälische Modellprojekt, S. 244.

61 Vgl. SCHWARTING, G., Haushaltskonsolidierung in Kommunen, S. 89; HENKES, J., Der Jahresabschluss kommunaler Gebietskörperschaften, S. 56.

62 Vgl. MARETTEK, C., Konzept eines Integrierten öffentlichen Rechnungswesens, S. 32.

63 Vgl. auch HENKES, J., Der Jahresabschluss kommunaler Gebietskörperschaften, S. 56.

64 Vgl. LT-Drucksache 13/5567, S. 2 und 165 sowie INNENMINISTERIUM NORDRHEIN-WESTFALEN (Hrsg.), Neues Kommunales Finanzmanagement, S. 4; SCHUSTER bezeichnet „Intergenerative Gerechtigkeit" als das Oberziel des Neuen Kommunalen Finanzmanagements, vgl. SCHUSTER, F., Neues Kommunales Finanzmanagement und Rechnungswesen, S. 9.; vgl. auch allgemein für die Neue Kommunale Rechnungslegung STREIM, H., Grundsätzliche Anmerkungen, S. 256.

Dabei besteht indes die Schwierigkeit, verschiedene Generationen voneinander abzugrenzen.[65] Die Forderung nach Gerechtigkeit zwischen den Generationen ist in der Praxis folglich schwierig zu operationalisieren.[66] Deshalb wird in der Literatur die Forderung nach intergenerativer Gerechtigkeit durch die Forderung nach interperiodischer Gerechtigkeit konkretisiert.[67] **Interperiodische Gerechtigkeit** ist demnach gegeben, wenn der Ressourcenverbrauch einer Rechnungsperiode vollständig durch das Ressourcenaufkommen der Rechnungsperiode gedeckt werden kann.[68] Ein Rechnungswesen, das auf diesem Prinzip basiert, wird deshalb als „ressourcenorientiert" bezeichnet.[69] Alle in einem Haushaltsjahr anfallenden Aufwendungen sind durch Erträge zu decken, um nachfolgende Generationen nicht zu belasten.[70] Künftige Generationen sollen vor einem überhöhten Verbrauch finanzieller Ressourcen durch die heutige Generation geschützt werden.[71] Dabei wird unterstellt, dass zwischen dem Oberziel „intergenerative Gerechtigkeit" und dem Subziel „interperiodische Gerechtigkeit" eine komplementäre Beziehung besteht und eine Rechnungslegung, die einen Beitrag zur Erfüllung des Subziels „interperiodische Gerechtigkeit" leistet, auch dem Oberziel „intergenerative Gerechtigkeit" dient.[72]

Der Haushaltsausgleich knüpft im Neuen Kommunalen Finanzmanagement am erzielten Jahresergebnis als Saldo von Aufwand und Ertrag eines Haushaltsjahres an.[73] Das Jahresergebnis wird dabei zum einen durch die Normen für den Ansatz der Aktiva und Passiva bestimmt. Zum anderen beeinflusst die Vermögens- und Schuldenbewertung wegen der rechentechnischen Verknüpfung mit der Ergebnisrechnung die Höhe wesentlicher Aufwandskomponenten und somit das Jahresergebnis und den daran anknüpfenden Haushaltsausgleich.[74] Haushaltsausgleich und intergenerative Gerechtigkeit sind somit abhän-

65 Vgl. hierzu HEWER, A., Finanzkontrolle im Neuen Öffentlichen Rechnungswesen, S. 16 m. w. N.

66 Vgl. ARBEITSKREIS „INTEGRIERTE VERBUNDRECHNUNG", Grundsätze ordnungsmäßiger Buchführung, S. 890; FISCHER, E., Reform des Gemeindehaushaltsrechts, S. 89.

67 Vgl. FISCHER, E., Reform des Gemeindehaushaltsrechts, S. 89; LÜDER, K., Ordnungsmäßigkeits-Grundsätze, S. 609; STREIM, H., Rechnungslegung von Gebietskörperschaften, S. 293.

68 Vgl. PÜNDER, H., Haushaltsrecht im Umbruch, S. 412.

69 HEWER, A., Finanzkontrolle im Neuen Öffentlichen Rechnungswesen, S. 16.

70 Vgl. LT-Drucksache 13/5567, S. 165 und 181; FISCHER, E., Reform des Gemeindehaushaltsrechts, S. 89.

71 Vgl. BREIDERT, U./RÜDINGER, A., Eignung der handelsrechtlichen GoB, S. 34.

72 Vgl. hierzu STREIM, H., Grundsätzliche Anmerkungen S. 256.

73 Vgl. sinngemäß BREIDERT, U./RÜDINGER, A., Eignung der handelsrechtlichen GoB, S. 34 m. w. N.; so auch EIBELSHÄUSER, M., Bilanzierungsgrundsätze und öffentliche Rechnungslegung, S. 619.

74 Vgl. HENKES, J., Der Jahresabschluss kommunaler Gebietskörperschaften, S. 230; HÄFNER, P., Doppelte Buchführung, S. 82; LT-Drucksache 13/5567, S. 246. Auf den Zusammenhang von Bi-

gig von den Bilanzierungs- und Bewertungsmethoden und werden erst durch diese „greifbar".

Nicht nur im Rahmen des Neuen Kommunalen Finanzmanagements wird der Gedanke der intergenerativen Gerechtigkeit berücksichtigt. Der Grundsatz intergenerativer Gerechtigkeit und der damit angestrebte Schutz künftiger Generationen wurde durch das „Gesetz zur Stärkung der kommunalen Selbstverwaltung – GO-Reformgesetz", das am 17. Oktober 2007 in Kraft getreten ist, auch explizit in der Gemeindeordnung verankert.[75] § 1 GO enthält nunmehr einen Bezug auf künftige Generationen: „Die Gemeinden sind die Grundlage des demokratischen Staatsaufbaus. Sie fördern das Wohl der Einwohner in freier Selbstverwaltung durch ihre von der Bürgerschaft gewählten Organe. **Sie handeln zugleich in Verantwortung für die zukünftigen Generationen.**" Die Gesetzesbegründung führt hierzu aus: „Mit der Ergänzung findet ein konstitutioneller Ansatz (Art. 6 LV) zum Schutz künftiger Generationen Eingang in die Kommunalverfassung. Diese programmatische Bindung stellt den Gemeinden die Nachhaltigkeit ihrer Entscheidungsprozesse vor Augen. Das sichert die Gestaltungs- und Verantwortungschancen zukünftiger Generationen."[76]

222. Verbesserung der Steuerungsfähigkeit in den Kommunen

Ein weiteres Ziel des Neuen Kommunalen Finanzmanagements ist die Verbesserung der Steuerungsfähigkeit in den Kommunen.[77] Dabei bleibt der Haushalt das zentrale Steuerungs- und Rechenschaftsinstrument.[78] Eine besondere Bedeutung gewinnt mit Umsetzung des Neuen Kommunalen Finanzmanagements indes die Produktorientierung, d. h. alle kommunalen Aktivitäten werden als Produkte verstanden.[79] Die Leistungen einer

lanzierungsnormen und doppischen Haushaltsausgleich verweisen auch BAUER/KIRCHMANN/SASS, vgl. hierzu BAUER, L./KIRCHMANN, U./SASS, J., Auswirkungen durch das Bilanzrechtsmodernisierungsgesetz, S. 145.

75 Vgl. auch SOMMER, C., § 1 GO, S. 112; WIRTZ, H., Grundsätze ordnungsmäßiger öffentlicher Buchführung, S. 92.

76 LT-Drucksache 14/3979, S. 130.

77 Vgl. INNENMINISTERIUM NORDRHEIN-WESTFALEN (Hrsg.), Neues Kommunales Finanzmanagement, S. 4.

78 Vgl. INNENMINISTERIUM NORDRHEIN-WESTFALEN (Hrsg.), Neues Kommunales Finanzmanagement, S. 13.

79 Vgl. INNENMINISTERIUM NORDRHEIN-WESTFALEN (Hrsg.), Neues Kommunales Finanzmanagement, S. 13; vgl. zur Produktorientierung BALS, H., § 2 Grundzüge des Neuen Steuerungsmodells, Rn. 19-21.

Gemeinde sollen nicht mehr ausschließlich als Hoheitsakt gesehen werden, sondern vor allem als Dienstleistung am Bürger (Produkt).[80] Die Produktorientierung findet Ausdruck in den Teilplänen.[81] Ergänzend zur Gesamtebene sollen mit den produktorientierten Teilplänen aussagekräftige Informationen über die Erfüllung der gemeindlichen Aufgaben gegeben werden, z. B. über Schulträgeraufgaben und soziale Hilfen.[82]

Darüber hinaus wird die politische Steuerung der Kommunalverwaltungen aber auch grundlegend reformiert. Während bisher durch die Bereitstellung der erforderlichen Geldmittel in Form von Ausgabeermächtigungen politisch gesteuert wurde (Inputsteuerung), soll künftig durch die Vorgabe von Zielen und Leistungskennzahlen für die kommunalen Dienstleistungen gesteuert werden (Outputsteuerung).[83] Dafür sind in den Teilplänen des Haushalts die jeweiligen Ziele und Kennzahlen festzulegen.[84]

Als zusätzliches Instrument zur Steuerung des Verwaltungshandelns soll eine Kosten- und Leistungsrechnung eingeführt werden.[85] Sie dient in erster Linie der internen Steuerung des Verwaltungsgeschehens und stellt so zusätzliche Informationen bereit.[86] Hierdurch wird eine differenzierte Betrachtungsweise von Produkten und auch von Kostenstellen ermöglicht.[87] Die hieraus gewonnenen Informationen können dann für die Planung, Entscheidungsfindung und Kontrolle genutzt werden und so eine sparsame und wirtschaftliche Haushaltsführung der Gemeinde fördern.[88]

80 Vgl. hierzu INNENMINISTERIUM NORDRHEIN-WESTFALEN (Hrsg.), Neues Kommunales Finanzmanagement, S. 400; HOFFJAN, A., Budgetierung, S. 25.

81 Vgl. INNENMINISTERIUM NORDRHEIN-WESTFALEN (Hrsg.), Neues Kommunales Finanzmanagement, S. 13.

82 Vgl. INNENMINISTERIUM NORDRHEIN-WESTFALEN (Hrsg.), Neues Kommunales Finanzmanagement, S. 13.

83 Vgl. INNENMINISTERIUM NORDRHEIN-WESTFALEN (Hrsg.), Neues Kommunales Finanzmanagement, S. 13; vgl. auch allgemein BERENS, W./SEGBERS, K./SIEMES, A./BECKERMANN, W., Investitionscontrolling, S. 16; SCHWARTING, G., Verwaltungsmodernisierung, S. 214.

84 Vgl. INNENMINISTERIUM NORDRHEIN-WESTFALEN (Hrsg.), Neues Kommunales Finanzmanagement, S. 13.

85 Vgl. LT-Drucksache 13/5567, S. 168; vgl. zur kommunalen Kosten- und Leistungsrechnung SCHMID, H., Kommunale Kosten- und Leistungsrechnung, S. 46-48; SCHMID, H., Wesen und Aufgaben, S. 96-98.

86 Vgl. LT-Drucksache 13/5567, S. 165

87 Vgl. INNENMINISTERIUM NORDRHEIN-WESTFALEN (Hrsg.), Neues Kommunales Finanzmanagement, S. 468.

88 Vgl. INNENMINISTERIUM NORDRHEIN-WESTFALEN (Hrsg.), Neues Kommunales Finanzmanagement, S. 468. Vgl. zur Kosten- und Leistungsrechnung auch MEYER-PRIES, D., Das kommunale Haushalts- und Rechnungswesen, S. 173.

Den Umfang und die konkreten Inhalte der Kosten- und Leistungsrechnung können die Kommunen selbst bestimmen.[89] Im Rahmen des Neuen Kommunalen Finanzmanagements gehört sie deshalb zum nicht-normierten Teil des Haushaltswesens.[90] Sie ist aber mit dem normierten Teil kompatibel und baut auf diesem auf. Die Bezeichnungen „normiertes" und „nicht-normiertes" Haushaltswesen sollen die bewusste Abgrenzung zur Privatwirtschaft unterstreichen, wo zwischen internem und externem Rechnungswesen differenziert wird.[91]

223. Steigerung der Transparenz gegenüber den Bürgern

Das Neue Kommunale Finanzmanagement greift darüber hinaus einen weiteren Kritikpunkt an der Kameralistik auf: die geringe Verständlichkeit von Haushaltsplan und Jahresrechnung.[92] Ein Grund für diese geringe Verständlichkeit ist der „Detailperfektionismus"[93] von Haushaltsplan und Jahresrechnung, der dazu führt, dass beide Rechenwerke sehr umfangreich sind. Bereits in kleineren Gemeinden kann der Haushaltsplan 200 Seiten überschreiten, in kleineren Städten kann er bereits 500 Seiten umfassen.[94] Die Jahresrechnung ist noch umfangreicher und komplexer als der Haushaltsplan.[95]

Dieses hohe Maß an Detailinformationen der klassischen kameralistischen Haushaltspläne und Jahresrechnungen kann den Blick für das Wesentliche verstellen.[96] Zwar hat jeder Bürger das Recht, den Haushaltsplan der Gemeinde einzusehen, indes nehmen nur wenige dieses Recht in Anspruch. Die lediglich vereinzelte Einsichtnahme von Bürgern in Haushaltsplan und Jahresrechnung lässt sich dabei nicht allein mit einem geringen Interesse an kommunalen Angelegenheiten begründen.[97] Vielen Bürgern erscheint der Haushaltsplan wie „ein Buch mit 7 Siegeln"[98]. Haushaltsplan und Jahresrechnung vermitteln

89 Vgl. LT-Drucksache 13/5567, S. 168.

90 Vgl. hierzu auch SCHUSTER, F./BRINKMEIER, J., Das neue kommunale Finanzmanagement, S. 222.

91 Vgl. hierzu HÄFNER, P., Doppelte Buchführung, S. 27 f.

92 Vgl. PÜNDER, H., Haushaltsrecht im Umbruch, S. 161 m. w. N.

93 So PÜNDER, H., Haushaltsrecht im Umbruch, S. 161.

94 Vgl. ZAHRADNIK, S., Das kommunale Rechnungswesen, S. 84.

95 Vgl. PÜNDER, H., Haushaltsrecht im Umbruch, S. 163; ZAHRADNIK, S., Das kommunale Rechnungswesen, S. 84 f.

96 Vgl. INNENMINISTERIUM NORDRHEIN-WESTFALEN (Hrsg.), Eckpunkte einer Reform, S. 8.

97 Vgl. hierzu STREIM, H., Der kommunale Lagebericht, S. 309.

98 NASSMACHER, H./NASSMACHER, K.-H., Kommunalpolitik in Deutschland, S. 83.

den Eindruck von „Zahlenfriedhöfen“[99] und sind nur für Haushaltsfachleute zu überschauen. Für jeden anderen sind sie auf Grund der Vielzahl von Einzelansätzen eher verwirrend als aufklärend. So sieht sich der Bürger einem „Dickicht von Zahlen“[100] gegenüber, das wegen seines Umfanges und seiner Komplexität kaum zu durchdringen ist.[101] Somit wird die Verwendung der Ressourcen nicht immer transparent, sondern verschleiert zum Teil eher das Finanzgebaren.[102] Der Bürger kann nur ansatzweise nachvollziehen, in welchem Umfang die Gemeindevertretung tatsächlich seine Interessen verfolgt hat.[103]

Diese geringe Verständlichkeit für den Bürger überrascht und verwundert insoweit, als gerade für die Gemeindeebene eine besondere Bürgernähe unterstellt wird und gerade hier gesteigerter Wert auf die Bürgerbeteiligung im Hinblick auf den Haushalt gelegt wird.[104] Zudem geht das Idealbild der Demokratie von einem informierten Bürger aus.[105] Hierfür ist indes eine Rechnungslegung erforderlich, die „auch ein durchschnittlich gebildeter Bürger durchschauen kann.“[106] Diesem Anspruch wurde die Kameralistik, wie oben beschrieben, indes nicht immer gerecht.

Mit dem Neuen Kommunalen Finanzmanagement möchte der Gesetz- und Verordnungsgeber nun mehr Transparenz im kommunalen Haushalt schaffen[107] und somit dem

---

99 So VON ZWEHL/ZUPANCIC, die dies insbesondere im Vergleich zum Geschäftsbericht erwerbswirtschaftlicher Unternehmen feststellen, vgl. ZWEHL, W. V./ZUPANCIC, M., Die kommunale Rechnungslegung, S. 224.

100 ZAHRADNIK, S., Das kommunale Rechnungswesen, S. 85.

101 Vgl. PÜNDER, H., Haushaltsrecht im Umbruch, S. 162 f.; STREIM, H., Die Erweiterung der kommunalen Rechnungslegung, S. 304; dies gilt indes nicht nur für Bürger, sondern auch für ehrenamtliche Politiker und Gemeinderatsvertreter, die nicht Spezialisten der Kameralistik sind, vgl. hierzu ZAHRADNIK, S., Das kommunale Rechnungswesen, S. 85.

102 Vgl. DIECKMANN, J., Rat und Verwaltung, S. 115. HAFNER, W., Einheitliches Haushaltsrecht, S. 7 führt hierzu aus: „Die Kameralistik ist in ihrer Geschichte nie ein System gewesen, das speziell darauf angelegt ist, dem Volk reinen Wein einzuschenken. Die Kameralistik ist (darauf weist schon ihr Name hin) ein Rechensystem aus absolutistischen Zeiten, in denen es für die Könige nicht erforderlich war, dem Volk zu erklären, wofür seine Ressourcen eingesetzt worden sind.“

103 Vgl. PÜNDER, H., Haushaltsrecht im Umbruch, S. 160.

104 Vgl. KLEIN, A./VERMEULEN, P., Öffentliche Rechnungslegung, S. 415; vgl. zur Bürgernähe auch KLAUS, P., Bürgernähe als logistisches Problem, S. 408-418 sowie BICKEBÖLLER, H./MÖLLER, F., Politische Steuerung, S. 66.

105 Vgl. MERSCHBÄCHER G., Öffentliche Rechnungssysteme, S. 170; vgl. ähnlich auch HABBEL, F.-R., Modernisierung der Verwaltung, S. 46.

106 HAFNER, W., Einheitliches Haushaltsrecht, S. 7.

107 Vgl. INNENMINISTERIUM NORDRHEIN-WESTFALEN (Hrsg.), Neues Kommunales Finanzmanagement, S. 4; auf die Vorzüge des kaufmännischen Rechnungswesens verweist LOITZ, R., Rech-

berechtigten Informationsinteresse der Bürger entgegenkommen.[108] So soll eine verstärkte Beteiligung und aktive Mitarbeit der Bürgerinnen und Bürger am kommunalen Geschehen erreicht werden.[109]

Diese Intention des Gesetz- und Verordnungsgebers, die Informationsvermittlung und Transparenz gegenüber den Bürgern zu erhöhen, ist auch im Kontext verschiedener weiterer kommunaler Reformgesetze zu sehen. Mit Änderung der Gemeindeordnung im Jahr 1994 wurden in Nordrhein-Westfalen Bürgerbegehren und Bürgerentscheide eingeführt. Die Bürger können nunmehr beantragen, an Stelle des Rates zu entscheiden. Hierdurch wurde „das repräsentativ-demokratische System der Gemeindeordnung um ein Element unmittelbarer Demokratie ergänzt".[110]

Des Weiteren ist in diesem Kontext das Gesetz zur Stärkung der kommunalen Selbstverwaltung (GO-Reformgesetz) zu erwähnen, das am 17. Oktober 2007 in Kraft getreten ist. Ein Kernpunkt dieses Gesetzes ist die Ergänzung des Bürgerentscheids um das Instrument des Ratsbürgerentscheids. Der Rat kann dadurch beschließen, dass an seiner Stelle die Bürger über eine Gemeindeangelegenheit entscheiden. Somit wird eine Ratsentscheidung an das Volk zurückdelegiert.[111]

Beide verabschiedeten Gesetze sollen eine stärkere Teilnahme der Bürger an Entscheidungen auf kommunaler Ebene ermöglichen.[112] Eine Voraussetzung hierfür ist auch ein umfassendes, verständliches und zugängliches Informationsangebot als Entscheidungsgrundlage für die Bürger. Dieses soll hinsichtlich der finanziellen Verhältnisse einer Gemeinde mit dem Neuen Kommunalen Finanzmanagement geschaffen werden.

---

nungswesen, S. 2127; zum Teil wird auch die Befürchtung geäußert, mit dem neuen Haushaltsrecht sei weniger Transparenz verbunden, vgl. hierzu HAFNER, W., Einheitliches Haushaltsrecht, S. 7, der diese Ansicht indes nicht vertritt.

108 Vgl. INNENMINISTERIUM NORDRHEIN-WESTFALEN (Hrsg.), Eckpunkte einer Reform, S. 58.

109 Vgl. INNENMINISTERIUM NORDRHEIN-WESTFALEN (Hrsg.), Neues Kommunales Finanzmanagement, S. 10; INNENMINISTERIUM NORDRHEIN-WESTFALEN (Hrsg.), Eckpunkte einer Reform, S. 58.

110 LT-Drucksache 11/4983, Gesetzesbegründung, S. 7.; in der Zeit von 1994 bis 2007 wurden in Nordrhein-Westfalen bereits 385 Bürgerbegehren initiiert, in 120 Fällen kam zu einem Bürgerentscheid, vgl. INNENMINISTERIUM NORDRHEIN-WESTFALEN (Hrsg.), Kommunalrecht in Nordrhein-Westfalen, S. 23.

111 Vgl. INNENMINISTERIUM NORDRHEIN-WESTFALEN (Hrsg.), Kommunalrecht in Nordrhein-Westfalen, S. 24.

112 Vgl. LT-Drucksache 11/4983, Gesetzesbegründung, S. 1; LT-Drucksache 14/3979, S. 127.

224. Aufstellung eines kommunalen Konzernabschlusses

In den vergangenen Jahren haben zahlreiche Kommunen umfangreiche Ausgliederungen von Aufgabenbereichen auf sowohl rechtlich unselbständige als auch rechtlich selbständige Organisationseinheiten vorgenommen.[113] Kommunen weisen somit heute vielfach konzernähnliche Strukturen auf.[114] Immer mehr Aufgaben werden somit außerhalb der Kernverwaltung erbracht.[115]

Die Gründe hierfür sind vielschichtig. So werden neben potenziellen steuerlichen Vorteilen auch eine höhere Flexibilität sowie der Zugang zum kaufmännischen Rechnungswesen als Gründe genannt.[116] Darüber hinaus können Ausgliederungen genutzt werden, um die im Kernhaushalt bestehenden Kreditaufnahmebeschränkungen zu umgehen.[117] Solche „Schattenhaushalte“[118] verschleiern die tatsächliche Lage einer Gemeinde und verstoßen gezielt gegen die Forderung nach intergenerativer Gerechtigkeit.[119]

Durch die Ausgliederungen nimmt die ökonomische und politische Bedeutung der Kernverwaltungen auf kommunaler Ebene zunehmend ab; entsprechend steigt jene der peripheren, dezentralen öffentlichen Einheiten.[120] So können in einzelnen Gemeinden der Bilanzwert oder der Umsatz der ausgegliederten Aufgabenbereiche die vergleichbaren Größen im Kernhaushalt sogar übersteigen.[121] Ähnliches gilt für die Verteilung der Beschäftigten.[122] In der Stadt Solingen entfallen bspw. mehr als 75 % des Personals und

---

113 Vgl. BOLSENKÖTTER, H., Integriertes öffentliches Rechnungswesen, S. 16; GÜNTHER, T./NIEPEL, M./SCHILL, O., Herausforderungen, S. 227 f.; HACK, A., Kommunales Beteiligungscontrolling, S. 1; SROCKE, I., Kapitalkonsolidierung, S. 53.

114 Vgl. LT-Drucksache 13/5567, S. 165; EIBELSHÄUSER, M., Bilanzierungsgrundsätze und öffentliche Rechnungslegung, S. 618; ähnlich auch GÜNTHER, T./NIEPEL, M., Kommunales Beteiligungscontrolling, S. 337; SCHAEFER, C., Öffentliches Beteiligungscontrolling, S. 333.

115 Vgl. LINHOS, R., Das Management des kommunalen Konzerns, S. 367.

116 Vgl. HENKES, J., Der Jahresabschluss kommunaler Gebietskörperschaften, S. 498 m. w. N.

117 Vgl. HENKES, J., Der Jahresabschluss kommunaler Gebietskörperschaften, S. 498.

118 BUDÄUS, D./HILGER, D., Reform des öffentlichen Haushalts- und Rechnungswesens, S. 36.

119 Vgl. BUDÄUS, D./HILGER, D., Reform des öffentlichen Haushalts- und Rechnungswesens, S. 36.

120 Vgl. BUDÄUS, D., Zum aktuellen Reformstand, S. 49; BUDÄUS, D./SROCKE, I., Public-Corporate-Governance-Kodex, S. 82; SCHWARTING, G., Beteiligungsmanagement und -controlling, S. 342.

121 Vgl. SCHWARTING, G., Ein neues kommunales Haushaltsrecht, S. 172.

122 BOLSENKÖTTER verweist darauf, dass mittlerweile bis zu 80 % der Beschäftigten in der Kommunalverwaltung in ausgegliederten Einheiten tätig sind, vgl. BOLSENKÖTTER, H., Integriertes öffentliches Rechnungswesen, S. 17.

annähernd 100 % der Verbindlichkeiten auf Eigenbetriebe und Kapitalgesellschaften.[123] Der Jahresabschluss der Kernverwaltung hat folglich nur noch begrenzte Aussagekraft.[124]

Problematisch ist in diesem Zusammenhang die Tatsache, dass in den verschiedenen Organisationsformen unterschiedliche Rechnungssysteme genutzt werden und somit neben der organisatorischen Fragmentierung auch eine Zersplitterung des öffentlichen Rechnungswesens festzustellen ist.[125] Während im kommunalen Kernhaushalt die Kameralistik eingesetzt wurde, müssen die Tochterorganisationen ihre Bücher in der Regel nach kaufmännischen Grundsätzen führen.[126] Die Möglichkeit zur Aufstellung eines handelsrechtlichen Konzernabschlusses bestand somit auf Grund der verschiedenen Rechenwerke in der Vergangenheit nicht.[127] Hierdurch war es auch nicht möglich, einen Gesamtüberblick über die Vermögens-, Finanz- und Ertragslage der wirtschaftlich verbundenen Einheiten der Gemeinde zu gewinnen.[128]

Das Neue Kommunale Finanzmanagement greift diese Problematik der zahlreichen Ausgliederungen auf. Zwar wurde die Konsolidierung des Kernhaushaltes und der ausgegliederten Aufgabenbereiche zu einem Konzernabschluss zunächst eher als untergeordnete Zielsetzung der Reformbestrebungen angesehen, hier ist indes ein Umdenken festzustellen.[129] Die Konsolidierung wird nunmehr als wichtiges Ziel der Reform des Gemeindehaushaltsrechts bezeichnet.[130] Die Erstellung eines Gesamtabschlusses soll einen Gesamtüberblick über die Vermögens-, Finanz- und Ertragslage einer Gemeinde ermögli-

123 Vgl. SROCKE, I., Konzernrechnungslegung in Gebietskörperschaften, S. 39.

124 Vgl. BOLSENKÖTTER, H., Integrierte Rechnungslegung, S. 225.

125 Vgl. SCHAEFER, C., Öffentliches Beteiligungscontrolling, S. 283; vgl. hierzu auch AHLGRIMM, C., Neugestaltung des öffentlichen Haushaltswesens, S. 20; DETEMPLE, P./MARETTEK, C., Konzernabschlüsse für Gebietskörperschaften, S. 272; SROCKE, I., Konzernrechnungslegung in Gebietskörperschaften, S. 16.

126 Vgl. KÄMPFER, G., Die Rechnungslegung privater Konzerne, S. 325.

127 Vgl. BUDÄUS, D./HILGER, D., Reform des öffentlichen Haushalts- und Rechnungswesens, S. 36; ROTHERMEL, M., Vorbemerkung, S. 1; SCHAEFER, C., Ziele des Öffentlichen Rechnungswesens, S. 106; SCHAUER, R., Kommunale Doppik, S. 20.

128 Vgl.BUDÄUS, D./HILGER, D., Reform, S. 388; PEINER, W., Reform des Haushalts- und Rechnungswesens, S. 29; VOGEL, R., Gesamtabschluss, S. 151.

129 Vgl. BUDÄUS, D./HILGER, D., Reform des öffentlichen Haushalts- und Rechnungswesens, S. 30; SROCKE, I., Öffentliche Konzernrechnungslegung, S. 271.

130 Vgl. LT-Drucksache 13/5567, S. 200; vgl. hiezu auch BRIXNER, H. C., Die Doppik als Grundlage des öffentlichen Rechnungswesens, S. 188; BUDÄUS, D., Zum aktuellen Reformstand, S. 47; SROCKE, I., Konzernrechnungslegung unter Berücksichtigung internationaler Rechnungslegungsstandards, S. 249.

chen.[131] Hierfür wurden in einem gesonderten neuen Teil der Gemeindeordnung und in der Gemeindehaushaltsverordnung umfassende Vorschriften für die Erstellung eines Gesamtabschlusses kodifiziert.[132] In den Gesamtabschluss sind der Jahresabschluss der Gemeinde sowie die Jahresabschlüsse aller verselbständigten Aufgabenbereiche in öffentlich-rechtlicher oder privatrechtlicher Form einzubeziehen (§ 116 Abs. 2 GO).[133]

131 Vgl. LT-Drucksache 13/5567, S. 170 und 200.

132 Vgl. LT-Drucksache 13/5567, S. 200.

133 Vgl. zum Gesamtabschluss insbesondere Abschnitt 36.

3 Die Haushaltswirtschaft der Gemeinden in Nordrhein-Westfalen

31 Vorbemerkung

Die Rechnungslegung soll die Haushaltswirtschaft der Gemeinde abbilden und transparent machen. Der Begriff der Haushaltswirtschaft ist gesetzlich nicht geregelt. Alle Dinge und Tätigkeiten, die mit der Vorbereitung, Aufstellung und Ausführung des Haushaltsplans (Ergebnisplan und Finanzplan) sowie mit der Vorbereitung, Aufstellung und Prüfung des Jahresabschlusses (Ergebnisrechnung, Finanzrechnung und Bilanz) zusammenhängen, können hierunter subsumiert werden.[134] Ebenso zur Haushaltswirtschaft gehört die Verpflichtung der Gemeinde, einen Gesamtabschluss aufzustellen.[135] Die Haushaltswirtschaft lässt sich in verschiedene Phasen einteilen:[136]

- Planung und Aufstellung des Haushaltsplans,
- Ausführung des Haushaltsplans im Haushaltsjahr,
- Rechnungslegung, Prüfung und Entlastung.

Der beschriebene Prozess dauert circa drei Jahre. Er wiederholt sich jedes Haushaltsjahr, wobei sich Haushaltsjahr und Kalenderjahr entsprechen (§ 78 Abs. 4 GO).[137] In der Regel beginnt der Planungsprozess im Frühjahr jenes Jahres, das dem eigentlichen Haushaltsjahr vorangeht (bspw. im Frühjahr 2009 für das Haushaltsjahr 2010). Der endgültige Haushaltsplan soll gemäß § 80 Abs. 5 GO spätestens einen Monat vor Beginn des Haushaltsjahres vorliegen (November 2009). Der Haushaltsplan wird dann im Haus-

134 Vgl. INNENMINISTERIUM NORDRHEIN-WESTFALEN (Hrsg.), Neues Kommunales Finanzmanagement, S. 83.

135 So INNENMINISTERIUM NORDRHEIN-WESTFALEN (Hrsg.), Neues Kommunales Finanzmanagement, S. 84.

136 Vgl. BERNHARDT, H./MUTSCHLER, K./STOCKEL-VELTMANN, C., Kommunales Finanzmanagement NRW, S. 83; ähnlich auch PÜNDER, H., Haushaltsrecht im Umbruch, S. 67 f.

137 Dies ist eine Ausprägung des Jährlichkeitsprinzips. Zudem besteht so eine Übereinstimmung mit den sonstigen öffentlichen Haushalten sowie dem Steuerjahr, vgl. INNENMINISTERIUM NORDRHEIN-WESTFALEN (Hrsg.), Neues Kommunales Finanzmanagement, S. 130. Eine Planaufstellung für zwei Jahre ist möglich, hierbei ist indes eine Trennung der Jahre erforderlich (§ 78 Abs. 3 Satz 2 GO). Diese Regelung wird von einigen Gemeinden in Anspruch genommen, um personelle und zeitliche Kapazitäten bereitzustellen, die für den Übergang auf die Doppik benötigt werden, vgl. HENKES, J., Der Jahresabschluss kommunaler Gebietskörperschaften, S. 5.

haltsjahr 2010 ausgeführt. Im Jahr 2011 erfolgt dann die Abrechnung, Prüfung und Entlastung.[138]

Im Folgenden werden die wesentlichen Eckpfeiler der Haushaltswirtschaft der Gemeinde vorgestellt. Auf Grund der in einer Gemeinde bestehenden Interessenkonflikte und Informationsasymmetrien zwischen den beteiligten Gruppen dient die Prinzipal-Agent-Theorie im Folgenden als Ausgangspunkt der Untersuchung, da sie wichtige Anhaltspunkte für Anforderungen an eine normierte Rechnungslegung von Gemeinden bietet. Anschließend werden die allgemeinen Haushaltsgrundsätze vorgestellt, da auch sie bedeutenden Einfluss auf die Rechnungslegung haben. Danach werden die wesentlichen Elemente der regelmäßigen Rechnungslegung von Gemeinden skizziert.

32 Die Prinzipal-Agent-Theorie als konzeptionelle Grundlage für eine normierte Rechnungslegung

321. Grundlagen der Prinzipal-Agent-Theorie

Die Prinzipal-Agent-Theorie als eine Forschungsrichtung der Neuen Institutionenökonomik beschäftigt sich mit der Analyse der Beziehung zwischen einem oder mehreren Auftraggebern (Prinzipal) und einem oder mehreren Beauftragten (Agent).[139] Eine Agency-Beziehung kann charakterisiert werden als „a contract under which one or more persons (the principal(s)) engage another person (the agent) to perform some service on their behalf which involves delegating some decision making authority to the agent"[140]. Durch die Delegation von Rechten und Pflichten beeinflusst der Agent durch sein Handeln auch das Wohl des Prinzipals.[141] Auftragsbeziehungen resultieren insbesondere aus den ökonomischen Vorteilen einer Arbeitsteilung.[142]

Die Prinzipal-Agent-Theorie basiert dabei auf verschiedenen Annahmen. So wird unterstellt, dass Prinzipal und Agent unterschiedliche Interessen haben und jeweils ihren per-

138 Vgl. BERNHARDT, H./MUTSCHLER, K./STOCKEL-VELTMANN, C., Kommunales Finanzmanagement NRW, S. 83.

139 Vgl. zur Prinzipal-Agent-Theorie exemplarisch RICHTER, R./FURUBOTN, E. G., Neue Institutionenökonomik, S. 173-182; ALPARSLAN, A., Strukturalistische Prinzipal-Agent-Theorie, S. 11-47.

140 JENSEN, M. C./MECKLING, W. H., Theory of the Firm, S. 308.

141 Vgl. OSNER, A., Kommunale Organisations-, Haushalts- und Politikreform, S. 80.

142 Vgl. STREITFERDT, L./KRUSE, J., Agency-Probleme, S. 322.

sönlichen Nutzen maximieren wollen.[143] Der Agent wird sich opportunistisch verhalten und gegebenenfalls eigene und nicht die vom Auftraggeber vorgegebenen Ziele verfolgen.[144] Darüber hinaus ist das Ergebnis der Handlungen des Agenten nicht nur vom Handeln des Agenten abhängig sondern unterliegt auch anderen Einflüssen.[145]

Die Prinzipal-Agent-Beziehung ist des Weiteren durch eine ungleiche Informationsverteilung gekennzeichnet.[146] Der Agent besitzt gegenüber dem Prinzipal einen Informationsvorsprung.[147] Dabei kann zwischen Informationsasymmetrien vor und nach dem Vertragsabschluss unterschieden werden.[148]

Vor Abschluss eines Vertrages besteht die Hidden-Characteristics-Problematik:[149] Hier kann der Auftraggeber die Eigenschaften eines potenziellen Agenten nicht einschätzen. Für den Prinzipal besteht dann die Gefahr, einen ungeeigneten Agenten auszuwählen.[150] Die Hidden-Action und Hidden-Information-Problematik bezieht sich auf Zeitpunkte nach Vertragsabschluss:[151] Hierbei ist es dem Prinzipal nicht oder nur schwer möglich, die Ergebnisse der Handlungen des Agenten zu beurteilen.[152] Somit besteht die Gefahr, dass der Agent Handlungsspielräume zum eigenen Vorteil und damit zum Schaden des Prinzipals ausnutzt (moral hazard).[153]

Eine klassische Prinzipal-Agent-Beziehung stellt das Verhältnis zwischen Anteilseigner und Management eines Unternehmens dar.[154] Die Anteilseigner (Prinzipale) übertragen dem Management (Agent) die Verfügungsmacht über das von ihnen bereitgestellte Kapi-

143 Vgl. ALPARSLAN, A., Strukturalistische Prinzipal-Agent-Theorie, S. 17.

144 Vgl. ALPARSLAN, A., Strukturalistische Prinzipal-Agent-Theorie, S. 17.

145 Vgl. ELSCHEN, R., Agency-Theorie, S. 248.

146 Vgl. ELSCHEN, R., Agency-Theorie, S. 248; RICHTER, R./FURUBOTN, E. G., Neue Institutionenökonomik, S 216.

147 Vgl. RICHTER, R./FURUBOTN, E. G., Neue Institutionenökonomik, S 174.

148 Vgl. ALPARSLAN, A., Strukturalistische Prinzipal-Agent-Theorie, S. 20; NIMWEGEN, S., Vermeidung und Aufdeckung, S. 15; RICHTER, R./FURUBOTN, E. G., Neue Institutionenökonomik, S. 216.

149 Vgl. hierzu und im Folgenden ALPARSLAN, A., Strukturalistische Prinzipal-Agent-Theorie, S. 21 f.

150 Vgl. OSNER, A., Kommunale Organisations-, Haushalts- und Politikreform, S. 82.

151 Vgl. hierzu ALPARSLAN, A., Strukturalistische Prinzipal-Agent-Theorie, S. 22-24.

152 Vgl. OSNER, A., Kommunale Organisations-, Haushalts- und Politikreform, S. 82.

153 Vgl. SPREMANN, K., Asymmetrische Information, S. 571.

154 Vgl. BERENS, W./SCHMITTING, W., Controlling, S. 58; vgl. mit Bezug zur externen Rechnungslegung bspw. HARTMANN-WENDELS, T., Rechnungslegung der Unternehmen; vgl. hierzu und im Folgenden auch KLAHOLZ, T., Wiederherstellungsverpflichtungen, S. 20.

tal.[155] Das Management hat die Aufgabe, durch sein Handeln den Nutzen der Eigenkapitalgeber aus dem Unternehmen zu maximieren.[156] Die Eigenkapitalgeber tragen indes das finanzielle Risiko aus den Entscheidungen des Managements.[157] Da Eigenkapitalgeber und Management jeweils nach individueller Nutzenmaximierung streben, entstehen regelmäßig Zielkonflikte zwischen den beiden Vertragsparteien.[158]

Neben dieser „klassischen" Prinzipal-Agent-Beziehung werden auch Eigner-Gläubiger-Probleme aus der Perspektive der Agency-Theorie beleuchtet.[159] Darüber hinaus bestehen auch in vielen anderen Bereichen Prinzipal-Agent-Beziehungen, bspw. zwischen Arzt und Patient, Käufer und Verkäufer sowie Versicherungsgeber und Versicherungsnehmer.[160]

Aber auch verschiedene Beziehungen in Gemeinden können als Prinzipal-Agent-Beziehungen mit den charakteristischen Problemen interpretiert werden.[161] ZAHRADNIK spricht in diesem Zusammenhang davon, dass „die Gemeinde ein geradezu idealtypischer Fall für das Auftreten von Prinzipal-Agenten-Problemen ist"[162]. Als Prinzipal-Agent-Verhältnisse können hier bspw. die Beziehungen zwischen Bürgern und Politikern sowie zwischen Politikern und dem Bürgermeister interpretiert werden.[163] Die kommunale Gebietskörperschaft und ihr Bezug zur lokalen Gesellschaft ist ein mehrstufiges Prinzipal-Agent-Netzwerk, das im Folgenden skizziert werden soll. Da als Ursache für die beste-

155 Vgl. JENSEN, M. C./MECKLING, W. H., Theory of the Firm, S. 308; HAX, H., Theorie der Unternehmung, S. 60; HARTMANN-WENDELS, T., Rechnungslegung der Unternehmen, S. 3.

156 Vgl. HALLER, A., Positive Accounting Theory, S. 599; so sind die Eigenkapitalgeber insbesondere an einer hohen Verzinsung des eingesetzten Kapitals interessiert, vgl. HARTMANN-WENDELS, T., Rechnungslegung der Unternehmen, S. 140.

157 Vgl. EWERT, RALF, Agency-Probleme, S. 1; KRÖNERT, B., Grundsätze informationsorientierter Rechnungslegung, S. 15 m w. N.; METH, D., Die IFRS als Grundlage der Rechnungslegung mittelständischer Unternehmen, S. 18.

158 Vgl. HARTMANN-WENDELS, T., Rechnungslegung der Unternehmen, S. 140; HAX, H., Theorie der Unternehmung, S. 58.

159 Vgl. exemplarisch WAGENHOFER, A./EWERT, R., Externe Unternehmensrechnung, S 191-223.

160 Vgl. SIEFKE, M., Externes Rechnungswesen, S. 45.

161 Vgl. hierzu ELSCHEN, R., Agency-Theorie, S. 250; LÜDER, K./HINZMANN, C./KAMPMANN, B./OTTE, R., Vergleichende Analyse öffentlicher Rechnungssysteme, S. 12; MODELLPROJEKT „DOPPISCHER KOMMUNALHAUSHALT IN NRW", Neues Kommunales Finanzmanagement, S. 53; OTTE, R., Konzernabschlüsse im öffentlichen Bereich, S. 35; PÜNDER, H., Haushaltsrecht im Umbruch, S. 17.

162 ZAHRADNIK, S., Das kommunale Rechnungswesen, S. 53; auch in der Handreichung des Innerministeriums wird auf die Stellvertreterbeziehung verwiesen, vgl. INNENMINISTERIUM NORDRHEIN-WESTFALEN (Hrsg.), Neues Kommunales Finanzmanagement, S. 510.

163 Vgl. PÜNDER, H., Haushaltsrecht im Umbruch, S. 17 m. w. N.

henden Prinzipal-Agent-Konflikte neben den Informationsasymmetrien die heterogenen Interessen der Beteiligten angesehen werden, sollen jene ebenfalls kurz skizziert werden.

322. Prinzipal-Agent-Beziehungen in der Gemeinde

An der Spitze des mehrstufigen Prinzipal-Agent-Netzwerkes steht die lokale Bürgerschaft.[164] Sie ist der oberste Auftraggeber[165] und der eigentliche Prinzipal.[166] In einem demokratischen Wahlprozess delegieren die Bürger die Wahrnehmung ihrer Interessen an Politiker als Agenten.[167] Zudem finanzieren sie die Leistungen der Verwaltung durch Abgaben und Steuern.[168] Agenten sind aus Sicht der Bürger zum einen der Bürgermeister, zum anderen die Mitglieder des Gemeinderates. Auch das Zustandekommen dieser Vertragsbeziehungen lässt sich mit effizienzsteigernden Vorteilen erklären, da für die Vielzahl von Entscheidungen, die in einer Gemeinde getroffen werden müssen, nicht jeder Bürger ausreichend Zeit und Kenntnis aufbringen kann.[169]

Der Gemeinderat legt im Rahmen der kommunalen Selbstverwaltung die wesentlichen Aufgabenbereiche und Schwerpunkte der Tätigkeit der Verwaltung als Zielvorgaben und Handlungsanweisungen fest.[170] Die Aufgabe des Bürgermeisters ist es, die Entscheidungen des Rates auszuführen.[171] Der Bürgermeister, der als Chef der Verwaltung für die Leitung und Beaufsichtigung des Geschäftsgangs der gesamten Verwaltung verantwortlich ist (§ 62 Abs. 1 Satz 2 GO), sollte treuhänderisch das Kapital der Bürger verwalten.[172]

164 Vgl. OSNER, A., Kommunale Organisations-, Haushalts- und Politikreform, S. 85; vgl. auch EICHHORN, P., New Governance, S. 179.

165 Vgl. VOGELPOTH, N., Bedeutung der Rechnungslegung, S. 284; vgl. hierzu auch LÜDER, K./HINZMANN, C./KAMPMANN, B./OTTE, R., Vergleichende Analyse öffentlicher Rechnungssysteme, S. 13.

166 Vgl. STREITFERDT, L./KRUSE, J., Agency-Probleme, S. 322.

167 Vgl. OSNER, A., Theorie der Unternehmung, S. 63; ZAHRADNIK, S., Das kommunale Rechnungswesen, S. 52; LINHOS, R., Die Stadt als Konzern, S. 113.

168 Vgl. ähnlich LÜDER, K., Öffentliches Rechnungswesen und Finanzkontrolle, S. 136.

169 Vgl. OTTE, R., Konzernabschlüsse im öffentlichen Bereich, S. 36.

170 Vgl. zu den Aufgaben des Gemeinderates RAU, T., Der Bürgermeister, S. 242 f.

171 Vgl. zu den Aufgaben des Gemeinderates RAU, T., Der Bürgermeister, S. 242 f.

172 Vgl. MODELLPROJEKT „DOPPISCHER KOMMUNALHAUSHALT IN NRW", Neues Kommunales Finanzmanagement, S. 53.

Der einzelne Bürger ist daran interessiert, dass die Gemeinde jene Güter und Dienstleistungen bereitstellt, die er für wichtig erachtet.[173] Dabei sind die Präferenzen der einzelnen Bürger höchst unterschiedlich, beeinflussen aber die Wahlentscheidungen.[174]

Ähnliche Präferenzen können den Bürgern indes hinsichtlich verschiedener Formalziele unterstellt werden.[175] Wichtigstes Formalziel ist die Wirtschaftlichkeit. Die Steuerzahler haben ein generelles Interesse daran, dass mit den von ihnen bereitgestellten Ressourcen sparsam und wirtschaftlich umgegangen wird.[176] Die Steigerung der Wirtschaftlichkeit einer öffentlichen Verwaltung kann die Erreichung der Sachziele verbessern oder die Abgaben der Bürger senken. Beides liegt sachzielunabhängig im Interesse der Bürger.[177]

Die Delegation von Entscheidungsbefugnissen und die freiwillige sowie die unfreiwillige Überlassung finanzieller Ressourcen bedeutet für die Bürger die Gefahr von Wohlfahrtsverlusten.[178] Den Interessen der Bürger könnte bspw. „consumption on the job“ in Form einer exklusiven Büroausstattung und einem zu hohen Repräsentationsaufwand entgegenstehen.[179]

Politiker und ihre Parteien sind Anbieter von politischen Programmen.[180] Sie stehen miteinander im Wettbewerb und streben danach, ihren Nutzen zu maximieren.[181] Hierunter können Einkommen, Macht und Prestige fallen.[182] Um diese Ziele zu realisieren, ist es bei den regelmäßig stattfindenden Wahlen erforderlich, die auf sie entfallenden Stimmen zu maximieren.[183]

---

173 Vgl. ZAHRADNIK, S., Das kommunale Rechnungswesen, S. 55.

174 Vgl. hierzu ZAHRADNIK, S., Das kommunale Rechnungswesen, S. 55.

175 Vgl. ZAHRADNIK, S., Das kommunale Rechnungswesen, S. 55.

176 Vgl. PAMPEL, J. R./SASS, J., Entwicklungen im neuen öffentlichen und kaufmännischen Rechnungswesen, S. 152.

177 ZAHRADNIK, S., Das kommunale Rechnungswesen, S. 58. Das Ziel der Wirtschaftlichkeit hat auch Eingang in die Gemeindeordnung gefunden, vgl. hierzu Abschnitt 333.

178 Vgl. LÜDER, K./HINZMANN, C./KAMPMANN, B./OTTE, R., Vergleichende Analyse öffentlicher Rechnungssysteme, S. 16.

179 Vgl. MERSCHBÄCHER G., Öffentliche Rechnungssysteme, S. 158.

180 Vgl. FINGER, S., Staatsverschuldung und Verwaltungsreform, S. 37.

181 Vgl. hierzu FINGER, S., Staatsverschuldung und Verwaltungsreform, S. 43-45; ZAHRADNIK, S., Das kommunale Rechnungswesen, S. 59.

182 Vgl. ZAHRADNIK, S., Das kommunale Rechnungswesen, S. 59.

183 Vgl. zur Stimmenmaximierung auch LENK, T./ROTTMANN, O., Public Corporate Governance in öffentlichen Unternehmen, S. 346.

Tendenziell können Stimmen von potenziellen Wählern durch zusätzliche öffentliche Leistungen gewonnen werden.[184] Werden diese „Wahlgeschenke“[185] durch Kredite finanziert, kommen die Leistungen unmittelbar den Bürgern zugute, die Belastungen aus der Kreditaufnahme sind indes zunächst noch nicht direkt bemerkbar,[186] sondern werden erst später in Form von höheren Steuern oder geringeren Leistungen auftreten.[187] Die „Unmerklichkeit der Kreditaufnahme und Schuldenillusion tragen dazu bei, die demokratisch-parlamentarische Herrschaft von Regierungen (vorübergehend) zu stabilisieren und ihre Wiederwahl zu fördern.“[188] Kredite können darüber hinaus ein Absinken in der Wählergunst reduzieren, indem notwendige, aber unpopuläre Sparmaßnahmen wie Leistungskürzungen, die eventuell Wählerstimmen kosten könnten,[189] vermieden werden. Im demokratischen System bestehen somit hohe Anreize, das Instrument der Staatsverschuldung einzusetzen, um den eigenen Nutzen zu maximieren.[190]

Die Verschuldung belastet künftige Parlamentsmehrheiten und Generationen. Problematisch ist in diesem Zusammenhang, dass künftige Generationen noch nicht geboren oder noch im Kindesalter sind und somit das aus ihrer Sicht unvorteilhafte Verhalten der heutigen Politiker in Wahlen nicht sanktionieren können.[191] Somit besteht die Gefahr, dass es zu intergenerativen Umverteilungen über den Wahlmechanismus kommt.[192]

Bei den verschiedenen Auftragsbeziehungen in Gemeinden ist zu unterstellen, dass neben den genannten Interessenkonflikten auch Informationsasymmetrien bestehen.[193] Hieraus können die für Auftragsbeziehungen typischen Konflikte entstehen.

---

184 Vgl. SCHEMMEL, L., Staatsverschuldung und öffentliche Investitionen, S. 74; ähnlich auch SROCKE, I., Konzernrechnungslegung in Gebietskörperschaften, S. 64.

185 SCHEMMEL, L., Staatsverschuldung und öffentliche Investitionen, S. 74.

186 Vgl. hierzu BRÜMMERHOFF, D., Finanzwissenschaft, S. 642 f.; HÖFLING, W., Ökonomische Theorie der Staatsverschuldung, S. 87; KAMPMANN, B., Staatsverschuldung, S. 43; WUCHERPFENNIG, L., Staatsverschuldung in Deutschland, S. 27.

187 DIEMERT, D., Das Haushaltssicherungskonzept, S. 15.

188 SCHEMMEL, L., Staatsverschuldung und öffentliche Investitionen, S. 74.

189 Vgl. auch HENKES, J., Der Jahresabschluss kommunaler Gebietskörperschaften, S. 55; ZAHRADNIK, S., Von der Kameralistik zur Doppik, S. 41.

190 Vgl. FINGER, S., Staatsverschuldung und Verwaltungsreform, S. 81.

191 Vgl. FINGER, S., Staatsverschuldung und Verwaltungsreform, S. 42; ähnlich auch DIEMERT, D., § 3 Generationengerechtigkeit, Rn. 3.

192 Vgl. BRÜMMERHOFF, D., Finanzwissenschaft, S. 642.

193 Vgl. LENK, T./ROTTMANN, O., Konzept und Wirkungen, S. 48.

323. Rechnungslegung zur Reduzierung von Informationsasymmetrien

Die bestehenden Informationsasymmetrien hinsichtlich der finanziellen Situation der Gemeinde können z. B. durch eine regelmäßige normierte Rechnungslegung verringert werden.[194] Der Agent wird verpflichtet, den Prinzipalen nach feststehenden Regeln, und damit für die Prinzipale nachvollziehbar, Rechenschaft über seine Tätigkeit abzulegen. Die Rechnungslegung ist somit ein Instrument zur Kontrolle und Überwachung der Tätigkeiten des jeweiligen Agenten.[195] Hierdurch kann die Gefahr eines eigennützig handelnden Agenten reduziert werden.[196]

In diesem Zusammenhang ist zu beachten, dass die Rechnungslegung vom Agenten aufgestellt wird.[197] Während das Management über vollständige Informationen verfügt, erhalten die Adressaten die Informationen erst durch die Rechnungslegung. Diesen Informationsnachteil kann das Management ausnutzen und unter Beachtung der bestehenden Rechnungslegungsregeln eine seinen Interessen und Zielsetzungen entsprechende Rechnungslegungspolitik betreiben.[198] Sanktionen, die aus einer funktionsadäquaten Kontrolle resultieren würden, können so möglicherweise abgewendet werden.[199]

Die politischen Leitungsorgane können dabei verschiedene bilanzpolitische Ziele verfolgen.[200] Diese können sowohl eine positive als auch eine negative Darstellung der Lage der Gemeinde umfassen. Gegenüber den Bürgern kann für die politische Leitung ein Anreiz

---

194 Vgl. OTTE, R., Konzernabschlüsse im öffentlichen Bereich, S. 39. Vgl. hierzu in Hinblick auf die Privatwirtschaft BAETGE, J./LIENAU, A., Gläubigerschutzgedanke, S. 67; BALLWIESER, W., Ansätze zur ökonomischen Analyse des Bilanzrechts, S. 376; BUSSE VON COLBE, W., Jahresabschluss als Informationsinstrument, S. 14; HETTICH, S., Zweckadäquate Gewinnermittlungsregeln, S. 111; PAARZ, M., Investororientierte Bankrechnungslegung, S. 14; WATRIN, C., Internationale Rechnungslegung, S. 33.

195 Vgl. BAETGE, J./THIELE, S./MATENA, S., Mittelbare Sicherung der Prüfungsqualität, S. 202-205.

196 Vgl. KLAHOLZ, T., Wiederherstellungsverpflichtungen, S. 20.

197 Vgl. hierzu in Hinblick auf die Privatwirtschaft BAETGE, J./THIELE, S./MATENA, S., Mittelbare Sicherung der Prüfungsqualität, S. 204; vgl. hierzu auch WAGENHOFER, A., Rechnungslegung, S. 465. BAETGE/THIELE/MATENA sprechen hier von einem doppelten Prinzipal-Agent-Konflikt, vgl. BAETGE, J./THIELE, S./MATENA, S., Mittelbare Sicherung der Prüfungsqualität, S. 204.

198 Vgl. BAETGE, J./THIELE, S./MATENA, S., Mittelbare Sicherung der Prüfungsqualität, S. 204; vgl. auch ZIESEMER, S., Rechnungslegungspolitik, S. 11-29.

199 Vgl. BAETGE, J./BALLWIESER, W., Zum bilanzpolitischen Spielraum der Unternehmensleitung, S. 203.

200 Vgl. zu Zielen der Jahresabschlusspolitik BERENS, W./HOFFJAN, A., Jahresabschlusspolitische Sachverhaltsgestaltungen, S. 1282-1294; vgl. zu einem Beispiel von Sachverhaltsgestaltung zur Ergebnisbeeinflussung BERENS, W./HOFFJAN, A., Sachverhaltsgestaltende Ergebniskosmetik, S. 1324-1328; vgl. auch MATZ, J., Bilanzpolitik in der kommunalen Doppik, S. 193-200.

bestehen, die wirtschaftliche Lage besser darzustellen, als sie tatsächlich ist, um so eine scheinbar solide Finanzpolitik vorzutäuschen.[201] Ein wichtiges Motiv ist in diesem Zusammenhang die Realisierung des Haushaltsausgleichs.[202] Insbesondere vor Wahlen kann eine progressive Bilanzpolitik nützlich sein, um die eigene Wiederwahl zu begünstigen.[203] Gegenüber den Aufsichtsbehörden kann eine positive Ertragslage für die Genehmigung eines gegebenenfalls erforderlichen Haushaltssicherungskonzeptes von Vorteil sein.[204]

Im Gegensatz hierzu kann die politische Führung im ersten Amtsjahr darauf bedacht sein, eine konservative Bilanzpolitik – und somit ergebnismindernde rechnungslegungspolitische Maßnahmen – durchzuführen und das damit einhergehende schlechte Jahresergebnis der vorherigen politischen Führung anzulasten.[205] Handelsrechtlich wird hier von „big bath accounting"[206] gesprochen. Die Ergebnisminderungen entlasten auf diese Weise künftige Perioden und führen dann zu einer positiven Beurteilung der Leistungen der politischen Führung.[207]

Informationsasymmetrien können durch die Rechnungslegung nur dann verringert werden, wenn das Management die veröffentlichten Informationen nicht im eigenen Sinne darstellen kann.[208] Hierzu muss die Berichterstattung hinreichend verlässlich sein.[209] Eine Berichterstattung ist als verlässlich zu charakterisieren, sofern sie objektiv, d. h. intersubjektiv nachprüfbar ist.[210] Des Weiteren kann sich das Management einer Rechenschaft um so eher entziehen, „je mehr Spielräume die Regeln enthalten, nach denen Rechenschaft zu geben ist."[211] Weitreichende Bilanzierungs- und Bewertungswahlrechte sowie

201 Vgl. HENNIES, M., Bilanzpolitik und Bilanzanalyse im kommunalen Sektor, S. 16.

202 Vgl. FUDALLA, M./TÖLLE, M./WÖSTE, C./ZUR MÜHLEN, M., Bilanzierung und Jahresabschluss in der Kommunalverwaltung, S. 247; HENNIES, M., Bilanzpolitik und Bilanzanalyse im kommunalen Sektor, S. 21; KUSSMAUL/HENKES verweisen neben dem Erreichen eines ausgeglichenen Haushalts als dem primären Zweck bilanzpolitischer Maßnahmen auch auf die Verhinderung der Verpflichtung zur Erstellung eines Haushaltssicherungskonzeptes, vgl. KUSSMAUL, H./HENKES, J., Qualitative Analyse, S. 937.

203 Vgl. HENNIES, M., Bilanzpolitik und Bilanzanalyse im kommunalen Sektor, S. 16.

204 Vgl. HENNIES, M., Bilanzpolitik und Bilanzanalyse im kommunalen Sektor, S. 16.

205 Vgl. BRÖTZMANN, I., Sicherungsbeziehungen, S. 191.

206 LEVITT, A., The Numbers Game, S. 2545.

207 Vgl. sinngemäß BRÖTZMANN, I., Sicherungsbeziehungen, S. 191.

208 Vgl. BAETGE, J./THIELE, S./MATENA, S., Mittelbare Sicherung der Prüfungsqualität, S. 204 f.

209 Vgl. WAGENHOFER, A./EWERT, R., Externe Unternehmensrechnung, S. 6 f.

210 Vgl. BAETGE, J., Möglichkeiten der Objektivierung, S. 170; KOELEN, P., Rechnungslegung, S. 16 m. w. N.

211 BALLWIESER, W., Chancen und Gefahren, S. 30.

Ermessensspielräume wirken sich somit negativ auf den Informationswert der Rechnungslegung aus und sind zu vermeiden.[212]

33 Allgemeine Haushaltsgrundsätze nach § 75 GO

331. Vorbemerkung

1969 wurde das sogenannte Haushaltsgrundsätzegesetz (HGrG) erlassen. Der Bund stützte sich dabei auf Art. 109 Abs. 3 GG. Das HGrG enthält die wesentlichen Prinzipien der Haushaltswirtschaft in Bund und Ländern. Es enthält zunächst allgemeine Regelungen zum Haushaltsplan (§§ 2-7 HGrG). Darüber hinaus werden Regelungen hinsichtlich der Aufstellung (§§ 8-18 HGrG) und Ausführung (§§ 19-31 HGrG) des Haushaltsplans kodifiziert. Des Weiteren enthält das HGrG Bestimmungen über Zahlungen, die Buchführung, die Rechnungslegung sowie über die Finanzplanung und den Finanzplanungsrat (§§ 32-41 HGrG). Bund und Länder sind gemäß § 1 HGrG verpflichtet, ihr Haushaltsrecht nach den Grundsätzen des HGrG zu regeln.[213] Das HGrG soll der Vergleichbarkeit aller öffentlichen Haushalte dienen. Das kommunale Haushaltsrecht wird vom HGrG indes nicht direkt umfasst.[214]

§ 1 HGrG wurde allerdings so verstanden, dass zumindest auch eine politische Verpflichtung zur Anpassung des kommunalen Haushaltsrechts bestand,[215] so dass in Nordrhein-Westfalen das kommunale Haushaltsrecht 1972 durch das Gesetz zur Änderung der Gemeindeordnung, der Kreisordnung und anderer kommunalverfassungsrechtlicher Bestimmungen in diesem Sinne angepasst wurde.

Die allgemeinen Haushaltsgrundsätze legen Anforderungen fest, die an das Verwaltungshandeln zu stellen sind und die die Haushaltwirtschaft lenken sollen.[216] Sie sind ein zent-

---

212 Vgl. BAETGE, J./BALLWIESER, W., Zum bilanzpolitischen Spielraum der Unternehmensleitung, S. 215; kritisch zu Ermessensspielräumen in der kommunalen Rechnungslegung auch ZUR MÜHLEN, M./LOITZ, R., Gründe und Gestaltungsoptionen, S. 585.

213 Durch das Gesetz zur Modernisierung des Haushaltsgrundsätzegesetzes und zur Änderung anderer Gesetze (Haushaltsgrundsätzemodernisierungsgesetz – HGrGMoG) vom 31. Juli 2009 kann die Haushaltswirtschaft nunmehr kameral oder nach den Grundsätzen der staatlichen doppelten Buchführung gestaltet werden.

214 Vgl. PÜNDER, H., Haushaltsrecht im Umbruch, S. 48, Fn. 256 mit Verweis auf die Begründung der Landesregierung zum Gesetzentwurf vom 12. Oktober 1971, LT-Drucksache 7/1143; vgl. auch TIETMEYER, F. B., Die Reform des kommunalen Haushaltsrechts, S. 63 f.

215 Vgl. hierzu PÜNDER, H., Haushaltsrecht im Umbruch, S. 48.

216 Vgl. LÜDER, K., Haushalts- und Finanzplanung, S. 422.

rales Element des Haushaltsrechts und in jeder Phase der Haushaltswirtschaft zu beachten.[217] Sie sind verbindliche Rechtsnormen, deren Einhaltung gerichtlich überprüfbar ist.[218] Ihre Nichtbeachtung stellt einen Verstoß gegen geltendes Recht dar.[219] Die allgemeinen Haushaltsgrundsätze werden im Folgenden näher dargestellt.

332. Sicherung einer stetigen Aufgabenerfüllung

Die Gemeinde hat ihre Haushaltswirtschaft so zu planen und zu führen, dass die stetige Erfüllung ihrer Aufgaben gesichert ist (§ 75 Abs. 1 Satz 1 GO).[220] Der Haushaltsgrundsatz wurde bewusst an den Anfang der Vorschriften gestellt, die die Haushaltswirtschaft der Gemeinde bestimmen.[221] Durch den Grundsatz der stetigen Aufgabenerfüllung bringt der Gesetzgeber zum Ausdruck, dass die Aufgabenerfüllung für die Einwohner und Bürger das herausragende Ziel der gesamten kommunalen Haushaltswirtschaft ist und die gesamte kommunale Haushaltswirtschaft auf dieses Ziel auszurichten ist.[222] So dürfen kommunale Leistungen wie die Schulraumversorgung, Kindergartenplätze, Straßenbeleuchtung oder Feuerwehr nicht von der aktuellen Haushaltslage abhängig sein.[223] Das kommunale Finanzmanagement hat lediglich eine dienende Funktion und ist somit Mittel zum Zweck.[224] Somit haben alle Maßnahmen der Gemeinde der Wohlfahrtsmaximierung zu dienen.[225] Auch die weiteren Haushaltsgrundsätze des § 75 GO sind letztlich Konkretisierungen und Ergänzungen dieser obersten Zielsetzung.[226]

Für die Einhaltung dieses Grundsatzes ist die Art der Aufgabe (gesetzliche, vertragliche oder freiwillige Aufgabe) unerheblich.[227] Die Gemeinde muss gewährleisten, dass alle

217 Vgl. WIRTZ, H., Grundsätze ordnungsmäßiger öffentlicher Buchführung, S. 91 f.

218 Vgl. KLIEVE, L. M., § 75 GO, S. 2.

219 Vgl. MEIER, N., Das Gebot der stetigen Aufgabenerfüllung, S. 158.

220 Der Gesetzgeber hat den Grundsatz der stetigen Aufgabenerfüllung bereits in den siebziger Jahren in die Gemeindeordnung aufgenommen. Er folgte damals dem Musterentwurf der Innenministerkonferenz, vgl. BRINKMEIER, H. J., Grundsätze des neuen Haushaltsrechts, S. 175.

221 Vgl. BRINKMEIER, H. J., Kommunale Finanzwirtschaft, S. 97; SCHWARTING, G., Haushaltskonsolidierung in Kommunen, S. 19.

222 Vgl. ERKES, H., Allgemeine Rücklage und Ausgleichsrücklage, S. 265; KLIEVE, L. M., § 75 GO, S. 3; MEIER, N., Das Gebot der stetigen Aufgabenerfüllung, S. 158.

223 Vgl. SCHWARTING, G., Haushaltskonsolidierung in Kommunen, S. 19.

224 Vgl. BRINKMEIER, H. J., Grundsätze des neuen Haushaltsrechts, S. 175.

225 Vgl. BRINKMEIER, H. J., Kommunale Finanzwirtschaft, S. 97.

226 Vgl. ERKES, H., Allgemeine Rücklage und Ausgleichsrücklage, S. 265.

227 Vgl. KLIEVE, L. M., § 75 GO, S. 3.

Aufgaben zum Wohle der Bürger wahrgenommen und erfüllt werden können.[228] Neue freiwillige Aufgaben sowie selbst gesetzte, höhere Standards bei bestehenden Aufgaben dürfen indes nur mit Rücksicht auf die Leistungsfähigkeit eingeführt werden.[229]

Die Aufgabenerfüllung muss dabei **stetig** gesichert sein. Hierdurch wird verdeutlicht, dass die gemeindliche Aufgabenerfüllung nicht nur im aktuellen Haushaltsjahr sondern auch in den Folgejahren gesichert sein muss.[230] Somit wird auch der Grundsatz der intergenerativen Gerechtigkeit angesprochen.[231] Die kommunale Haushaltswirtschaft darf nicht nur die Förderung des Wohls der Einwohner innerhalb des Haushaltsjahres als Ziel haben sondern muss auch die Umstände künftiger Haushaltsjahre berücksichtigen.[232] Künftige Generationen dürfen nicht unzumutbar belastet werden.[233] Die Haushaltswirtschaft ist somit in zeitlicher Hinsicht umfassend zu planen.[234] Ein wichtiger Bestandteil der Reform des Gemeindehaushaltsrechts ist deshalb die Integration der mittelfristigen Ergebnis- und Finanzplanung in den Haushaltsplan (§ 84 GO).[235] Während die mittelfristige Ergebnis- und Finanzplanung vor Einführung des Neuen Kommunalen Finanzmanagement nur eine Anlage des Haushaltsplans war, ist sie nun integraler Bestandteil des Haushaltsplans.[236]

Der Grundsatz der Sicherung der stetigen Aufgabenerfüllung weist deutliche Parallelen zum Ziel privatwirtschaftlicher Unternehmen auf, die Verdienstquelle zu sichern.[237] „An die Stelle der Sicherung der Verdienstquelle tritt für die Kommune die Sicherung der

---

228 Vgl. FLÜSHÖH, O., § 75 GO, S. 869

229 Vgl. KLIEVE, L. M., § 75 GO, S. 3.

230 Vgl. INNENMINISTERIUM NORDRHEIN-WESTFALEN (Hrsg.), Neues Kommunales Finanzmanagement, S. 86 f.; vgl. zum Grundsatz der stetigen Aufgabenerfüllung auch ZEIS, A., Analyse des kommunalen Jahresabschlusses, S. 145-153.

231 Vgl. INNENMINISTERIUM NORDRHEIN-WESTFALEN (Hrsg.), Neues Kommunales Finanzmanagement, S. 86 f.

232 Vgl. FLÜSHÖH, O., § 75 GO, S. 870.

233 Vgl. INNENMINISTERIUM NORDRHEIN-WESTFALEN (Hrsg.), Neues Kommunales Finanzmanagement, S. 87.

234 Vgl. INNENMINISTERIUM NORDRHEIN-WESTFALEN (Hrsg.), Neues Kommunales Finanzmanagement, S. 86; vgl. hierzu auch BERNHARDT, H./MUTSCHLER, K./STOCKEL-VELTMANN, C., Kommunales Finanzmanagement NRW, S. 168.

235 Vgl. hierzu ausführlich KLIEVE, L. M., § 84 GO, S. 1-3.

236 Vgl. LT-Drucksache 13/5567, S. 187; KLIEVE, L. M., § 84 GO, S. 1.

237 Vgl. BREIDERT, U./RÜDINGER, A., Eignung der handelsrechtlichen GoB, S. 33; EIBELSHÄUSER, M., Bilanzierungsgrundsätze und öffentliche Rechnungslegung, S. 619; PÜNDER, H., Haushaltsrecht im Umbruch, S. 324; VOGELPOTH, N., Vergleich der IPSAS, S. 27.

stetigen Aufgabenerfüllung."[238] Eine wichtige Voraussetzung hierfür ist die Kapitalerhaltung. So ist für LEFFSON (in Bezug auf die Privatwirtschaft) Kapitalerhaltung erforderlich, „damit Unternehmungen ihre Aufgaben auf die Dauer erfüllen und damit Eigentümern und Arbeitnehmern als nachhaltige Einkommensquelle dienen können"[239].

Auch im Haushaltsrecht vor der Umsetzung des Neuen Kommunalen Finanzmanagements war der Grundsatz der stetigen Aufgabenerfüllung verankert. Durch die Reform des Haushaltsrechts durch das Neue Kommunale Finanzmanagement wird indes eine verbesserte Umsetzung des Grundsatzes der stetigen Aufgabenerfüllung erwartet.[240]

333. Wirtschaftlichkeit, Effizienz und Sparsamkeit

Gemäß § 75 Abs. 1 Satz 2 GO ist die Haushaltswirtschaft wirtschaftlich, effizient und sparsam zu führen. Die Grundsätze sind sowohl bei der Planung als auch bei der Ausführung des Haushaltes zu beachten[241] und stellen Anforderungen an das Verwaltungshandeln dar.[242] Sie beziehen sich auf das gesamte kommunale Finanzmanagement und sind auch bei jeder einzelnen Maßnahme zu berücksichtigen.[243] Die Bedeutung der Grundsätze wird durch die Formulierung als „Muss-Vorschrift" unterstrichen.[244]

Der Grundsatz der Wirtschaftlichkeit zielt auf das Verhältnis von Finanzmitteleinsatz und dem zu erzielenden Ergebnis ab.[245] Nach dem Minimalprinzip, welches vorrangig in der Kommunalverwaltung angewendet wird,[246] ist dabei ein gesetztes Ziel mit einem

---

238 MODELLPROJEKT „DOPPISCHER KOMMUNALHAUSHALT IN NRW", Neues Kommunales Finanzmanagement, S. 54.

239 LEFFSON, U., Die Grundsätze ordnungsmäßiger Buchführung, S. 93.

240 Vgl. LT-Drucksache 13/5567, S. 180; INNENMINISTERIUM NORDRHEIN-WESTFALEN (Hrsg.), Neues Kommunales Finanzmanagement, S. 86 f.; so auch HAFNER, W., Einheitliches Haushaltsrecht, S. 8.

241 Vgl. BERNHARDT, H./MUTSCHLER, K./STOCKEL-VELTMANN, C., Kommunales Finanzmanagement NRW, S. 173.

242 Vgl. WIRTZ, H., Grundsätze ordnungsmäßiger öffentlicher Buchführung, S. 151.

243 Vgl. BERNHARDT, H./MUTSCHLER, K./STOCKEL-VELTMANN, C., Kommunales Finanzmanagement NRW, S. 173-176; KLIEVE, L. M., § 75 GO, S. 3.

244 Vgl. BERNHARDT, H./MUTSCHLER, K./STOCKEL-VELTMANN, C., Kommunales Finanzmanagement NRW, S. 173.

245 Vgl. INNENMINISTERIUM NORDRHEIN-WESTFALEN (Hrsg.), Neues Kommunales Finanzmanagement, S. 87; vgl. auch FLÜSHÖH, O., § 75 GO, S. 871.

246 Vgl. BERNHARDT, H./MUTSCHLER, K./STOCKEL-VELTMANN, C., Kommunales Finanzmanagement NRW, S. 174.

Minimum an Mitteln zu erreichen.[247] Nach dem Maximalprinzip soll mit den gegebenen Mitteln ein maximales Ergebnis erreicht werden.[248] Dem Grundsatz der Wirtschaftlichkeit entsprechend sind gemäß § 14 Abs. 1 GemHVO Wirtschaftlichkeitsvergleiche bei kommunalen Investitionen vorzunehmen. Auch § 6 HGrG verlangt angemessene Wirtschaftlichkeitsuntersuchungen für alle finanzwirksamen Maßnahmen.[249]

Der Grundsatz der Sparsamkeit fordert, dass Aufwendungen und Auszahlungen möglichst gering gehalten werden, ohne dabei die Aufgabenerfüllung zu vernachlässigen.[250] Eine Verschwendung der den Gemeinden anvertrauten Haushaltsmittel soll verhindert werden. Die vom Rat beschlossenen Ermächtigungen stellen die Höchstgrenze der verfügbaren Haushaltsmittel dar.[251] Dieser Grundsatz ist auch bei der Einnahmebeschaffung zu berücksichtigen. Der Abgabepflichtige darf nur in dem Umfang herangezogen werden, wie es die stetige Aufgabenerfüllung gerade erfordert.[252]

Mit Umsetzung des Neuen Kommunalen Finanzmanagements wurde in § 75 Abs. 1 GO zusätzlich ein Effizienzgebot in der Gemeindeordnung verankert.[253] Mit dem Haushaltsgrundsatz der Effizienz soll gewährleistet werden, dass haushaltswirtschaftliche Maßnahmen stets hinsichtlich ihrer Leistungswirksamkeit überprüft werden.[254] Hierdurch wird der Zielbezug kommunalen Handelns hervorgehoben.[255]

---

247 Vgl. INNENMINISTERIUM NORDRHEIN-WESTFALEN (Hrsg.), Neues Kommunales Finanzmanagement, S. 87; so auch FREYTAG, D./HAMACHER, C./WOHLAND, A., Neues Kommunales Finanzmanagement, S. 46.

248 Vgl. INNENMINISTERIUM NORDRHEIN-WESTFALEN (Hrsg.), Neues Kommunales Finanzmanagement, S. 87; FREYTAG, D./HAMACHER, C./WOHLAND, A., Neues Kommunales Finanzmanagement, S. 46.

249 Vgl. auch BERNHARDT, H./MUTSCHLER, K./STOCKEL-VELTMANN, C., Kommunales Finanzmanagement NRW, S. 175.

250 Vgl. BERNHARDT, H./MUTSCHLER, K./STOCKEL-VELTMANN, C., Kommunales Finanzmanagement NRW, S. 173; INNENMINISTERIUM NORDRHEIN-WESTFALEN (Hrsg.), Neues Kommunales Finanzmanagement, S. 88.

251 Vgl. INNENMINISTERIUM NORDRHEIN-WESTFALEN (Hrsg.), Neues Kommunales Finanzmanagement, S. 88; FLÜSHÖH, O., § 75 GO, S. 870.

252 Vgl. KLIEVE, L. M., § 75 GO, S. 3; vgl. auch HAMACHER, C., § 75 GO, S. 361.

253 Kritisch hierzu BRINKMEIER, der auf die mangelnde Definitionsklarheit verweist und empfiehlt, auf diese Vorgabe zu verzichten, vgl. BRINKMEIER, H. J., Grundsätze des neuen Haushaltsrechts, S. 178.

254 Vgl. INNENMINISTERIUM NORDRHEIN-WESTFALEN (Hrsg.), Neues Kommunales Finanzmanagement, S. 87.

255 Vgl. FLÜSHÖH, O., § 75 GO, S. 871.

Eine Aufgabenerfüllung, die den genannten Grundsätzen gerecht wird, liegt im sachzielunabhängigen Interesse der Bürger.[256] Die Steuerzahler sind generell daran interessiert, dass mit den bereitgestellten Ressourcen sparsam und wirtschaftlich umgegangen wird.[257] Werden Ressourcen vergeudet, so hätte der Wohlstand der Bürger durch einen besseren Mitteleinsatz größer sein können.[258] Die Bürger erleiden insoweit Wohlfahrtsverluste.[259]

334. Beachtung der Erfordernisse des gesamtwirtschaftlichen Gleichgewichts

Die Gemeinde hat bei ihrer Haushaltswirtschaft den Erfordernissen des gesamtwirtschaftlichen Gleichgewichts Rechnung zu tragen (§ 75 Abs. 1 Satz 3 GO). Haushaltswirtschaftliche Maßnahmen sind demnach so zu planen, dass sie zur Stabilität des Preisniveaus, zu einem hohen Beschäftigungsstand, zu einem außenwirtschaftlichen Gleichgewicht sowie zu stetigem und angemessenem Wirtschaftswachstum beitragen (§ 1 StabG).

Die Bedeutung des Grundsatzes der Beachtung der Erfordernisse des gesamtwirtschaftlichen Gleichgewichts ist im kommunalen Bereich eher als gering einzuschätzen.[260] So lässt sich die Forderung in der Praxis kaum umsetzen.[261] Dies gilt insbesondere für kleinere Gemeinden, die hiermit überfordert wären.[262] Problematisch ist zudem, dass der Gemeinderat unter Umständen bei Entscheidungen zuerst die Interessen der Gemeinde berücksichtigen wird. Auch wahl- und parteitaktische Überlegungen werden zunächst im Vordergrund stehen.[263] Somit erscheint eine Selbstbeschränkung bei Investitionen in konjunkturell guten Zeiten eher unwahrscheinlich, sie wird politisch kaum durchsetzbar

256 Vgl. PÜNDER, H., Haushaltsrecht im Umbruch, S. 64.

257 Vgl. PAMPEL, J. R./SASS, J., Entwicklungen im neuen öffentlichen und kaufmännischen Rechnungswesen, S. 152; vgl. auch ZAHRADNIK, S., Das kommunale Rechnungswesen, S. 55-58 m. w. N.

258 Vgl. STREITFERDT, L., Das Neue Kommunale Rechnungswesen, S. 273.

259 Vgl. DIEMER, R., Neukonzeption des kommunalen Rechnungswesens, S. 91; MERSCHBÄCHER G., Öffentliche Rechnungssysteme, S. 175.

260 Vgl. hierzu auch REHM, H./THOLEN, M., Kommunalverschuldung, S. 33 f.; FREYTAG, D./HAMACHER, C./WOHLAND, A., Neues Kommunales Finanzmanagement, S. 47.

261 Vgl. FLÜSHÖH, O., § 75 GO, S. 871 f.

262 Vgl. BERNHARDT, H./MUTSCHLER, K./STOCKEL-VELTMANN, C., Kommunales Finanzmanagement NRW, S. 170.

263 Vgl. BERNHARDT, H./MUTSCHLER, K./STOCKEL-VELTMANN, C., Kommunales Finanzmanagement NRW, S. 171.

sein.[264] Auf der anderen Seite erscheint eine Erhöhung der Ausgaben in konjunkturell schlechteren Zeiten nicht finanzierbar, da gerade die typischen kommunalen Einnahmequellen wie die Gewerbesteuer prozyklisch sind.[265]

Die Einbeziehung der Kommunen in die Konjunkturpolitik hat sich folglich bislang als wenig erfolgreich erwiesen.[266] Es erscheint fraglich, ob sich an dieser Feststellung mit der Reform des Haushaltsrechts etwas ändert. Dennoch stellt der Grundsatz der Beachtung des gesamtwirtschaftlichen Gleichgewichts einen allgemeinen und verbindlichen Haushaltsgrundsatz dar, der von der Gemeinde bei der Haushaltswirtschaft zu beachten ist.[267]

335. Die Verpflichtung zum Haushaltsausgleich

335.1 Die Bedeutung des Haushaltsausgleichs

Von zentraler Bedeutung für die kommunale Haushaltswirtschaft ist nach wie vor der Grundsatz des Haushaltsausgleiches.[268] Der Haushalt muss in jedem Jahr in Planung und Rechnung ausgeglichen sein (§ 75 Abs. 2 Satz 1 GO). Die Ausgleichsverpflichtung gilt im neuen Haushaltsrecht nunmehr sowohl im Rahmen der Haushaltsplanung als auch im Jahresabschluss.[269] Der Haushalt ist ausgeglichen, wenn der Gesamtbetrag der Erträge den Gesamtbetrag der Aufwendungen erreicht oder übersteigt (§ 75 Abs. 2 Satz 2 GO). Die Verpflichtung zum jährlichen Haushaltsausgleich dient der Sicherung der stetigen Aufgabenerfüllung und der Gewährleistung intergenerativer Gerechtigkeit.[270]

264 Vgl. HENKES, J., Der Jahresabschluss kommunaler Gebietskörperschaften, S. 80; SCHWARTING, G., § 7 Allgemeine Haushaltsgrundsätze, Rn. 31.

265 Vgl. HENKES, J., Der Jahresabschluss kommunaler Gebietskörperschaften, S. 80.

266 Vgl. DIEMERT, D., Das Haushaltssicherungskonzept, S. 223; SCHWARTING, G., § 7 Allgemeine Haushaltsgrundsätze, Rn. 30.

267 Vgl. FLÜSHÖH, O., § 75 GO, S. 871 f. Der Grundsatz der Beachtung des gesamtwirtschaftlichen Gleichgewichts kann dabei in Konflikt zum Grundsatz der wirtschaftlichen Aufgabenerfüllung stehen, vgl. PÜNDER, H., Haushaltsrecht im Umbruch, S. 165.

268 Vgl. FLÜSHÖH, O., § 75 GO, S. 872; KLIEVE, L. M., § 75 GO, S. 4; vgl. zur Bedeutung eines ausgeglichenen Haushalts im Neuen Kommunalen Finanzmanagement auch PRÜMM, A. J., Recht und Politik einer Nothaushaltskommune, S. 75.

269 Vgl. INNENMINISTERIUM NORDRHEIN-WESTFALEN (Hrsg.), Neues Kommunales Finanzmanagement, S. 89.

270 Vgl. BAUER, L./MAIER, M., Doppischer Haushaltsausgleich für Kommunen, S. 265; FLÜSHÖH, O., § 75 GO, S. 872; GROSSE LANWER, C./MUTSCHLER, K., Neues Kommunales Finanzmanagement, S. 9; HENKES, J., Der Jahresabschluss kommunaler Gebietskörperschaften, S. 455-457; JAHNKE, F.,

Auch im Haushaltsrecht vor der Umsetzung des Neuen Kommunalen Finanzmanagements war die Verpflichtung zum Haushaltsausgleich verankert. Der Haushaltsausgleich hat im Rahmen des Neuen Kommunalen Finanzmanagements indes eine andere Qualität bekommen.[271] Bezog sich der Haushaltsausgleich früher auf die Deckung der zahlungsbezogenen Einnahmen und Ausgaben, so dass letztlich eine Sicherung des Geldbestandes angestrebt wurde,[272] so knüpft der Haushaltsausgleich nun an Aufwand und Ertrag (periodisierte Zahlungen) an, um so eine nominelle Eigenkapitalerhaltung zu sichern.[273] Theoretisch hätte auch die Möglichkeit bestanden, den Haushaltsausgleich auf die Einzahlungen und Auszahlungen der Finanzrechnung zu beziehen.[274] Die Ergebnisrechnung mit den Größen Aufwand und Ertrag hätte dann jedoch lediglich informativen Charakter besessen[275] und eventuell nicht zu einem besseren Schutz künftiger Generationen geführt.[276]

335.2 Determinanten des Haushaltsausgleichs

335.21 Gesamtaufwand und Gesamtertrag als Betrachtungsgrößen

Die Konzeption des Haushaltsausgleichs im Neuen Kommunalen Finanzmanagement in Nordrhein-Westfalen verlangt, dass der Gesamtaufwand durch den Gesamtertrag eines Haushaltsjahres mindestens gedeckt wird. Die Unterscheidung in Ergebnisplan bzw. Ergebnisrechnung zwischen ordentlichem und außerordentlichem Ergebnis hat für den Haushaltsausgleich keine Bedeutung.[277] Die Zuordnung von Aufwand und Ertrag zum

---

Haushaltsausgleich im NKF, S. 84; WAGENFÜHRER, A., Veränderungen des Haushaltsausgleich, S. 8.

271 Vgl. KLIEVE, L. M., § 75 GO, S. 5.

272 Vgl. INNENMINISTERIUM NORDRHEIN-WESTFALEN (Hrsg.), Neues Kommunales Finanzmanagement, S. 88.

273 Vgl. FREYTAG, D./HAMACHER, C./WOHLAND, A., Neues Kommunales Finanzmanagement, S. 47; INNENMINISTERIUM NORDRHEIN-WESTFALEN (Hrsg.), Neues Kommunales Finanzmanagement, S. 88; vgl. kritisch zu dieser neuen Definition des Haushaltsausgleichs SCHUSTER, F./BRINKMEIER, J., Das neue kommunale Finanzmanagement, S. 225.

274 So MODELLPROJEKT „DOPPISCHER KOMMUNALHAUSHALT IN NRW", Neues Kommunales Finanzmanagement, S. 331; vgl. auch KUSSMAUL, H./HENKES, J., Haushaltsausgleich, S. 261.

275 Vgl. AHLGRIMM, C., Neugestaltung des öffentlichen Haushaltswesens, S. 186 f.

276 Vgl. ähnlich FISCHER, E., Reform des Gemeindehaushaltsrechts, S. 91; STREIM, H., Rechnungslegung von Gebietskörperschaften, S. 297.

277 Vgl. hierzu BAUER, L./MAIER, M., Doppischer Haushaltsausgleich für Kommunen, S. 269; BERNHARDT, H./MUTSCHLER, K./STOCKEL-VELTMANN, C., Kommunales Finanzmanagement NRW, S. 526.

ordentlichen oder zum außerordentlichen Ergebnis liefert somit lediglich weitergehende Informationen, der Haushaltsausgleich wird indes hiervon nicht berührt.[278]

Durch diese Konzeption des Haushaltsausgleichs ist es möglich, Aufwendungen des Haushaltsjahres beispielsweise durch Erträge aus dem Verkauf von Vermögensgegenständen (z. B. Grundstücke, Gebäude), der Auflösung von Rückstellungen oder der Herabsetzung von Wertberichtigungen zu decken.[279] Dies ist indes nicht unumstritten. So wird die Befürchtung geäußert, hierdurch könne eine Unterdeckungssituation (strukturelles Defizit) verschleiert werden. Insbesondere die Wirkung von Vermögensveräußerungen auf den Haushaltsausgleich wird dabei immer wieder kritisch hinterfragt. Während im kameralen Haushaltsrecht der Veräußerungserlös eine Einnahme darstellte, die den Haushaltsausgleich begünstigte, sind die Auswirkungen von Vermögensveräußerungen im Neuen Kommunalen Finanzmanagement differenzierter zu betrachten. FREYTAG/HAMACHER/WOHLAND verdeutlichen dies an einem Beispiel zum Verkauf eines städtischen Hallenbades:[280] Sofern ein Vermögensgegenstand zu seinem Buchwert verkauft wird, begünstigt dies den Haushaltsausgleich des Haushaltsjahres nicht. Liegt der Erlös über dem Buchwert, werden stille Reserven aufgedeckt und die Differenz zwischen bilanziertem Buchwert und Verkaufserlös trägt zum Haushaltsausgleich bei. Zudem entfallen nach Verkauf des Schwimmbades die jährlichen Abschreibungen und müssen somit nicht mehr erwirtschaftet werden.[281] Darüber hinaus ist aber auch zu berücksichtigen, dass nach der Veräußerung gegebenenfalls die Versorgung der Bürger mit der Bereitstellung eines Schwimmbades nicht mehr gewährleistet ist.

Grundsätzlich können also auch im Neuen Kommunalen Finanzmanagement Vermögensäußerungen einen Beitrag für den Haushaltsausgleich leisten. Die Wirkungen sind indes komplexer als im bisherigen Haushaltsrecht und wirken tendenziell eher zeitverzögert. Der Anreiz, Vermögen für konsumtive Zwecke zu veräußern, dürfte abnehmen.[282]

278 Vgl. DIEMERT, D., Das Haushaltssicherungskonzept, S. 341. Die Erfolgsspaltung im Neuen Kommunalen Finanzmanagement entspricht dabei der handelsrechtlichen Erfolgsspaltung, vgl. KUSSMAUL, H./HENKES, J., Elemente Teil I, S. 468.

279 Vgl. PÜNDER, H., Kommunalhaushalt, S. 20.

280 Vgl. hierzu und im Folgenden FREYTAG, D./HAMACHER, C./WOHLAND, A., Neues Kommunales Finanzmanagement, S. 48 f.

281 Dies gilt nicht für Vermögensgegenstände, die keiner Abschreibung unterliegen.

282 Vgl. DIEMERT, D., Das Haushaltssicherungskonzept, S. 362. Vgl. zum Anreiz, Haushaltslöcher durch Veräußerung von Vermögen zu schließen BERENS, W./HOFFJAN, A., Neue Steuerungsmodelle, S. 705.

Einige Bundesländer sehen, im Gegensatz zum Haushaltsrecht in Nordrhein-Westfalen, eine (strengere) Deckungsregel vor,[283] nach der ein Haushaltsausgleich auf Basis des ordentlichen Ergebnisses anzustreben sei, wobei insbesondere Erträge aus der Veräußerung von Vermögen, entgegen der handelsrechtlichen Erfolgsspaltung,[284] dem außerordentlichen Ergebnis zugeordnet werden.[285] Hierdurch soll verhindert werden, dass Vermögen der Gemeinde zur Deckung von Aufwendungen veräußert wird.[286]

Der Gesetz- und Verordnungsgeber in Nordrhein-Westfalen ist dieser alternativen Konzeption des Haushaltsausgleichs, wie oben gezeigt, indes nicht gefolgt, sondern bezieht den Haushaltsausgleich lediglich auf das Jahresergebnis. Gleichwohl erkannte der Gesetz- und Verordnungsgeber, dass ein periodenscharfer Haushaltsausgleich beispielsweise auf Grund außergewöhnlicher Ereignisse nicht immer zu erreichen sein wird, da es hierdurch zwangsläufig zu Schwankungen der Erträge und Aufwendungen kommt.[287] Aus diesem Grund wurde im Haushaltsrecht in Nordrhein-Westfalen die sogenannte Ausgleichsrücklage geschaffen.

335.22 Fiktion des Haushaltsausgleichs bei Inanspruchnahme der Ausgleichsrücklage

Grundsätzlich ist der Haushalt einer Gemeinde in Nordrhein-Westfalen ausgeglichen, wenn der Gesamtbetrag der Erträge den Gesamtbetrag der Aufwendungen mindestens erreicht (§ 75 Abs. 2 Satz 2 GO).[288] Darüber hinaus gilt der Haushalt auch als ausgeglichen, wenn ein Fehlbedarf im Ergebnisplan oder ein Fehlbetrag in der Ergebnisrechnung durch die Inanspruchnahme der sogenannten Ausgleichsrücklage, die Teil des Eigenkapitals ist, gedeckt werden kann (§ 75 Abs. 2 Satz 3 GO). Hierbei handelt es sich dann um

---

283 Vgl. für einen Überblick ADAM, B., Unterschiede zwischen den kommunalen haushaltsrechtlichen Regelungen, S. 152 f.; THORMANN, M., Haushaltsausgleich, S. 11 f.; vgl. auch AMERKAMP, K., Reform des Gemeindehaushaltsrechts, S. 33 f.; MAIER, M., Regelungen und Buchungssystematik, S. 197 f.

284 Vgl. hierzu bspw. BAETGE, J./KIRSCH, H.-J./THIELE, S., Bilanzen, S. 641; KIRSCH, H.-J./SIEFKE, K., § 275 HGB, Rn. 94.

285 Vgl. hierzu auch HAUSCHILD, M., Reform des Gemeindehaushaltsrechts, S. 14; vgl. umfassend auch DIEMERT, D., § 10 Haushaltsausgleich, Rn. 29-36.

286 Vgl. BUDÄUS, D., Reform des öffentlichen Haushalts- und Rechnungswesens in Deutschland, S. 208.

287 Vgl. FRISCHMUTH, B., Beschluss der Innenministerkonferenz, S. 99.

288 Vgl. hierzu Abschnitt 335.21.

einen fiktiven Haushaltsausgleich.[289] Insoweit kann auch vorhandenes Eigenkapital zur Deckung eines laufenden Defizits eingesetzt werden, wodurch von dem strengeren Grundsatz, gemäß dem der gesamte Ressourcenverbrauch einer Periode durch Erträge derselben Periode zu decken ist, abgewichen wird.[290] Diese gesetzliche Fiktion verdeutlicht, dass die materielle Ausgleichsregel uneingeschränkt gilt, andererseits die Inanspruchnahme der Ausgleichsrücklage aber noch mit einer geordneten Haushaltswirtschaft in Einklang steht, auch wenn es bei ihrer Inanspruchnahme bereits zu einer Verringerung des Eigenkapitals kommt.[291] Ein begrenzter Eigenkapitalabbau ist somit zulässig.[292] Mit der Ausgleichsrücklage hat der Gesetzgeber in Nordrhein-Westfalen den Haushaltsausgleich erleichtert,[293] ihr kommt eine haushaltsjahrübergreifende Pufferfunktion zu.[294]

Die Ausgleichsrücklage wurde von den Modellkommunen gemeinsam mit den Aufsichtsbehörden im Rahmen des Modellprojektes entwickelt.[295] Die Höhe der Ausgleichsrücklage wird so festgelegt, dass auch nach vollständiger Inanspruchnahme die stetige Aufgabenerfüllung gewährleistet ist, und zwar ohne nähere Prüfung der Aufsichtsbehörde.[296] Für die Bestimmung der Höhe der Ausgleichsrücklage werden zwei Faktoren kombiniert: die Ertragskraft und das Eigenkapital der Gemeinde.[297] Die Ausgleichsrücklage kann in der Eröffnungsbilanz bis zur Höhe eines Drittels des Eigenkapitals gebildet wer-

---

289 Vgl. BERNHARDT, H./MUTSCHLER, K./STOCKEL-VELTMANN, C., Kommunales Finanzmanagement NRW, S. 529; BRINKMEIER, H. J., Grundsätze des neuen Haushaltsrechts, S. 179; ERKES, H., Allgemeine Rücklage und Ausgleichsrücklage, S. 265.

290 Vgl. auch HÄFNER, P., Doppelte Buchführung, S. 95.

291 Vgl. INNENMINISTERIUM NORDRHEIN-WESTFALEN (Hrsg.), Neues Kommunales Finanzmanagement, S. 90.

292 Vgl. QUASDORFF, E., Die Reform des kommunalen Haushalts- und Rechnungswesens, S. 42.

293 Vgl. REHM, H./THOLEN, M., Kommunalverschuldung, S. 52.

294 Vgl. INNENMINISTERIUM NORDRHEIN-WESTFALEN (Hrsg.), Neues Kommunales Finanzmanagement, S. 91; das Konzept der Ausgleichsrücklage soll den Gemeinden zudem einen gewissen Spielraum eröffnen, ihre Haushaltswirtschaft verträglich an die neue Haushaltsausgleichsregel anzupassen; vgl. INNENMINISTERIUM NORDRHEIN-WESTFALEN (Hrsg.), Neues Kommunales Finanzmanagement, S. 90.

295 Vgl. INNENMINISTERIUM NORDRHEIN-WESTFALEN (Hrsg.), Neues Kommunales Finanzmanagement, S. 91.

296 Vgl. INNENMINISTERIUM NORDRHEIN-WESTFALEN (Hrsg.), Neues Kommunales Finanzmanagement, S. 91. Vgl. zur Aufsicht §§ 118-128 GO.

297 Vgl. BICKEBÖLLER, H./PEHLKE, G., Haushaltsausgleich in der Doppik, S. 100. Im Rahmen des Modellprojektes wurden dabei einerseits theoretische Überlegungen angestellt, zum anderen wurden empirisch Haushaltsschwankungen der Vergangenheit analysiert und Größenordnungen von Haushaltsdefiziten festgestellt, die von Gemeinden innerhalb bestimmter Zeiträume durch Einnahmensteigerung oder Ausgabenreduzierung wieder ausgeglichen werden konnten, vgl. hierzu BICKEBÖLLER, H./PEHLKE, G., Haushaltsausgleich in der Doppik, S. 100.

den, höchstens jedoch bis zur Höhe eines Drittels der jährlichen Steuereinnahmen und allgemeinen Zuweisungen (§ 75 Abs. 3 Satz 2 GO). Die Höhe dieser Einnahmen bemisst sich dabei nach dem Durchschnitt der drei Haushaltsjahre, die dem Eröffnungsbilanzstichtag vorangehen (§ 75 Abs. 3 Satz 3 GO).[298]

Intensiv wurde im Rahmen der Gesetzgebung die Frage diskutiert, ob die Bemessung der Ausgleichsrücklage einmalig erfolgen soll und sich fix an den drei letzten Haushaltsjahren vor der Erstellung der Eröffnungsbilanz orientiert oder ob eine Dynamisierung möglich ist und die Ausgleichsrücklage in Zukunft aufgestockt werden kann.[299] Der Gesetzgeber entschied sich zunächst für eine einmalige Bemessung. Der Ausgleichsrücklage können Jahresüberschüsse durch Beschluss nach § 96 Abs. 1 Satz 2 GO deshalb nur insoweit zugeführt werden, wie ihr Bestand nicht den in der Eröffnungsbilanz zulässigen Höchstbetrag erreicht hat. Gemeinden mit einem negativen Eigenkapital in der Eröffnungsbilanz können, selbst wenn sie in Zukunft wieder ein positives Eigenkapital erreichen sollten, nie eine Ausgleichsrücklage ausweisen.[300]

Es ist indes zu erwarten, dass im Rahmen der Überprüfung nach § 10 NKFG diese Regelung diskutiert werden wird.[301] FREYTAG/HAMACHER/WOHLAND weisen in diesem Zusammenhang darauf hin, dass die Überlegungen hinsichtlich einer Dynamisierung der Ausgleichsrücklage aufgrund der gegenwärtigen kommunalen Finanzsituation ohnehin derzeit eher theoretischer Natur seien.[302]

335.3 Rechtsfolgen eines verfehlten Haushaltsausgleichs

Kann die Gemeinde ihren Haushalt nicht in jedem Jahr in Planung und Rechnung ausgleichen und verringert sich dadurch das Eigenkapital, sieht das Haushaltsrecht verschiedene Folgen vor. Dabei führt nicht jeder Verstoß gegen den Grundsatz des ausgeglichenen Haushalts zwangsläufig zu aufsichtsrechtlichen Folgen oder der Verpflichtung zur

298 Vgl. ausführlich zur Bemessung der Ausgleichsrücklage INNENMINISTERIUM NORDRHEIN-WESTFALEN (Hrsg.), Neues Kommunales Finanzmanagement, S. 92 f.

299 Vgl. LT-Drucksache 13/5567, S. 172 f.

300 Vgl. ERKES, H., Allgemeine Rücklage und Ausgleichsrücklage, S. 266; HADEL, B./HUMMELSHEIM, M., Überprüfung der Rechtsvorschriften, S. 256.

301 Vgl. BISKOPING-KRIENING, L., Das neue kommunale Finanzmanagement, S. 30; befürwortend auch ERKES, H., Allgemeine Rücklage und Ausgleichsrücklage, S. 266.

302 Vgl. FREYTAG, D./HAMACHER, C./WOHLAND, A., Neues Kommunales Finanzmanagement, S. 52; so auch HENKES, J., Der Jahresabschluss kommunaler Gebietskörperschaften, S. 332.

Aufstellung eines Haushaltssicherungskonzeptes.[303] Im Neuen Kommunalen Finanzmanagement wurde vielmehr ein System verschiedener Eskalationsstufen implementiert, das die kommunale Haushaltswirtschaft unterschiedlich stark einschränkt.[304] Dabei entscheiden nicht zuletzt die angedrohten Konsequenzen darüber, wie wirksam die Regeln zum Haushaltsausgleich das Handeln der Gemeinde beeinflussen.[305]

Wird bei der Aufstellung der Haushaltssatzung eine Verringerung der allgemeinen Rücklage, die Teil des Eigenkapitals ist, vorgesehen, bedarf dies der Genehmigung der Aufsichtsbehörde (§ 75 Abs. 4 Satz 1 GO).[306] Die Genehmigung gilt gemäß § 75 Abs. 4 Satz 2 GO als erteilt, wenn die Aufsichtsbehörde nicht innerhalb eines Monats nach Eingang des Antrages der Gemeinde eine andere Entscheidung trifft. Die Genehmigungsfiktion entspricht den kommunalen Bedürfnissen nach einer zügigen Abwicklung des Verfahrens.[307] Die Genehmigung kann gemäß § 75 Abs. 4 Satz 3 GO unter Bedingungen und mit Auflagen erteilt werden.

Weist die Ergebnisrechnung bei der Bestätigung des Jahresabschlusses trotz eines ursprünglich ausgeglichenen Ergebnisplans einen Fehlbetrag oder einen höheren Fehlbetrag als im Ergebnisplan ausgewiesen aus, so hat die Gemeinde dies gemäß § 75 Abs. 5 Satz 1 GO der Aufsichtsbehörde unverzüglich anzuzeigen.[308] Die Aufsichtsbehörde kann in diesem Fall Anordnungen treffen und diese erforderlichenfalls auch selbst durchführen. Darüber hinaus besteht die Möglichkeit einen Beauftragten zu bestellen, der kommissarisch die Geschäfte des Rates oder des Bürgermeisters führt, um eine geordnete Haushaltswirtschaft wieder herzustellen.[309]

---

303 Vgl. FLÜSHÖH, O., § 75 GO, S. 873.

304 Vgl. FLÜSHÖH, O., § 75 GO, S. 873; FREYTAG, D./HAMACHER, C./WOHLAND, A., Neues Kommunales Finanzmanagement, S. 55.

305 Vgl. BICKEBÖLLER, H./PEHLKE, G., Haushaltsausgleich in der Doppik, S. 100.

306 Vgl. INNENMINISTERIUM NORDRHEIN-WESTFALEN (Hrsg.), Neues Kommunales Finanzmanagement, S. 96.

307 Vgl. FREYTAG, D./HAMACHER, C./WOHLAND, A., Neues Kommunales Finanzmanagement, S. 53; KLIEVE, L. M., § 75 GO, S. 8.

308 Umstritten ist in diesem Zusammenhang, ob dies auch erforderlich ist, sofern der Fehlbetrag durch die Ausgleichsrücklage gedeckt werden kann, oder ob in jedem Fall eine Anzeige bei der Aufsichtsbehörde erforderlich ist und die Fiktion des Haushaltsausgleichs gemäß § 75 Abs. 2 Satz 2 GO insoweit nicht gilt; vgl. hierzu ERKES, H., Allgemeine Rücklage und Ausgleichsrücklage, S. 268; BERNHARDT, H./MUTSCHLER, K./STOCKEL-VELTMANN, C., Kommunales Finanzmanagement NRW, S. 532; FLÜSHÖH, O., § 75 GO, S. 877; KLIEVE, L. M., § 75 GO, S. 8.

309 Vgl. hierzu SCHWARTING, G., Haushaltskonsolidierung in Kommunen, S. 70; PRÜMM, A. J., Bestellung eines Beauftragten, S. 125-127; PRÜMM, A. J., Haushaltskonsolidierungsangebot,

Als weitere Eskalationsstufe ist die Aufstellung eines Haushaltssicherungskonzeptes vorgesehen.[310] Nach § 76 Abs. 1 Satz 1 GO ist ein Haushaltssicherungskonzept aufzustellen, wenn bei der **Aufstellung des Haushalts**

- durch Veränderungen der Haushaltswirtschaft innerhalb eines Haushaltsjahres der in der Schlussbilanz des Vorjahres auszuweisende Ansatz der allgemeinen Rücklage um mehr als ein Viertel verringert wird (§ 76 Abs. 1 Satz 1 Nr. 1 GO) oder
- in zwei aufeinanderfolgenden Haushaltsjahren geplant ist, den in der Schlussbilanz des Vorjahres auszuweisenden Ansatz der allgemeinen Rücklage jeweils um mehr als ein Zwanzigstel zu verringern (§ 76 Abs. 1 Satz 1 Nr. 2 GO) oder
- innerhalb des Zeitraumes der mittelfristigen Ergebnis- und Finanzplanung die allgemeine Rücklage aufgebraucht wird (§ 76 Abs. 1 Satz 1 Nr. 3 GO).

Die Regelungen gelten entsprechend bei der **Bestätigung über den Jahresabschluss** gemäß § 95 Abs. 3 GO (§ 76 Abs. 1 Satz 2 GO). Dies entspricht der Auffassung, dass dem Jahresabschluss in der (reformierten) Haushaltswirtschaft die gleiche Bedeutung zukommt wie dem Haushaltsplan.[311]

Mit dem Instrument Haushaltssicherungskonzept soll im Rahmen einer geordneten Haushaltswirtschaft die künftige, dauernde Leistungsfähigkeit der Gemeinde sicher gestellt werden (§ 76 Abs. 1 Satz 1 GO).[312] Künftige Generationen sollen nicht belastet werden.[313] Insoweit ist das Haushaltssicherungskonzept auch im Zusammenhang mit dem Grundsatz der intergenerativen Gerechtigkeit zu sehen. Ursprünglich wurde das Haushaltssicherungskonzept dabei als vorübergehende Ausnahme vom Normalfall angesehen. Inzwischen befinden sich indes immer mehr Kommunen in einem Haushaltsicherungskonzept.[314]

S. 279 f.; die Bestellung eines „Staatskommissars" erfolgte bis heute nur selten und beschränkte sich auf kleine Gemeinden, vgl. hierzu SCHWARTING, G., Haushaltskonsolidierung in Kommunen, S. 70.

310 Vgl. zur Entwicklung des Instruments Haushaltssicherungskonzept DIEMERT, D., Das Haushaltssicherungskonzept, S. 71-105; PRÜMM, A. J., Recht und Politik einer Nothaushaltskommune, S. 31-41.

311 Vgl. INNENMINISTERIUM NORDRHEIN-WESTFALEN (Hrsg.), Neues Kommunales Finanzmanagement, S. 109.

312 Vgl. auch FLÜSHÖH, O., § 76 GO, S. 880.

313 Vgl. INNENMINISTERIUM NORDRHEIN-WESTFALEN (Hrsg.), Neues Kommunales Finanzmanagement, S. 111.

314 Vgl. FREYTAG, D./HAMACHER, C./WOHLAND, A., Neues Kommunales Finanzmanagement, S. 54. Im Jahr 2004 hatten 182 Kommunen in Nordrhein-Westfalen ein Haushaltssicherungskonzept

Im Haushaltssicherungskonzept sind zunächst die aktuelle Ausgangslage sowie die Ursachen der entstandenen Fehlentwicklung zu beschreiben. Darüber hinaus ist darzulegen, wie die Fehlentwicklung beseitigt werden soll (§ 5 GemHVO). Hierfür kann eine umfangreiche Aufgabenkritik erforderlich sein.[315] Ziel des Haushaltssicherungskonzeptes ist die nachhaltige Wiedererlangung des Haushaltsausgleichs. Das Haushaltssicherungskonzept ist von der Gemeinde eigenverantwortlich auszuarbeiten.[316] Gemäß § 79 Abs. 2 Satz 2 GO ist das Haushaltssicherungskonzept Teil des Haushaltsplans.

Das Haushaltssicherungskonzept bedarf der Genehmigung der Aufsichtsbehörde (§ 76 Abs. 2 Satz 2 GO).[317] Diese kann nur erteilt werden, wenn aus dem Haushaltssicherungskonzept hervorgeht, dass spätestens im letzten Jahr der mittelfristigen Ergebnis- und Finanzplanung der Haushaltsausgleich wieder erreicht wird (§ 76 Abs. 2 Satz 3 GO). Die Genehmigung des Haushaltssicherungskonzeptes kann unter Bedingungen und mit Auflagen erteilt werden (§ 76 Abs. 2 Satz 4 GO).[318]

336. Sicherung der Liquidität und der Finanzierung von Investitionen

§ 75 Abs. 6 GO verlangt, die Liquidität der Gemeinde einschließlich der Finanzierung von Investitionen sicherzustellen. Auch dieser Grundsatz ist in direktem Zusammenhang mit dem Grundsatz der Sicherstellung der stetigen Aufgabenerfüllung zu sehen.[319] Eine stetige Aufgabenerfüllung ist nur dann möglich, wenn ausreichend Zahlungsmittel zur Verfügung stehen.[320]

Wichtige Basisdaten hierfür liefert der Finanzplan des Haushaltsplans.[321] Darüber hinaus wird durch § 89 Abs. 1 GO eine konkrete Liquiditätsplanung erforderlich. Auch unter-

---

aufzustellen, in 76 Fällen versagte die Aufsicht die Genehmigung, vgl. FREYTAG, D./HAMACHER, C./WOHLAND, A., Neues Kommunales Finanzmanagement, S. 54.

315 Vgl. BERNHARDT, H./MUTSCHLER, K./STOCKEL-VELTMANN, C., Kommunales Finanzmanagement NRW, S. 533.

316 Vgl. INNENMINISTERIUM NORDRHEIN-WESTFALEN (Hrsg.), Neues Kommunales Finanzmanagement, S. 413.

317 Vgl. hierzu ausführlich FLÜSHÖH, O., § 76 GO, S. 884-886.

318 Vgl. KLIEVE, L. M., § 76 GO, S. 3; vgl. auch STRATMANN, J./KÖNIG, R./MEIER, N., Die Genehmigung von Haushaltssatzungen, S. 248-250.

319 Vgl. BERNHARDT, H./MUTSCHLER, K./STOCKEL-VELTMANN, C., Kommunales Finanzmanagement NRW, S. 169; FLÜSHÖH, O., § 75 GO, S. 877 f.

320 Vgl. BERNHARDT, H./MUTSCHLER, K./STOCKEL-VELTMANN, C., Kommunales Finanzmanagement NRW, S. 169; FLÜSHÖH, O., § 75 GO, S. 878.

321 Vgl. hierzu Abschnitt 342.2.

jährig muss die jederzeitige Zahlungsfähigkeit gesichert sein.[322] Ein ausgeglichener Saldo im Finanzplan ist hierfür nicht ausreichend. Liquiditätsengpässe kann die Gemeinde mit Krediten zur Liquiditätssicherung überbrücken (§ 89 Abs. 2 GO).[323] Im Gegensatz zur Privatwirtschaft ist eine Insolvenz von Gemeinden derzeit nicht möglich.[324]

337. Verbot der Überschuldung

In § 75 Abs. 7 GO ist zudem das Verbot der Überschuldung kodifiziert. Eine Gemeinde wäre gemäß § 75 Abs. 7 GO demnach überschuldet, wenn das Eigenkapital aufgebraucht ist. Eine Überschuldung liegt folglich solange nicht vor, wie ein positives Eigenkapital vorhanden ist.[325] Auch das Verbot der Überschuldung dient der Sicherung der stetigen Aufgabenerfüllung.[326] Bei einer bilanziellen Überschuldung wird unterstellt, dass die künftigen Schuldendienstbelastungen die dauernde Leistungsfähigkeit gefährden.[327] Das Verbot der Überschuldung ist auch im Zusammenhang mit dem Grundsatz intergenerativer Gerechtigkeit zu sehen.[328] Ein negatives Eigenkapital kann als Vorbelastung künftiger Bürger interpretiert werden.[329]

Das Verbot der Überschuldung wird ergänzt durch § 86 Abs. 1 Satz 2 GO.[330] Demnach ist bei jeder Neuverschuldung zu prüfen, ob die übernommenen Verpflichtungen mit der

322 Vgl. KLIEVE, L. M., § 89 GO, S. 1.

323 Die Kredite zur Liquiditätssicherung übernehmen damit die Funktion der ehemaligen Kassenkredite, vgl. FREYTAG, D./HAMACHER, C./WOHLAND, A., Neues Kommunales Finanzmanagement, S. 96.

324 Vgl. hierzu auch Abschnitt 422.31.

325 Vgl. FLÜSHÖH, O., § 75 GO, S. 878.

326 Vgl. KLIEVE, L. M., § 75 GO, S. 9.

327 Vgl. BERNHARDT, H./MUTSCHLER, K./STOCKEL-VELTMANN, C., Kommunales Finanzmanagement NRW, S. 169; HENKES, J., Der Jahresabschluss kommunaler Gebietskörperschaften, S. 79 m. w. N.

328 Vgl. MODELLPROJEKT „DOPPISCHER KOMMUNALHAUSHALT IN NRW“, Neues Kommunales Finanzmanagement, S. 332-335.

329 Vgl. BOLSENKÖTTER, H., Integriertes öffentliches Rechnungswesen, S. 52; DIEMERT, D., Das Haushaltssicherungskonzept, S. 348; VOGELPOTH, N., Bedeutung der Rechnungslegung, S. 288; MODELLPROJEKT „DOPPISCHER KOMMUNALHAUSHALT IN NRW“, Neues Kommunales Finanzmanagement, S. 332-335.

330 Vgl. INNENMINISTERIUM NORDRHEIN-WESTFALEN (Hrsg.), Neues Kommunales Finanzmanagement, S. 184.

dauerhaften Leistungsfähigkeit der Gemeinde im Einklang stehen. Auch diese Bedingung soll letztlich den Haushaltsgrundsatz der stetigen Aufgabenerfüllung sichern.[331]

34 Der Haushaltsplan

341. Die Bedeutung des Haushaltsplans in der Haushaltswirtschaft

Der Haushaltsplan ist unverzichtbarer Teil der Haushaltssatzung und erhält durch diese seine Verbindlichkeit (§ 78 Abs. 2 Nr. 1 GO).[332] Er ist die Grundlage der kommunalen Haushaltswirtschaft (§ 79 Abs. 3 Satz 1 GO). Der Haushaltsplan gliedert sich in einen Ergebnisplan und einen Finanzplan sowie in Teilpläne. Das Haushaltssicherungskonzept gemäß § 76 GO ist Teil des Haushaltsplans (§ 79 Abs. 2 Satz 1 GO), sofern ein solches aufzustellen ist.[333] Eine Planbilanz ist nicht aufzustellen.[334] Darüber hinaus sind dem Haushaltsplan zahlreiche Anlagen beizufügen.[335]

Dem Haushaltsplan kommen drei Funktionen zu: die finanzwirtschaftliche Funktion, die administrative Lenkungsfunktion sowie die wirtschafts- und sozialpolitische Programmfunktion.[336]

331 Vgl. KLIEVE, L. M., § 86 GO, S. 3.

332 Vgl. BERNHARDT, H., Anforderungen eines modernen kommunalen Finanzmanagements, S. 97; FREYTAG, D./HAMACHER, C./WOHLAND, A., Neues Kommunales Finanzmanagement, S. 66. Die Haushaltssatzung enthält zudem weitere Grundlagen der Haushaltswirtschaft, vgl. FREYTAG, D./HAMACHER, C./WOHLAND, A., Neues Kommunales Finanzmanagement, S. 66.

333 Vgl. zum Haushaltssicherungskonzept Abschnitt 335.3.

334 Vgl. INNENMINISTERIUM NORDRHEIN-WESTFALEN (Hrsg.), Neues Kommunales Finanzmanagement, S. 140; befürwortend BRIXNER, H. C./HARMS, J./NOE, H. W., Verwaltungs-Kontenrahmen, Kapitel C, Rn. 82; QUASDORFF, E., Neues Kommunales Finanzmanagement, S. 111; kritisch hierzu SCHUSTER, F., Neues Kommunales Finanzmanagement, S. 149; eine Planbilanz kann indes freiwillig dem Haushaltsplan als zusätzliche Anlage beigefügt werden, vgl. BERNHARDT, H./MUTSCHLER, K./STOCKEL-VELTMANN, C., Kommunales Finanzmanagement NRW, S. 165.

335 Beizufügende Unterlagen sind der Vorbericht, der Stellenplan, die Bilanz des Vorjahres, die Übersicht über die Verpflichtungsermächtigungen, die Übersicht über die Zuwendungen an die Fraktionen, die Übersicht über den voraussichtlichen Stand der Verbindlichkeiten, die Übersicht über die Entwicklung des Eigenkapitals, Unterlagen über die gemeindlichen Sondervermögen, Unterlagen über die gemeindlichen Unternehmen und Einrichtungen sowie Übersichten mit bezirksbezogenen Haushaltsangaben, vgl. hierzu INNENMINISTERIUM NORDRHEIN-WESTFALEN (Hrsg.), Neues Kommunales Finanzmanagement, S. 139-141.

336 Vgl. BERNHARDT, H./MUTSCHLER, K./STOCKEL-VELTMANN, C., Kommunales Finanzmanagement NRW, S. 102; OSNER, A., Kommunale Organisations-, Haushalts- und Politikreform, S. 164-168.

Der **finanzwirtschaftlichen Funktion** entsprechend enthält der Haushaltsplan gemäß § 79 Abs. 1 GO alle im Haushaltsjahr voraussichtlich anfallenden Erträge und eingehenden Einzahlungen, alle entstehenden Aufwendungen und zu leistenden Auszahlungen sowie notwendige Verpflichtungsermächtigungen.[337] Somit müssen alle Vorgänge, die den Bestand an Finanzmitteln oder den Bestand an Eigenkapital verändern, im Haushaltsplan veranschlagt werden. Durch die Veranschlagung soll die übersichtliche und rationale Bewirtschaftung des Gemeindevermögens erreicht werden.[338]

Der Haushaltsplan erfüllt darüber hinaus eine **administrative Lenkungsfunktion**. Er stellt für die Verwaltung einen Handlungsrahmen dar, den sie hinsichtlich der Aufwendungen, Auszahlungen und Verpflichtungen einhalten muss.[339] Der Haushaltsplan ist für die Haushaltsführung verbindlich. Mit der Veranschlagung der entsprechenden Größen im Haushaltsplan wird die Verwaltung ermächtigt, im Rahmen der Aufgabenerfüllung die entsprechenden Aufwendungen einzusetzen, die Auszahlungen zu leisten und Verpflichtungen einzugehen.[340] Der Haushaltsplan schränkt somit den Handlungsspielraum der Verwaltung ein.[341]

Der Haushaltplan ist das Ergebnis zahlreicher Beratungen und Diskussionen innerhalb und außerhalb des Rates und der Verwaltung.[342] Er repräsentiert die im politischen Entscheidungsprozess gewonnenen Ziele und ist Ausdruck des **politischen Handlungsprogramms**.[343] Der Haushaltsplan wird auch als das „Regierungsprogramm in Zahlen"[344] bezeichnet. Insbesondere die geplanten Investitionen, die im Finanzplan abgebildet wer-

---

337 Vgl. BERNHARDT, H./MUTSCHLER, K./STOCKEL-VELTMANN, C., Kommunales Finanzmanagement NRW, S. 103.

338 Vgl. BERNHARDT, H./MUTSCHLER, K./STOCKEL-VELTMANN, C., Kommunales Finanzmanagement NRW, S. 103.

339 Vgl. FREYTAG, D./HAMACHER, C./WOHLAND, A., Neues Kommunales Finanzmanagement, S. 70; ZAHRADNIK, S., Das kommunale Rechnungswesen, S. 65.

340 Vgl. HÄFNER, P., Doppelte Buchführung, S. 45; BERNHARDT, H./MUTSCHLER, K./STOCKEL-VELTMANN, C., Kommunales Finanzmanagement NRW, S. 103.

341 Vgl. BERNHARDT, H./MUTSCHLER, K./STOCKEL-VELTMANN, C., Kommunales Finanzmanagement NRW, S. 103.

342 Vgl. BERNHARDT, H./MUTSCHLER, K./STOCKEL-VELTMANN, C., Kommunales Finanzmanagement NRW, S. 104.

343 Vgl. BRÄUNING, D., Rechnungswesen und Steuerung, S. 310; FLÜSHÖH, O., § 79 GO, S. 907; MEYER-PRIES, D., Das kommunale Haushalts- und Rechnungswesen, S. 140; OSNER, A., Kommunale Organisations-, Haushalts- und Politikreform, S. 165 f.; PRÜMM, A. J., Recht und Politik einer Nothaushaltskommune, S. 28.

344 BRIXNER, H. C./HARMS, J./NOE, H. W., Verwaltungs-Kontenrahmen, Kapitel B, Rn. 222; vgl. hierzu auch BRIXNER, H. C., Haushalt als Regierungsprogramm in Zahlen, S. 123-131.

den, sind von besonderer politischer Bedeutung, da hier wichtige politische Impulse für die Zukunft gesetzt werden.[345]

Von den in den Haushaltsplan eingestellten Größen gehen dabei unterschiedliche Wirkungen aus. Die Ermächtigungsfunktion bezieht sich seit der Reform des kommunalen Haushaltsrechts auf zwei Rechengrößen:[346] die Aufwendungen im Ergebnisplan und die Auszahlungen im Finanzplan.[347] Diese Ermächtigung zur Verursachung von Aufwendungen bzw. zur Leistung von Auszahlungen ist keinesfalls eine Verpflichtung. Die veranschlagten Größen stellen vielmehr Obergrenzen dar, die in der Regel nicht überschritten werden dürfen.[348] Liegt für einen bestimmten Geschäftsvorfall keine Ermächtigung im Haushaltsplan vor, darf die erforderliche Aufwendung bzw. Auszahlung nicht geleistet werden,[349] für jede Aufwendung oder Zahlung der Verwaltung muss eine Veranschlagung im Haushaltplan vorliegen.[350] Die veranschlagten Aufwendungen und Auszahlungen stellen somit einen Ermächtigungsrahmen dar, in dem sich die Verwaltung während des entsprechenden Hauhaltsjahres bewegen kann.[351]

Im Gegensatz hierzu stellen die im Haushaltsplan veranschlagten Erträge und Einzahlungen keine Obergrenzen für ihre Erzielung dar. Sie spiegeln die Erwartungen wider und dürfen überschritten werden.[352]

---

345 Vgl. BERNHARDT, H./MUTSCHLER, K./STOCKEL-VELTMANN, C., Kommunales Finanzmanagement NRW, S. 104; SCHWARTING, G., Ein neues kommunales Haushaltsrecht, S. 171.

346 In der Kameralistik bezog sich die Ermächtigungsfunktion nur auf die Ausgaben, vgl. ROSE, J., Einführung der kommunalen Doppik, S. 29.

347 Ergebnis- und Finanzplan werden häufig auch als Ergebnis- und Finanzhaushalt bezeichnet.

348 Vgl. FLÜSHÖH, O., § 79 GO, S. 904.

349 Vgl. BERNHARDT, H./MUTSCHLER, K./STOCKEL-VELTMANN, C., Kommunales Finanzmanagement NRW, S. 105.

350 Vgl. BERNHARDT, H./MUTSCHLER, K./STOCKEL-VELTMANN, C., Kommunales Finanzmanagement NRW, S. 105.

351 Vgl. FREYTAG, D./HAMACHER, C./WOHLAND, A., Neues Kommunales Finanzmanagement, S. 70.

352 Vgl. FREYTAG, D./HAMACHER, C./WOHLAND, A., Neues Kommunales Finanzmanagement, S. 70 sowie BERNHARDT, H./MUTSCHLER, K./STOCKEL-VELTMANN, C., Kommunales Finanzmanagement NRW, S. 106.

342. Die Elemente des Haushaltsplans

342.1 Ergebnisplan

Im Zentrum der kommunalen Haushaltsplanung steht der Ergebnisplan.[353] Dieser bildet die geplanten Aufwendungen und Erträge des Haushaltsjahres ab.[354] Die mindestens als einzelne Positionen auszuweisenden Aufwendungen und Erträge werden in § 2 GemHVO genannt. Hierdurch wird die Art der Erträge und Aufwendungen deutlich.[355] Zusätzliche Unterpositionen dürfen indes ebenfalls ausgewiesen werden.[356] Der Ergebnisplan ist in Staffelform aufzustellen.[357] Im Ergebnisplan sind bestimmte Zwischensalden zu bilden (§ 2 Abs. 2 GemHVO). Diese ermöglichen eine grobe Analyse des Haushaltsplans.[358] Am Jahresergebnis, das ebenfalls im Ergebnisplan ausgewiesen wird, wird der Haushaltsausgleich nach § 75 Abs. 2 GO festgestellt.[359]

Im Ergebnisplan sind insgesamt sechs Haushaltsjahre abzubilden (§ 1 Abs. 3 GemHVO). Hierzu gehören neben den für das Haushaltsjahr zu veranschlagenden Erträgen und Aufwendungen sowie Einzahlungen und Auszahlungen auch die Ergebnisse der Rechnung des Vorvorjahres und die Haushaltspositionen des Vorjahres sowie die Planungspositionen der dem Haushaltsjahr folgenden drei Jahre (§ 1 Abs. 3 GemHVO). Die mittelfristige Planung, die vor Umsetzung des Neuen Kommunalen Finanzmanagements getrennt vom Haushaltsplan aufgestellt wurde, wird in den Haushaltsplan einbezogen und soll so verstärkt im Blickfeld des Gemeinderates stehen.[360] Die einzelnen Positionen der dem Haushaltsjahr folgenden drei Planungsjahre stellen indes keine haushaltsrechtlichen Ermächtigungen dar.[361] Gleichwohl können geplante Jahresfehlbeträge unter Umständen

---

353 Vgl. INNENMINISTERIUM NORDRHEIN-WESTFALEN (Hrsg.), Neues Kommunales Finanzmanagement, S. 136.

354 Vgl. zur Wirkung der genannten Größen Abschnitt 341.

355 Vgl. INNENMINISTERIUM NORDRHEIN-WESTFALEN (Hrsg.), Neues Kommunales Finanzmanagement, S. 372.

356 Vgl. KUMMER, L., § 2 GemHVO, S. 2.

357 Vgl. INNENMINISTERIUM NORDRHEIN-WESTFALEN (Hrsg.), Neues Kommunales Finanzmanagement, S. 373.

358 Vgl. KUMMER, L., § 2 GemHVO, S. 10. Die Bezeichnung der Zwischensalden unterscheidet sich dabei vom handelsrechtlichen Referenzmodell, vgl. hierzu KUMMER, L., § 2 GemHVO, S. 12.

359 Vgl. INNENMINISTERIUM NORDRHEIN-WESTFALEN (Hrsg.), Neues Kommunales Finanzmanagement, S. 384; KUMMER, L., § 2 GemHVO, S. 13.

360 Vgl. INNENMINISTERIUM NORDRHEIN-WESTFALEN (Hrsg.), Neues Kommunales Finanzmanagement, S. 371.

361 Vgl. INNENMINISTERIUM NORDRHEIN-WESTFALEN (Hrsg.), Neues Kommunales Finanzmanagement, S. 421

zur Aufstellung eines Haushaltssicherungskonzeptes verpflichten.[362] Die folgende Abbildung verdeutlicht den Aufbau des Ergebnisplans.

Ertrags- und Aufwandsarten			Ergebnis des Vorvorjahres	Ansatz des Vorjahres	Ansatz des Haushaltsjahres	Planung Haushaltsjahr + 1	Planung Haushaltsjahr + 2	Planung Haushaltsjahr + 3
			EUR	EUR	EUR	EUR	EUR	EUR
1		Steuern und ähnliche Abgaben						
2	+	Zuwendungen und allgemeine Umlagen						
3	+	Sonstige Transfererträge						
4	+	Öffentlich-rechtliche Leistungsentgelte						
5	+	Privatrechtliche Leistungsentgelte						
6	+	Kostenerstattungen und Kostenumlagen						
7	+	Sonstige ordentliche Erträge						
8	+	Aktivierte Eigenleistungen						
9	+/-	Bestandsveränderungen						
10	=	Ordentliche Erträge						
11	-	Personalaufwendungen						
12	-	Versorgungsaufwendungen						
13	-	Aufwendungen für Sach- und Dienstleistungen						
14	-	Bilanzielle Abschreibungen						
15	-	Transferaufwendungen						
16	-	Sonstige ordentliche Aufwendungen						
17	=	Ordentliche Aufwendungen						
18	=	Ergebnis der laufenden Verwaltungstätigkeit (= Zeilen 10 und 17)						
19	+	Finanzerträge						
20	-	Zinsen und sonstige Finanzaufwendungen						
21	=	Finanzergebnis (= Zeilen 19 und 20)						
22	=	Ordentliches Ergebnis (= Zeilen 18 und 21)						
23	+	Außerordentliche Erträge						
24	-	Außerordentliche Aufwendungen						
25	=	Außerordentliches Ergebnis (= Zeilen 23 und 24)						
26	=	Jahresergebnis (= Zeilen 22 und 25)						

Abbildung 1: Aufbau des Ergebnisplans[363]

362 Vgl. hierzu Abschnitt 335.3.

363 INNENMINISTERIUM NORDRHEIN-WESTFALEN (Hrsg.), Neues Kommunales Finanzmanagement, S. 887.

342.2 Finanzplan

Der Finanzplan dient der zeitraumbezogenen Darstellung der Zahlungsströme. Auch im Neuen Kommunalen Finanzmanagement ist also die Planung der Einzahlungen und Auszahlungen einer Gemeinde erforderlich.[364] Er zeigt die Herkunft und die Verwendung der Zahlungsmittel. Darüber hinaus bietet er Hinweise auf die Eigenfinanzierungs- und Schuldentilgungskraft der Gemeinde.[365]

Mit dem Finanzplan wird zur Leistung von Auszahlungen, die nicht zugleich auch Aufwand darstellen und somit nicht im Ergebnisplan veranschlagt sind, ermächtigt.[366] Dies betrifft insbesondere die investiven Auszahlungen.[367]

Die mindestens als einzelne Positionen auszuweisenden Einzahlungen und Auszahlungen werden in § 3 GemHVO genannt. Der Finanzplan unterteilt dabei in Zahlungen aus laufender Verwaltungstätigkeit, Investitionstätigkeit sowie Finanzierungstätigkeit. Auch im Finanzplan sind bestimmte Zwischensalden zu bilden (§ 3 Abs. 2 GemHVO).

Die im Finanzplan abzubildende Zeitreihe umfasst, ebenso wie im Ergebnisplan, sechs Haushaltsjahre. Die folgende Abbildung verdeutlicht den Aufbau des Finanzplans.

364 Im Finanzplan werden ähnliche Größen wie in der Kameralistik erfasst. Insofern lässt sich daran auch erkennen, ob der Haushaltsausgleich in der Kameralistik erreicht worden wäre; vgl. hierzu KUSSMAUL, H./HENKES, J., Elemente, S. 470.

365 Vgl. KUSSMAUL, H./HENKES, J., Elemente, S. 470.

366 Vgl. KUMMER, L., § 1 GemHVO, S. 2.

367 Vgl. KUSSMAUL, H./HENKES, J., Elemente, S. 470.

Ein- und Auszahlungsarten			Ergebnis des Vorvorjahres	Ansatz des Vorjahres	Ansatz des Haushaltsjahres	Planung Haushaltsjahr + 1	Planung Haushaltsjahr + 2	Planung Haushaltsjahr + 3
			EUR	EUR	EUR	EUR	EUR	EUR
1		Steuern und ähnliche Abgaben						
2	+	Zuwendungen und allgemeine Umlagen						
3	+	Sonstige Transfereinzahlungen						
4	+	Öffentlich-rechtliche Leistungsentgelte						
5	+	Privatrechtliche Leistungsentgelte						
6	+	Kostenerstattungen und Kostenumlagen						
7	+	Sonstige Einzahlungen						
8	+	Zinsen und sonstige Finanzeinzahlungen						
9	=	Einzahlungen aus laufender Verwaltungstätigkeit						
10	-	Personalauszahlungen						
11	-	Versorgungsauszahlungen						
12	-	Auszahlungen für Sach- und Dienstleistungen						
13	-	Zinsen und sonstige Finanzeinzahlungen						
14	-	Transferauszahlungen						
15	-	Sonstige Auszahlungen						
16	=	Auszahlungen aus laufender Verwaltungstätigkeit						
17	=	Saldo aus laufender Verwaltungstätigkeit (= Zeilen 9 und 16)						
18	+	Zuwendungen für Investitionsmaßnahmen						
19	+	Einzahlungen aus der Veräußerung von Sachanlagen						
20	+	Einzahlungen aus der Veräußerung von Finanzanlagen						
21	+	Einzahlungen aus Beiträgen u. ä. Entgelten						
22	+	Sonstige Investitionseinzahlungen						
23	=	Einzahlungen aus Investitionstätigkeit						
24	-	Auszahlungen für den Erwerb von Grundstücken und Gebäuden						
25	-	Auszahlungen für Baumaßnahmen						
26	-	Auszahlungen für den Erwerb von beweglichem Anlagevermögen						
27	-	Auszahlungen für den Erwerb von Finanzanlagen						
28	-	Auszahlungen von aktivierbaren Zuwendungen						
29	-	Sonstige Investitionsauszahlungen						
30	=	Auszahlungen aus Investitionstätigkeit						
31	=	Saldo aus Investitionstätigkeit (= Zeilen 23 und 30)						
32	=	Finanzmittelüberschuss/-fehlbetrag (= Zeilen 17 und 31)						
33	+	Aufnahme und Rückflüsse von Darlehen						
34	-	Tilgung und Gewährung von Darlehen						
35	=	Saldo aus Finanzierungstätigkeit						
36	=	Änderung des Bestandes an eigenen Finanzmitteln (= Zeilen 32 und 35)						
37	+	Anfangsbestand an Finanzmitteln						
38	=	Liquide Mittel (= Zeilen 36 und 37)						

Abbildung 2: Aufbau des Finanzplans[368]

368 INNENMINISTERIUM NORDRHEIN-WESTFALEN (Hrsg.), Neues Kommunales Finanzmanagement, S. 888.

342.3 Teilpläne

Sowohl im Ergebnisplan als auch im Finanzplan wird die Gemeinde als Ganzes betrachtet.[369] Darüber hinaus sind auch Teilpläne aufzustellen. Diese sind produktorientiert (§ 4 Abs. 1 Satz 1 GemHVO), wodurch auch das gewandelte Selbstverständnis der Gemeinden deutlich wird. Gemeinden sollen ihre Leistungen nicht mehr allein als Hoheitsakt sondern als Dienstleistung am Bürger ansehen.[370] Anhand der produktorientierten Teilpläne werden die politischen Schwerpunkte des Handelns der Gemeinde deutlich. Sie sind Kern der Haushaltsberatungen,[371] da hierdurch die Zuweisung von Ressourcen auf die verschiedenen Aufgabengebiete umgesetzt wird (Budgetrecht des Gemeinderates).[372]

Der Haushalt ist auf der ersten Gliederungsstufe verpflichtend auf der Grundlage von 17 verbindlichen Produktbereichen, die vom Innenministerium bekannt gegeben wurden, auszugestalten.[373] Die in der Abbildung 3 aufgeführten Produktbereiche sind für verbindlich erklärt worden.

Darüber hinaus ist eine weitere, individuelle Untergliederung der Haushalte zulässig und in der Regel erforderlich.[374] Die weitere Untergliederung liegt in der Verantwortung der einzelnen Gemeinden und kann nach den örtlichen Gegebenheiten ausgestaltet werden.[375] So könnte bspw. der Produktbereich „Kultur und Wissenschaft“ weiter unterteilt werden in Theater, Musikschulen und Museen.

---

369 Vgl. BERNHARDT, H./MUTSCHLER, K./STOCKEL-VELTMANN, C., Kommunales Finanzmanagement NRW, S. 136.

370 Vgl. INNENMINISTERIUM NORDRHEIN-WESTFALEN (Hrsg.), Neues Kommunales Finanzmanagement, S. 400; vgl. zu Arten öffentlicher Dienstleistungen EICHHORN, P., Controlling für öffentliche Dienstleistungen, S. 213-217.

371 Vgl. BERNHARDT, H./MUTSCHLER, K./STOCKEL-VELTMANN, C., Kommunales Finanzmanagement NRW, S. 136;

372 Vgl. INNENMINISTERIUM NORDRHEIN-WESTFALEN (Hrsg.), Neues Kommunales Finanzmanagement, S. 400.

373 Vgl. INNENMINISTERIUM NORDRHEIN-WESTFALEN (Hrsg.), Neues Kommunales Finanzmanagement, S. 402. Diese Produktbereiche stimmen mit den von der Innenministerkonferenz beschlossenen überein und sollen bundesweit verwendet werden.

374 Vgl. BERNHARDT, H./MUTSCHLER, K./STOCKEL-VELTMANN, C., Kommunales Finanzmanagement NRW, S. 115.

375 Vgl. INNENMINISTERIUM NORDRHEIN-WESTFALEN (Hrsg.), Neues Kommunales Finanzmanagement, S. 402.

Produktbereiche im NKF-Produktrahmen					
01	Innere Verwaltung	07	Gesundheitsdienste	13	Natur- und Landschafts-pflege
02	Sicherheit und Ord-nung	08	Sportförderung	14	Umweltschutz
03	Schulträgeraufgaben	09	Räumliche Planung und Entwicklung, Geoin-formationen	15	Wirtschaft und Tourismus
04	Kultur und Wissen-schaft	10	Bauen und Wohnen	16	Allgemeine Finanzwirt-schaft
05	Soziale Leistungen	11	Ver- und Entsorgung	17	Stiftungen
06	Kinder-, Jugend- und Familienhilfe	12	Verkehrsflächen und -anlagen, ÖPNV		

Abbildung 3: Produktbereiche im NKF-Produktrahmen[376]

Die Teilpläne bestehen aus einem Teilergebnisplan und einem Teilfinanzplan. Die Teilergebnispläne sind entsprechend § 2 GemHVO aufzustellen (§ 4 Abs. 3 Satz 2 GemHVO), so dass die Mindestgliederung des Ergebnisplans auch in den Teilergebnisplänen verwendet wird.[377] Zusätzlich abzubilden sind gegebenenfalls Erträge und Aufwendungen aus internen Leistungsbeziehungen, sofern diese erfasst werden (§ 4 Abs. 3 Satz 3 GemHVO). In den Teilplänen wird dann zwischen einem Ergebnis vor und nach interner Leistungsverrechnung unterschieden, so dass die internen Leistungsverrechnungen deutlich werden. Dies ist sinnvoll, da die interne Leistungsverrechnung einem hohen individuellen Bewertungsspielraum unterliegt.[378] Eine Pflicht zur Erfassung interner Leistungsbeziehungen besteht indes nicht.[379]

Im Teilfinanzplan sind gemäß § 4 Abs. 4 Satz 1 GemHVO die Einzahlungen und Auszahlungen für Investitionen darzustellen. Die Gemeinde kann freiwillig auch die Einzah-

376 INNENMINISTERIUM NORDRHEIN-WESTFALEN (Hrsg.), Neues Kommunales Finanzmanagement, S. 402.

377 Vgl. INNENMINISTERIUM NORDRHEIN-WESTFALEN (Hrsg.), Neues Kommunales Finanzmanagement, S. 408.

378 Vgl. BERNHARDT, H./MUTSCHLER, K./STOCKEL-VELTMANN, C., Kommunales Finanzmanagement NRW, S. 140.

379 Vgl. KUMMER, L., § 4 GemHVO, S. 9.

lungen und Auszahlungen aus der laufenden Verwaltungstätigkeit abbilden.[380] Darüber hinaus sind die wichtigsten Investitionsmaßnahmen oberhalb der vom Rat festgelegten Wertgrenzen einzeln auszuweisen (§ 4 Abs. 4 Satz 2 GemHVO).

Ergebnis- und Finanzplan werden um Informationen zu Zielen und Kennzahlen ergänzt.[381] Für jeden Teilplan sind Ziele und – soweit möglich – Kennzahlen zur Messung der Zielerreichung festzulegen (§ 4 Abs. 2 GemHVO). Dies ist Ausdruck der neuen outputorientierten Steuerung. Die konkrete Umsetzung bleibt den Gemeinden überlassen.[382]

35 Jahresabschluss und Lagebericht

351. Die Bedeutung des Jahresabschlusses und des Lageberichts in der Haushaltswirtschaft

Der Jahresabschluss kann als das Gegenstück zum Haushaltsplan bezeichnet werden.[383] Er tritt an die Stelle der kameralen Jahresrechnung.[384] Dabei kann unterstellt werden, dass die Bedeutung des Jahresabschlusses gegenüber der kameralen Jahresrechnung gestiegen ist, ohne die Bedeutung des Haushaltsplans zu schmälern.[385] Haushaltsplan und Jahresabschluss sind nunmehr gleich bedeutend.

Die Bedeutung des HGB als Referenzmodell für das Neue Kommunale Finanzmanagement kommt auch in § 95 Abs. 1 GO zum Ausdruck.[386] Die Vorschriften zum Jahresab-

380 Vgl. INNENMINISTERIUM NORDRHEIN-WESTFALEN (Hrsg.), Neues Kommunales Finanzmanagement, S. 410.

381 Vgl. HÄFNER, P., Doppelte Buchführung, S. 49; vgl. zur Zielorientierung auch BECKHOF, H., Die Zielorientierung kommunalen Handelns, S. 28-260; HERRE, A., Steuerung im Neuen Haushaltsrecht, S. 73-80.

382 Vgl. KUMMER, L., § 4 GemHVO, S. 6.

383 Vgl. BERNHARDT, H./MUTSCHLER, K./STOCKEL-VELTMANN, C., Kommunales Finanzmanagement NRW, S. 102.

384 Vgl. FREYTAG, D./HAMACHER, C./WOHLAND, A., Neues Kommunales Finanzmanagement, S. 235; HÄFNER, P., Doppelte Buchführung, S. 72.

385 Vgl. LT-Drucksache 13/5567, S. 194; vgl. hierzu auch BISKOPING-KRIENING, L., Das neue kommunale Finanzmanagement, S. 31.

386 Vgl. FUDALLA, M./TÖLLE, M./WÖSTE, C./ZUR MÜHLEN, M., Bilanzierung und Jahresabschluss in der Kommunalverwaltung, S. 32.

schuss sind eng an die handelsrechtlichen Regeln für Kapitalgesellschaften angelehnt.[387] Nach § 95 Abs. 1 Satz 1 GO hat die Gemeinde zum Schluss eines jeden Haushaltsjahres einen Jahresabschluss aufzustellen, in dem das Ergebnis der Haushaltswirtschaft des Haushaltsjahres nachzuweisen ist. Der Jahresabschluss muss gemäß § 95 Abs. 1 Satz 2 GO unter Beachtung der Grundsätze ordnungsmäßiger Buchführung ein den tatsächlichen Verhältnissen entsprechendes Bild der Vermögens-, Schulden-, Ertrags- und Finanzlage der Gemeinde vermitteln und ist zu erläutern.[388] Der Jahresabschluss besteht aus der Ergebnisrechnung, der Finanzrechnung, den Teilrechnungen, der Bilanz und dem Anhang (§ 95 Abs. 1 Satz 1 GO). Ihm ist ein Lagebericht beizufügen (§ 95 Abs. 1 Satz 1 GO). Diese Bestandteile des Jahresabschlusses sowie der Lagebericht werden im Folgenden vorgestellt.

352. Die Elemente des Jahresabschlusses

352.1 Ergebnisrechnung, Finanzrechnung und Teilrechnungen

Ergebnisrechnung, Finanzrechnung und die Teilrechnungen stehen in engem Zusammenhang mit den entsprechenden Planungsrechnungen.

Die Ergebnisrechnung, die der handelsrechtlichen Gewinn- und Verlustrechnung entspricht, bildet die tatsächlichen Aufwendungen und Erträge des Haushaltsjahres ab.[389] Dabei stimmen die in der Ergebnisrechnung auszuweisenden Strukturen der Aufwands- und Ertragspositionen und Salden mit denen des Ergebnisplans überein.[390] In der Ergebnisrechnung sind indes nicht die Zeitreihen des Ergebnisplans darzustellen, sondern gemäß § 38 Abs. 2 GemHVO den nachzuweisenden Ist-Ergebnissen die Ergebnisse der Rechnung des Vorjahres und die fortgeschriebenen Planansätze des Haushaltsjahres voranzustellen sowie ein Plan-/Ist-Vergleich anzufügen, der die ins folgende Haushaltsjahr übertragenen Ermächtigungen gesondert auszuweisen hat.

---

387 Vgl. INNENMINISTERIUM NORDRHEIN-WESTFALEN (Hrsg.), Neues Kommunales Finanzmanagement, S. 246.

388 Die „Vermögenslage" bezieht sich sowohl auf die Aktivseite als auch auf die Passivseite der Bilanz, vgl. BAETGE, J./COMMANDEUR, D., § 264 HGB, Rn. 21. Die zusätzliche explizite Nennung der „Schuldenlage" verdeutlicht die Bedeutung der Schuldenlage für die Gemeinde.

389 Vgl. INNENMINISTERIUM NORDRHEIN-WESTFALEN (Hrsg.), Neues Kommunales Finanzmanagement, S. 614.

390 Vgl. KUMMER, L., § 38 GemHVO, S. 2.

Die Finanzrechnung bildet die tatsächlichen Auszahlungen und Einzahlungen des Haushaltsjahres ab. Die Strukturen der in der Finanzrechnung auszuweisenden Einzahlungs- bzw. Auszahlungspositionen und Salden stimmen mit denen des Finanzplans überein.[391] In der Finanzrechnung sind indes, wie in der Ergebnisrechnung, nicht die Zeitreihen des Finanzplans darzustellen, sondern gemäß § 39 GemHVO den nachzuweisenden Ist-Ergebnissen die Ergebnisse der Rechnung des Vorjahres und die fortgeschriebenen Plan-ansätze des Haushaltsjahres voranzustellen sowie ein Plan-/Ist-Vergleich anzufügen, der die ins folgende Haushaltsjahr übertragenen Ermächtigungen gesondert auszuweisen hat. Gemäß § 39 Satz 4 GemHVO sind zusätzlich die Zahlungen aus der Aufnahme und Tilgung von Krediten zur Liquiditätssicherung gesondert auszuweisen.[392]

Auch die Teilrechnungen entsprechen hinsichtlich ihrer Struktur den Teilplänen. Die Teilrechnungen greifen darüber hinaus auch die in den Teilplänen ausgewiesenen Leistungsmengen und Kennzahlen zur Zielerreichung wieder auf und weisen die entsprechenden Ist-Zahlen aus (§ 40 Abs. 2 GemHVO).[393] Abweichungen sind zu erläutern.[394] Hierdurch wird eine Kontrolle der Zielerreichung ermöglicht.[395]

352.2 Bilanz

Die Bilanz ist ein neues Element in der kommunalen Haushaltswirtschaft. Die Gliederung der Bilanz im Neuen Kommunalen Finanzmanagement orientiert sich dabei an den Vorschriften des Handelsrechts,[396] Abweichungen berücksichtigen kommunale Besonderheiten. Das Haushaltsrecht legt dabei lediglich eine Mindestgliederung fest.[397] Eine tiefere Gliederung ist zulässig, leere Zeilen können weggelassen werden.[398] Die jeweiligen Beträge des Vorjahres sind anzugeben (§ 41 Abs. 5 GemHVO).

---

391 Vgl. KUMMER, L., § 39 GemHVO, S. 2.

392 Diese Zahlungen sind im Finanzplan nicht ausgewiesen, da ein genauer Betrag nicht geplant werden kann; vgl. LT-Drucksache 13/5567, S. 225.

393 Vgl. KUMMER, L., § 40 GemHVO, S. 2.

394 Vgl. INNENMINISTERIUM NORDRHEIN-WESTFALEN (Hrsg.), Neues Kommunales Finanzmanagement, S. 626.

395 Vgl. INNENMINISTERIUM NORDRHEIN-WESTFALEN (Hrsg.), Neues Kommunales Finanzmanagement, S. 626.

396 Vgl. FREYTAG, D./HAMACHER, C./WOHLAND, A., Neues Kommunales Finanzmanagement, S. 240.

397 Vgl. hierzu § 41 Abs. 3 GemHVO.

398 Vgl. HÄFNER, P., Doppelte Buchführung, S. 72.

Die Bilanz hat sämtliche Vermögensgegenstände als Anlage- oder Umlaufvermögen, das Eigenkapital und die Schulden sowie die Rechnungsabgrenzungsposten zu enthalten (§ 41 Abs. 1 GemHVO). Sie zeigt somit zum Bilanzstichtag auf der Aktivseite die Mittelverwendung durch Zusammenstellung der einzelnen Vermögensarten. Auf der Passivseite wird die Mittelherkunft dargestellt.[399]

Die Bilanz ist sowohl mit der Ergebnisrechnung als auch mit der Finanzrechnung verknüpft. Das in der Ergebnisrechnung ermittelte Jahresergebnis wird in der Bilanz im Eigenkapital gezeigt. Mit der Finanzrechnung ist die Bilanz durch den Bilanzposten „Liquide Mittel" verknüpft, unter dem der in der Finanzrechnung ermittelte Liquiditätssaldo aufgeführt wird.[400] Die Bilanz als Stichtagsrechnung enthält somit die Resultate der zeitraumbezogenen Finanz- und Ergebnisrechnung.[401]

352.3 Anhang

Der Anhang ist Pflichtbestandteil des Jahresabschlusses (§ 95 Abs. 1 Satz 3 GO). Er steht gleichberechtigt neben den anderen Komponenten des Jahresabschlusses[402] und hat die Aufgabe, die durch die anderen Jahresabschlusselemente vermittelten Informationen zu erläutern, zu ergänzen und zu korrigieren.[403] Darüber hinaus soll der Anhang die Bilanz und die Ergebnisrechnung entlasten.[404] Der Anhang steht somit, ebenso wie im Handelsrecht, in engem Zusammenhang mit den Rechenwerken des Jahresabschlusses.[405]

Die Inhalte des Anhangs werden in § 44 GemHVO näher bestimmt. Darüber hinaus bestimmen auch zahlreiche Einzelvorschriften der Gemeindeordnung und Gemeinde-

399 Vgl. FREYTAG, D./HAMACHER, C./WOHLAND, A., Neues Kommunales Finanzmanagement, S. 241.

400 Vgl. DIEMERT, D., Das Haushaltssicherungskonzept, S. 310.

401 Vgl. FUDALLA, M./TÖLLE, M./WÖSTE, C./ZUR MÜHLEN, M., Bilanzierung und Jahresabschluss in der Kommunalverwaltung, S. 30.

402 Vgl. FUDALLA, M./TÖLLE, M./WÖSTE, C./ZUR MÜHLEN, M., Bilanzierung und Jahresabschluss in der Kommunalverwaltung, S. 203.

403 Vgl. INNENMINISTERIUM NORDRHEIN-WESTFALEN (Hrsg.), Neues Kommunales Finanzmanagement, S. 712.

404 Vgl. INNENMINISTERIUM NORDRHEIN-WESTFALEN (Hrsg.), Neues Kommunales Finanzmanagement, S. 712; FUDALLA, M./TÖLLE, M./WÖSTE, C./ZUR MÜHLEN, M., Bilanzierung und Jahresabschluss in der Kommunalverwaltung, S. 203.

405 Vgl. FUDALLA, M./TÖLLE, M./WÖSTE, C./ZUR MÜHLEN, M., Bilanzierung und Jahresabschluss in der Kommunalverwaltung, S. 203.

haushaltsverordnung Angabepflichten für den Anhang.[406] Ein verbindliches Gliederungsschema besteht für den Anhang nicht, eine grundlegende, klare und übersichtliche Strukturierung ist indes notwendig.[407] Folgende Struktur wird in der Handreichung des Innenministeriums empfohlen:[408]

- allgemeine Angaben,
- Bilanzierungs- und Bewertungsmethoden,
- Erläuterungen zur Bilanz,
- Erläuterungen zur Ergebnisrechnung,
- Erläuterungen zur Finanzrechnung,
- sonstige Angaben,
- Hinweise auf sonstige Unterlagen,
- Hinweis auf Verantwortliche und
- weitere Besonderheiten.

Darüber hinaus ist dem Anhang ein Anlagenspiegel, ein Forderungsspiegel und ein Verbindlichkeitenspiegel beizufügen (§ 44 GemHVO).[409]

353. Lagebericht

Gemäß § 95 GO Abs. 1 GO sowie § 37 Abs. 2 GemHVO ist die Gemeinde verpflichtet, den Jahresabschluss um einen Lagebericht zu ergänzen.[410] Der Lagebericht ist somit, ebenso wie im Handelsrecht, ein eigenständiges Rechnungslegungsinstrument und nicht Bestandteil des Jahresabschlusses.[411]

406 Vgl. BRINKMANN, J./RADDE, J., Der Anhang in der kommunalen Rechnungslegung Teil I, S. 145.

407 Vgl. INNENMINISTERIUM NORDRHEIN-WESTFALEN (Hrsg.), Neues Kommunales Finanzmanagement, S. 713.

408 Vgl. INNENMINISTERIUM NORDRHEIN-WESTFALEN (Hrsg.), Neues Kommunales Finanzmanagement, S. 713.

409 Vgl. hierzu weitergehend BRINKMANN, J./RADDE, J., Der Anhang in der kommunalen Rechnungslegung Teil II, S. 177 f.

410 Der Lagebericht tritt an die Stelle des kameralen Rechenschaftsberichtes, vgl. FUDALLA, M./ZUR MÜHLEN, M./WÖSTE, C., Doppelte Buchführung in der Kommunalverwaltung, S. 178. Bereits in der Vergangenheit wurde der kommunale Lagebericht als Instrument zur Verbesserung der kommunalen Rechnungslegung diskutiert, vgl. ZWEHL, W. V./ZUPANCIC, M., Der kommunale Lagebericht, S. 265-270.

411 Vgl. FREYTAG, D./HAMACHER, C./WOHLAND, A., Neues Kommunales Finanzmanagement, S. 251; KOWALEWSKI, S., § 48 GemHVO, S. 1; vgl. zum handelsrechtlichen Lagebericht ADLER, H./DÜRING, W./SCHMALTZ, K., Rechnungslegung und Prüfung der Unternehmen, § 289 HGB,

Gemäß § 48 GemHVO ist der kommunale Lagebericht so zu fassen, dass ein den tatsächlichen Verhältnissen entsprechendes Bild der Vermögens-, Schulden-, Ertrags- und Finanzlage der Gemeinde vermittelt wird. Diese Formulierung entspricht im Kern der Generalnorm für den Jahresabschluss nach § 95 Abs. 1 Satz 2 GO. Danach hat der Jahresabschluss unter Beachtung der Grundsätze ordnungsmäßiger Buchführung ein den tatsächlichen Verhältnissen entsprechendes Bild der Vermögens-, Schulden-, Ertrags- und Finanzlage zu vermitteln. Diese Generalnorm basiert auf der aus dem angelsächsischen Bilanzrecht stammenden Konzeption des „true and fair view" und bringt den Rechenschaftszweck des Jahresabschlusses zum Ausdruck.[412] Die fast identischen Kernaussagen des § 48 GemHVO und des § 95 Abs. 1 Satz 2 GO deuten darauf hin, dass auch der Lagebericht der Rechenschaft dient.[413] Zudem verlangt § 48 GemHVO auch explizit, Rechenschaft über die Haushaltswirtschaft im abgelaufenen Jahr zu geben. Rechenschaft kann indes nur über Vergangenes abgelegt werden. Da im Lagebericht indes auch auf die Chancen und Risken der künftigen Entwicklung einzugehen ist, kann die Informationsvermittlung als zentraler Zweck der Lageberichterstattung angesehen werden.[414]

Jahresabschluss und Lagebericht sind trotz der formalen Trennung indes inhaltlich nicht voneinander unabhängig. Dies wird durch die Aufgaben des Lageberichts in Relation zum Jahresabschluss deutlich.[415] Der Lagebericht erfüllt ebenso wie im Handelsrecht eine **Verdichtungsfunktion.**[416] Die differenzierten Angaben des Jahresabschlusses werden verbal zu einer Gesamtaussage zur Lage der Gemeinde verdichtet. Der Lagebericht ist somit ein „Instrument aggregierter Jahresabschlußinformationen"[417]. Ebenso wie im Handelsrecht erfüllt der Lagebericht im Neuen Kommunalen Finanzmanagement auch eine **Ergänzungsfunktion.**[418] Diese bezieht sich auf einen sachlichen und einen zeitlichen

Rn. 8; BAETGE, J./FISCHER, T. R./PASKERT, D., Der Lagebericht, S. 1; BÖCKING, H.-J./DUTZI, A., § 289 HGB, Rn. 31.

412 Vgl. BAETGE, J./COMMANDEUR, D., § 264 HGB, Rn. 38 f.

413 Vgl. FLÜSHÖH, O., § 95 GO, S. 1008; vgl. hierzu handelsrechtlich BAETGE, J./FISCHER, T. R./PASKERT, D., Der Lagebericht, S. 7 f.

414 Vgl. hierzu handelsrechtlich BAETGE, J./FISCHER, T. R./PASKERT, D., Der Lagebericht, S. 8.

415 Vgl. hierzu handelsrechtlich KIRSCH, H.-J./KÖHRMANN, H., Grundlagen der Lageberichterstattung, Rn. 3-8.

416 Vgl. sinngemäß INNENMINISTERIUM NORDRHEIN-WESTFALEN (Hrsg.), Neues Kommunales Finanzmanagement, S. 731; so auch FLÜSHÖH, O., § 75 GO, S. 1008.

417 BAETGE, J./FISCHER, T. R./PASKERT, D., Der Lagebericht, S. 9.

418 Vgl. hierzu INNENMINISTERIUM NORDRHEIN-WESTFALEN (Hrsg.), Neues Kommunales Finanzmanagement, S. 731; vgl. auch KLIEVE, L. M., § 95 GO, S. 3.

Aspekt. Sachlich wird der Jahresabschluss ergänzt, indem im Lagebericht über die gesamte Lage der Gemeinde zu berichten ist. Somit werden auch Aspekte erfasst, die nicht direkt in der Vermögens-, Schulden-, Ertrags- und Finanzlage zum Ausdruck kommen. Der Lagebericht ergänzt den Jahresabschluss auch in zeitlicher Hinsicht, da er Informationen für die Zeit nach dem Bilanzstichtag enthält. Nach § 48 GemHVO ist auf die Chancen und Risiken der künftigen Entwicklung einzugehen. Zudem soll der Lagebericht auch auf Vorgänge nach dem Schluss des Haushaltsjahres eingehen.

Darüber hinaus ist dem kommunalen Lagebericht, ebenso wie dem handelsrechtlichen Lagebericht, auch eine **Analysefunktion** übertragen worden.[419] Der Lagebericht hat eine ausgewogene und umfassende Analyse der Haushaltswirtschaft und der Vermögens-, Schulden-, Ertrags- und Finanzlage der Gemeinde zu enthalten. In die Analyse sollen die produktorientierten Ziele und Kennzahlen nach § 12 GemHVO, soweit sie bedeutsam für das Bild der Vermögens-, Schulden-, Ertrags- und Finanzlage der Gemeinde sind, einbezogen und unter Bezugnahme auf die im Jahresabschluss enthaltenen Ergebnisse erläutert werden. Dies verdeutlicht das enge Verhältnis von Jahresabschluss und Lagebericht.[420]

Ebenso wie im Handelsrecht werden die Inhalte des Lageberichts durch die Vorschrift des § 48 GemHVO nur allgemein vorgegeben.[421] Hierdurch können sich erhebliche Ermessensspielräume ergeben. Zur Auslegung und Konkretisierung des § 48 GemHVO sind daher allgemein gültige Kriterien heranzuziehen, die als Grundsätze ordnungsmäßiger Lageberichterstattung bezeichnet werden.[422] Hierzu gehören der Grundsatz der Richtigkeit, der Grundsatz der Vollständigkeit, der Grundsatz der Klarheit und Übersichtlichkeit, der Grundsatz der Vergleichbarkeit, der Grundsatz der Ausgewogenheit, der Grundsatz der Wirtschaftlichkeit und Wesentlichkeit sowie der Grundsatz der Informationsabstufung.[423]

419 Vgl. INNENMINISTERIUM NORDRHEIN-WESTFALEN (Hrsg.), Neues Kommunales Finanzmanagement, S. 731; vgl. auch SCHEELE, A., Lageberichterstattung, S. 162 in Bezug auf den handelsrechtlichen Lagebericht.

420 Vgl. GREINERT, M., Weitergehende Anforderungen, S. 54 in Bezug auf den handelsrechtlichen Lagebericht.

421 Vgl. BÖCKING, H.-J./DUTZI, A., § 289 HGB, Rn. 49.

422 Vgl. KIRSCH, H.-J./SCHEELE, A., Lageberichterstattung, S. 2734; BAETGE, J./KIRSCH, H.-J./THIELE, S., Bilanzen, S. 787.

423 Vgl. INNENMINISTERIUM NORDRHEIN-WESTFALEN (Hrsg.), Neues Kommunales Finanzmanagement, S. 734. Die genannten Grundsätze entsprechen denen des handelsrechtlichen Lageberichts, vgl. hierzu BAETGE, J./KIRSCH, H.-J./THIELE, S., Bilanzen, S. 787-790; KIRSCH, H.-J./KÖHRMANN, H., Grundlagen der Lageberichterstattung, Rn. 28-36.

Im Lagebericht ist zunächst ein Überblick über die wichtigen Ergebnisse des Jahresabschlusses und Rechenschaft über die Haushaltswirtschaft im abgelaufenen Jahr zu geben (§ 48 Satz 2 GemHVO). Über Vorgänge von besonderer Bedeutung, auch solcher, die nach Schluss des Haushaltsjahres eingetreten sind, ist zu berichten (§ 48 Satz 3 GemHVO).

Darüber hinaus hat der Lagebericht eine ausgewogene und umfassende, dem Umfang der gemeindlichen Aufgabenerfüllung entsprechende Analyse der Haushaltswirtschaft und der Vermögens-, Schulden-, Ertrags- und Finanzlage der Gemeinde zu enthalten (§ 48 Satz 4 GemHVO). Die Analyse der Haushaltswirtschaft sollte insbesondere auch Plan-Ist-Vergleiche enthalten.[424] Hierbei sollten wesentliche positive oder negative Abweichungen von den Planansätzen erläutert werden.[425] Die Analyse der Vermögens-, Schulden-, Ertrags- und Finanzlage kann mit Hilfe geeigneter Kennzahlen erfolgen.[426] Hierbei ist indes zu beachten, dass Kennzahlen aus der Privatwirtschaft nicht uneingeschränkt auf den öffentlichen Sektor übertragen werden können.[427]

In die Analyse sollen die produktorientierten Ziele und Kennzahlen nach § 12 GemHVO einbezogen und unter Bezugnahme auf die im Jahresabschluss enthaltenen Ergebnisse erläutert werden (§ 48 Satz 5 GemHVO). Dies gilt indes nur, soweit sie bedeutsam für das Bild der Vermögens-, Schulden-, Ertrags- und Finanzlage der Gemeinde sind.

Des Weiteren ist im Lagebericht auf die Chancen und Risiken für die künftige Entwicklung der Gemeinde einzugehen (§ 48 Satz 6 GemHVO).[428] Ebenso wie im Handelsrecht sind die zu Grunde liegende Annahmen anzugeben.[429]

---

424 Vgl. BRINKMANN, J./RADDE, J., Die Lageberichterstattung der Kommunen, S. 220.

425 Vgl. KOWALEWSKI, S., § 48 GemHVO, S. 4.

426 Vgl. INNENMINISTERIUM NORDRHEIN-WESTFALEN (Hrsg.), Neues Kommunales Finanzmanagement, S. 731; so auch FUDALLA, M./TÖLLE, M./WÖSTE, C./ZUR MÜHLEN, M., Bilanzierung und Jahresabschluss in der Kommunalverwaltung, S. 211.

427 Vgl. MAGIN, C., Möglichkeiten und Grenzen der Jahresabschlussanalyse, S. 202-206. Dies gilt insbesondere für Rentabilitätskennzahlen, vgl. hierzu MAGIN, C., Möglichkeiten und Grenzen der Jahresabschlussanalyse, S. 205; MATZ, J., Analyse kommunaler doppischer Jahresabschlüsse, S. 194 f.

428 Vgl. hierzu SCHWARTING, G., Vorbericht und Lagebericht, S. 267 f.; vgl. zu kommunalen Risiken auch ANDRAE, S., Risikomanagement in der Kommune, S. 47 f.; GLINDER, P., Kommunales Chancen- und Risikomanagement, S. 245 f. Vgl. für das Handelsrecht auch KIRSCH, H.-J./SCHEELE, A., Prognose- und Risikoberichterstattung im Lagebericht, S. 1149-1154; KAJÜTER, P., Chancen und Risiken im Lagebericht, S. 427-433; sowie zur Prüfung KIRSCH, H.-J./SCHEELE, A., Prüfung der Chancen- und Risikoberichterstattung, S. 337-350.

§ 95 Abs. 2 GO verlangt, am Schluss des Lageberichtes für die Mitglieder des Verwaltungsvorstandes nach § 70 GO oder für den Bürgermeister und den Kämmerer, sowie für die Ratsmitglieder, auch wenn die Personen im Haushaltsjahr ausgeschieden sind, verschiedene Angaben zu machen:

- der Familienname mit mindestens einem ausgeschriebenen Vornamen,
- der ausgeübte Beruf,
- die Mitgliedschaften in Aufsichtsräten und anderen Kontrollgremien im Sinne des § 125 Abs. 1 Satz 3 AktG,
- die Mitgliedschaft in Organen von verselbständigten Aufgabenbereichen der Gemeinde in öffentlichrechtlicher oder privatrechtlicher Form,
- die Mitgliedschaft in Organen sonstiger privatrechtlicher Unternehmen.

Die Bestimmung des § 95 Abs. 2 GO ist angelehnt an § 285 Nr. 10 HGB.[430] Hierdurch sollen die Verantwortlichkeiten für den Jahresabschluss hervorgehoben werden.[431] Auch werden so mögliche Interessenkonflikte verdeutlicht, die im Zusammenhang mit der ausgeübten Tätigkeit stehen.[432] Bereits nach § 43 Abs. 3 GO sind die Mitglieder des Rates und der Ausschüsse verpflichtet, Auskünfte über ihre wirtschaftlichen und persönlichen Verhältnisse zu geben. Diese Offenlegung erfolgt indes lediglich gegenüber dem Bürgermeister.[433] Die Berichtspflichten des § 95 Abs. 2 GO unterstützen insoweit die gewünschte Transparenzsteigerung gegenüber den Bürgern im Rahmen des Neuen Kommunalen Finanzmanagements. Überraschend ist indes die Platzierung der Angaben im Lagebericht der Gemeinde. Systematisch sind sie, ebenso wie im Handelsrecht, eher dem Anhang zuzuordnen.[434]

---

429 Vgl. hierzu im Handelsrecht KIRSCH, H.-J./KÖHRMANN, H., Inhalt des Lageberichts, Rn. 110-113.

430 Vgl. LT-Drucksache 13/5567, S. 194; INNENMINISTERIUM NORDRHEIN-WESTFALEN (Hrsg.), Neues Kommunales Finanzmanagement, S. 255; vgl. hierzu auch KLIEVE, L. M., Der Jahresabschluss im NKF, S. 113 f.

431 Vgl. LT-Drucksache 13/5567, S. 194; INNENMINISTERIUM NORDRHEIN-WESTFALEN (Hrsg.), Neues Kommunales Finanzmanagement, S. 255; KUMMER, L., § 37 GemHVO, S.1 f.

432 Vgl. LT-Drucksache 13/5567, S. 194; INNENMINISTERIUM NORDRHEIN-WESTFALEN (Hrsg.), Neues Kommunales Finanzmanagement, S. 255.

433 Vgl. KLIEVE, L. M., Der Jahresabschluss im NKF, S. 113 f.

434 So auch IDW (Hrsg.), Stellungnahme zu dem Referentenentwurf eines Gesetzes über das Neue Kommunale Haushalts- und Rechnungswesen, S. 7 f.

36 Der Gesamtabschluss

Als Folge der zahlreichen Ausgliederungen der vergangenen Jahre besitzt der Jahresabschluss der Gemeinde selbst häufig nur begrenzte Aussagekraft.[435] Als Reaktion auf diese Entwicklung und die damit einhergehenden Probleme wurde in der Literatur und in der Praxis die Forderung zur Aufstellung eines Gesamtabschlusses, in den auch die verselbständigten Aufgabenbereiche einbezogen werden, erhoben. Dem Bedürfnis nach einem Gesamtabschluss ist der Gesetzgeber mit entsprechenden Regelungen (12. Teil der GO) im Rahmen des Neuen Kommunalen Finanzmanagements nachgekommen. Die verpflichtende Aufstellung eines kommunalen Konzernabschlusses kann als „Meilenstein in der öffentlichen Rechnungslegung“[436] gewertet werden.[437]

Grundsätzlich sollen durch den Konzernabschluss die Informationsdefizite der Einzelabschlüsse ausgeglichen werden.[438] BAETGE/KIRSCH/THIELE bezeichnen diese Aufgabe des Konzernabschlusses als Kompensationszweck.[439] Nur die gemeinsame Analyse des Konzernabschlusses und der Einzelabschlüsse ermöglicht den Adressaten einen ausreichenden Einblick in die wirtschaftliche Lage eines Konzernunternehmens.[440]

Der Gesamtabschluss dient ausschließlich der Informationsvermittlung. Er hat für den Nachweis über die Einhaltung des Haushaltsplans sowie für den Haushaltsausgleich und die Kapitalerhaltung keine rechtliche Bedeutung.[441] Indes kann der Gesamtabschluss der Gemeinde, ebenso wie der handelsrechtliche Konzernabschluss,[442] der Kapitalerhaltung durch Information dienen.

---

435 Vgl. hierzu die Ausführungen in Abschnitt 224.

436 HENKES, J., Der Jahresabschluss kommunaler Gebietskörperschaften, S. 503.

437 Vgl. hierzu auch BAUER, L./KIRCHMANN, U./SASS, J., Auswirkungen durch das Bilanzrechtsmodernisierungsgesetz, S. 149.

438 Vgl. INNENMINISTERIUM NORDRHEIN-WESTFALEN (Hrsg.), Neues Kommunales Finanzmanagement, S. 327; vgl. auch OTTE, R., Konzernrechnungslegung für Gebietskörperschaften, S. 511.

439 Vgl. ausführlich zum Kompensationszweck des Konzernabschlusses BAETGE, J./KIRSCH, H.-J./THIELE, S., Konzernbilanzen, S. 42-52.

440 Vgl. INNENMINISTERIUM NORDRHEIN-WESTFALEN (Hrsg.), Neues Kommunales Finanzmanagement, S. 327; so auch BERENS, W./BUDÄUS, D./BUSCHOR, E./FISCHER, E./LÜDER, K./MUNDHENKE, E./STREIM, H., Keine Alternative zum Systemwechsel beim Rechungswesen, S. 12.

441 Vgl. FUDALLA, M./TÖLLE, M./WÖSTE, C./ZUR MÜHLEN, M., Bilanzierung und Jahresabschluss in der Kommunalverwaltung, S. 215; WIRTZ, H., Grundsätze ordnungsmäßiger öffentlicher Buchführung, S. 107; vgl. hierzu auch HAHN, H., Rahmen, S. 20; BUSCH, M./LASARZIK, M./HEILING, J., Konzernabschluss, S. 426.

442 Vgl. hierzu BAETGE, J./KIRSCH, H.-J./THIELE, S., Konzernbilanzen, S. 40-42.

Gemäß § 116 GO hat eine Gemeinde in jedem Haushaltsjahr für den Abschlussstichtag einen Gesamtabschluss unter Beachtung der Grundsätze ordnungsmäßiger Buchführung aufzustellen.[443] Der Gesamtabschluss besteht aus der Gesamtergebnisrechnung, der Gesamtbilanz und dem Gesamtanhang und ist – ebenso wie der Jahresabschluss der Gemeinde – um einen Gesamtlagebericht zu ergänzen (§ 116 Abs. 1 Satz 2 GO). Darüber hinaus hat die Gemeinde einen Beteiligungsbericht zu erstellen und dem Gesamtabschluss beizufügen (§ 117 Abs. 1 GO). Im Beteiligungsbericht sind die wirtschaftlichen und nichtwirtschaftlichen Betätigungen der Gemeinde zu erläutern und zwar unabhängig davon, ob diese verselbständigten Aufgabenbereiche dem Konsolidierungskreis des Gesamtabschlusses angehören oder nicht (§ 117 Abs. 1 GO).

In den Gesamtabschluss sind der Jahresabschluss der Gemeinde sowie die Jahresabschlüsse aller verselbständigten Aufgabenbereiche in öffentlich-rechtlicher oder privatrechtlicher Form einzubeziehen (§ 116 Abs. 2 GO).[444] Auf eine Einbeziehung kann verzichtet werden, sofern die verselbständigten Aufgabenbereiche für die Verpflichtung, ein den tatsächlichen Verhältnissen entsprechendes Bild der Vermögens-, Schulden-, Ertrags- und Finanzgesamtlage der Gemeinde zu vermitteln, von untergeordneter Bedeutung sind. Dies ist im Gesamtanhang darzustellen (§ 116 Abs. 3 GO). Die weiteren Konsolidierungswahlrechte des § 296 HGB wurden nicht übernommen.[445] Sparkassen dürfen gemäß der Gesetzesbegründung nicht konsolidiert werden.[446]

Die Methoden, nach denen die verselbständigten Aufgabenbereiche zu konsolidieren sind, werden in § 50 GemHVO bestimmt. Verselbständigte Aufgabenbereiche in öffentlich-rechtlichen Organisationsformen sowie Unternehmen und Einrichtungen des privaten Rechts, die unter der einheitlichen Leitung oder dem beherrschenden Einfluss der Gemeinde stehen, sind entsprechend den §§ 300-309 HGB zu konsolidieren (§ 50

443 Der kommunale Konzernabschluss ist in Nordrhein-Westfalen erstmals zum 31. Dezember 2010 aufzustellen (§ 2 Abs. 1 NKFEG).

444 Vgl. zum Konsolidierungskreis GÖB, C./AVERBECK, H., Festlegung des Konsolidierungskreises, S. 87-89.

445 Vgl. HENKES, J., Der Jahresabschluss kommunaler Gebietskörperschaften, S. 511.

446 So LT-Drucksache 13/5567, S. 259. Diese Ansicht wurde jüngst durch die Änderung des Sparkassengesetzes bestätigt, vgl. hierzu INNENMINISTERIUM NORDRHEIN-WESTFALEN (Hrsg.), Neues Kommunales Finanzmanagement, S. 341; vgl. zur Erfassung der Sparkassen unter Berücksichtigung der Neufassung des Sparkassengesetzes auch NIELAND, M./MEIER, N./SEMELKA, T., Zur Erfassung der Sparkassen nach dem NKF, S. 209-211.

Abs. 1 und 2 GemHVO). Im Gegensatz zu § 290 Abs. 1 HGB muss beim Konzept der einheitlichen Leitung keine Beteiligung vorliegen.[447]

Verselbständigte Aufgabenbereiche unter maßgeblichem Einfluss der Gemeinde sind entsprechend den §§ 311 und 312 HGB zu konsolidieren (§ 50 Abs. 3 GemHVO).[448] Eine der Quotenkonsolidierung für Gemeinschaftsunternehmen vergleichbare Methode ist im Gemeindehaushaltsrecht nicht vorgesehen.[449] Größenabhängige Befreiungen, wie sie in § 293 HGB kodifiziert sind, sieht das Neue Kommunale Finanzmanagement nicht vor.[450]

Neben dem Gesamtabschluss und dem Gesamtlagebericht stellt der Beteiligungsbericht die dritte Komponente der Gesamtrechnungslegung dar.[451] Im Beteiligungsbericht hat die Gemeinde ihre wirtschaftliche und nichtwirtschaftliche Betätigung, unabhängig davon, ob verselbständigte Aufgabenbereiche dem Konsolidierungskreis des Gesamtabschlusses angehören, zu erläutern (§ 117 Abs. 1 Satz 1 GO). Während im Gesamtabschluss die Gesamtlage der Gemeinde im Vordergrund steht, wird im Beteiligungsbericht der Blick auf die einzelnen verselbständigten Aufgabenbereiche der Gemeinde gelenkt.[452]

37 Die Rechnungsprüfung

Der Entwurf des Jahresabschlusses wird vom Kämmerer aufgestellt und dem Bürgermeister zur Bestätigung vorgelegt (§ 95 Abs. 3 Satz 1 GO). Den von ihm bestätigten Entwurf leitet der Bürgermeister dann innerhalb von drei Monaten nach Ablauf des Haushaltsjahres dem Rat zur Feststellung zu (§ 95 Abs. 3 Satz 2 GO). Der Rat stellt dann den vom Rechnungsprüfungsausschuss **geprüften** Jahresabschluss bis spätestens zum 31. Dezember des Folgejahres durch Beschluss fest (§ 96 Abs.1 Satz 1 GO) und beschließt zugleich über

447 Vgl. hierzu ELLERICH, M./MITTAG, J., Die Abbildung einer Zweckverbandsmitgliedschaft, S. 37.

448 Vgl. grundlegend zur Equity-Methode KIRSCH, H.-J., Die Equity-Methode im Konzernabschluß.

449 Vgl. ELLERICH, M./MITTAG, J., Die Abbildung einer Zweckverbandsmitgliedschaft, S. 37; NIELAND, M./MEIER, N./SEMELKA, T./DÖRSCHELL, A., Zur Bewertung von Sparkassen in der kommunalen Eröffnungsbilanz, S. 171; vgl. zur handelsrechtlichen Einbeziehung von Gemeinschaftsunternehmen VAUBEL, M.-A., Konzernabschluß, S. 68-94.

450 Vgl. zu größenabhängigen Befreiungen auch KIRSCH, H.-J./BERENTZEN, C., § 293 HGB.

451 Vgl. HÄFNER, P., Doppelte Buchführung, S. 196; HENKES, J., Der Jahresabschluss kommunaler Gebietskörperschaften, S. 534; vgl. zu einer Gegenüberstellung DÖRSCHELL, A./SCHULTE, J./HECK, C., Grundzüge, S. 2.

452 Vgl. INNENMINISTERIUM NORDRHEIN-WESTFALEN (Hrsg.), Neues Kommunales Finanzmanagement, S. 349.

die Verwendung des Jahresüberschusses oder die Behandlung des Jahresfehlbetrages (§ 96 Abs. 1 Satz 2 GO). Die Beschlussfassung in Form der Feststellung des Jahresabschlusses kann somit nur erfolgen, sofern der Jahresabschluss durch den Rechnungsprüfungsausschuss[453] zuvor geprüft wurde.[454]

Der Jahresabschluss ist dahingehend zu prüfen, ob er ein den tatsächlichen Verhältnissen entsprechendes Bild der Vermögens-, Schulden-, Ertrags- und Finanzlage der Gemeinde unter Beachtung der Grundsätze ordnungsmäßiger Buchführung vermittelt (§ 101 Abs. 1 Satz 1 GO). Die Prüfung erstreckt sich darauf, ob die gesetzlichen Vorschriften und die sie ergänzenden Satzungen und sonstigen ortsrechtlichen Bestimmungen beachtet worden sind (§ 101 Abs. 1 Satz 2 GO). In die Prüfung sind auch die Buchführung, die Inventur, das Inventar und die Übersicht über örtlich festgelegte Nutzungsdauern der Vermögensgegenstände einzubeziehen (§ 101 Abs. 1 Satz 3 GO). Der Lagebericht ist darauf zu prüfen, ob er mit dem Jahresabschluss in Einklang steht und ob seine sonstigen Angaben nicht ein falsches Bild von der Vermögens-, Schulden-, Ertrags- und Finanzlage der Gemeinde vermitteln (§ 101 Abs. 1 Satz 4 GO).[455] Der Rechnungsprüfungsausschuss hat über Art und Umfang der Prüfung sowie über das Ergebnis der Prüfung einen Prüfungsbericht zu erstellen und in diesen auch den Bestätigungsvermerk oder der Vermerk über seine Versagung aufzunehmen (§ 101 Abs. 1 Satz 5 und Satz 6 GO).

In Gemeinden, in denen eine örtliche Rechnungsprüfung besteht, bedient sich der Rechnungsprüfungsausschuss zur Durchführung der Prüfung dieser Rechnungsprüfung (§ 101 Abs. 8 Satz 1 GO).[456] Die örtliche Rechnungsprüfung kann sich mit Zustimmung des Rechnungsprüfungsausschusses eines Dritten als Prüfer bedienen (§ 103 Abs. 5 GO).[457]

---

453 Der Rechnungsprüfungsausschuss ist ein Pflichtausschuss des Rates (§ 59 GO).

454 Vgl. INNENMINISTERIUM NORDRHEIN-WESTFALEN (Hrsg.), Neues Kommunales Finanzmanagement, S. 262; vgl. hierzu auch KLIEVE, L. M., § 96 GO, S. 2; KUMMER, L., § 37 GemHVO, S. 3; vgl. zu Anforderungen an die Prüfer RICHTER, M., Prüfung doppischer Jahresabschlüsse von Gebietskörperschaften, S. 536-539; LÜDER, K., Ressourcenverbrauchsorientiertes Haushalts- und Rechnungswesen, S. 349.

455 Vgl. zur Prüfung des handelsrechtlichen Lageberichts KIRSCH, H.-J./NIMWEGEN, S., Prüfung des Lageberichts, Rn. 16-51.

456 Die Stellung der örtlichen und überörtlichen Prüfung zur Gemeinde bleibt durch das Neue Kommunale Finanzmanagement unverändert, vgl. SENNEWALD, J., Vorbemerkungen, S. 4.

457 Vgl. hierzu KRÄMER, F./SENNEWALD, J., § 103 GO, S. 5. Diese Regelung, die auf Vorschlägen der NKF-Modellkommunen und des Fachverbandes der Rechnungsprüfer beruht, ist nicht auf die Abschlussprüfung beschränkt, sondern umfasst alle Aufgaben der örtlichen Rechnungsprüfung, vgl.

Durch die Prüfung sollen die im Jahresabschluss und im Lagebericht enthaltenen Informationen bestätigt sowie deren Glaubwürdigkeit und Verlässlichkeit erhöht werden.[458] Hierdurch wird sichergestellt, „dass die Rechnungslegung im Wesentlichen frei von Fehlern und falschen Aussagen ist und dass sie damit hinreichend zuverlässig ist."[459]

Neben der örtlichen Prüfung erfolgt zudem eine überörtliche Prüfung.[460] Die überörtliche Prüfung ist Teil der allgemeinen Aufsicht des Landes über die Gemeinden. Die Aufsichtsbehörden bedienen sich zu ihrer Durchführung der Gemeindeprüfungsanstalt, die unabhängig und an Weisungen nicht gebunden ist (§ 105 Abs. 1 und 2 GO).

Die überörtliche Prüfung erstreckt sich gemäß § 105 Abs. 3 GO darauf, ob bei der Haushaltswirtschaft die Gesetze und Weisungen eingehalten wurden und die zweckgebundenen Zuweisungen des Landes und des Bundes bestimmungsgemäß verwendet worden sind, die Buchhaltung und die Zahlungsabwicklung ordnungsgemäß erfolgt sind und die Gemeinde sachgerecht und wirtschaftlich verwaltet wird.

Die Gemeindeprüfungsanstalt teilt das Prüfungsergebnis der geprüften Gemeinde, den Aufsichtsbehörden und gegebenenfalls den zuständigen Fachaufsichtsbehörden in Form eines Prüfungsberichtes mit (§ 105 Abs. 4 GO).[461] Der Bürgermeister hat den Prüfungsbericht dem Rechnungsprüfungsausschuss der Gemeinde zur Beratung vorzulegen. Dieser unterrichtet dann den Rat über den wesentlichen Inhalt des Prüfungsberichts sowie über das Ergebnis seiner Beratungen (§ 105 Abs. 5 GO). Die Gemeinde hat gegenüber der Gemeindeprüfungsanstalt und der Aufsichtsbehörde zu den Beanstandungen im Prüfungsbericht Stellung zu nehmen (§ 105 Abs. 6 GO).

38 Die Offenlegung

Zahlreiche Normen des Gemeindehaushaltsrechts bewirken die Öffentlichkeit der Haushaltswirtschaft und sind somit Grundlage für eine Beteiligung der Bürgerschaft an der

---

INNENMINISTERIUM NORDRHEIN-WESTFALEN (Hrsg.), Neues Kommunales Finanzmanagement, S. 315; vgl. hierzu auch KÄMMERLING, G., Kommunale Rechnungsprüfung in NRW, S. 10.

458 Vgl. INNENMINISTERIUM NORDRHEIN-WESTFALEN (Hrsg.), Neues Kommunales Finanzmanagement, S. 290 und 293.

459 WAGENHOFER, A./EWERT, R., Externe Unternehmensrechnung, S. 19; ähnlich KIRSCH, H.-J./EWELT, C., Konvergenz, S. 312; vgl. zur Bedeutung der Prüfung für die Rechenschaft auch MOXTER, A., Fundamentalgrundsätze, S. 96.

460 Vgl. hierzu GLÖCKNER A./MÜHLENKAMP, H., Die kommunale Finanzkontrolle, S. 406-408.

461 Vgl. hierzu auch FREYTAG, D./HAMACHER, C./WOHLAND, A., Neues Kommunales Finanzmanagement, S. 135.

Finanzwirtschaft der Gemeinde.[462] So ist gemäß § 80 Abs. 3 Satz 1 GO der Entwurf der Haushaltssatzung während der Dauer des Beratungsverfahrens im Rat bekannt zu geben und zur Einsichtnahme verfügbar zu halten. Hierdurch soll der Öffentlichkeit die Gelegenheit gegeben werden, die Unterlagen zur Kenntnis zu nehmen und als Grundlage für ein aktives Mitspracherecht zu nutzen. Innerhalb einer Frist von 14 Tagen können Einwohner und Abgabepflichtige Einwendungen gegen den Entwurf erheben. Die vom Rat beschlossene Haushaltssatzung ist öffentlich bekannt zu machen. Die Haushaltssatzung ist bis zum Ende der in § 96 Abs. 2 GO genannten Frist zur Einsichtnahme verfügbar zu halten.

Auch der vom Rat festgestellte Jahresabschluss ist öffentlich bekannt zu machen. Er ist zudem bis zur Feststellung des folgenden Jahresabschlusses zur Einsichtnahme verfügbar zu halten (§ 96 Abs. 2 GO). Gleiches gilt für den Gesamtabschluss (§ 116 Abs. 1 Satz 4 GO). Hierdurch soll bürgerfreundlich und bürgernah über den Jahresabschluss und den Gesamtabschluss als Ergebnis der Aufgabenerfüllung des vergangenen Jahres informiert werden.[463]

39 Zwischenfazit

In Kapitel 3 wurde die Haushaltswirtschaft der Gemeinden in Nordrhein-Westfalen dargestellt. Als theoretischer Unterbau diente zunächst die Prinzipal-Agent-Theorie. Hierbei wurde deutlich, dass in der Gemeinde zahlreiche Prinzipal-Agent-Beziehungen vorliegen, die durch Informationsasymmetrien und Interessenkonflikte geprägt sind.[464] Die Rechnungslegung kann als Instrument genutzt werden, um Informationsasymmetrien zu reduzieren. Voraussetzung hierfür ist indes eine hinreichend verlässliche Berichterstattung, damit das Management die veröffentlichten Informationen nicht im eigenen Sinne darstellen kann.[465]

Maßgeblichen Einfluss auf die Haushaltswirtschaft haben die allgemeinen Haushaltsgrundsätze. Wichtigster Grundsatz ist die Sicherung einer stetigen Aufgabenerfüllung. Mit diesem Grundsatz wird verdeutlicht, dass die Aufgabenerfüllung nicht nur im aktuel-

462 Vgl. BERNHARDT, H./MUTSCHLER, K./STOCKEL-VELTMANN, C., Kommunales Finanzmanagement NRW, S. 194.

463 Vgl. INNENMINISTERIUM NORDRHEIN-WESTFALEN (Hrsg.), Neues Kommunales Finanzmanagement, S. 266 und 339.

464 Vgl. hierzu Abschnitt 322.

465 Vgl. hierzu Abschnitt 323.

len Haushaltsjahr sondern auch in den Folgejahren gesichert sein muss und somit auch die Interessen künftiger Bürger zu berücksichtigen sind.[466] Konkretisiert wird der Grundsatz einer stetigen Aufgabenerfüllung durch den Grundsatz des Haushaltsausgleichs, demzufolge der Haushalt jedes Jahr in Planung und Rechnung ausgeglichen sein muss. Hierzu muss der Gesamtbetrag der Erträge den Gesamtbetrag der Aufwendungen erreichen oder übersteigen. Dies dient der Sicherung der stetigen Aufgabenerfüllung und der Gewährleistung intergenerativer Gerechtigkeit.[467] Gleiches gilt für das Verbot der Überschuldung.[468] In diesem Zusammenhang ist indes zu beachten, dass das Jahresergebnis als Saldo von Aufwand und Ertrag sowie das Eigenkapital durch die Normen für den Ansatz und die Bewertung der Aktiva und Passiva bestimmt wird und somit von den zu Grunde liegenden Rechnungslegungsnormen abhängig ist. Diese Rechnungslegungsnormen sind im weiteren Verlauf der Untersuchung zu konkretisieren.

Grundlage der kommunalen Haushaltswirtschaft ist der Haushaltsplan. Er besteht aus Ergebnisplan, Finanzplan sowie entsprechenden Teilplänen und erfüllt eine finanzwirtschaftliche Funktion, eine administrative Lenkungsfunktion sowie eine wirtschafts- und sozialpolitische Programmfunktion.[469]

Als Gegenstück zum Haushaltsplan kann der zum Schluss des Haushaltsjahres aufzustellende Jahresabschluss angesehen werden.[470] Er besteht aus Ergebnisrechnung, Finanzrechnung, Teilrechnungen, der Bilanz und dem Anhang. Darüber hinaus ist dem Jahresabschluss ein Lagebericht beizufügen. Der Jahresabschluss muss unter Beachtung der Grundsätze ordnungsmäßiger Buchführung ein den tatsächlichen Verhältnissen entsprechendes Bild der Vermögens-, Schulden-, Ertrags- und Finanzlage der Gemeinde vermitteln.

Die Bilanzierung zahlreicher wirtschaftlicher Sachverhalte im Jahresabschluss ist in Gemeindeordnung und Gemeindehaushaltsverordnung geregelt. Indes können selbst detaillierteste Rechnungslegungsvorschriften niemals die Abbildung aller denkbaren wirtschaftlichen Sachverhalte regeln,[471] so dass Regelungslücken bestehen können. Zudem können auch kodifizierte Regelungen weiterhin konkretisierungsbedürftig sein.

466 Vgl. hierzu Abschnitt 332.

467 Vgl. hierzu Abschnitt 335.

468 Vgl. hierzu Abschnitt 327.

469 Vgl. hierzu Abschnitt 34.

470 Vgl. hierzu Abschnitt 35.

471 Vgl. INNENMINISTERIUM NORDRHEIN-WESTFALEN (Hrsg.), Neues Kommunales Finanzmanagement, S. 510.

Vor dem Hintergrund der in Kapitel 3 aufgeführten wesentlichen Eckpfeiler der Haushaltswirtschaft wird im folgenden Kapitel 4 nun die Grundlage für die bilanzielle Behandlung konkretisierungsbedürftiger sowie ungeregelter Sachverhalte im Jahresabschluss von nordrhein-westfälischen Gemeinden gelegt.

4 Das Neue Kommunale Finanzmanagement als Grundlage der Rechnungslegung

41 Vorbemerkung

Der Bezugsrahmen für eine sachgerechte Bilanzierung konkreter Sachverhalte im Jahresabschluss von nordrhein-westfälischen Gemeinden sind die Zwecke des Jahresabschlusses sowie die kodifizierten und nicht kodifizierten GoB.

Die GoB sind überindividuelle Normen, die zum einen Einzelvorschriften konkretisieren und zum anderen Einzelvorschriften auch ergänzen, wenn für einen bestimmten zu bilanzierenden Sachverhalt keine Einzelvorschrift vorhanden ist.[472] Die GoB sind rechtsformneutral[473] und liegen künftig auch dem Neuen Kommunalen Finanzmanagement zu Grunde, sofern in Gemeindeordnung oder Gemeindehaushaltsverordnung nichts anderes bestimmt ist.[474] Die GoB sind als Mittel zu interpretieren, um gesetzliche Zwecke zu verwirklichen.[475] Sie sollen die Zweckgerechtigkeit der Rechnungslegung sicherstellen.[476] Die Zwecke des Jahresabschlusses sind eine wesentliche Basis für die Auslegung kodifizierter GoB.[477] Für eine zweckgerechte Rechnungslegung ist es daher erforderlich, die gesetzlichen Zwecke zu kennen.[478] Der handelsrechtliche Jahresabschluss dient der Dokumentation, der Rechenschaft und der Kapitalerhaltung.[479] Diese Zwecke liegen auch der folgenden Untersuchung zu Grunde.

---

472 Vgl. BAETGE, J./FEY, D./FEY, G., § 243 HGB, Rn. 3; BALLWIESER, W., Grundsätze ordnungsmäßiger Buchführung, Rn. 1; THIELE, S./BRÖTZMANN, I., § 243 HGB, Rn. 25.

473 Vgl. BAETGE, J./ZÜLCH, H., Rechnungslegungsgrundsätze, Rn. 3; BALLWIESER, W., Grundsätze ordnungsmäßiger Buchführung, Rn. 89; THIELE, S./STELLBRINK, J./ZIESEMER, S., Rechnungslegung im Einzelabschluss, Rn. 43 m. w. N.; so auch INNENMINISTERIUM NORDRHEIN-WESTFALEN (Hrsg.), Neues Kommunales Finanzmanagement, S. 225.

474 Vgl. LT-Drucksache 13/5567, S. 189.

475 Vgl. BAETGE, J./FEY, D./FEY, G., § 243 HGB, Rn. 14 m. w. N.

476 Vgl. BAETGE, J./FEY, D./FEY, G., § 243 HGB, Rn. 15; BALLWIESER, W., Grundsätze ordnungsmäßiger Buchführung, Rn. 1.

477 Vgl. BAETGE, J./KIRSCH, H.-J., Grundsätze ordnungsmäßiger Buchführung, Rn. 29; THIELE, S./BRÖTZMANN, I., § 243 HGB, Rn. 38.

478 Vgl. BAETGE, J./FEY, D./FEY, G., § 243 HGB, Rn. 17.

479 Vgl. exemplarisch BAETGE, J./KIRSCH, H.-J./THIELE, S., Bilanzen, S. 96-104; BAETGE, J./KIRSCH, H.-J., Grundsätze ordnungsmäßiger Buchführung, Rn. 29-55; BAETGE, J./ZÜLCH, H., Rechnungslegungsgrundsätze, Rn. 30-37.

Das HGB ist das Referenzmodell für das Neue Kommunale Finanzmanagement.[480] Durch die bewusst enge Anlehnung des Neuen Kommunalen Finanzmanagements an die Vorschriften des HGB für Kapitalgesellschaften, die sich bereits insbesondere in den dem Handelsrecht sehr ähnlichen Vorschriften zu Jahresabschluss und Lagebericht sowie zum Gesamtabschluss andeutete,[481] ist zu vermuten, dass sich die handelsrechtlichen Zwecke des Jahresabschlusses auch im Neuen Kommunalen Finanzmanagement widerspiegeln. Im folgenden Abschnitt 421. soll deshalb ausgehend von den handelsrechtlichen Jahresabschlusszwecken untersucht werden, welche Bedeutung diese für den Jahresabschluss im Neuen Kommunalen Finanzmanagement haben. Gleiches gilt für die GoB, die in Abschnitt 422. näher untersucht werden. Im Folgenden wird hierfür die Fassung des Handelsgesetzbuches vom 10. Mai 1897 (RGBl. S. 219-436), zuletzt geändert durch Gesetz vom 24. August 2002 (BGBl. I S. 3412), zu Grunde gelegt. Auswirkungen des BilMoG werden somit nicht näher analysiert.

Für die folgende Analyse werden die Gemeindeordnung, die Gemeindehaushaltsverordnung und die vom Innenministerium herausgegebenen Runderlasse[482] als Auslegungsgrundlage herangezogen.[483] Auch die Entstehungsgeschichte des NKFG kann Hinweise für die Auslegung von Rechnungslegungsnormen bieten. In diesem Zusammenhang sind die Leittexte der Innenministerkonferenz[484] und die Ergebnisse des Modellprojektes zum Neuen Kommunalen Finanzmanagement[485] von Bedeutung. Zu berücksichtigen ist ferner die Gesetzesbegründung zum NKFG.[486] Darüber hinaus sind auch die Ziele des Gesetzgebers mit dem Neuen Kommunalen Finanzmanagement, die bereits in Kapitel 2 herausgearbeitet wurden, zu würdigen. Sie können wichtige Hinweise für die Auslegung und Interpretation von Gemeindeordnung und Gemeindehaushaltsverordnung liefern. Die Ansichten des Gesetz- und Verordnungsgebers finden zudem Ausdruck in der Handrei-

480 Vgl. LT-Drucksache 13/5567, S. 168.

481 Vgl. hierzu Abschnitt 35 und Abschnitt 36.

482 Vgl. für einen Überblick INNENMINISTERIUM NORDRHEIN-WESTFALEN (Hrsg.), Neues Kommunales Finanzmanagement, S. 859.

483 Vgl. zur Anwendung der hermeneutischen Methode zur Auslegung des HGB BAETGE, J./KIRSCH, H.-J., Grundsätze ordnungsmäßiger Buchführung, Rn. 18-26; BAETGE, J./KIRSCH, H.-J./THIELE, S., Bilanzen, S. 109-115.

484 Vgl. INNENMINISTERKONFERENZ, IMK-Beschluss.

485 Vgl. MODELLPROJEKT „DOPPISCHER KOMMUNALHAUSHALT IN NRW“, Neues Kommunales Finanzmanagement.

486 Vgl. LT-Drucksache 13/5567, S. 165-273.

chung für Kommunen des Innenministeriums, die folglich auch zu berücksichtigen ist.[487] Da die enge Anlehnung des Neuen Kommunalen Finanzmanagements an die handelsrechtliche Rechnungslegung in der Literatur sehr umstritten ist,[488] erscheint es geboten, auch die konträren Ansichten des Schrifttums im Folgenden zu beachten.

42 Die Zwecke und Grundsätze des Jahresabschlusses im Neuen Kommunalen Finanzmanagement

421. Interpretation der handelsrechtlichen Jahresabschlusszwecke im Neuen Kommunalen Finanzmanagement

421.1 Dokumentation

§ 238 Abs. 1 HGB verlangt vom Kaufmann, „Bücher zu führen und in diesen seine Handelsgeschäfte und die Lage seines Vermögens nach den Grundsätzen ordnungsmäßiger Buchführung ersichtlich zu machen. Die Buchführung muß so beschaffen sein, daß sie einem sachverständigen Dritten innerhalb angemessener Zeit einen Überblick über die Geschäftsvorfälle und über die Lage des Unternehmens vermitteln kann. Die Geschäftsvorfälle müssen sich in ihrer Entstehung und Abwicklung verfolgen lassen."

Die genannten Anforderungen an die Buchführung verdeutlichen, dass der Gesetzgeber eine übersichtliche, vollständige und nachvollziehbare Aufzeichnung aller Geschäftsvorfälle verlangt.[489] Der grundlegende Zweck der Buchführung wird als **Dokumentation** bezeichnet.[490] Die Dokumentation aller Geschäftsvorfälle ist Voraussetzung für die Erstellung des Jahresabschlusses und damit für die Erfüllung der Jahresabschlusszwecke Re-

487 Vgl. INNENMINISTERIUM NORDRHEIN-WESTFALEN (Hrsg.), Neues Kommunales Finanzmanagement.

488 Vgl. exemplarisch ARBEITSKREIS „INTEGRIERTE VERBUNDRECHNUNG", Grundsätze ordnungsmäßiger Buchführung, S. 888 f. Der ARBEITSKREIS „INTEGRIERTE VERBUNDRECHNUNG" wurde 2004 vom Finanzministerium des Landes Nordrhein-Westfalen eingerichtet. Ihm gehören BERENS, BUDÄUS, BUSCHOR, FISCHER, LÜDER und STREIM an. Der Arbeitskreis soll das Land beim Prozess der Reform des öffentlichen Haushalts- und Rechnungswesens in der Landesverwaltung unterstützen, vgl. ARBEITSKREIS „INTEGRIERTE VERBUNDRECHNUNG", Grundsätze ordnungsmäßiger Buchführung, S. 888; vgl. auch BUDÄUS, D., Reform des öffentlichen Haushalts- und Rechnungswesens in Deutschland, S. 195; LÜDER, K., Notwendige rechtliche Rahmenbedingungen, S. 642 f.

489 Vgl. BAETGE, J./ZÜLCH, H., Rechnungslegungsgrundsätze, Rn 31.

490 Vgl. LEFFSON, U., Die Grundsätze ordnungsmäßiger Buchführung, S. 157; so auch THIELE, S./BRÖTZMANN, I., § 243 HGB, Rn. 39; BAETGE, J./KIRSCH, H.-J., Grundsätze ordnungsmäßiger Buchführung, Rn. 30.

chenschaft und Kapitalerhaltung.[491] Darüber hinaus hat die Dokumentation eine präventive Funktion, da sie dolose Handlungen durch Betriebsangehörige verhindert bzw. die Aufklärung solcher Fälle ermöglicht.[492]

Auch im Neuen Kommunalen Finanzmanagement stellt die **Dokumentation** den grundlegenden Zweck der Buchführung dar.[493] So muss die Buchführung gemäß § 93 Abs. 1 Satz 1 GO „unter Beachtung der Grundsätze ordnungsmäßiger Buchführung so beschaffen sein, dass innerhalb einer angemessenen Zeit ein Überblick über die wirtschaftliche Lage der Gemeinde gegeben werden kann." Gemäß § 27 Abs. 1 GemHVO sind alle Geschäftsvorfälle „nach dem System der doppelten Buchführung und unter Beachtung der Grundsätze ordnungsmäßiger Buchführung in den Büchern klar ersichtlich und nachprüfbar aufzuzeichnen." Darüber hinaus müssen die Eintragungen in die Bücher „vollständig, richtig, zeitgerecht und geordnet vorgenommen werden, so dass die Geschäftsvorfälle in ihrer Entstehung und Abwicklung nachvollziehbar sind" (§ 27 Abs. 2 Satz 1 GemHVO). Die Dokumentation aller Geschäftsvorfälle ist auch im Neuen Kommunalen Finanzmanagement Voraussetzung für die Erstellung des Jahresabschlusses und damit für die Erfüllung der Jahresabschlusszwecke Rechenschaft und Kapitalerhaltung.[494]

421.2 Rechenschaft

Handelsrechtlich dient die Rechnungslegung der Rechenschaft.[495] Rechenschaft bedeutet nach LEFFSON, die „Offenlegung der Verwendung anvertrauten Kapitals in dem Sinne, daß dem Informationsberechtigten – das kann auch der Rechenschaftslegende selbst sein – ein so vollständiger, klarer und zutreffender Einblick in die Geschäftstätigkeit gegeben

491 Vgl. BAETGE, J./KIRSCH, H.-J./THIELE, S., Bilanzen, S. 97; BAETGE, J./KIRSCH, H.-J., Grundsätze ordnungsmäßiger Buchführung, Rn. 30; THIELE, S./BRÖTZMANN, I., § 243 HGB, Rn. 39.

492 Vgl. LEFFSON, U., Die Grundsätze ordnungsmäßiger Buchführung, S. 157 f; so auch BAETGE, J./KIRSCH, H.-J./THIELE, S., Bilanzen, S. 97; BAETGE, J./FEY, D./FEY, G., § 243 HGB, Rn. 21; BAETGE, J./ZÜLCH, H., Rechnungslegungsgrundsätze, Rn 31.

493 Vgl. zur Dokumentation im Neuen Kommunalen Finanzmanagement auch MODELLPROJEKT „DOPPISCHER KOMMUNALHAUSHALT IN NRW", Neues Kommunales Finanzmanagement, S. 53; INNENMINISTERIUM NORDRHEIN-WESTFALEN (Hrsg.), Kommunalrecht in Nordrhein-Westfalen, S. 510; BERNHARDT, H./MUTSCHLER, K./STOCKEL-VELTMANN, C., Kommunales Finanzmanagement NRW, S. 240 f.

494 Die für die Buchführung maßgeblichen Dokumentationsgrundsätze sollen im Folgenden nicht weiter betrachtet werden; stattdessen wird ein Schwerpunkt auf die Jahresabschlusszwecke der Rechenschaft (Abschnitt 421.2) und der Kapitalerhaltung (Abschnitt 421.3) gelegt.

495 Vgl. BAETGE, J./KIRSCH, H.-J./THIELE, S., Bilanzen, S. 97-100.

wird, daß dieser sich ein eigenes Urteil über das verwaltete Vermögen und die damit erzielten Erfolge bilden kann."[496]

Da der handelsrechtliche Jahresabschlusszweck einer so verstandenen Rechenschaft dem Wortlaut des HGB indes nicht unmittelbar entnommen werden kann, er vielmehr durch verschiedene Vorschriften zum Ausdruck kommt,[497] soll im Folgenden zunächst geklärt werden, ob jene handelsrechtlichen Normen, die auf den Zweck der Rechenschaft hindeuten, auch im Neuen Kommunalen Finanzmanagement kodifiziert wurden.

Für Kapitalgesellschaften und haftungsbeschränkte Personenhandelsgesellschaften wird der Rechenschaftszweck durch den Wortlaut der Generalnorm des § 264 Abs. 2 Satz 1 HGB konkretisiert, nach der der Jahresabschluss „unter Beachtung der Grundsätze ordnungsmäßiger Buchführung ein den tatsächlichen Verhältnissen entsprechendes Bild der Vermögens-, Finanz- und Ertragslage der Kapitalgesellschaft zu vermitteln" hat.[498] Ein zutreffender Einblick in die wirtschaftliche Lage ist ein zentrales Element einer umfassenden Rechenschaft.[499] Der Rechenschaftszweck des kommunalen Jahresabschlusses wird ebenso durch die Generalnorm des § 95 Abs. 1 Satz 2 GO deutlich. Demnach muss der Jahresabschluss „unter Beachtung der Grundsätze ordnungsmäßiger Buchführung ein den tatsächlichen Verhältnissen entsprechendes Bild der Vermögens-, Schulden-, Ertrags- und Finanzlage der Gemeinde vermitteln". Zudem bringt die Wortwahl des § 95 Abs. 1 Satz 1 GO den Rechenschaftszweck zum Ausdruck. So ist im Jahresabschluss das Ergebnis der Haushaltswirtschaft **nachzuweisen**. Die Offenlegung von Informationen zum Zwecke des Nachweises entspricht dabei dem Gedanken der Rechenschaft.[500]

Auch in der Gesetzesbegründung wird der Rechenschaftszweck des Jahresabschlusses herausgestellt. „Gemeinden haben einen öffentlichen Auftrag, sie arbeiten mit öffentlichen Geldern. Dies bringt besondere Verantwortung für die Handelnden mit sich."[501] „Die Verwaltungen der Gemeinden sind dem Rat wie den Bürgerinnen und Bürgern

---

496 LEFFSON, U., Die Grundsätze ordnungsmäßiger Buchführung, S. 64.

497 Vgl. BAETGE, J./KIRSCH, H.-J./THIELE, S., Bilanzen, S. 97.

498 Vgl. BAETGE, J./KIRSCH, H.-J./THIELE, S., Bilanzen, S. 99.

499 Vgl. BAETGE, J./KIRSCH, H.-J./THIELE, S., Bilanzen, S. 99; BAETGE, J./COMMANDEUR, D., § 264 HGB, Rn. 9-39.

500 Vgl. FUDALLA, M./TÖLLE, M./WÖSTE, C./ZUR MÜHLEN, M., Bilanzierung und Jahresabschluss in der Kommunalverwaltung, S. 42; vgl. hierzu auch KLIEVE, L. M., Der Jahresabschluss im NKF, S. 98. Den Rechenschaftszweck des Jahresabschlusses erwähnt auch FLÜSHÖH, O., § 75 GO, S. 1003.

501 LT-Drucksache 13/5567, S. 165.

gegenüber dafür verantwortlich, wie sie die zur Verfügung stehenden Mittel einsetzen."[502] Der Jahresabschluss gibt demnach „Rechenschaft über die tatsächliche Aufgabenerledigung, die Einhaltung des Haushaltsplans und die wirtschaftliche Entwicklung der Gemeinde"[503]. Er „erhöht die Transparenz und Qualität der Rechenschaft über das abgelaufene Geschäftsjahr"[504].

Handelsrechtlich kommt der Rechenschaftszweck ebenso in der Forderung des § 238 Abs. 1 Satz 2 HGB zum Ausdruck, dass die Buchführung Dritten innerhalb einer angemessenen Zeit einen Überblick über die wirtschaftliche Lage des Unternehmens vermitteln muss.[505] Auch die kommunale Buchführung muss so beschaffen sein, dass innerhalb einer angemessenen Zeit ein Überblick über die wirtschaftliche Lage der Gemeinde gegeben werden kann (§ 93 Abs. 1 Satz 2 GO).

Gemäß § 246 Abs. 1 HGB hat der Jahresabschluss sämtliche Vermögensgegenstände, Schulden, Rechnungsabgrenzungsposten, Aufwendungen und Erträge zu enthalten. § 246 Abs. 2 HGB verbietet zudem jegliche Saldierung von Aktiva und Passiva sowie von Aufwendungen und Erträgen. Beide Vorschriften sichern die Rechenschaft gegenüber Dritten.[506] Entsprechende Regelungen wurden auch im Neuen Kommunalen Finanzmanagement kodifiziert. So hat die Bilanz sämtliche Vermögensgegenstände als Anlage- oder Umlaufvermögen, das Eigenkapital und die Schulden sowie die Rechnungsabgrenzungsposten zu enthalten (§ 41 Abs. 1 GemHVO). Zudem dürfen Posten auf der Aktivseite nicht mit Posten auf der Passivseite verrechnet werden (§ 41 Abs. 2 GemHVO). Gleiches gilt für Aufwendungen und Erträge (§ 38 Abs. 2 GemHVO).

Der gesonderte Ausweis und die hinreichende Aufgliederung des Anlage- und des Umlaufvermögens, des Eigenkapitals, der Schulden und der Rechnungsabgrenzungsposten in der handelsrechtlichen Bilanz (§ 247 Abs. 1 HGB) unterstützt die von § 243 Abs. 2 HGB geforderte Klarheit und Übersichtlichkeit der Bilanz und trägt dazu bei, dass der Rechenschaftszweck erfüllt wird.[507] Gleiches gilt für die kommunale Bilanz. Sie hat sämtliche Vermögensgegenstände als Anlage- oder Umlaufvermögen, das Eigenkapital und die

---

502 LT-Drucksache 13/5567, S. 165.

503 LT-Drucksache 13/5567, S. 194.

504 LT-Drucksache 13/5567, S. 251; vgl. hierzu auch INNENMINISTERIUM NORDRHEIN-WESTFALEN (Hrsg.), Neues Kommunales Finanzmanagement, S. 510; MODELLPROJEKT „DOPPISCHER KOMMUNALHAUSHALT IN NRW", Neues Kommunales Finanzmanagement, S. 54.

505 Vgl. BAETGE, J./ZÜLCH, H., Rechnungslegungsgrundsätze, Rn. 34.

506 Vgl. BAETGE, J./KIRSCH, H.-J., Grundsätze ordnungsmäßiger Buchführung, Rn. 36.

507 Vgl. BAETGE, J./KIRSCH, H.-J., Grundsätze ordnungsmäßiger Buchführung, Rn. 13; THIELE, S./STELLBRINK, J./ZIESEMER, S., Rechnungslegung im Einzelabschluss, Rn. 29.

Schulden sowie die Rechnungsabgrenzungsposten zu enthalten und ist entsprechend den Absätzen 3 und 4 der Gemeindehaushaltsverordnung zu gliedern (§ 41 Abs. 1 GemHVO). Das Gliederungsschema orientiert sich dabei am Gliederungsschema des § 266 Abs. 2 und 3 HGB für Kapitalgesellschaften,[508] ist indes deutlich stärker untergliedert.[509] Zudem werden kommunale Besonderheiten berücksichtigt.[510]

Im Handelsrecht werden durch den Ansatz von Rechnungsabgrenzungsposten Zahlungsvorgänge dem Geschäftsjahr zugeordnet, zu dem sie wirtschaftlich gehören.[511] Rechnungsabgrenzungsposten dienen der periodengerechten Erfolgsermittlung und zeitlichen Vergleichbarkeit der Ergebnisse.[512] Die Ermittlung eines mit dem Erfolg der Vorperioden vergleichbaren Erfolges ist ein bedeutender Bestandteil der Rechenschaft.[513] Der Ansatz von Rechnungsabgrenzungsposten ist handelsrechtlich in § 250 Abs. 1 Satz 1 und Abs. 2 kodifiziert. Auch im Neuen Kommunalen Finanzmanagement sind gemäß § 42 Abs. 1 und 3 GemHVO Rechnungsabgrenzungsposten anzusetzen, wodurch der Zweck der Rechenschaft auch im kommunalen Jahresabschluss herausgestellt wird.

Ähnlich wie im Handelsrecht (§ 251 HGB) müssen Gemeinden nachrichtlich die Haftungsverhältnisse aus der Bestellung von Sicherheiten ausweisen (§ 47 GemHVO). Hierdurch können Risiken, denen die Gemeinde im Eventualfall ausgesetzt ist, besser eingeschätzt werden.[514] Die Angabe dient somit der Rechenschaft.[515] Darüber hinaus werden durch die Angabe aber auch Hinweise auf einen in Zukunft möglicherweise erforderlichen sparsameren Ressourcenverbrauch offengelegt, die für die künftige Haushaltsplanung von Bedeutung sein können. Direkte Auswirkungen auf den Haushaltsausgleich sind aber nicht vorgesehen, so dass die Rechenschaftsfunktion dominiert.[516]

---

508 Vgl. FREYTAG, D./HAMACHER, C./WOHLAND, A., Neues Kommunales Finanzmanagement, S. 241.

509 FUDALLA, M./TÖLLE, M./WÖSTE, C./ZUR MÜHLEN, M., Bilanzierung und Jahresabschluss in der Kommunalverwaltung, S. 57.

510 Vgl. INNENMINISTERIUM NORDRHEIN-WESTFALEN (Hrsg.), Neues Kommunales Finanzmanagement, S. 13.

511 Vgl. hierzu BAETGE, J./KIRSCH, H.-J./THIELE, S., Bilanzen, S. 98.

512 Vgl. BAETGE, J./KIRSCH, H.-J., Grundsätze ordnungsmäßiger Buchführung, Rn. 37.

513 Vgl. BAETGE, J./KIRSCH, H.-J./THIELE, S., Bilanzen, S. 98; BAETGE, J./KIRSCH, H.-J., Grundsätze ordnungsmäßiger Buchführung, Rn. 37; THIELE, S./STELLBRINK, J./ZIESEMER, S., Rechnungslegung im Einzelabschluss, Rn. 30.

514 Vgl. BAETGE, J./KIRSCH, H.-J., Grundsätze ordnungsmäßiger Buchführung, Rn. 38.

515 Vgl. BAETGE, J./FEY, D./FEY, G., § 243 HGB, Rn. 26.

516 Vgl. zu der entsprechenden Regelung nach HGB in Bezug auf die Ausschüttung BAETGE, J./KIRSCH, H.-J., Grundsätze ordnungsmäßiger Buchführung, Rn. 38.

Im HGB tragen zudem die Going-Concern-Prämisse (§ 252 Abs. 1 Nr. 2 HGB) sowie der Grundsatz der Bewertungsstetigkeit (§ 252 Abs. 1 Nr. 6 HGB) zur Ermittlung vergleichbarer Periodenerfolge bei und dienen somit dem Rechenschaftszweck.[517] Auch im Neuen Kommunalen Finanzmanagement ist von der Fortführung der Verwaltungstätigkeit auszugehen.[518] Die Gemeinde darf sich nicht überschulden (§ 75 Abs. 7 GO)[519] und hat die Liquidität sicherzustellen (§ 75 Abs. 6 GO).[520] Dem Rechenschaftszweck dient darüber hinaus auch der Grundsatz der Bewertungsstetigkeit.[521]

Handelsrechtlich wird die Erfüllung des Rechenschaftszwecks darüber hinaus durch den von Kapitalgesellschaften und von haftungsbeschränkten Personenhandelsgesellschaften aufzustellenden Anhang unterstützt.[522] Gleiches gilt für den kommunalen Jahresabschluss.[523] Auch dieser umfasst einen Anhang, der die Bilanz und die GuV ergänzt, korrigiert und entlastet.[524]

Ebenso wie der Gesetzestext des HGB deutet folglich auch der Gesetzestext von Gemeindeordnung und Gemeindehaushaltsverordnung auf den Jahresabschlusszweck der Rechenschaft hin. Diese Erkenntnis wird zudem durch die Gesetzesbegründung zum Neuen Kommunalen Finanzmanagement unterstrichen.

Der Zweck der Rechenschaft wird in der kommunalen Rechnungslegung – in Abgrenzung zur Rechnungslegung erwerbswirtschaftlicher Unternehmen – indes erweitert.[525] Der Jahresabschluss soll hier nicht nur einen Einblick in die Vermögens-, Schulden-, Finanz- und Ertragslage der Gemeinde vermitteln. Vielmehr dient der Jahresabschluss einer kommunalen Gebietskörperschaft auch dazu, den Haushaltsplan abzurechnen.[526] Der Jahresabschluss gibt demnach „Rechenschaft über [...] die Einhaltung des Haus-

517 Vgl. BAETGE, J./FEY, D./FEY, G., § 243 HGB, Rn. 27; THIELE, S./STELLBRINK, J./ZIESEMER, S., Rechnungslegung im Einzelabschluss, Rn. 31.

518 Vgl. hierzu Abschnitt 422.31.

519 Vgl. hierzu Abschnitt 337.

520 Vgl. hierzu Abschnitt 336.

521 Vgl. hierzu Abschnitt 422.22.

522 Vgl. BAETGE, J./KIRSCH, H.-J./THIELE, S., Bilanzen, S. 99.

523 Vgl. FUDALLA, M./TÖLLE, M./WÖSTE, C./ZUR MÜHLEN, M., Bilanzierung und Jahresabschluss in der Kommunalverwaltung, S. 42.

524 Vgl. zum kommunalen Anhang Abschnitt 352.3.

525 Vgl. zur erweiterten Rechenschaft auch KULOSA, M., Die Steuerung wirtschaftlicher Aktivitäten, S. 121 m. w. N.

526 Vgl. FUDALLA, M., Rechenschaft als Jahresabschlusszweck, S. 112.

haltsplans [...] der Gemeinde“[527]. Im Gegensatz zur Erwerbswirtschaft kommt dabei Soll-Ist-Vergleichen eine besondere Bedeutung zu.[528] Auf Grund der fehlenden Planbilanz gilt diese Feststellung indes nicht für die Bilanz.

Der Haushaltsplan ist die Grundlage der Haushaltswirtschaft der Gemeinde (§ 79 Abs. 3 GO). Er enthält alle im Haushaltsjahr für die Erfüllung der Aufgaben der Gemeinde voraussichtlich anfallenden Erträge und eingehenden Einzahlungen, entstehenden Aufwendungen und zu leistenden Auszahlungen, sowie notwendigen Verpflichtungsermächtigungen (§ 79 Abs. 1 GO) und ist für die Haushaltsführung verbindlich (§ 79 Abs. 3 GO). Mit dem Haushaltsplan ermächtigt der Gemeinderat die Verwaltung, die veranschlagten Aufwendungen in Anspruch zu nehmen und die veranschlagten Auszahlungen zu tätigen. Hierin kommt das Budgetrecht des Gemeinderates zum Ausdruck. Der Haushaltsplan mit den darin enthaltenen Plandaten ist somit ein zentrales Element im öffentlichen Haushalts- und Rechnungswesen. Im Gegensatz zur handelsrechtlichen Rechnungslegung ist seine Aufstellung und Veröffentlichung gesetzlich vorgeschrieben.[529]

Auf Grund dieser großen Bedeutung, die der Haushaltsplan hinsichtlich der Erfüllung der Aufgaben der Gemeinde hat, ergibt sich somit die Notwendigkeit, über die Einhaltung des Haushaltsplans nach Ablauf des Haushaltsjahres Rechenschaft abzulegen.[530] Der Jahresabschluss dient somit dem Nachweis des Haushaltsplanvollzuges. Hierin wird aufgeführt, ob die im Haushaltsplan veranschlagten Erträge und Einzahlungen eingegangen sind und ob die bewilligten Aufwendungen und Auszahlungen eingehalten wurden oder ob Überschreitungen entstanden sind.[531] Deshalb sind in der Ergebnisrechnung (§ 38 Abs. 2 GemHVO), der Finanzrechnung (§ 39 GemHVO) sowie in den Teilrechnungen (§ 40 GemHVO) nicht nur die Ist-Ergebnisse sondern auch die fortgeschriebenen Planansätze des Haushaltsjahres anzugeben und ein Plan-/Ist-Vergleich anzufügen. Der Jahresabschluss ist somit ein Kontrollinstrument für den Gemeinderat.[532]

527 LT-Drucksache 13/5567, S. 194.

528 PAMPEL, J. R./SASS, J., Entwicklungen im neuen öffentlichen und kaufmännischen Rechnungswesen, S. 154.

529 PAMPEL, J. R./SASS, J., Entwicklungen im neuen öffentlichen und kaufmännischen Rechnungswesen, S. 154.

530 Vgl. INNENMINISTERIUM NORDRHEIN-WESTFALEN (Hrsg.), Neues Kommunales Finanzmanagement, S. 246.

531 Vgl. sinngemäß STREIM, H., Der kommunale Lagebericht, S. 310 im Hinblick auf das kameralistische Haushaltsrecht.

532 Vgl. STREIM, H., Der kommunale Lagebericht, S. 310.

Mit der Neuorientierung der Rechnungslegung als Gegenstück zur Neugestaltung der Haushaltsplanung im Neuen Kommunalen Finanzmanagement ist somit auch weiterhin die Einhaltung des Haushaltsplans überprüfbar.[533] Die Haushaltskontrolle bleibt, wie in der Kameralistik, ein wesentliches Ziel des kommunalen Rechnungswesens.[534]

FUDALLA spricht insoweit von einer „doppelten Rechenschaftsfunktion"[535] von Ergebnisrechnung, Finanzrechnung sowie den Teilrechnungen. Einerseits dienen sie der Rechenschaft über die Ertrags- und Finanzlage einer Gemeinde, andererseits auch der Rechenschaft über die Ausführung des Haushaltsplans.[536] Eine Sonderstellung nimmt in diesem Zusammenhang indes die Bilanz ein. Sie dient nicht der Rechenschaft über die Ausführung des Haushaltsplans, da dieser keine Planbilanz enthält.

In der Privatwirtschaft ergibt sich die betriebswirtschaftliche Notwendigkeit eines Einblicks in die wirtschaftliche Lage eines Unternehmens aus der Trennung von Eigentum und Verfügungsgewalt über das Eigentum, der so genannten gespaltenen Unternehmerfunktion, die insbesondere bei Kapitalgesellschaften gegeben ist.[537] Die Eigentümer stellen der Unternehmensleitung Ressourcen zur Verfügung und erwarten als Gegenleistung nicht nur die Erhaltung der Ressourcen, sondern auch ihren effizienten und gewinnbringenden Einsatz.[538] Die Rechnungslegung dient dabei der Rechenschaft des Managements über die Verwendung und den Ertrag des von den Eigen- und Fremdkapitalgebern überlassenen Kapitals.[539] Rechenschaft bedeutet hierbei auch, einen Nachweis über die dispositiven Leistungen des Managements zu erbringen.[540] Die Eigentümer und andere an der Unternehmung Interessierte werden so in die Lage versetzt, das Verhalten der Unter-

533 Vgl. PÜNDER, H., Haushaltsrecht im Umbruch, S. 386.

534 Vgl. MODELLPROJEKT „DOPPISCHER KOMMUNALHAUSHALT IN NRW", Neues Kommunales Finanzmanagement, S. 54.

535 Vgl. FUDALLA, M., Rechenschaft als Jahresabschlusszweck, S. 112.

536 Vgl. FUDALLA, M., Rechenschaft als Jahresabschlusszweck, S. 112.

537 Vgl. LEFFSON, U., Die Grundsätze ordnungsmäßiger Buchführung, S. 56; vgl. hierzu auch BAETGE, J./KIRSCH, H.-J., Grundsätze ordnungsmäßiger Buchführung, Rn. 40; THIELE, S./STELLBRINK, J./ZIESEMER, S., Rechnungslegung im Einzelabschluss, Rn. 27;

538 Vgl. WÜSTEMANN, J., Accounting Principles, S. 130.

539 Vgl. PAARZ, MICHAEL, Investororientierte Bankrechnungslegung, S. 13 m. w. N.

540 Vgl. LEFFSON, U., Die Grundsätze ordnungsmäßiger Buchführung, S. 68.

nehmensleitung zu kontrollieren und dessen Leistung zu beurteilen.[541] Die Rechenschaftsfunktion ist in der Tendenz vergangenheitsorientiert.[542]

In der Gemeinde stellen die Bürger dem Bürgermeister und dem Rat Ressourcen zur Verfügung und erwarten, dass diese in ihrem Sinne effizient verwendet werden. Mithin handelt es sich um eine typische Prinzipal-Agent-Beziehung.[543] Auch hier dient die Rechnungslegung der vergangenheitsorientierten Rechenschaft von Rat und Bürgermeister über die Verwendung der Ressourcen im abgelaufenen Haushaltsjahr.[544] Die Bürger werden so in die Lage versetzt, das Verhalten von Bürgermeister und Rat zu kontrollieren und deren Leistung zu beurteilen.

Der Jahresabschluss als Rechenschaftsinstrument betrifft indes nicht nur die Beziehung zwischen Gemeinderat/Bürgermeister und den Bürgern. Vielmehr bestehen in der Gemeinde weitere Rechenschaftsbeziehungen. So legt der Bürgermeister als Spitze der Verwaltung gegenüber dem Gemeinderat mit dem Jahresabschluss Rechenschaft über die Haushaltsführung und die Einhaltung des Haushaltsplans ab.[545] Zudem ist der vom Rat festgestellte Jahresabschluss unverzüglich der Aufsichtsbehörde anzuzeigen (§ 96 Abs. 2 GO).[546] Die Verpflichtung zur Rechenschaft gegenüber den Aufsichtsbehörden betrifft sowohl den Rat als auch den Bürgermeister.[547]

Ebenso wie im Handelsrecht dient der Jahresabschluss indes nicht nur der Rechenschaft gegenüber Dritten sondern auch gegenüber sich selbst.[548] Ein wesentliches Ziel der Reform des Gemeindehaushaltsrechts ist, den Entscheidungsträgern der Gemeinde umfassendere Informationen zur Planung zur Verfügung zu stellen.[549] Der Jahresabschluss

541 Vgl. KLAHOLZ, T., Wiederherstellungsverpflichtungen, S. 20; ähnlich auch BOEMLE, M., Der Jahresabschluss als Instrument der Rechenschaft, S. 19.

542 Vgl. hierzu KIRSCH, H.-J., Die Objektivierung künftiger Zahlungsströme, S. 365.

543 Vgl. hierzu auch Abschnitt 32.

544 Auch in der Gesetzesbegründung wird die Verantwortung der Verwaltungen der Gemeinden gegenüber dem Rat sowie den Bürgerinnen und Bürgern, wie sie die zur Verfügung stehenden Mittel eingesetzt haben, hervorgehoben; vgl. hierzu LT-Drucksache 13/5567, S. 165.

545 Vgl. FUDALLA, M., Rechenschaft als Jahresabschlusszweck, S. 113.

546 Vgl. hierzu auch GRUNWALD, E., Analyse der kommunalen Bilanz, S. 30.

547 Vgl. FUDALLA, M., Rechenschaft als Jahresabschlusszweck, S. 113.

548 Vgl. FUDALLA, M./TÖLLE, M./WÖSTE, C./ZUR MÜHLEN, M., Bilanzierung und Jahresabschluss in der Kommunalverwaltung, S. 47; vgl. zur Rechenschaft gegenüber sich selbst auch exemplarisch LEFFSON, U., Die Grundsätze ordnungsmäßiger Buchführung, S. 55; BUSSE VON COLBE, W., Die neuen Rechnungslegungsvorschriften, S. 193; MOXTER, A., Grundwertungen in Bilanzrechtsordnungen, S. 349.

549 Vgl. HÄFNER, P., Doppelte Buchführung, S. 27.

ermöglicht dem Bürgermeister und dem Rat, das Ergebnis ihrer Haushaltswirtschaft zu erkennen und zu untersuchen.[550] Diese verbesserten Erkenntnisse können dann auch für künftige Dispositionen genutzt werden.[551]

Zur Rechenschaft gegenüber sich selbst trägt auch der kommunale Gesamtabschluss bei.[552] Für eine umfassende Information der Entscheidungsträger können indes weitere Instrumente erforderlich sein. Dieser Umstand wurde auch im Rahmen des Neuen Kommunalen Rechnungswesen nicht übersehen und berücksichtigt. So soll eine Kosten- und Leistungsrechnung nach den örtlichen Bedürfnissen der Gemeinde geführt werden, deren Ausgestaltung dem Bürgermeisters obliegt (§ 18 GemHVO). Die Kosten- und Leistungsrechnung wird dabei als nicht-normierter Teil des kommunalen Rechnungswesens bezeichnet. Die an das Handelsrecht angelehnte Buchführung, die in Gemeindeordnung und Gemeindehaushaltsverordnung normiert wird, kann dabei als Grundlage für die Kostenrechnung verwendet werden.[553]

Somit wird auch im Hinblick auf die Rechenschaft das Verhältnis von normiertem und nicht-normiertem Rechnungswesen deutlich. Das normierte Rechnungswesen bedingt einen gesetzlich angeordneten Zwang zur willkürfreien Selbstinformation über die wirtschaftliche Lage der Gemeinde. Dies kann eine selbstdisziplinierende Wirkung entfalten und so den Schutzzweck der Rechnungslegung unterstützen.[554] Die Regeln hierfür normieren Gemeindeordnung, Gemeindehaushaltsverordnung und die GoB. Über die Implementierung weiterer Informationsinstrumente und deren konkrete Ausgestaltung (nicht-normiertes Rechnungswesen) entscheidet der Bürgermeister als Leiter der Verwaltung.

550 Vgl. FUDALLA, M./TÖLLE, M./WÖSTE, C./ZUR MÜHLEN, M., Bilanzierung und Jahresabschluss in der Kommunalverwaltung, S. 47.

551 Vgl. FUDALLA, M., Rechenschaft als Jahresabschlusszweck, S. 113.

552 Vgl. hierzu Abschnitt 36.

553 Vgl. WIRTZ, H., Grundsätze ordnungsmäßiger öffentlicher Buchführung, S. 155 m. w. N.; FUDALLA, M., Rechenschaft als Jahresabschlusszweck, S. 113.

554 Vgl. SIGLOCH, J., Einheitliche Gewinnermittlung, S. 553 in Bezug auf die handelsrechtliche Rechnungslegung.

421.3 Kapitalerhaltung

Handelsrechtlich dient die Rechnungslegung neben der Dokumentation nicht nur der Rechenschaft sondern auch der Kapitalerhaltung.[555] Der Gesetzgeber nennt dabei den Jahresabschlusszweck der Kapitalerhaltung, ebenso wie den Jahresabschlusszweck der Rechenschaft, nicht explizit, vielmehr ergibt sich der Zweck nur implizit aus dem Gesetzestext. Im Folgenden wird daher zunächst untersucht, ob jene handelsrechtlichen Normen, die auf den Zweck der Kapitalerhaltung hindeuten, auch im Neuen Kommunalen Finanzmanagement kodifiziert wurden.

Handelsrechtlich darf für immaterielle Vermögensgegenstände des Anlagevermögens, die nicht entgeltlich erworben wurden, ein Aktivposten nicht angesetzt werden (§ 248 Abs. 2 HGB).[556] Dieses Verbot des Ansatzes nicht entgeltlich erworbener immaterieller Gegenstände des Anlagevermögens verhindert den Ansatz sogenannter Nonvaleurs in der Bilanz[557] und damit auch den Ausweis eines höheren und ausschüttungsfähigen Gewinns.[558]

Das Bilanzierungsverbot des § 248 Abs. 2 HGB wurde auch im Rahmen des Neuen Kommunalen Finanzmanagements umgesetzt. Gemäß § 43 GemHVO dürfen immaterielle Vermögensgegenstände des Anlagevermögens, die nicht entgeltlich erworben oder selbst hergestellt wurden, nicht aktiviert werden.[559] Durch das Verbot der Aktivierung fließen die zugehörigen Aufwendungen in die Ergebnisrechnung des Haushaltsjahres erfolgsmindernd ein und werden nicht durch die Aktivierung eines Vermögensgegenstandes neutralisiert. Um den Haushaltsausgleich zu erreichen, sind die Aufwendungen somit durch Erträge des entsprechenden Haushaltsjahres zu decken.

Handelsrechtlich sind gemäß § 252 Abs. 1 Nr. 4 HGB das Vorsichtsprinzip und das Imparitätsprinzip zu beachten.[560] Der verteilungsfähige und ausschüttbare Gewinn soll

555 Vgl. BAETGE, J./KIRSCH, H.-J./THIELE, S., Bilanzen, S. 101-104.

556 Mit Änderung des HGB durch das BilMoG besteht ein Aktivierungswahlrecht für selbst geschaffene immaterielle Vermögensgegenstände des Anlagevermögens, vgl. hierzu BAETGE, J./KIRSCH, H.-J./SOLMECKE, H., Auswirkungen des BilMoG auf die Zwecke des handelsrechtlichen Jahresabschlusses, S. 23; vgl. zur im Regierungsentwurf vorgesehenen Aktivierungspflicht für selbsterstellte immaterielle Anlagewerte MOXTER, A., Aktivierungspflicht, S. 1514-1517.

557 Vgl. BAETGE, J./KIRSCH, H.-J., Grundsätze ordnungsmäßiger Buchführung, Rn. 36.

558 Vgl. hierzu BAETGE, J./KIRSCH, H.-J./THIELE, S., Bilanzen, S. 101.

559 Vgl. zur Bedeutung selbstgeschaffener immaterieller Vermögensgegenstände des Anlagevermögens in öffentlichen Verwaltungen auch BAUER, L./KIRCHMANN, U./SASS, J., Auswirkungen durch das Bilanzrechtsmodernisierungsgesetz, S. 147.

560 Vgl. THIELE, S./STELLBRINK, J./ZIESEMER, S., Rechnungslegung im Einzelabschluss, Rn. 33.

somit vorsichtig bestimmt werden.[561] Zudem müssen erwartete, aber noch nicht realisierte negative Erfolgsbeiträge gemäß dem Imparitätsprinzip antizipiert werden.[562]

Die Regelungen des § 252 Abs. 1 Nr. 4 HGB sind ebenfalls im Rahmen des Neuen Kommunalen Finanzmanagements berücksichtigt worden. Gemäß § 32 Abs. 3 GemHVO sind das Vorsichtsprinzip und das Imparitätsprinzip zu beachten. Somit ist das Jahresergebnis, das Grundlage zur Bemessung des Haushaltsausgleichs der Gemeinde ist, ebenfalls vorsichtig und verlustantizipierend zu ermitteln.

Das Ziel der Kapitalerhaltung kommt handelsrechtlich auch in den Vorschriften des § 253 HGB zu den Wertansätzen der Vermögensgegenstände und Schulden zum Ausdruck.[563] So sind nach § 253 Abs. 1 HGB die Vermögensgegenstände höchstens mit ihren Anschaffungs- oder Herstellungskosten anzusetzen, die im Gegensatz zu Zeitwerten einen objektiven Wertmaßstab darstellen.[564] Dies entspricht einer vorsichtigen und kapitalerhaltenden Bilanzierung. Zudem wird das Imparitätsprinzip durch die Niederstwertvorschriften des § 253 Abs. 2 HGB für das Anlagevermögen und § 253 Abs. 3 HGB für das Umlaufvermögen konkretisiert.[565] Hierdurch sind Wertminderungen bei Vermögensgegenständen erfolgsmindernd zu berücksichtigen.

Die genannten Wertansätze der Vermögensgegenstände und Schulden wurden auch im Neuen Kommunalen Finanzmanagement umgesetzt. Auch nach § 91 Abs. 2 GO sowie § 32 GemHVO sind Vermögensgegenstände höchstens mit ihren Anschaffungs- oder Herstellungskosten anzusetzen. Auch die das Imparitätsprinzip konkretisierenden Niederstwertvorschriften wurden kodifiziert (§ 35 Abs. 5 GemHVO und § 35 Abs. 7 GemHVO).

Als erstes Zwischenfazit ist somit festzuhalten, dass jene handelsrechtlichen Normen, die auf den Zweck der Kapitalerhaltung hindeuten, durch das Neue Kommunale Finanzmanagement auch in der Gemeindeordnung und der Gemeindehaushaltsverordnung kodifiziert worden sind. Kapitalerhaltend wirkt zudem das Verbot, Aufwendungen der allgemeinen Verwaltung in die Herstellungskosten einzubeziehen.[566] Die entsprechenden

561 Vgl. BAETGE, J./KIRSCH, H.-J., Grundsätze ordnungsmäßiger Buchführung, Rn. 42.

562 Vgl. hierzu BAETGE, J./KIRSCH, H.-J./THIELE, S., Bilanzen, S. 101; BAETGE, J./FEY, D./FEY, G., § 243 HGB, Rn. 27.

563 Vgl. BAETGE, J./KIRSCH, H.-J./THIELE, S., Bilanzen, S. 101; THIELE, S./STELLBRINK, J./ZIESEMER, S., Rechnungslegung im Einzelabschluss, Rn. 33.

564 Vgl. BAETGE, J./ZÜLCH, H., Rechnungslegungsgrundsätze, Rn. 37.

565 Vgl. hierzu auch Abschnitt 422.61.

566 Vgl. LT-Drucksache 13/5567, S. 247; vgl. hierzu auch Abschnitt 432.13.

Aufwendungen sind somit jeweils im Haushaltsjahr durch Erträge zu decken, um den Haushaltsausgleich zu erreichen.

Der Jahresabschlusszweck der Kapitalerhaltung zielt im Handelsrecht darauf ab, jenen ausschüttungsfähigen Betrag zu ermitteln, der dem Unternehmen entzogen werden kann, ohne die Substanz des Unternehmens zu gefährden.[567] Das Unternehmen soll somit für die unmittelbar und mittelbar an dem Unternehmen beteiligten Personen und Institutionen als Quelle von Zahlungen erhalten bleiben.[568] Der entziehbare Gewinn muss dabei nicht unter Liquiditätsgesichtspunkten ausschüttungsfähig sein.[569] Vielmehr sollen „mit seiner Ausschüttung möglichst keine unverzichtbaren Interessen der der Koalition angehörenden Gruppen beeinträchtigt werden.“ [570] Hierunter fallen bspw. Arbeitnehmer und Gläubiger des Unternehmens, insbesondere aber auch unfreiwillige Gläubiger.[571] Gerade Deliktsgläubiger[572] sind auf ein ausreichendes Gesellschaftsvermögen angewiesen und erlangen keinen ausreichenden Gläubigerschutz alleine durch die Verfügbarkeit von Informationen.[573] Gläubiger haben zudem als Außenstehende – im Gegensatz zu Gesellschaftern – weniger Einflussmöglichkeiten, um die eigenen Interessen zu schützen.[574] Wirkungsvolle Kapitalerhaltungsregeln als Teil der Rechtsordnung dienen somit insbesondere auch dem Schutz von schwächeren Adressatengruppen, „die nicht die ökonomische Macht haben, ihre berechtigten Interessen zu wahren.“[575]

567 Vgl. BAETGE, J./ZÜLCH, H., Rechnungslegungsgrundsätze, Rn. 31; vgl. zum entziehbaren Gewinn auch MOXTER, A., Grundsätze ordnungsmäßiger Rechnungslegung, S. 4; MOXTER, A., Standort Deutschland, S. 33-35; SCHÖN, W., Gesellschafter-, Gläubiger- und Anlegerschutz, S. 710. Vgl. hierzu auch HOMMEL, M., Internationale Bilanzrechtskonzeptionen, S. 348 m. w. N.

568 Vgl. BAETGE, J./KIRSCH, H.-J./THIELE, S., Bilanzen, S. 103; vgl. hierzu auch ZEITLER, F.-C., Konservative Bilanzierung, S. 600.

569 Vgl. SIEBEN, G., Rechnungslegung, S. 157; zustimmend BAETGE, J., Rechnungslegungszwecke, S. 27.

570 SIEBEN, G., Rechnungslegung, S. 157.

571 Vgl. zu verschiedenen Gruppen von Gläubigern auch KIRCHNER, C., Bilanzrecht und neue Institutionenökonomik, S. 279.

572 Vgl. hierzu KAHLE, H., Internationale Rechnungslegung, S. 135 f. m. w. N.; BALLWIESER, W., Gläubigerschutz, S. 421.

573 Vgl. BAETGE, J./LIENAU, A., Gläubigerschutzgedanke, S. 78; vgl. zur Schutzbedürftigkeit schwacher Adressatengruppen als Grund für eine Regulierung der Rechnungslegung WAGENHOFER, A./EWERT, R., Externe Unternehmensrechnung, S. 27.

574 Vgl. MERKT, H., Kapitalschutz in Europa, S. 311 m. w. N.

575 EULER, R., Paradigmenwechsel im handelsrechtlichen Einzelabschluss, S. 879; vgl. hierzu auch ARBEITSKREIS BILANZRECHT DER HOCHSCHULLEHRER RECHTSWISSENSCHAFT, Zur Fortent-

Der Jahresabschlusszweck der Kapitalerhaltung dient im Neuen Kommunalen Finanzmanagement zum einen der Sicherung der stetigen Aufgabenerfüllung.[576] Mit dem öffentlichen Jahresabschluss soll die nachhaltige Leistungsfähigkeit durch aufgabenbezogene Vermögenserhaltung gesichert werden.[577] Die stetige Aufgabenerfüllung gilt so lange als gewährleistet, wie der Gemeinde der jährliche Haushaltsausgleich gelingt. Der Haushaltsausgleich wird dabei an das im Sinne der Kapitalerhaltung vorsichtig und verlustantizipierend ermittelte Jahresergebnis geknüpft. Das Jahresergebnis stellt dann genau jenen Betrag dar, „der der Verwaltung entzogen werden kann, ohne ihre künftige Aufgabenerfüllung zu beeinträchtigen."[578] Dieses Jahresergebnis ist indes nicht wie bei privatwirtschaftlichen Unternehmen zur Ausschüttung an die Anteilseigner verfügbar.[579] Es steht vielmehr für andere Aufgaben der öffentlichen Verwaltung zur Verfügung.[580] Dieser Betrag wird von EIBELSHÄUSER als „frei verfügbarer Betrag"[581] bezeichnet. Rechentechnisch kann das Jahresergebnis in die Ausgleichsrücklage eingestellt werden, sofern diese noch nicht ihren Maximalbetrag erreicht hat, und in folgenden Haushaltsjahren sanktionslos aufgezehrt werden.[582]

Zum anderen ist der Jahresabschlusszweck der Kapitalerhaltung im Zusammenhang mit dem Prinzip der intergenerativen Gerechtigkeit zu sehen.[583] So ist die gesamte Reform des Haushaltsrechts eingebettet in die Diskussion um eine Stärkung intergenerativer Gerechtigkeit und den Schutz künftiger Bürger. Ein wesentliches Ziel des Neuen Kommunalen Finanzmanagements und der Reform des Gemeindehaushaltsrechts ist die **Förderung**

wicklung des deutschen Bilanzrechts, S. 2375 f.; WATRIN, C., Regulierung der Rechnungslegung, S. 936-938.

576 Vgl. MODELLPROJEKT „DOPPISCHER KOMMUNALHAUSHALT IN NRW", Neues Kommunales Finanzmanagement, S. 56; vgl. hierzu auch Abschnitt 332.

577 Vgl. EIBELSHÄUSER, M., Bilanzierungsgrundsätze und öffentliche Rechnungslegung, S. 619; BREIDERT, U./RÜDINGER, A., Eignung der handelsrechtlichen GoB, S. 33.

578 KÄMPFER, G./BREIDERT, U., Zweckentsprechende Bilanzierung, S. 122. Vgl. zu dieser Interpretation auch BÖCKING, H.-J./DUTZI, A., Rechnungslegung, S. 416; BREIDERT, U./RÜDINGER, A., Eignung der handelsrechtlichen GoB, S. 33 f.; EIBELSHÄUSER, M., Bilanzierungsgrundsätze und öffentliche Rechnungslegung, S. 619 f.

579 Vgl. KÄMPFER, G./BREIDERT, U., Zweckentsprechende Bilanzierung, S. 122.

580 So KÄMPFER, G./BREIDERT, U., Zweckentsprechende Bilanzierung, S. 122.

581 EIBELSHÄUSER, M., Bilanzierungsgrundsätze und öffentliche Rechnungslegung, S. 620.

582 Vgl. ausführlich zur Ausgleichsrücklage Abschnitt 335.22.

583 Vgl. MODELLPROJEKT „DOPPISCHER KOMMUNALHAUSHALT IN NRW", Neues Kommunales Finanzmanagement, S. 56-58; vgl. auch BERNHARDT, H./MUTSCHLER, K./STOCKEL-VELTMANN, C., Kommunales Finanzmanagement NRW, S. 241 f.; FREYTAG, D./HAMACHER, C./WOHLAND, A., Neues Kommunales Finanzmanagement, S. 185; HÄFNER, P., Doppelte Buchführung, S. 25.

nachhaltiger Haushaltswirtschaft und intergenerativer Gerechtigkeit.[584] Im Neuen Kommunalen Finanzmanagement ist das Postulat der intergenerativen Gerechtigkeit erfüllt, wenn die Aufwendungen durch die Erträge eines Haushaltsjahres gedeckt sind und somit ein ausgeglichenes Jahresergebnis erzielt wird. Das Jahresergebnis dient der Bemessung des Haushaltsausgleichs. Um künftige Generationen wirksam vor einem überhöhten Ressourcenverbrauch und einer nicht gerechtfertigten Belastung zu schützen, wird das Jahresergebnis – und damit der Haushaltsausgleich – vorsichtig und verlustantizipierend bestimmt.[585]

Der Jahresabschlusszweck der Kapitalerhaltung und die Anwendung der damit verbundenen Bilanzierungsregeln in der öffentlichen Rechnungslegung sind in der Literatur umstritten. So wird argumentiert, dass „der Zweck des Gläubigerschutzes für das öffentliche Rechnungswesen zwar nicht ganz ohne, aber doch von untergeordneter Bedeutung ist, weil das Risiko der Zahlungsunfähigkeit oder gar des Konkurses von Gebietskörperschaften praktisch ausgeschlossen werden kann.“[586] „Im ungünstigsten Fall bleibt der Gebietskörperschaft auf Grund ihrer hoheitlichen Befugnisse die Möglichkeit, den Haushalt auf dem Wege über Steuererhöhungen auszugleichen und damit die Zins- und Tilgungszahlungen sicherzustellen.“[587] Hiermit ist dann die Forderung verbunden, das Imparitäts- und das Vorsichtsprinzip einzuschränken und die handelsrechtlichen Kapitalerhaltungsgrundsätze zu relativieren. Darüber hinaus wird argumentiert, dass die Übernahme des handelsrechtlichen Realisations- und Imparitätsprinzips zu einer tendenziellen Unterbewertung des Vermögens und Überbewertung der Verbindlichkeiten führt und somit im öffentlichen Sektor „die bisherige intergenerative Ungerechtigkeit gegenüber den zukünftigen Generationen durch die zu hohe Verschuldung der Gebietskörperschaf-

584 Vgl. Abschnitt 221.

585 Vgl. hierzu auch INNENMINISTERIUM NORDRHEIN-WESTFALEN (Hrsg.), Neues Kommunales Finanzmanagement, S. 553.

586 STREITFERDT, L., Reform des öffentlichen Rechnungswesens, S. 863; ähnlich auch BALS, H./HACK, H., Neues kommunales Finanzmanagement, S. 288; BALS, H./REICHARD, C., Neues öffentliches Rechnungswesen, S. 213. Vgl. hierzu auch BUDÄUS, D., Reform des öffentlichen Haushalts- und Rechnungswesens in Deutschland, S. 195; BUDÄUS, D., Zum aktuellen Reformstand, S. 60; LÜDER, K., Ordnungsmäßigkeits-Grundsätze, S. 608; SROCKE, I., Konzernrechnungslegung unter Berücksichtigung internationaler Rechnungslegungsstandards, S. 274; ULRICH, G., Bewertung des kommunalen Sachanlagevermögens, S. 43. A. A. ist PÜNDER, der darauf hinweist, dass bei Gebietskörperschaften kein Insolvenzverfahren möglich ist und daher die Notwendigkeit des Gläubigerschutzes sieht, vgl. PÜNDER, H., Haushaltsrecht im Umbruch, S. 414.

587 STREITFERDT, L., Reform des öffentlichen Rechnungswesens, S. 863.

ten in eine intergenerative Ungerechtigkeit gegenüber der aktuellen Generation umgekehrt wird."[588]

Über die Bedeutung des Gläubigerschutzes in der Rechnungslegung von Gemeinden kann diskutiert werden.[589] Die Möglichkeit, künftige Zins- und Tilgungszahlungen durch Steuererhöhungen sicherzustellen, begünstigt die Position der Gläubiger. Allerdings ist darauf hinzuweisen, dass künftige Steuererhöhungen gerade zu Lasten künftiger Generationen gehen können, deren Interessen explizit durch das Neue Kommunale Finanzmanagement geschützt werden sollen. Insbesondere die Problematik, künftige Bürger zu belasten, war Ausgangspunkt der Reform des kommunalen Rechnungswesens und der Ausrichtung der kommunalen Finanzpolitik auf intergenerative Gerechtigkeit.[590] Ziel des kommunalen Wirtschaftens muss daher vielmehr sein, künftige (ungerechtfertigte) Belastungen zu vermeiden. Dies kann durch eine vorsichtige, kapitalerhaltende Bilanzierung begünstigt werden. Insbesondere die Interessen der künftigen Generationen, die insoweit einen spezifischen Adressaten der öffentlichen Rechnungslegung darstellen, können mit den handelsrechtlichen Vorschriften zur vorsichtigen Gewinnermittlung geschützt werden.[591]

Auch das Argument, die Kapitalerhaltungsgrundsätze würden zu einer intergenerativen Ungerechtigkeit gegenüber der heutigen Generation führen, ist zu diskutieren. Hierbei sollte indes berücksichtigt werden, dass künftige Generationen ihre Interessen heute womöglich noch gar nicht selbst vertreten und durchsetzen können[592] und insoweit eines besonderen Schutzes bedürfen könnten. Diesen besonderen Schutz könnte im Rahmen der Rechnungslegung die vorsichtige, verlustvorsorgende und damit kapitalerhaltende Bilanzierung leisten.[593] Genauso wie handelsrechtlich in Bezug auf das Ziel des Gläubiger-

588 SROCKE, I., Öffentliche Konzernrechnungslegung, S. 276.

589 So auch BREIDERT, U./RÜDINGER, A., Eignung der handelsrechtlichen GoB, S. 33 m. w. N.

590 Vgl. hierzu Abschnitt 221.

591 Vgl. BREIDERT, U./RÜDINGER, A., Eignung der handelsrechtlichen GoB, S. 34. Vgl. zur Kompatibilität von Kapitalerhaltung und intergenerativer Gerechtigkeit auch HENKES, J., Der Jahresabschluss kommunaler Gebietskörperschaften, S. 82; KUSSMAUL, H./HENKES, J., Kommunale Doppik und IPSAS, S. 191.

592 Vgl. auch BREIDERT, U./RÜDINGER, A., Eignung der handelsrechtlichen GoB, S. 34.

593 Vgl. hierzu auch STREIM, H., Rechnungslegung von Gebietskörperschaften, S. 297: „Tendenziell dürften die handelsrechtlichen Regelungen zu einem niedrigeren Periodenerfolgsausweis führen, weil aus Gründen des Gläubigerschutzes im Zweifel Erträge eher niedriger und Aufwendungen eher höher angesetzt werden als nach IPSAS. Der Schutz der künftigen Generationen vor der Ausplünderung durch die gegenwärtig lebende Generation scheint eher für eine ‚vorsichtige' Ergebnisermittlung nach HGB zu sprechen."

schutzes festgelegt werden muss, „wieviel" Gläubigerschutz gewährt werden soll,[594] ist in der kommunalen Rechnungslegung festzulegen, „wieviel" Schutz künftiger Bürger gewährt werden soll. Dies ist letztlich auch eine politische Wertungsfrage, die auf gesetzlicher Grundlage zu entscheiden ist[595] und die mit der sinngemäßen Anwendung der handelsrechtlichen GoB im Neuen Kommunalen Finanzmanagement zum Ausdruck kommt.

Auch der Gesetz- und Verordnungsgeber kannte die zum Teil kritische Haltung gegenüber einer Anwendung der handelsrechtlichen Kapitalerhaltungsgrundsätze in der öffentlichen Rechnungslegung. So wurde bereits im Rahmen des Modellprojektes auf die Forderungen aus der Literatur verwiesen, nach der die handelsrechtlichen Kapitalerhaltungsgrundsätze keine unbeschränkte Gültigkeit im öffentlichen Rechnungswesen haben sollen und zu relativieren seien.[596] Als problematisch wurde in diesem Zusammenhang indes gesehen, dass eine durchgängige Abkehr vom Vorsichts- und Imparitätsprinzip die Grundstruktur der handelsrechtlichen Rechnungslegung im Neuen Kommunalen Finanzmanagement verletzten würde und alle entsprechend dem Vorsichtsprinzip strukturierten gesetzlichen Vorschriften des HGB nicht anwendbar und folglich vollständig zu überarbeiten wären. Zudem würde die Vergleichbarkeit mit der Privatwirtschaft und die Konsolidierung zum Konzernabschluss durch die Relativierung der Kapitalerhaltungsgrundsätze erheblich erschwert. Des Weiteren sollen die Interessen der Gläubiger, der Bürgerinnen und Bürger und der Geschäftspartner besonders berücksichtigt werden. Eine vorsichtige Darstellung der Finanzsituation verhindert die Überforderung der kommunalen Leistungsfähigkeit und vermeidet eine nicht gerechtfertigte Belastung künftiger Generationen.[597] Der Gesetz- und Verordnungsgeber hat sich deshalb bewusst für die Kodifizierung der handelsrechtlichen Kapitalerhaltungsgrundsätze entschieden.[598] Diese dienen

---

594 Vgl. hierzu BAETGE, J./THIELE, S., Gesellschafterschutz versus Gläubigerschutz, S. 19.

595 Vgl. sinngemäß das im Hinblick auf die intergenerative Gerechtigkeit im Jahresabschluss anzuwendende Periodisierungsprinzip EIBELSHÄUSER, M., Bilanzierungsgrundsätze und öffentliche Rechnungslegung, S. 620; ähnlich auch HARMS, J., Reformen der staatlichen Rechnungslegung, S. 21.

596 Vgl. hierzu und im Folgenden MODELLPROJEKT „DOPPISCHER KOMMUNALHAUSHALT IN NRW", Neues Kommunales Finanzmanagement, S. 174.

597 Vgl. MODELLPROJEKT „DOPPISCHER KOMMUNALHAUSHALT IN NRW", Neues Kommunales Finanzmanagement, S. 174.

598 Vgl. MODELLPROJEKT „DOPPISCHER KOMMUNALHAUSHALT IN NRW", Neues Kommunales Finanzmanagement, S. 174. Auch in der aktuellen Handreichung des Innenministeriums werden die genannten Argumente nochmals genannt und bestätigt, vgl. INNENMINISTERIUM NORDRHEIN-WESTFALEN (Hrsg.), Neues Kommunales Finanzmanagement, S. 553.

im Neuen Kommunalen Finanzmanagement der Sicherung der stetigen Aufgabenerfüllung und der intergenerativen Gerechtigkeit.[599]

Ebenso wie im handelsrechtlichen Jahresabschluss wird indes nicht eine reale, also inflationsbereinigte Kapitalerhaltung, etwa im Sinne der organischen Bilanztheorie SCHMIDTS, verfolgt.[600] Zwar wurde im Zuge der Konzeption des Neuen Kommunalen Finanzmanagements zunächst die Frage aufgeworfen, ob die Zielsetzung der nominellen Kapitalerhaltung dem gesetzlichen Auftrag der Gemeindeordnung, die stetige Aufgabenerfüllung zu sichern, gewährleistet, oder ob insoweit eine reale Kapitalerhaltung erforderlich sei.[601] Das alte Haushaltsrecht und die Kameralistik boten hierfür keine Anhaltspunkte. Eine Rechnungslegung mit dem Ziel realer Kapitalerhaltung hätte indes die Konsequenz gehabt, dass eine Vergleichbarkeit zur Privatwirtschaft und die Konsolidierung zum Konzernabschluss erheblich erschwert worden wäre.[602] Zudem besteht das Problem, inflationsangepasste Werte zu objektivieren.[603] Der Gesetz- und Verordnungsgeber hat sich deshalb – wie im Handelsrecht[604] – für die Konzeption der Nominalkapitalerhaltung entschieden.[605] Darüber hinaus bleibt es den Gemeinden freigestellt, regelmäßig einen Haushaltsüberschuss in Höhe der Inflation anzustreben.[606]

---

599 Vgl. FUDALLA, M./TÖLLE, M./WÖSTE, C./ZUR MÜHLEN, M., Bilanzierung und Jahresabschluss in der Kommunalverwaltung, S. 62; HÄFNER, P., Doppelte Buchführung, S. 25 f.

600 Vgl. hierzu SCHMIDT, F., Die organische Tageswertbilanz.

601 Vgl. MODELLPROJEKT „DOPPISCHER KOMMUNALHAUSHALT IN NRW“, Neues Kommunales Finanzmanagement, S. 56.

602 Vgl. MODELLPROJEKT „DOPPISCHER KOMMUNALHAUSHALT IN NRW“, Neues Kommunales Finanzmanagement, S. 56.

603 Vgl. HINZMANN, C., Rechnungslegung, S. 44 m. w. N.; ähnlich auch ZIMMERMANN, G., Kostendeckung bei öffentlichen Dienstleistungen, S. 331 f.

604 Vgl. hierzu bspw. NAUMANN, K.-P./BREKER, N., Bewertungsprinzipien für die Rechnungslegung, Rn. 27. Eine Ausnahme von der Konzeption der Nominalkapitalerhaltung liegt handelsrechtlich in Form des Lifo-Verfahrens vor, vgl. hierzu BAETGE, J./KIRSCH, H.-J./THIELE, S., Bilanzen, S. 25. Die Zulässigkeit einer Anwendung von Verbrauchsfolgeverfahren ist im Neuen Kommunalen Finanzmanagement indes umstritten, vgl. HENKES, J., Der Jahresabschluss kommunaler Gebietskörperschaften, S. 243, Fn. 1982; RETTLER, S., § 34 GemHVO, S. 7; vgl. auch INNENMINISTERIUM NORDRHEIN-WESTFALEN (Hrsg.), Neues Kommunales Finanzmanagement, S. 657.

605 Vgl. BERNHARDT, H./MUTSCHLER, K./STOCKEL-VELTMANN, C., Kommunales Finanzmanagement NRW, S. 242.

606 Vgl. MODELLPROJEKT „DOPPISCHER KOMMUNALHAUSHALT IN NRW“, Neues Kommunales Finanzmanagement, S. 332; vgl. hierzu auch SCHUSTER, F./BRINKMEIER, J., Das neue kommunale Finanzmanagement, S. 225 f.; OELGEKLAUS, M./BERNHARDT, H./MUTSCHLER, K./STOCKEL-VELTMANN, C., Kommunales Haushalts- und Rechnungswesen, S. 228 f. Vgl. zur Ertragswerter-

421.4 Die Beziehungen innerhalb des Zwecksystems

In den vorangegangenen Abschnitten wurde zunächst herausgearbeitet, dass die handelsrechtlichen Zwecke des Jahresabschlusses mit den Zielen des Neuen Kommunalen Finanzmanagements kompatibel sind und auch die Besonderheiten von kommunalen Gebietskörperschaften abdecken. So wird der Rechenschaftszweck erweitert, indem er auch die Rechenschaft über die Ausführung des Haushaltsplans einschließt. Der Zweck der Kapitalerhaltung umfasst den Grundsatz intergenerativer Gerechtigkeit und den Schutz künftiger Bürger. Weitere Zwecke des kommunalen Jahresabschlusses sind nicht ersichtlich.

Der kommunale Jahresabschluss dient, ebenso wie der handelsrechtliche Jahresabschluss, sowohl der Rechenschaft als auch der Kapitalerhaltung.[607] Die Dokumentation in der Buchführung ist dabei Voraussetzung zur Verwirklichung von Rechenschaft und Kapitalerhaltung. Fraglich ist indes, in welchem Verhältnis diese beiden Jahresabschlusszwecke zueinander stehen. So könnten beide Zwecke gleichberechtigt nebeneinander stehen oder ein Zweck könnte den anderen dominieren. Als Ausgangspunkt für diese Untersuchung dient im Folgenden dabei zunächst wieder der handelsrechtliche Jahresabschluss.

Im Handelsrecht muss der Jahresabschluss beiden Jahresabschlusszwecken, der Rechenschaft und der Kapitalerhaltung, die gemeinsam ein Zwecksystem bilden, gerecht werden.[608] Für eine Gewichtung der Jahresabschlusszwecke sind dabei auch die divergierenden Interessen der Adressaten des Jahresabschlusses zu berücksichtigen.[609] Als Adressaten sind vor allem die Ersteller des Jahresabschlusses, die Gesellschafter, die Gläubiger und die Arbeitnehmer des Unternehmens anzusehen.[610]

Hinsichtlich der Interessendivergenz könnte beispielsweise unterstellt werden, dass die Anteilseigner tendenziell eher an hohen Ausschüttungen interessiert sind, während die

---

haltung als mögliches Ziel öffentlicher Unternehmen EIBELSHÄUSER, M., Ertragswerterhaltung, S. 664-684.

607 Vgl. hierzu die Abschnitte 421.2 und 421.3.

608 Vgl. BAETGE, J./KIRSCH, H.-J./THIELE, S., Bilanzen, S. 104.

609 Vgl. BAETGE, J., Rechnungslegungszwecke, S. 26-30; BAETGE, J./HENDLER, M., Verlustvorsorgen und Bilanzkonzeption, S. 16.

610 Vgl. BAETGE, J./KIRSCH, H.-J./THIELE, S., Bilanzen, S. 105; vgl. hierzu auch BALLWIESER, W., Zum Nutzen handelsrechtlicher Rechnungslegung, S. 3; STREIM, H., Wahlrechte, Sp. 2157; STREIM, H., Wertaufholungsgebot, S. 673.

Gläubiger eher den Erhalt einer hohen Haftungsbasis des Unternehmens bevorzugen.[611] Bezogen auf die Jahresabschlusszwecke könnten die Gläubiger des Unternehmens somit den Zweck der Kapitalerhaltung als dominant gegenüber dem Zweck der Rechenschaft ansehen, da dieser zu einem geringeren Periodenergebnis führt, welches wiederum die Grundlage für die Bestimmung möglicher Ausschüttungen ist.[612]

Wenngleich einzelne Gesetzesvorschriften häufig primär einem Jahresabschlusszweck dienen,[613] lassen die handelsrechtlichen Regelungen in ihrer Gesamtheit indes keine Dominanz eines Jahresabschlusszweckes erkennen.[614] Der Jahresabschluss dient vielmehr „durch die ausgewogene Gewichtung der Zwecke einem **relativierten Schutz aller Adressaten**“[615]. Dieser gesetzliche Interessenausgleich wird von BAETGE als **Interessenregelung** bezeichnet.[616]

Auch der kommunale Jahresabschluss muss den genannten Jahresabschlusszwecken gerecht werden. Ebenso wie im Handelsrecht sollten m. E. für die Gewichtung der beiden Zwecke Rechenschaft und Kapitalerhaltung die divergierenden Interessen der Adressaten des kommunalen Jahresabschlusses berücksichtigt werden. Als Adressaten zählen insbesondere die Ersteller des Jahresabschlusses, der Rat, die Bürger, die Gläubiger und die Arbeitnehmer der Gemeinde.[617] Darüber hinaus können die künftigen Generationen als

611 Vgl. BAETGE, J./HENDLER, M., Verlustvorsorgen und Bilanzkonzeption, S. 16; BAETGE, J./THIELE, S., Gesellschafterschutz versus Gläubigerschutz, S. 15 f.; vgl. hierzu auch SPRISSLER, W., Gläubigerschutz durch Kapitalerhaltung, S. 86 f.

612 Vgl. BAETGE, J./KIRSCH, H.-J./THIELE, S., Bilanzen, S. 105.

613 So führt das in § 252 Abs. 1 Nr. 4 HGB kodifizierte Imparitätsprinzip zu einer Beeinträchtigung des Rechenschaftszwecks, da durch die Antizipation künftiger negativer Erfolgsbeiträge nicht der periodengerechte sondern ein verteilungsfähiger Erfolg des Geschäftsjahres ausgewiesen wird. Insoweit dominiert hier der Zweck der Kapitalerhaltung, vgl. BAETGE, J./KIRSCH, H.-J./THIELE, S., Bilanzen, S. 105.

614 Vgl. BAETGE, J./KIRSCH, H.-J., Grundsätze ordnungsmäßiger Buchführung, Rn. 44 m. w. N.; so auch BAETGE, J./KIRSCH, H.-J./SOLMECKE, H., Auswirkungen des BilMoG auf die Zwecke des handelsrechtlichen Jahresabschlusses, S. 5; BAETGE, J./KIRSCH, H.-J./THIELE, S., Bilanzen, S. 105; BAETGE, J./HENDLER, M., Verlustvorsorgen und Bilanzkonzeption, S. 17; NAUMANN, K.-P./BREKER, N., Bewertungsprinzipien für die Rechnungslegung, Rn. 24; THIELE, S., Jahresabschluss, S. 67.

615 BAETGE, J./KIRSCH, H.-J./THIELE, S., Bilanzen, S. 105; so auch THIELE, S./BRÖTZMANN, I., § 243 HGB, Rn. 41.

616 Vgl. BAETGE, J., Rechnungslegungszwecke, S. 21; so auch BAETGE, J./KIRSCH, H.-J., Grundsätze ordnungsmäßiger Buchführung, Rn. 44; BAETGE, J./KIRSCH, H.-J./THIELE, S., Bilanzen, S. 105.

617 Vgl. zu Adressaten der Rechnungslegung von Gebietskörperschaften STALDER, K., Weiterentwicklung des öffentlichen Rechnungswesens, S. 263 f.; STREIM, H., Rechnungslegung von Gebietskör-

„verwaltungsspezifischer Adressatenkreis“[618] interpretiert werden, der mit dem kommunalen Jahresabschluss geschützt werden soll.[619]

Interessendivergenzen liegen in der Gemeinde insbesondere hinsichtlich des Ressourceneinsatzes vor. So könnte unterstellt werden, dass Bürgermeister und Gemeinderat tendenziell eher an einem hohem Ressourcenverbrauch interessiert sind, der den jetzigen Bürgern zu Gute kommt. Künftige Bürger möchten dagegen nicht für den Ressourcenverbrauch der Vergangenheit aufkommen. Insoweit könnte der verwaltungsspezifische Adressat „künftiger Bürger“ den Jahresabschlusszweck Kapitalerhaltung als dominant gegenüber dem Jahresabschlusszweck Rechenschaft ansehen.

Ebenso wie im HGB wird zwar bei der Betrachtung einzelner Vorschriften der Gemeindeordnung und der Gemeindehaushaltsverordnung deutlich, dass sie jeweils primär einem der Jahresabschlusszwecke dienen sollen, gleichwohl kann den Vorschriften in ihrer Gesamtheit m. E. keine Dominanz einer der Zwecke entnommen werden. Zudem ist nicht zu erkennen, dass der Gesetz- und Verordnungsgeber im Neuen Kommunalen Finanzmanagement das gleichberechtigte Verhältnis von Rechenschaft und Kapitalerhaltung des handelsrechtlichen Jahresabschlusses verändern wollte.[620] Vielmehr lässt die bewusste enge Anlehnung des Neuen Kommunalen Finanzmanagements an das HGB[621] vermuten, dass keine Veränderung der Gewichtung der Jahresabschlusszwecke beabsichtigt war. Auch die Ziele des Gesetz- und Verordnungsgebers mit dem Neuen Kommunalen Finanzmanagement stützen diese Ansicht. So ist die Reform des kommunalen Haushaltsrechts eingebettet in die Diskussion um eine Stärkung der intergenerativen Gerech-

perschaften, S. 321 f.; WIRTZ, H., Grundsätze ordnungsmäßiger öffentlicher Buchführung, S. 150-155.

618 BREIDERT, U./RÜDINGER, A., Eignung der handelsrechtlichen GoB, S. 34. Eine Unterteilung in heutige und künftige Bürger nimmt auch SROCKE vor, vgl. hierzu SROCKE, I., Konzernrechnungslegung in Gebietskörperschaften, S. 62.

619 Vgl. sinngemäß auch BÖCKING, H.-J./DUTZI, A., Rechnungslegung, S. 416 f.; BUDÄUS, D., Zum aktuellen Reformstand, S. 57; EIBELSHÄUSER, M., Bilanzierungsgrundsätze und öffentliche Rechnungslegung, S. 619 f. Auf den Schutz künftiger Generationen vor Ausbeutung durch die gegenwärtig lebende Generation verweisen auch BUDÄUS, D., Zum aktuellen Reformstand, S. 57; LÜDER, K., Haushalts- und Rechnungswesen, S. 190 f.; LÜDER, K., Ordnungsmäßigkeits-Grundsätze, S. 607.

620 In der Handreichung des Innenministeriums wird darauf hingewiesen, dass die Aufgabe der jahresbezogenen Ergebnisermittlung und die Informationsfunktion im Neuen Kommunalen Finanzmanagement gleichrangig nebeneinander stehen, vgl. INNENMINISTERIUM NORDRHEIN-WESTFALEN (Hrsg.), Neues Kommunales Finanzmanagement, S. 247.

621 Vgl. LT-Drucksache 13/5567, S. 168; vgl. hierzu auch KUSSMAUL, H./HENKES, J./PINKOS, E., Kommunale Betriebe, S. 981; vgl. hierzu auch Kapitel 1.

tigkeit und den Schutz künftiger Bürger,[622] was tendenziell eher für eine vorsichtige, kapitalerhaltende Bilanzierung sprechen würde. Indes darf nicht übersehen werden, dass der Gesetz- und Verordnungsgeber zugleich auch die Transparenz gegenüber den Bürgern betont,[623] was durch den Jahresabschlusszweck der Rechenschaft zum Ausdruck kommt.

Diese Ausgewogenheit der Jahresabschlusszwecke erscheint auch für den kommunalen Jahresabschluss zielführend, sofern nicht einzelne Interessen von Adressaten oder Adressatengruppen einseitig berücksichtigt werden sollen. Der kommunale Jahresabschluss kann durch die ausgewogene Gewichtung der Zwecke vielmehr einen relativierten Schutz aller Adressaten sicherstellen.[624] Dieser Interessenausgleich, bspw. zwischen heutigen und künftigen Bürgern, den der Gesetz- und Verordnungsgeber mit dem kommunalen Jahresabschluss anstrebt, kann auch in der öffentlichen Rechnungslegung, in Anlehnung an BAETGE, als **Interessenregelung** bezeichnet werden. Heutige Bürger – als Steuerzahler – werden vor einer überzogenen finanziellen Belastung durch den Staat, sowie künftige Generationen vor einer überzogenen Belastung durch die gegenwärtige Generation geschützt.[625]

422. Die Grundsätze ordnungsmäßiger Buchführung im Neuen Kommunalen Finanzmanagement

422.1 Vorbemerkung

Selbst detaillierteste Rechnungslegungsvorschriften können niemals die Abbildung aller denkbaren wirtschaftlichen Sachverhalte regeln.[626] Das Rechnungslegungsrecht benötigt deshalb überindividuelle Normen, mit denen konkrete Buchführungs- und Bilanzierungsprobleme gelöst werden können.[627] Diese überindividuellen Normen sind die

622 Vgl. hierzu Abschnitt 221.

623 Vgl. hierzu Abschnitt 223.

624 Der Schutzzweck der kommunalen Rechnungslegung wird auch in der Literatur hervorgehoben, vgl. exemplarisch BUDÄUS, D., Grundsätze ordnungsmäßiger Buchführung, S. 616; STREITFERDT, L./EBERHARDT, T., Entwicklung der Rechnungslegung, S. 205.

625 Vgl. BUDÄUS, D., Zum aktuellen Reformstand, S. 57; LÜDER, K., Ordnungsmäßigkeits-Grundsätze, S. 607.

626 Vgl. INNENMINISTERIUM NORDRHEIN-WESTFALEN (Hrsg.), Neues Kommunales Finanzmanagement, S. 510; BAETGE, J./KIRSCH, H.-J./THIELE, S., Bilanzen, S. 106.

627 Vgl. BAETGE, J./ZÜLCH, H., Rechnungslegungsgrundsätze, Rn. 3.

Grundsätze ordnungsmäßiger Buchführung.[628] Der Begriff „Grundsätze ordnungsmäßiger Buchführung“ ist ein unbestimmter Rechtsbegriff.[629]

Die Bedeutung der GoB für die kommunale Rechnungslegung in Nordrhein-Westfalen wird in der Gesetzesbegründung zum Neuen Kommunalen Finanzmanagement herausgestellt: „Die GoB gelten rechtsverbindlich und rechtsformunabhängig für alle Kaufleute und liegen künftig auch dem kommunalen Finanzmanagement zu Grunde, soweit in Gesetz oder Rechtsverordnung nichts anderes bestimmt ist. Soweit die GoB in den Vorschriften der Gemeindeordnung und der Gemeindehaushaltsverordnung nicht konkretisiert werden, gelten sie sinngemäß wie im privatrechtlichen Bereich.“[630] Abweichungen von den GoB aufgrund kommunaler Besonderheiten bedürfen somit einer expliziten Regelung in der Gemeindeordnung oder der Gemeindehaushaltsverordnung.[631] Die GoB ergänzen und konkretisieren auch im Neuen Kommunalen Finanzmanagement die Rechnungslegungsvorschriften und sind zur Lösung von konkreten Buchführungs- und Bilanzierungsprobleme heranzuziehen.[632]

In den folgenden Abschnitten soll deshalb untersucht werden, welche handelsrechtlichen GoB explizit im Neuen Kommunalen Finanzmanagement kodifiziert wurden und ob gegebenenfalls Normen bestehen, die einzelne GoB in Frage stellen bzw. relativieren. Als Ausgangspunkt der folgenden Untersuchung dienen dabei jeweils die einzelnen handelsrechtlichen GoB, wobei die GoB-Systematik von BAETGE/KIRSCH/THIELE zu Grunde gelegt wird.[633]

---

628 Vgl. BALLWIESER, W., Grundsätze ordnungsmäßiger Buchführung, Rn. 1.

629 Vgl. INNENMINISTERIUM NORDRHEIN-WESTFALEN (Hrsg.), Neues Kommunales Finanzmanagement, S. 510; BALLWIESER, W., Grundsätze ordnungsmäßiger Buchführung, Rn. 1; THIELE, S./BRÖTZMANN, I., § 243 HGB, Rn. 21.

630 LT-Drucksache 13/5567, S. 189.

631 Vgl. RETTLER, S., § 27 GemHVO, S. 3; vgl. hierzu auch ELLERICH, M., Auswirkungen, S. I.

632 Vgl. FUDALLA, M./TÖLLE, M./WÖSTE, C./ZUR MÜHLEN, M., Bilanzierung und Jahresabschluss in der Kommunalverwaltung, S. 32; ELLERICH, M., Zur Reform der Rechnungslegung der öffentlichen Verwaltung in Deutschland, S. 621; vgl. zur Bedeutung der handelsrechtlichen GoB im Neuen Kommunalen Finanzmanagement auch ELLERICH, M., Die Bilanzierung von Beteiligungen, S. 202 f.

633 Vgl. hierzu und im Folgenden BAETGE, J./KIRSCH, H.-J./THIELE, S., Bilanzen, S. 117-144; vgl. hierzu auch BAETGE, J./KIRSCH, H.-J., Grundsätze ordnungsmäßiger Buchführung, Rn. 58-112; BAETGE, J./ZÜLCH, H., Rechnungslegungsgrundsätze,. Rn. 54-94.

In der GoB-Systematik von BAETGE/KIRSCH/THIELE legen die **Rahmengrundsätze** Anforderungen fest, die an jede Informationsvermittlung zu stellen sind. Sie dienen der Dokumentation, der Rechenschaft und der Kapitalerhaltung.[634]

Die **Systemgrundsätze** haben die Aufgabe, eine systematische Grundlage für ein einheitliches und zweckgerechtes Verständnis des handelsrechtlichen Jahresabschlusses zu bilden.[635] Sie dienen als einheitliche Bezugsbasis für eine gleichartige Konkretisierung der weiteren GoB.[636] Zu den Systemgrundsätzen gehören das Prinzip der Fortführung der Unternehmenstätigkeit, der Grundsatz der Pagatorik und der Grundsatz der Einzelbewertung.

Die **Ansatzgrundsätze für die Bilanz** legen fest, welche Zahlungen zu aktivieren und welche zu passivieren sind.[637] Hierbei werden Kriterien vorgegeben, die die Eigenschaften eines Vermögensgegenstandes und einer Schuld umschreiben.[638]

Die **Definitionsgrundsätze für den Jahreserfolg** legen fest, wann Einzahlungen und Auszahlungen entweder erfolgswirksam in der Gewinn- und Verlustrechnung oder erfolgsneutral in der Bilanz zu erfassen sind.[639] Die Definitionsgrundsätze für den Jahreserfolg umfassen das Realisationsprinzip sowie die Grundsätze der Abgrenzung der Sache und der Zeit nach.

Der handelsrechtliche Jahresabschluss dient nicht ausschließlich der Rechenschaft sondern auch der Kapitalerhaltung. Während die Definitionsgrundsätze für den Jahreserfolg und die Ansatzgrundsätze für die Bilanz primär der Rechenschaft dienen und eine periodengerechte Abgrenzung von Aufwendungen und Erträgen sowie eine möglichst genaue Abbildung von Vermögen und Schulden erreichen sollen,[640] dienen die **Kapitalerhaltungsgrundsätze** primär der Kapitalerhaltung.[641] Die Kapitalerhaltungsgrundsätze umfassen das Imparitätsprinzip und das Vorsichtsprinzip. Beide Grundsätze beziehen sich auf

634 Vgl. BAETGE, J./KIRSCH, H.-J./THIELE, S., Bilanzen, S. 117 f.; THIELE, S./STELLBRINK, J./ZIESEMER, S., Rechnungslegung im Einzelabschluss, Rn. 49.

635 Vgl. BAETGE, J./KIRSCH, H.-J./THIELE, S., Bilanzen, S. 125 f.

636 Vgl. BAETGE, J./KIRSCH, H.-J., Grundsätze ordnungsmäßiger Buchführung, Rn. 76.

637 Vgl. hierzu BAETGE, J./KIRSCH, H.-J./THIELE, S., Bilanzen, S. 131.

638 Vgl. THIELE, S./STELLBRINK, J./ZIESEMER, S., Rechnungslegung im Einzelabschluss, Rn. 55.

639 Vgl. BAETGE, J./KIRSCH, H.-J./THIELE, S., Bilanzen, S. 132.

640 Indes enthält auch das Realisationsprinzip eine kapitalerhaltende Komponente, indem der Sprung zum Absatzmarkt als Realisationszeitpunkt und die Anschaffungs- oder Herstellungskosten als Bewertungsobergrenze festgelegt werden, vgl. BAETGE, J./KIRSCH, H.-J./THIELE, S., Bilanzen, S. 137.

641 BAETGE, J./ZÜLCH, H., Rechnungslegungsgrundsätze, Rn. 92; die Zwecke der Rechenschaft und der Kapitalerhaltung können indes durchaus auch kompatibel sein.

Sachverhalte, die den Definitionsgrundsätzen des Jahreserfolges entsprechend in der Ergebnisrechnung eigentlich noch nicht abzubilden wären.[642]

422.2 Die Rahmengrundsätze

422.21 Der Grundsatz der Richtigkeit

Der Grundsatz der Richtigkeit ist der wichtigste einzuhaltende Rahmengrundsatz. Richtigkeit ist in diesem Zusammenhang indes nicht als Wahrheit oder absolute Richtigkeit zu verstehen, da es eine „wahre" Vermögens-, Finanz- und Ertragslage nicht gibt.[643] Buchführung und Jahresabschluss können als Abbildungsmodell des wirtschaftlichen Geschehens nur relativ richtig sein.[644] Hierfür sind die handelsrechtlichen Rechnungslegungsvorschriften sowie die kodifizierten und nicht-kodifizierten GoB zu beachten.[645] Der Grundsatz der Richtigkeit ist vielmehr so zu verstehen, dass „die Regeln für die Abbildung des wirtschaftlichen Geschehens objektiv, d. h. intersubjektiv nachprüfbar sind"[646].

Trotz zahlreicher Objektivierungen verbleiben für den Bilanzierenden Ermessensspielräume.[647] Hierzu gehören beispielsweise die Bemessung von Abschreibungen oder die Bewertung von Rückstellungen.[648] In diesen Fällen hängt die Höhe des Bilanzansatzes auch von den subjektiven Schätzungen des Bilanzierenden ab. Der Grundsatz der Objektivität wird dann durch den Grundsatz der Willkürfreiheit ergänzt.[649] Der Bilanzierende muss von ihm für zutreffend gehaltene Annahmen zu Grunde legen.[650]

Der Objektivierung dienen beispielsweise die Festlegung der Wertobergrenze für Vermögensgegenstände des Anlagevermögens in Höhe der Anschaffungs- oder Herstellungskosten, der Grundsatz der Einzelbewertung, der Grundsatz der Pagatorik und das Aktivierungsverbot für selbsterstellte Vermögensgegenstände des Anlagevermögens.[651] Zwar kann

642 Vgl. BAETGE, J./KIRSCH, H.-J./THIELE, S., Bilanzen, S. 137.

643 Vgl. hierzu BAETGE, J./KIRSCH, H.-J./THIELE, S., Bilanzen, S. 118; THIELE, S./BRÖTZMANN, I., § 243 HGB, Rn. 47.

644 Vgl. BAETGE, J./KIRSCH, H.-J., Grundsätze ordnungsmäßiger Buchführung, Rn. 58.

645 Vgl. LEFFSON, U., Die Grundsätze ordnungsmäßiger Buchführung, S. 197.

646 BAETGE, J./KIRSCH, H.-J./THIELE, S., Bilanzen, S. 118.

647 Vgl. hierzu LEFFSON, U., Die Grundsätze ordnungsmäßiger Buchführung, S. 202-205.

648 Vgl. BAETGE, J./KIRSCH, H.-J./THIELE, S., Bilanzen, S. 118.

649 Vgl. BAETGE, J./KIRSCH, H.-J./THIELE, S., Bilanzen, S. 119.

650 Vgl. BAETGE, J./ZÜLCH, H., Rechnungslegungsgrundsätze, Rn. 55.

651 Vgl. hierzu auch BALLWIESER, W., Grundsätze ordnungsmäßiger Buchführung, Rn. 50.

eine objektivierte Rechnungslegung weniger aussagefähig als eine aus Sicht des Bilanzierenden subjektiv richtige Rechnungslegung sein.[652] Eine objektivierte Rechnungslegung, die Ermessensspielräume des Bilanzierenden begrenzt,[653] bietet indes tendenziell eher die Gewähr von Manipulationsfreiheit und ist deshalb, insbesondere bei bestehenden Prinzipal-Agent-Konflikten, für Rechenschaftszwecke vorzuziehen.[654]

Der handelsrechtliche Jahresabschluss dient indes nicht nur der Rechenschaft sondern auch der Zahlungsbemessung. An den Einzelabschluss knüpfen somit Rechtsfolgen an.[655] Die handelsrechtliche Bilanz wird auch als „Bilanz im Rechtssinne"[656] sowie als „Rechtsinstitut"[657] bezeichnet. Im Interesse der Rechtssicherheit sind Objektivierungen dort von besonderer Bedeutung,[658] insofern ist Objektivierung der „Leitgedanke aller Rechnungslegung"[659].

Weitreichende Objektivierungen erscheinen auch für die kommunale Rechnungslegung sinnvoll und erforderlich.[660] Der kommunale Jahresabschluss ist ein Instrument der Rechenschaft. Er dient der Rechenschaft über die Tätigkeiten des abgelaufenen Haushaltsjahres sowie über die Einhaltung des Haushaltsplans und ist insofern auch ein Kontrollinstrument.[661] Vor dem Hintergrund der bestehenden Prinzipal-Agent-Problematik sind Objektivierungen deshalb auch im Neuen Kommunalen Finanzmanagement notwendig, um die Rechenschaftsfunktion des Jahresabschlusses zu gewährleisten.[662]

Objektivierungen sind auch vor dem Hintergrund des angestrebten Schutzes künftiger Generationen bedeutsam.[663] Hinsichtlich des bilanziellen Vermögensausweises und der Gewinnermittlung als Grundlage für den Haushaltsausgleich können ausgeprägte Interes-

652 Vgl. BAETGE, J./KIRSCH, H.-J., Grundsätze ordnungsmäßiger Buchführung, Rn. 63.

653 Vgl. auch MOXTER, A., Der Jahresabschluß im Widerstreit der Interessen, S. 17.

654 Vgl. BAETGE, J./KIRSCH, H.-J., Grundsätze ordnungsmäßiger Buchführung, Rn. 63.

655 Vgl. zu dem Begriff „Rechtsfolgen" HAX, H., Rechnungslegungsvorschriften, S. 190 f.; KUHNER, C., Spannungsverhältnis, S. 528.

656 BEISSE, H., Zum neuen Bild des Bilanzrechtssystems, S. 8.

657 BEISSE, H., Zum neuen Bild des Bilanzrechtssystems, S. 16.

658 Vgl. BAETGE, J./KIRSCH, H.-J./THIELE, S., Bilanzen, S. 289; NAUMANN, K.-P., Das Spannungsverhältnis zwischen Relevanz und Verlässlichkeit, S. 49.

659 BEISSE, H., Gläubigerschutz, S. 83.

660 Vgl. BÖCKING, H.-J./DUTZI, A., Rechnungslegung, S. 417.

661 Vgl. hierzu Abschnitt 421.2.

662 Vgl. zu möglichen Prinzipal-Agent-Konflikten in einer Gemeinde Abschnitt 32.

663 Vgl. EIBELSHÄUSER, M., Bilanzierungsgrundsätze und öffentliche Rechnungslegung, S. 620.

senunterschiede bestehen.[664] „Daher darf der Bilanzinhalt nicht unbeschränkt im Ermessen der bilanzierenden öffentlichen Verwaltung stehen – zumal künftige Generationen ihre Interessen teilweise noch nicht selbst vertreten und durchsetzen können."[665] Ebenso wie im Handelsrecht ist die Beschränkung von Ermessensspielräumen durch Objektivierungen somit erforderlich, damit die kommunale Rechnungslegung dem Interessenschutz Dritter gerecht werden kann.[666]

Der kommunale Jahresabschluss dient zwar nicht der Ausschüttungsbemessung, ähnlich wie im Handelsrecht knüpfen an den Jahresabschluss aber Rechtsfolgen an.[667] Bei einem verfehlten Haushaltsausgleich drohen Sanktionen bspw. in Form eines Haushaltssicherungskonzeptes.[668] Objektivierungen sind folglich im Interesse der Rechtssicherheit auch in der kommunalen Rechnungslegung von besonderer Bedeutung.[669]

Auch der Gesetz- und Verordnungsgeber erkannte offenbar die Notwendigkeit weitreichender Objektivierungen für die kommunale Rechnungslegung in Nordrhein-Westfalen. So gelten bspw. im Neuen Kommunalen Finanzmanagement, ebenso wie im Handelsrecht, das AK/HK-Prinzip,[670] der Grundsatz der Einzelbewertung,[671] der Grundsatz der Pagatorik[672] und das Aktivierungsverbot für selbsterstellte Vermögensgegenstände des Anlagevermögens.[673]

422.22 Der Grundsatz der Vergleichbarkeit

Der Grundsatz der Vergleichbarkeit umfasst handelsrechtlich die Forderung nach formeller und materieller Stetigkeit.[674] Die formelle Stetigkeit umfasst den in § 252 Abs. 1 Nr. 1

664 Vgl. BREIDERT, U./RÜDINGER, A., Eignung der handelsrechtlichen GoB, S. 34; EIBELSHÄUSER, M., Bilanzierungsgrundsätze und öffentliche Rechnungslegung, S. 620.

665 BREIDERT, U./RÜDINGER, A., Eignung der handelsrechtlichen GoB, S. 34.

666 Vgl. zur Notwendigkeit von Objektivierungen zum Interessenschutz Dritter auch BALLWIESER, W., Grundsätze ordnungsmäßiger Buchführung, Rn. 49; MOXTER, A., Grundsätze ordnungsmäßiger Rechnungslegung, S. 16.

667 Vgl. WIRTZ, H., Grundsätze ordnungsmäßiger öffentlicher Buchführung, S. 83.

668 Vgl. hierzu Abschnitt 335.3.

669 Vgl. BÖCKING, H.-J./DUTZI, A., Rechnungslegung, S. 417.

670 Vgl. hierzu Abschnitt 422.51.

671 Vgl. hierzu Abschnitt 422.33.

672 Vgl. hierzu Abschnitt 422.32.

673 Vgl. hierzu Abschnitt 422.41.

674 Vgl. BAETGE, J./ZÜLCH, H., Rechnungslegungsgrundsätze, Rn. 56.

HGB normierten Grundsatz der Bilanzidentität sowie die in § 243 Abs. 2 HGB geforderte Bezeichnungs-, Gliederungs- und Ausweisstetigkeit.[675] Die materielle Stetigkeit umfasst die in § 253 Abs. 1 Nr. 6 HGB genannte Bewertungsstetigkeit.[676]

Der Grundsatz der Vergleichbarkeit existiert auch im Neuen Kommunalen Finanzmanagement. Sowohl der Grundsatz der Bilanzidentität (§ 32 Abs. 1 Nr. 1 GemHVO) als auch der Grundsatz der Bewertungsstetigkeit (§ 32 Abs. 1 Nr. 5 GemHVO) wurden in der Gemeindehaushaltsverordnung kodifiziert.[677]

Handelsrechtlich darf in begründeten Ausnahmefällen von den Grundsätzen des § 252 Abs. 1 HGB abgewichen werden (§ 252 Abs. 2 HGB). Dies ist insbesondere im Hinblick auf den Grundsatz der Bewertungsstetigkeit von Bedeutung.[678] Unstetigkeiten sind von Kapitalgesellschaften und haftungsbeschränkten Personengesellschaften indes im Anhang zu erläutern (§ 284 Ab. 2 Nr. 3 HGB).

Im Neuen Kommunalen Finanzmanagement darf von den Grundsätzen des § 32 Abs. 1 GemHVO nur abgewichen werden, soweit die Gemeindeordnung oder die Gemeindehaushaltsverordnung etwas anderes vorsehen. Dadurch besteht keine Möglichkeit, in begründeten Ausnahmefällen, die gesetzlich nicht im Einzelnen geregelt sind, von der Bewertungsstetigkeit abzuweichen.[679] In der Handreichung des Innenministeriums wird hierzu festgestellt, dass eine inhaltlich gleiche Regelung wie im Handelsrecht für den gemeindlichen Bereich nicht vertretbar ist.[680] Ermessensspielräume des Bilanzierenden werden durch den Gesetz- und Verordnungsgeber eingeschränkt.

---

675 Vgl. BAETGE, J./KIRSCH, H.-J., Grundsätze ordnungsmäßiger Buchführung, Rn. 67; BAETGE, J./ZÜLCH, H., Rechnungslegungsgrundsätze, Rn. 56.

676 Vgl. BAETGE, J./KIRSCH, H.-J., Grundsätze ordnungsmäßiger Buchführung, Rn. 67; BAETGE, J./ZÜLCH, H., Rechnungslegungsgrundsätze, Rn. 56.

677 Vgl. hierzu auch FUDALLA, M./TÖLLE, M./WÖSTE, C./ZUR MÜHLEN, M., Bilanzierung und Jahresabschluss in der Kommunalverwaltung, S. 60-64.

678 Vgl. BAETGE, J./ZIESEMER, S., § 252 HGB, Rn. 272.

679 Vgl. hierzu kritisch IDW (Hrsg.), Stellungnahme zum Referentenentwurf eines Gesetzes über ein Neues Kommunales Finanzmanagement, S. 3. Das IDW sieht hier bspw. das Problem, von der Einzelbewertung zur Gruppenbewertung zu wechseln.

680 Vgl. INNENMINISTERIUM NORDRHEIN-WESTFALEN (Hrsg.), Neues Kommunales Finanzmanagement, S. 555; besonders strenge Anforderungen an eine Durchbrechung der Bewertungsstetigkeit für die Rechnungslegung von Gebietskörperschaften fordern auch BRIXNER/HARMS/NOE, vgl. hierzu BRIXNER, H. C./HARMS, J./NOE, H. W., Verwaltungs-Kontenrahmen, Kapitel D, Rn. 145.

Handelsrechtlich wird eine Ansatzstetigkeit im Gesetz nicht explizit gefordert.[681] Die Ansatzstetigkeit ist insoweit umstritten,[682] wenngleich für eine Vergleichbarkeit von Jahresabschlüssen auch die Ansatzvorschriften stetig angewandt werden müssen.[683]

Im Neuen Kommunalen Finanzmanagement wird zunächst, ebenso wie im HGB, explizit nur eine Bewertungsstetigkeit gefordert. In der Handreichung des Innenministeriums wird indes konstatiert, dass die Methoden für Ansatz und Bewertung in der Regel unverändert bleiben sollen, um eine Stetigkeit im Zeitablauf zu erreichen.[684]

Der Grundsatz der Vergleichbarkeit dient sowohl dem Vergleich von Jahresabschlüssen einer Gemeinde im Zeitablauf (Zeitvergleich) als auch dem Vergleich von Jahresabschlüssen verschiedener Gemeinden (Betriebsvergleich). Im Rahmen des Neuen Kommunalen Finanzmanagements finden sich zahlreiche Hinweise, die darauf hindeuten, dass dem Gesetzgeber insbesondere auch die Vergleichbarkeit von Jahresabschlüssen verschiedener Gemeinden wichtig ist.

So wird in den Gesetzesmaterialien zum Neuen Kommunalen Finanzmanagement als Begründung für die Ablehnung des sogenannten Optionsmodells[685] die damit verbundene, mangelnde interkommunale Vergleichbarkeit genannt.[686] Darüber hinaus wurden Muster und Kontierungspläne zur Gewährleistung interkommunaler Vergleichbarkeit erlassen.[687] Die interkommunale Vergleichbarkeit soll zudem durch den vom Innenministerium erlassenen verbindlichen Produktrahmen gefördert werden.[688] Auch im Rahmen der Diskussion zulässiger Abschreibungsmethoden wird auf die Bedeutung interkommunaler Vergleichbarkeit hingewiesen.[689]

---

681 Durch das BilMoG wird die Ansatzstetigkeit nunmehr explizit im HGB gefordert.

682 Für eine Ansatzstetigkeit argumentieren BAETGE/ZIESEMER, vgl. BAETGE, J./ZIESEMER, S., § 252 HGB, Rn. 251. A. A. ADLER, H./DÜRING, W./SCHMALTZ, K., Rechnungslegung und Prüfung der Unternehmen, § 252 HGB, Rn. 110 m. w. N.

683 Vgl. BAETGE, J./ZIESEMER, S., § 252 HGB, Rn. 251.

684 Vgl. INNENMINISTERIUM NORDRHEIN-WESTFALEN (Hrsg.), Neues Kommunales Finanzmanagement, S. 511.

685 Das Optionsmodell hätte jeder einzelnen Gemeinde die Wahl zwischen einem erweiterten kameralistischen und dem doppischen Rechnungswesen gewährt.

686 Vgl. LT-Drucksache 13/5567, S. 165.

687 Vgl. WIRTZ, H., Grundsätze ordnungsmäßiger öffentlicher Buchführung, S. 103.

688 Vgl. zum Produktrahmen auch Abschnitt 342.3.

689 Vgl. MODELLPROJEKT „DOPPISCHER KOMMUNALHAUSHALT IN NRW", Neues Kommunales Finanzmanagement, S. 195.

Indirekt kann auch die Intention des Gesetz- und Verordnungsgebers, handelsrechtliche Wahlrechte einzuschränken,[690] als Hinweis auf die Bedeutung der Vergleichbarkeit von Jahresabschlüssen verschiedener Gemeinden gedeutet werden. Die expliziten handelsrechtlichen Wahlrechte werden nämlich kritisiert, da sie die überbetriebliche Vergleichbarkeit erschweren.[691] Verschiedene handelsrechtliche Wahlrechte wurden nicht in das Neue Kommunale Finanzmanagement übernommen, so dass hierdurch die interkommunale Vergleichbarkeit tendenziell gestärkt wurde.

422.23 Die Grundsätze der Klarheit und Übersichtlichkeit

Die Grundsätze der Klarheit und Übersichtlichkeit sind handelsrechtlich in § 243 Abs. 2 HGB kodifiziert und dienen der Rechenschaft und der Kapitalerhaltung.[692] Sie sind notwendig, damit sich ein sachkundiger Dritter in angemessener Zeit ein Bild von der Lage des Unternehmens verschaffen kann.[693] Demnach müssen in Buchführung und Jahresabschluss die einzelnen, aus den realen Geschäftsvorfällen resultierenden Posten der Art nach eindeutig bezeichnet und geordnet sein. Buchführung und Jahresabschluss müssen verständlich und übersichtlich sein.[694]

Die Grundsätze der Klarheit und Übersichtlichkeit sind auch im Neuen Kommunalen Finanzmanagement zu beachten. Die Anforderung der Klarheit wird für die Buchführung in § 93 Abs. 1 GO und § 27 Abs. 1 GemHVO genannt.[695] Darüber hinaus wird in

690 Vgl. INNENMINISTERIUM NORDRHEIN-WESTFALEN (Hrsg.), Neues Kommunales Finanzmanagement, S. 12; vgl. auch FUDALLA, M./TÖLLE, M./WÖSTE, C./ZUR MÜHLEN, M., Bilanzierung und Jahresabschluss in der Kommunalverwaltung, S. 31. Dies forderten auch bereits vor der Einführung des Neuen Kommunalen Finanzmanagements SROCKE, I., Konzernrechnungslegung in Gebietskörperschaften, S. 65; VOGELPOTH, N., Vergleich der IPSAS, S. 34; WINDMÖLLER, R., Ansatz und Bewertung, S. 169 f.; ÖFA DES HFA, IDW ERS ÖFA 1, Rn. 3.

691 Vgl. LÖHR, D., Paradigmenwechsel, S. 645; kritisch auch SCHNEIDER, D., Reform des Jahresabschlusses, S. 152; STREIM, H., Wertaufholungsgebot, S. 674; vgl. auch SCHILDBACH, T., Internationale Rechnungslegungsstandards, S. 703 m. w. N.

692 Vgl. ausführlich zu den Grundsätzen der Klarheit und Übersichtlichkeit BAETGE, J./FEY, D./FEY, G., § 243 HGB, Rn. 41-84.

693 Vgl. BAETGE, J./ZÜLCH, H., Rechnungslegungsgrundsätze, Rn. 59.

694 Vgl. LEFFSON, U., Die Grundsätze ordnungsmäßiger Buchführung, S. 208.

695 Vgl. auch FUDALLA, M., Rechenschaft als Jahresabschlusszweck, S. 111; FUDALLA, M./TÖLLE, M./WÖSTE, C./ZUR MÜHLEN, M., Bilanzierung und Jahresabschluss in der Kommunalverwaltung, S. 35.

der Handreichung des Innenministeriums an verschiedenen Stellen gefordert, den Grundsätzen der Klarheit und Übersichtlichkeit Rechnung zu tragen.[696]

422.24 Der Grundsatz der Vollständigkeit, das Bilanzstichtagsprinzip und das Periodisierungsprinzip

Der Grundsatz der Vollständigkeit ist handelsrechtlich in § 239 Abs. 2 HGB (für die Buchführung) und in § 246 Abs. 1 HGB (für den Jahresabschluss) kodifiziert. Dieser Grundsatz fordert die Erfassung aller aufzeichnungs- und buchungspflichtigen Vorgänge in der Buchführung, aller Vermögensgegenstände, Schulden und Rechnungsabgrenzungsposten in der Bilanz sowie der Aufwendungen und Erträge in der GuV.[697] Zudem sind alle erkennbaren Risiken im Jahresabschluss zu berücksichtigen (Inventur der Risiken).[698] Der Grundsatz der Vollständigkeit wird indes durch konkrete handelsrechtliche Ansatzgebote, Ansatzwahlrechte oder Ansatzverbote durchbrochen bzw. ergänzt.[699] Der Grundsatz der Vollständigkeit ist für Gemeinden in § 27 Abs. 2 GemHVO für die Buchführung sowie in § 41 Abs. 1 GemHVO für den Jahresabschluss kodifiziert.

Ergänzt wird der Grundsatz der Vollständigkeit im Handelsrecht durch das Bilanzstichtagsprinzip (§ 252 Abs. 1 Nr. 3 i. V. m. Nr. 4 HGB).[700] Demnach sind die betrieblichen Sachverhalte zum Bilanzstichtag abzubilden. In diesem Zusammenhang ist auch zu klären, wie Informationen zu berücksichtigen sind, die dem Bilanzierenden zwischen dem Bilanzstichtag und dem Tag der Aufstellung des Jahresabschlusses bekannt werden. Hierbei ist zwischen sogenannten wertaufhellenden und wertbegründenden Informationen zu unterscheiden.[701]

Wertaufhellende Informationen beziehen sich auf Gegebenheiten vor dem Abschlussstichtag und sind im Jahresabschluss zu berücksichtigen.[702] Wertbegründende Informati-

696 Vgl. INNENMINISTERIUM NORDRHEIN-WESTFALEN (Hrsg.), Neues Kommunales Finanzmanagement, S. 636 in Bezug auf die Gliederung der Bilanz; S. 683 auf die Angabe von Vorjahreszahlen; S. 713 in Bezug auf den Anhang; S. 724 in Bezug auf den Anlagenspiegel, S. 726 in Bezug auf den Forderungsspiegel, S. 727 in Bezug auf den Verbindlichkeitenspiegel.

697 Vgl. BAETGE, J./KIRSCH, H.-J./THIELE, S., Bilanzen, S. 123.

698 Vgl. BAETGE, J./KIRSCH, H.-J., Grundsätze ordnungsmäßiger Buchführung, Rn. 72.

699 Vgl. BAETGE, J./KIRSCH, H.-J./THIELE, S., Bilanzen, S. 123.

700 Vgl. THIELE, S./BRÖTZMANN, I., § 243 HGB, Rn. 51.

701 Vgl. BAETGE, J./KIRSCH, H.-J./THIELE, S., Bilanzen, S. 123; vgl. im Kontext der IFRS KIRSCH, H.-J./KOELEN, P., IAS 10, Rn. 4.

702 Vgl. BAETGE, J./ZÜLCH, H., Rechnungslegungsgrundsätze, Rn. 61.

onen beziehen sich auf Gegebenheiten, die sich erst nach dem Abschlussstichtag ereignet haben. Sie dürfen gemäß dem Bilanzstichtagsprinzip nicht in Bilanz und GuV berücksichtigt werden.[703] Indes müssen Kapitalgesellschaften wertbegründende Informationen, sofern es sich um „Vorgänge von besonderer Bedeutung" handelt, im Lagebericht erläutern (§ 289 Abs. 2 Nr. 1 HGB).

Das Bilanzstichtagsprinzip wurde im Neuen Kommunalen Finanzmanagement in § 32 Abs. 1 Nr. 2 i. V. m. Nr. 3 GemHVO ebenfalls normiert. Darüber hinaus ist im Lagebericht der Gemeinde auch über Vorgänge von besonderer Bedeutung zu berichten, die nach Schluss des Haushaltsjahres eingetreten sind (§ 48 GemHVO).[704]

Der Grundsatz der Vollständigkeit wird handelsrechtlich darüber hinaus durch das Periodisierungsprinzip gemäß § 252 Abs. 1 Nr. 5 HGB ergänzt.[705] Demnach müssen dem jeweiligen Geschäftsjahr alle Einzahlungen und Auszahlungen nach den Definitionsgrundsätzen für den Jahreserfolg und den Ansatzgrundsätzen für Bilanzposten zugerechnet werden.[706] Aufwendungen und Erträge sind unabhängig von den Zeitpunkten der entsprechenden Zahlungen im Jahresabschluss zu berücksichtigen[707] und in der Periode zu erfassen, in der sie wirtschaftlich verursacht sind.[708]

Das Periodisierungsprinzip gilt auch im Neuen Kommunalen Finanzmanagement (§ 32 Abs. 1 Nr. 4 GO) und ergänzt somit den Grundsatz der Vollständigkeit.[709]

422.25 Der Grundsatz der Wirtschaftlichkeit

Die Grundsätze der Richtigkeit, Vergleichbarkeit, Klarheit und Übersichtlichkeit sowie Vollständigkeit wirken auf eine hohe Güte der Informationsvermittlung hin.[710] Indes ist sicherzustellen, dass ein zusätzlicher Informationsertrag nicht in einem Missverhältnis zu den dadurch entstehenden Aufwendungen steht. Eine Steigerung der Qualität der Infor-

703 Vgl. BAETGE, J./KIRSCH, H.-J., Grundsätze ordnungsmäßiger Buchführung, Rn. 72.

704 Vgl. zum Lagebericht Abschnitt 353.

705 Vgl. THIELE, S./BRÖTZMANN, I., § 243 HGB, Rn. 51.

706 Vgl. BAETGE, J./KIRSCH, H.-J./THIELE, S., Bilanzen, S. 124.

707 Vgl. hierzu auch BALLWIESER, W., Grundsätze ordnungsmäßiger Buchführung, Rn. 18.

708 Vgl. BAETGE, J./KIRSCH, H.-J./THIELE, S., Bilanzen, S. 124.

709 Vgl. zum Periodisierungsprinzip im Neuen Kommunalen Finanzmanagement ERKES, H., Periodisierungsprinzip, S. 197-202.

710 Vgl. BAETGE, J./KIRSCH, H.-J., Grundsätze ordnungsmäßiger Buchführung, Rn. 73 f.

mationsgewinnung und -mitteilung darf niemals Selbstzweck sein.[711] Diese Problematik wird durch den Grundsatz der Wirtschaftlichkeit berücksichtigt, der somit die zuvor genannten Grundsätze relativiert.

Der Informationsertrag ist indes nur sehr schwer zu erfassen und kann somit kaum quantifiziert und nachgeprüft werden.[712] Der Grundsatz der Wirtschaftlichkeit wird deshalb durch den Grundsatz der Wesentlichkeit substituiert.[713] Danach sind jene Informationen wesentlich, deren Fehlen vermutlich den schutzwürdigen Adressaten schädigen würde.[714] Der Unternehmensleitung verbleibt bei der Bestimmung, ob ein Sachverhalt wesentlich ist, indes ein nicht unerheblicher Ermessensspielraum.[715]

Der Grundsatz der Wirtschaftlichkeit ist nicht ausdrücklich im HGB kodifiziert worden, im Gesetz kommen Wirtschaftlichkeitsüberlegungen indes an mehreren Stellen zum Ausdruck.[716] Gemäß §§ 240 Abs. 3 und Abs. 4 HGB sowie § 256 HGB besteht für den Bilanzierenden die Möglichkeit, unter bestimmten Voraussetzungen Erleichterungen bei der Inventur und bei der Bewertung von Gegenständen des Vorratsvermögens in Anspruch zu nehmen.[717] Darüber hinaus sind im Lagebericht in die Analyse nach § 289 Abs. 1 Satz 3 HGB lediglich die bedeutsamsten finanziellen Leistungsindikatoren einzubeziehen.[718]

Wirtschaftlichkeitsüberlegungen sind auch im Haushaltsrecht von Gemeinden von großer Bedeutung. Dies verdeutlicht zunächst explizit der Haushaltsgrundsatz der Wirtschaftlichkeit.[719] Der sorgsame Umgang mit Ressourcen resultiert auch aus dem Umstand, dass die Erträge von Gemeinden zu einem großen Teil aus Zwangsabgaben stam-

711 Vgl. BAETGE, J./KIRSCH, H.-J., Grundsätze ordnungsmäßiger Buchführung, Rn. 73.

712 Vgl. BAETGE, J./ZÜLCH, H., Rechnungslegungsgrundsätze, Rn. 64.

713 Vgl. BAETGE, J./KIRSCH, H.-J./THIELE, S., Bilanzen, S. 125.

714 Vgl. hierzu LEFFSON, U., Die Grundsätze ordnungsmäßiger Buchführung, S. 182.

715 Vgl. zur Wesentlichkeit und Möglichkeiten der Konkretisierung im Kontext von Anhang und Lagebericht auch OSSADNIK, W., Wesentlichkeit, S. 1763-1767.

716 Vgl. BAETGE, J./KIRSCH, H.-J./THIELE, S., Bilanzen, S. 125.

717 Vgl. zu § 240 Abs. 3 und Abs. 4 HGB bspw. QUICK, R./WOLZ, M., § 240 HGB, Rn. 71-106; vgl. zu § 256 HGB bspw. QUICK, R., § 256 HGB, Rn. 21-72.

718 Vgl. KIRSCH, H.-J./KÖHRMANN, H., Grundlagen der Lageberichterstattung, Rn. 35.

719 Vgl. hierzu Abschnitt 333; vgl. zum Grundsatz der Wirtschaftlichlichkeit in Zusammenhang mit dem Haushaltsrecht auch HOFFMANN-RIEM, W., Verwaltungsrecht, S. 28-57; PÜNDER, H., Haushaltsrecht im Umbruch, S. 58.

men und die Abgabepflichtigen, wenn sie sich schon nicht der Zahlung entziehen können, zumindest einen wirtschaftlichen Umgang mit den Ressourcen erwarten dürfen.[720]

Diesem Haushaltsgrundsatz folgend, haben Wirtschaftlichkeitsüberlegungen auch Eingang in das Neue Kommunale Finanzmanagement gefunden. So gilt zwar prinzipiell gemäß § 32 Abs. 1 Nr. 2 GemHVO der Grundsatz der Einzelbewertung.[721] Ebenso wie im Handelsrecht gestattet das Haushaltsrecht den Gemeinden indes Ausnahmen von diesem Grundsatz. Gemäß § 34 Abs. 1 GemHVO können für Vermögensgegenstände des Sachanlagevermögens, Roh-, Hilfs- und Betriebsstoffe sowie Waren, die regelmäßig ersetzt werden und deren Bestand in seiner Größe, seinem Wert und seiner Zusammensetzung nur geringen Schwankungen unterliegt, Festwerte gebildet werden. Darüber hinaus können gemäß § 34 Abs. 3 GemHVO gleichartige Vermögensgegenstände des Vorratsvermögens und andere gleichartige oder annähernd gleichwertige bewegliche Vermögensgegenstände jeweils zu einer Gruppe zusammengefasst und mit dem gewogenen Durchschnittswert angesetzt werden. Diese Regelung gilt auch für Rückstellungen für nicht genommenen Urlaub und Überstunden.

Auch bei der Passivierung von Rückstellungen sind Vereinfachungen vorgesehen, die dem Grundsatz der Wirtschaftlichkeit entsprechen. So müssen Rückstellungen für Verpflichtungen, die dem Grunde oder der Höhe nach zum Abschlusstag noch nicht genau bekannt sind, nur dann angesetzt werden, wenn der zu leistende Betrag nicht geringfügig ist (§ 36 Abs. 4 GemHVO). Entsprechendes gilt für Rückstellungen für drohende Verluste aus schwebenden Geschäften (§ 36 Abs. 5 GemHVO). Die Festlegung der Geringfügigkeitsgrenze liegt dabei in der Eigenverantwortung der Gemeinde. Hierbei sind die örtlichen „haushaltsmäßigen Auswirkungen“[722] zu berücksichtigen.[723]

Auch für geringwertige Vermögensgegenstände sind Vereinfachungen für die Bilanzierung vorgesehen. So sind Vermögensgegenstände des Anlagevermögens, deren Anschaffungs- oder Herstellungskosten wertmäßig den Betrag von 410 Euro ohne Umsatzsteuer nicht überschreiten, als geringwertige Vermögensgegenstände zu erfassen und können im laufenden Haushaltsjahr vollständig abgeschrieben werden (§ 33 Abs. 4 Satz 1 GemH-

720 Vgl. ähnlich MÜLLER, S./PAPENFUSS, U./SCHAEFER, C., Rechnungslegung, S. 36; SROCKE, I., Konzernrechnungslegung in Gebietskörperschaften, S. 61; ZAHRADNIK, S., Das kommunale Rechnungswesen, S. 57.

721 Vgl. zum Grundsatz der Einzelbewertung Abschnitt 422.33.

722 INNENMINISTERIUM NORDRHEIN-WESTFALEN (Hrsg.), Neues Kommunales Finanzmanagement, S. 598.

723 Vgl. INNENMINISTERIUM NORDRHEIN-WESTFALEN (Hrsg.), Neues Kommunales Finanzmanagement, S. 598.

VO).[724] Bei einem Wert unter 60 Euro ohne Umsatzsteuer können die Vermögensgegenstände unmittelbar als Aufwand verbucht werden (§ 33 Abs. 4 Satz 2 GemHVO).

Größenabhängige Erleichterungen, also Vereinfachungen für kleinere Gemeinden, sind im normierten Teil des Neuen Kommunalen Finanzmanagements nicht ersichtlich.[725]

422.3 Die Systemgrundsätze

422.31 Das Prinzip der Unternehmensfortführung

Handelsrechtlich ist in § 252 Abs. 1 Nr. 2 HGB festgelegt, dass bei der Bewertung von der Fortführung der Unternehmenstätigkeit auszugehen ist, sofern dem nicht tatsächliche oder rechtliche Gegebenheiten entgegenstehen. Der Grundsatz der Unternehmensführung (Going-Concern-Prinzip) wird somit als übergeordnetes Rechtsprinzip für die handelsrechtliche Bewertung ausdrücklich genannt und ist neben dem Grundsatz der Einzelbewertung und dem Grundsatz der Pagatorik einer von drei Systemgrundsätzen.[726] Das Prinzip der Unternehmensfortführung resultiert aus dem Jahresabschlusszweck der Rechenschaft.[727] Vermögensgegenstände sind gemäß ihrer tatsächlich beabsichtigten Verwendung im Unternehmen mit ihren sogenannten Fortführungswerten zu bewerten.[728]

Handelsrechtlich sind die Vermögensgegenstände erst dann mit ihren voraussichtlich erzielbaren Liquidations- oder Veräußerungserlösen zu bewerten, wenn die Beendigung des Unternehmens tatsächlich beabsichtigt oder rechtlich geboten ist, beispielsweise im Fall der Insolvenz. Eine Bewertung zu Zerschlagungswerten kommt indes nicht in Frage, wenn lediglich Zweifel an der Going-Concern-Prämisse vorhanden sind.[729]

724 Dies gilt nur unter der Voraussetzung, dass die Vermögensgegenstände zudem selbständig genutzt werden können und einer Abnutzung unterliegen, vgl. hierzu auch RETTLER, S., § 33 GemHVO, S. 7 f. sowie ausführlich Abschnitt 432.215.

725 FRISCHMUTH betont die Notwendigkeit, bei Veränderungen des Haushaltsrechts auch unterschiedliche Gemeindestrukturen zu berücksichtigen; vgl. FRISCHMUTH, B., Gesamtreform des öffentlichen Haushaltsrechts, S. 52; vgl. auch BALS, H./REICHARD, C., Neues öffentliches Rechnungswesen, S. 213; FISCHER, E., Rechnungswesen, S. 214.

726 Vgl. ausführlich zum Grundsatz der Annahme der Fortführung der Unternehmenstätigkeit BAETGE, J./ZIESEMER, S., § 252 HGB, Rn. 41-74.

727 Vgl. BAETGE, J./KIRSCH, H.-J./THIELE, S., Bilanzen, S. 127.

728 Vgl. BAETGE, J./ZIESEMER, S., § 252 HGB, Rn. 41.

729 BAETGE, J./ZÜLCH, H., Rechnungslegungsgrundsätze, Rn. 67.

Eine dem Grundsatz der Unternehmensfortführung entsprechende Regelung wurde in § 32 GemHVO nicht kodifiziert.[730] Dies bedeutet indes nicht, dass dieser Grundsatz bei der Rechnungslegung von Gemeinden keine Bedeutung hätte. So darf sich die Gemeinde nicht überschulden (§ 75 Abs. 7 GO)[731] und hat die Liquidität sicherzustellen (§ 75 Abs. 6 GO)[732]. Der Fall der Liquidation einer Gemeinde ist derzeit kaum denkbar.[733] DIEMER spricht hier infolge des fehlenden unternehmerischen Risikos vom „Ewigkeitsprinzip“[734]. Zudem ist die kommunale Selbstverwaltung und damit der Fortbestand der Kommunalverwaltung verfassungsrechtlich garantiert.[735] Bei der Rechnungslegung von Gemeinden ist somit von der Fortführung der Verwaltungstätigkeit auszugehen und dementsprechend zu bewerten.[736] Hierfür spricht auch, dass das Prinzip der Unternehmensfortführung handelsrechtlicher Grundsatz ordnungsmäßiger Buchführung ist und somit auch im kommunalen Jahresabschluss gilt, da keine normierten Abweichungen ersichtlich sind.[737]

422.32 Der Grundsatz der Pagatorik

Der Grundsatz der Pagatorik ist handelsrechtlich in § 252 Abs. 1 Nr. 5 HGB kodifiziert. Demnach sind sämtliche Vermögensgegenstände, Schulden, Aufwendungen, Erträge und sonstige Bilanzposten nur durch die damit verbundenen Zahlungsvorgänge abzubilden.[738]

---

730 Vgl. INNENMINISTERIUM NORDRHEIN-WESTFALEN (Hrsg.), Neues Kommunales Finanzmanagement, S. 552.

731 Vgl. hierzu Abschnitt 337.

732 Vgl. hierzu Abschnitt 336.

733 Vgl. zum „Bankrott“ auf kommunaler Ebene DIEMERT, D., Das Haushaltssicherungskonzept, S. 218-220; vgl. auch MAGIN, C., Kommunale Doppik, S. 179.

734 DIEMER, R., Neukonzeption des kommunalen Rechnungswesens, S. 228.

735 Vgl. MODELLPROJEKT „DOPPISCHER KOMMUNALHAUSHALT IN NRW“, Neues Kommunales Finanzmanagement, S. 173; INNENMINISTERIUM NORDRHEIN-WESTFALEN (Hrsg.), Neues Kommunales Finanzmanagement, S. 552.

736 So auch ARBEITSKREIS „INTEGRIERTE VERBUNDRECHNUNG“, Grundsätze ordnungsmäßiger Buchführung, S. 890; BOLSENKÖTTER, H., Integriertes öffentliches Rechnungswesen, S. 31; LÜDER, K., Ordnungsmäßigkeits-Grundsätze, S. 608; DIEMER, R., Neukonzeption des kommunalen Rechnungswesens, S. 228; HEWER, A., Finanzkontrolle im Neuen Öffentlichen Rechnungswesen, S. 24; LÜDER, K./HINZMANN, C./KAMPMANN, B./OTTE, R., Vergleichende Analyse öffentlicher Rechnungssysteme, S. 39.

737 Vgl. FUDALLA, M./TÖLLE, M./WÖSTE, C./ZUR MÜHLEN, M., Bilanzierung und Jahresabschluss in der Kommunalverwaltung, S. 60.

738 Vgl. BAETGE, J./KIRSCH, H.-J., Grundsätze ordnungsmäßiger Buchführung, Rn. 79.

Dies dient der Objektivierung.[739] Nur Ein- und Auszahlungen sind ein objektiver Maßstab für die Abbildung von Geschäftsvorfällen im Jahresabschluss.[740] Kalkulatorische Elemente, denen keine Zahlungen zugrunde liegen, wie beispielsweise kalkulatorische Eigenkapitalzinsen oder kalkulatorische Eigenmiete, dürfen – anders als in der internen Kostenrechnung – nicht in die handelsrechtliche Bewertung einfließen.[741]

Die den Grundsatz der Pagatorik kodifizierende Vorschrift des HGB wurde in die GemHVO übernommen (§ 32 Abs. 1 Nr. 3 GemHVO). Dieses Vorgehen ist indes nicht unumstritten. So besteht in der Literatur durchaus die Ansicht, im kommunalen Rechnungswesen sollte durchgehend mit kalkulatorischen Größen gerechnet werden,[742] da der Gläubigerschutz im kommunalen Rechnungswesen von untergeordneter Bedeutung sei.[743] Auch im Zuge der Konzeption des Neuen Kommunalen Finanzmanagements wurde über die Bedeutung kalkulatorischer Größen diskutiert,[744] aus Objektivierungsgründen aber der Grundsatz der Pagatorik aus dem HGB übernommen.[745] Auch in der Gesetzesbegründung zum Neuen Kommunalen Finanzmanagement wird an verschiedenen Stellen darauf hingewiesen, dass ausschließlich pagatorische Größen verwendet werden dürfen.[746]

422.33 Der Grundsatz der Einzelbewertung

Der Grundsatz der Einzelbewertung ist handelsrechtlich in § 252 Abs. 1 Nr. 3 HGB kodifiziert. Darüber hinaus wird auch für das Inventar in § 240 Abs. 1 HGB die Einzel-

739 Vgl. BAETGE, J./ZÜLCH, H., Rechnungslegungsgrundsätze, Rn. 68.

740 Vgl. BAETGE, J./KIRSCH, H.-J./THIELE, S., Bilanzen, S. 128.

741 Vgl. hierzu BAETGE, J./KIRSCH, H.-J./THIELE, S., Bilanzen, S. 128 f.

742 Vgl. KOMMUNALE GEMEINSCHAFTSSTELLE FÜR VERWALTUNGSMANAGEMENT (Hrsg.), Vom Geldverbrauchs- zum Ressourcenverbrauchskonzept, S. 11.

743 Vgl. hierzu Abschnitt 421.3; ähnlich auch KOMMUNALE GEMEINSCHAFTSSTELLE FÜR VERWALTUNGSMANAGEMENT (Hrsg.), Vom Geldverbrauchs- zum Ressourcenverbrauchskonzept, S. 27 f.; ZAHRADNIK, S., Reform des kommunalen Rechnungswesens, S. 42 f.

744 Vgl. MODELLPROJEKT „DOPPISCHER KOMMUNALHAUSHALT IN NRW“, Neues Kommunales Finanzmanagement, S. 62; QUASDORFF, E., Die Reform des kommunalen Haushalts- und Rechnungswesens, S. 40.

745 Vgl. MODELLPROJEKT „DOPPISCHER KOMMUNALHAUSHALT IN NRW“, Neues Kommunales Finanzmanagement, S. 184 sowie zum Grundsatz der Pagatorik INNENMINISTERIUM NORDRHEIN-WESTFALEN (Hrsg.), Neues Kommunales Finanzmanagement, S. 250.

746 So bspw. in Bezug auf die Herstellungskosten LT-Drucksache 13/5567, S. 246; vgl. auch INNENMINISTERIUM NORDRHEIN-WESTFALEN (Hrsg.), Neues Kommunales Finanzmanagement, S. 562.

bewertung festgelegt. Gemäß dem Grundsatz der Einzelbewertung ist jeder Vermögensgegenstand und jede Schuld einzeln im Jahresabschluss zu bewerten. Somit dürfen einzelne Vermögensgegenstände nicht mit anderen Vermögensgegenständen oder Schulden sowie einzelne Schulden nicht mit anderen Schulden oder Vermögensgegenständen zusammenfassend bewertet werden.[747]

Der Grundsatz der Einzelbewertung ist für die kommunale Rechnungslegung in § 32 Abs. 1 Nr. 2 GemHVO kodifiziert worden,[748] für das Inventar in § 91 Abs. 1 GO.

Der Grundsatz der Einzelbewertung trägt wesentlich zur Objektivierung des Jahresabschlusses und somit auch zur Erreichung der Jahresabschlusszwecke Rechenschaft und Kapitalerhaltung bei.[749] Dies gilt für den handelsrechtlichen Jahresabschluss genauso wie für den kommunalen Jahresabschluss.[750]

Das Handelsgesetzbuch sieht indes aus Wirtschaftlichkeitsüberlegungen genau abgegrenzte Ausnahmen von der Einzelbewertung vor. Beispiele dafür sind die Festbewertung (§ 240 Abs. 3 HGB), die Gruppenbewertung (§ 240 Abs. 4 HGB) sowie die Bewertungsvereinfachungsverfahren des § 256 HGB.[751] Neben diesen explizit im HGB genannten Ausnahmen vom Grundsatz der Einzelbewertung dürfen einzelne Bewertungsobjekte unter bestimmten Bedingungen auch zu sogenannten Bewertungseinheiten zusammengefasst werden.[752] Dies ist beispielsweise möglich, wenn Forderungen durch Sicherungsgeschäfte besichert sind. Möglichen Wertminderungen der Forderungen werden dann die positiven Effekte aus dem Sicherungsgeschäft gegenübergestellt und Abschreibungen

747 Vgl. BAETGE, J./ZIESEMER, S., § 252 HGB, Rn. 114.

748 Vgl. hierzu FUDALLA, M./TÖLLE, M./WÖSTE, C./ZUR MÜHLEN, M., Bilanzierung und Jahresabschluss in der Kommunalverwaltung, S. 61; den Grundsatz der Einzelbewertung befürworten für die öffentliche Rechnungslegung auch ARBEITSKREIS „INTEGRIERTE VERBUNDRECHNUNG“, Grundsätze ordnungsmäßiger Buchführung, S. 690; BUDÄUS, D., Zum aktuellen Reformstand, S. 61; LÜDER, K., Ordnungsmäßigkeits-Grundsätze, S. 608;

749 Vgl. BAETGE, J./ZIESEMER, S., § 252 HGB, Rn. 117; BAETGE, J./ZÜLCH, H., Rechnungslegungsgrundsätze, Rn. 70; WOHLGEMUTH, M., § 253 HGB, Rn. 28.

750 Vgl. hierzu auch FUDALLA, M./TÖLLE, M./WÖSTE, C./ZUR MÜHLEN, M., Bilanzierung und Jahresabschluss in der Kommunalverwaltung, S. 61.

751 Vgl. BAETGE, J./KIRSCH, H.-J./THIELE, S., Bilanzen, S. 130.

752 Vgl. BAETGE, J./ZIESEMER, S., § 252 HGB, Rn. 128 f.; NAUMANN, K.-P./BREKER, N., Bewertungsprinzipien für die Rechnungslegung, Rn. 153; vgl. hierzu ausführlich WIEDMANN, H., Bewertungseinheit im Handelsrecht, S. 453-482.

unterbleiben, soweit unrealisierte Verluste durch unrealisierte Gewinne kompensiert werden.[753]

Ausnahmen vom Grundsatz der Einzelbewertung werden in Form der Festbewertung und der Gruppenbewertung auch im Neuen Kommunalen Finanzmanagement gewährt.[754] Darüber hinaus stellt auch die Bildung von Bewertungseinheiten eine Ausnahme vom Grundsatz der Einzelbewertung dar.[755] Ein Anwendungsfall ist die Absicherung eines Grundgeschäfts der Gemeinde durch ein Sicherungsgeschäft, z. B. ein Derivat.[756] Bei der Bewertung wird dann auf die Berücksichtigung nicht realisierter Verluste verzichtet, sofern diesen in gleicher Höhe nicht realisierte Gewinne gegenüber stehen. Voraussetzung hierfür ist indes, dass die gegenläufigen Wertänderungen oder Zahlungsströme aus vergleichbaren Risiken resultieren.[757] Wertänderungen aus unterschiedlichen Risiken, beispielsweise Zinsrisiken und Währungsrisiken, dürfen nicht in einer Bewertungseinheit zusammengefasst werden.[758] Sofern Bewertungseinheiten gebildet wurden, ist hierüber im Anhang zu berichten.[759]

422.4 Die Ansatzgrundsätze für die Bilanz

422.41 Der Aktivierungsgrundsatz

Handelsrechtlich muss der Kaufmann gemäß § 242 Abs. 1 HGB jährlich eine Bilanz aufstellen, in der Vermögen und Schulden gegenübergestellt werden. Den Ansatzvor-

---

753 Vgl. BAETGE, J./ZIESEMER, S., § 252 HGB, Rn. 129.

754 Vgl. hierzu Abschnitt 422.25; Ausnahmen vom Grundsatz der Einzelbewertung befürworten für die öffentliche Rechnungslegung auch der ARBEITSKREIS „INTEGRIERTE VERBUNDRECHNUNG“, Grundsätze ordnungsmäßiger Buchführung, S. 690 und LÜDER, K., Ordnungsmäßigkeits-Grundsätze, S. 608.

755 Vgl. INNENMINISTERIUM NORDRHEIN-WESTFALEN (Hrsg.), Neues Kommunales Finanzmanagement, S. 552.

756 Gemeinden dürfen Finanzinstrumente nicht zu Spekulationszwecken einsetzen, vgl. hierzu INNENMINISTERIUM NORDRHEIN-WESTFALEN (Hrsg.), Neues Kommunales Finanzmanagement, S. 177; vgl. ausführlich zum Einsatz von Finanzinstrumenten FUDALLA, M./TÖLLE, M./WÖSTE, C./ZUR MÜHLEN, M., Bilanzierung und Jahresabschluss in der Kommunalverwaltung, S. 114.

757 Vgl. INNENMINISTERIUM NORDRHEIN-WESTFALEN (Hrsg.), Neues Kommunales Finanzmanagement, S. 552.

758 Vgl. INNENMINISTERIUM NORDRHEIN-WESTFALEN (Hrsg.), Neues Kommunales Finanzmanagement, S. 552.

759 Vgl. INNENMINISTERIUM NORDRHEIN-WESTFALEN (Hrsg.), Neues Kommunales Finanzmanagement, S. 552 und S. 716. Vgl. zum Anhang auch Abschnitt 352.3.

schriften der §§ 246 bis 251 HGB ist dabei zu entnehmen, dass zum Vermögen die Vermögensgegenstände und die aktivischen Rechnungsabgrenzungsposten gehören. Der Begriff „Vermögensgegenstand“ ist im Gesetz indes nicht explizit definiert,[760] er gehört zu den unbestimmten Rechtsbegriffen.[761]

Für die Auslegung des Vermögensgegenstandbegriffs bzw. für die Bestimmung des Aktivierungsgrundsatzes sind die Jahresabschlusszwecke, die anderen GoB sowie die übrigen Rechnungslegungsvorschriften zu beachten.[762] Nach überwiegender Meinung im Schrifttum liegt ein Vermögensgegenstand dann vor, wenn die selbständige Verwertbarkeit gegeben ist.[763] Das Kriterium der selbständigen Verwertbarkeit stellt dabei auf die Schuldendeckungsfähigkeit eines Vermögensgegenstandes ab.[764] Die selbständige Verwertbarkeit liegt vor, wenn ein Gut durch Veräußerung, durch Einräumung eines Nutzungsrechts, durch bedingten Verzicht oder im Wege der Zwangsvollstreckung in Geld transformiert werden kann.[765]

Der Aktivierungsgrundsatz formuliert somit Kriterien für das Vorliegen eines Vermögensgegenstandes und damit für abstrakte bzw. grundsätzliche Aktivierungsfähigkeit. Darüber hinaus können handelsrechtliche Vorschriften indes bestimmen, dass abstrakt aktivierungsfähige Vermögensgegenstände nicht aktiviert werden dürfen oder dass nicht abstrakt aktivierungsfähige Werte dennoch zu aktivieren sind bzw. hierfür ein Wahlrecht besteht (konkrete Aktivierungsfähigkeit).[766] So dürfen bspw. gemäß § 248 Abs. 2 HGB immaterielle Vermögensgegenstände des Anlagevermögens, die nicht entgeltlich erworben wurden, nicht aktiviert werden. Sie sind somit nicht konkret aktivierungsfähig.[767]

Neben der Frage der Aktivierungsfähigkeit ist für die Bilanzierung eines Vermögensgegenstandes auch zu klären, wem ein Vermögensgegenstand bilanzrechtlich zuzuordnen ist.[768] Für die Zuordnung ist dabei nicht entscheidend, wer zivilrechtlicher Eigentümer

760 Vgl. THIELE, S., § 246 HGB, Rn. 31.

761 Vgl. KEITZ, I. V., Immaterielle Güter, S. 17 m. w. N.

762 Vgl. THIELE, S., § 246 HGB, Rn. 31.

763 Vgl. hierzu ausführlich BAETGE, J./KIRSCH, H.-J./THIELE, S., Bilanzen, S. 160-163.

764 Vgl. BAETGE, J./KIRSCH, H.-J., Grundsätze ordnungsmäßiger Buchführung, S. 96.

765 Vgl. THIELE, S., § 246 HGB, Rn. 46.

766 Vgl. BAETGE, J./KIRSCH, H.-J./THIELE, S., Bilanzen, S. 166.

767 Vgl. HÖMBERG, R./KÖNIG, M., § 248 HGB, Rn. 5. Mit Änderung des HGB durch das BilMoG besteht ein Aktivierungswahlrecht für selbst geschaffene immaterielle Vermögensgegenstände des Anlagevermögens, vgl. hierzu BAETGE, J./KIRSCH, H.-J./SOLMECKE, H., Auswirkungen des BilMoG auf die Zwecke des handelsrechtlichen Jahresabschlusses, S. 23.

768 Vgl. THIELE, S., § 246 HGB, Rn. 201.

eines Vermögensgegenstandes ist, sondern vielmehr wer wirtschaftlicher Eigentümer ist.[769] Wirtschaftliches und juristisches Eigentum können beispielsweise bei Kommissionsgeschäften, Treuhandverhältnissen, Factoringverhältnissen, Leasingverhältnissen, Pensionsgeschäften, Bauten auf fremden Grundstücken und unberechtigtem Eigenbesitz divergieren.[770]

Nach § 33 Abs. 1 Satz 1 GemHVO ist ein Vermögensgegenstand in die Bilanz aufzunehmen, wenn die Gemeinde das wirtschaftliche Eigentum daran inne hat und dieser selbständig verwertbar ist. Somit wird für die Frage der Aktivierungsfähigkeit eines Vermögensgegenstandes im Neuen Kommunalen Finanzmanagement auf die unbestimmten Rechtsbegriffe der handelsrechtlichen Rechnungslegung zurückgegriffen.[771]

Die handelsrechtliche Unterscheidung zwischen abstrakter Aktivierungsfähigkeit nach GoB und konkreter Aktivierungsfähigkeit unter Beachtung der von den GoB abweichenden gesetzlichen Vorschriften lässt sich auf das Neue Kommunale Finanzmanagement übertragen.[772] Dies wird auch durch den Wortlaut des § 41 Abs. 1 GemHVO deutlich, gemäß dem der Jahresabschluss sämtliche Vermögensgegenstände zu enthalten hat, **soweit in der Gemeindeordnung oder in dieser Verordnung nichts anderes bestimmt ist.**[773]

Für die abstrakte Aktivierungsfähigkeit wird auch im Neuen Kommunalen Finanzmanagement auf die selbständige Verwertbarkeit eines Vermögensgegenstandes abgestellt.[774] Ebenso wie im Handelsrecht wird die abstrakte Aktivierungsfähigkeit indes durch die konkrete Aktivierungsfähigkeit überlagert. So dürfen im Neuen Kommunalen Finanzmanagement immaterielle Vermögensgegenstände des Anlagevermögens, die nicht entgeltlich erworben oder selbst hergestellt wurden, nicht aktiviert werden (§ 43 Abs. 1 GemHVO). Aktiviert werden dürfen somit nur jene immateriellen Vermögensgegens-

769 Vgl. FÖRSCHLE, G./KRONER, M., § 246 HGB, Rn. 5.

770 Vgl. BAETGE, J./KIRSCH, H.-J./THIELE, S., Bilanzen, S. 170.

771 Vgl. INNENMINISTERIUM NORDRHEIN-WESTFALEN (Hrsg.), Neues Kommunales Finanzmanagement, S. 210; ELLERICH, M., Die Bilanzierung von Beteiligungen, S. 204; FUDALLA, M./TÖLLE, M./WÖSTE, C./ZUR MÜHLEN, M., Bilanzierung und Jahresabschluss in der Kommunalverwaltung, S. 50 f.

772 Vgl. hierzu auch INNENMINISTERIUM NORDRHEIN-WESTFALEN (Hrsg.), Neues Kommunales Finanzmanagement, S. 551.

773 Vgl. FUDALLA, M./TÖLLE, M./WÖSTE, C./ZUR MÜHLEN, M., Bilanzierung und Jahresabschluss in der Kommunalverwaltung, S. 59; vgl. zu der entsprechenden Interpretation im Handelsrecht BAETGE, J./KIRSCH, H.-J./THIELE, S., Bilanzen, S. 158.

774 Vgl. hierzu auch MITTAG, J./RADDE, J., Bilanzierungsfähigkeit, S. 253 f.

tände des Anlagevermögens, die entgeltlich erworben wurden. Dieses Aktivierungsverbot dient der Objektivierung und lässt sich insbesondere auch vor dem Hintergrund des Schutzes künftiger Generationen gut begründen.[775] Die Entgeltlichkeit fehlt bei einer Schenkung.[776] Aufgrund der problematischen Wertfindung dürfen geschenkte immaterielle Vermögensgegenstände des Anlagevermögens deshalb weder im HGB noch im Neuen Kommunalen Finanzmanagement aktiviert werden.[777]

Ebenso wie im HGB dürfen bzw. müssen darüber hinaus auch bestimmte Posten aktiviert werden, die keine Vermögensgegenstände im Sinne der abstrakten Aktivierungsfähigkeit sind. Hierunter fallen die aktivischen Rechnungsabgrenzungsposten (§ 42 Abs. 1 GemHVO)[778] sowie das Disagio (§ 42 Abs. 2 GemHVO)[779]. Handelsrechtlich gewährte Bilanzierungshilfen, die es erlauben nach dem Aktivierungsgrundsatz nicht aktivierungsfähige Sachverhalte dennoch zu aktivieren, werden im Gemeindehaushaltsrecht nicht erwähnt.[780] Da die Bilanzierungshilfen handelsrechtlich nicht zu den GoB gehören, kann unterstellt werden, dass die handelsrechtlichen Bilanzierungshilfen von Gemeinden nicht in Anspruch genommen werden können.[781]

Im Neuen Kommunalen Finanzmanagement ist neben der Frage der grundsätzlichen Aktivierungsfähigkeit für die Bilanzierung eines Vermögensgegenstandes auch explizit zu klären, wem ein Vermögensgegenstand bilanzrechtlich zuzuordnen ist. Demnach hat die

775 Vgl. BREIDERT, U./RÜDINGER, A., Eignung der handelsrechtlichen GoB, S. 35 f.; EIBELSHÄUSER, M., Bilanzierungsgrundsätze und öffentliche Rechnungslegung, S. 621 f.

776 Vgl. KEITZ, I. V., Immaterielle Güter, S. 34.

777 Vgl. RETTLER, S., § 33 GemHVO, S. 2; vgl. handelsrechtlich BAETGE, J./KIRSCH, H.-J./THIELE, S., Bilanzen, S. 301; FÖRSCHLE, G., § 248 HGB, Rn. 13.

778 Vgl. hierzu EHRBAR-WULFEN, S., § 42 GemHVO, S. 2; FUDALLA, M./TÖLLE, M./WÖSTE, C./ZUR MÜHLEN, M., Bilanzierung und Jahresabschluss in der Kommunalverwaltung, S. 117 f.; HENKES, J., Der Jahresabschluss kommunaler Gebietskörperschaften, S. 326-329. Ein bedeutendes Beispiel hierfür sind die im Dezember für Januar gezahlten Beamtengehälter, vgl. EHRBAR-WULFEN, S., § 41 GemHVO, S. 14. Als aktivischer Rechnungsabgrenzungsposten sind gemäß § 43 Abs. 2 GemHVO auch geleistete Zuwendungen, die mit einer mehrjährigen und einklagbaren Gegenleistungsverpflichtung verbunden sind, zu aktivieren; vgl. hierzu auch INNENMINISTERIUM NORDRHEIN-WESTFALEN (Hrsg.), Neues Kommunales Finanzmanagement, S. 693-696.

779 Vgl. hierzu EHRBAR-WULFEN, S., § 42 GemHVO, S. 2 f.; FUDALLA, M./TÖLLE, M./WÖSTE, C./ZUR MÜHLEN, M., Bilanzierung und Jahresabschluss in der Kommunalverwaltung, S. 118 f.

780 So bspw. die Ansatzwahlrechte für bestimmte steuerlich gebotene Rechnungsabgrenzungsposten (§ 250 Abs. 1 Satz 2 HGB), für Aufwendungen für die Ingangsetzung und Erweiterung des Geschäftsbetriebes (§ 269 HGB) sowie für aktivische latente Steuern (§ 274 Abs. 2 HGB).

781 So FUDALLA, M./TÖLLE, M./WÖSTE, C./ZUR MÜHLEN, M., Bilanzierung und Jahresabschluss in der Kommunalverwaltung, S. 54 f.; WIRTZ, H., Grundsätze ordnungsmäßiger öffentlicher Buchführung, S. 95 f.

Gemeinde einen Vermögensgegenstand in ihre Bilanz aufzunehmen, wenn sie das wirtschaftliche Eigentum daran innehat. Als wirtschaftlicher Eigentümer gilt dabei derjenige, dem Besitz, Gefahr, Nutzungen und Lasten an diesem Vermögensgegenstand zustehen.[782] Bestehen Zweifel hinsichtlich des wirtschaftlichen Eigentümers, ist der Vermögensgegenstand beim rechtlichen Eigentümer zu aktivieren.[783] Eine intensive Prüfung hinsichtlich des wirtschaftlichen Eigentümers wird häufig bei Leasinggeschäften und ÖPP-Modellen erforderlich sein.[784]

Bei der Konzeption des Neuen Kommunalen Finanzmanagement wurden auch Überlegungen angestellt, von der handelsrechtlichen Aktivierungskonzeption abzuweichen.[785] Das MODELLPROJEKT „DOPPISCHER KOMMUNALHAUSHALT IN NRW“ beschäftigte sich dabei mit dem Vorschlag der KGSt, die Bilanzierungsfähigkeit nicht auf Basis des wirtschaftlichen Eigentums, sondern auf der Basis des juristischen Eigentums zu beurteilen und als Maßstab für die Bilanzierbarkeit eines Vermögensgegenstandes dessen selbständige Bewertbarkeit zu Grunde zu legen.[786] Auf beide Vorschläge wurde indes bewusst verzichtet, da vom handelsrechtlichen Referenzmodell nur abgewichen werden sollte, sofern kommunalspezifische Besonderheiten dies erforderlich machen. Diese Notwendigkeit wurde hier indes nicht als gegeben erachtet.[787]

422.42 Der Passivierungsgrundsatz

Handelsrechtlich sind gemäß § 247 Abs. 1 HGB auf der Passivseite das Eigenkapital, die Schulden und die passivischen Rechnungsabgrenzungsposten auszuweisen. Schulden sind insoweit alle Passivposten, die nicht Eigenkapital oder passivische Rechnungsabgren-

782 Vgl. INNENMINISTERIUM NORDRHEIN-WESTFALEN (Hrsg.), Neues Kommunales Finanzmanagement, S. 558.

783 So INNENMINISTERIUM NORDRHEIN-WESTFALEN (Hrsg.), Neues Kommunales Finanzmanagement, S. 558.

784 Vgl. INNENMINISTERIUM NORDRHEIN-WESTFALEN (Hrsg.), Neues Kommunales Finanzmanagement, S. 558; vgl. hierzu auch FUDALLA, M./TÖLLE, M./WÖSTE, C./ZUR MÜHLEN, M., Bilanzierung und Jahresabschluss in der Kommunalverwaltung, S. 98-100.

785 Vgl. MODELLPROJEKT „DOPPISCHER KOMMUNALHAUSHALT IN NRW“, Neues Kommunales Finanzmanagement, S. 177.

786 Vgl. KOMMUNALE GEMEINSCHAFTSSTELLE FÜR VERWALTUNGSMANAGEMENT (Hrsg.), Vom Geldverbrauchs- zum Ressourcenverbrauchskonzept, S. 16 f.

787 Vgl. MODELLPROJEKT „DOPPISCHER KOMMUNALHAUSHALT IN NRW“, Neues Kommunales Finanzmanagement, S. 177.

zungsposten sind. Eine Definition für den Begriff der Schuld existiert indes nicht.[788] Vielmehr wird mit dem Passivierungsgrundsatz ermittelt, ob eine Schuld abstrakt, also nach den GoB, passivierungsfähig ist.[789]

Nach dem Passivierungsgrundsatz ist ein Sachverhalt abstrakt passivierungsfähig, sofern die folgenden Kriterien kumulativ erfüllt sind:[790]

- Es muss eine Verpflichtung des Unternehmens vorliegen,
- aus der Verpflichtung muss eine wirtschaftliche Belastung resultieren und
- die Verpflichtung muss quantifizierbar sein.

Ist sowohl das Bestehen als auch die Höhe einer Verpflichtung sicher, so handelt es sich um eine Verbindlichkeit.[791] Eine Verpflichtung ist dagegen als Rückstellung zu passivieren, sofern das Bestehen und/oder die Höhe der Verpflichtung unsicher sind.[792]

Es ist zwischen Außenverpflichtungen und Innenverpflichtungen zu unterscheiden. Kann sich ein Unternehmen einer Leistung gegenüber Dritten aus rechtlichen oder faktischen Gründen nicht entziehen, besteht eine Außenverpflichtung.[793] Bei Innenverpflichtungen liegt keine Verpflichtung gegenüber einem Dritten vor, vielmehr besteht eine wirtschaftliche Verpflichtung des Bilanzierenden gegenüber sich selbst.[794] Der Bilanzierende muss die Verpflichtung erfüllen, da er ansonsten mit Schwierigkeiten bei der Fortführung der Unternehmenstätigkeit rechnen muss.[795]

Der Passivierungsgrundsatz wird durch verschiedene gesetzliche Vorschriften ergänzt, so dass neben den Verbindlichkeiten und den Rückstellungen auch bestimmte Posten passiviert werden dürfen bzw. müssen, die nicht die Bedingungen des Passivierungsgrundsatzes erfüllen.[796] Hierzu gehören das Eigenkapital, die passivischen Rechnungsabgrenzungsposten sowie der Sonderposten mit Rücklageanteil. Die konkrete Passivierungsfähigkeit

788 Vgl. THIELE, S., § 246 HGB, Rn. 101.

789 Vgl. BAETGE, J./KIRSCH, H.-J./THIELE, S., Bilanzen, S. 171.

790 Vgl. BAETGE, J./KIRSCH, H.-J./THIELE, S., Bilanzen, S. 171 f.; THIELE, S./STELLBRINK, J./ZIESEMER, S., Rechnungslegung im Einzelabschluss, Rn. 68.

791 Vgl. BAETGE, J./KIRSCH, H.-J., Grundsätze ordnungsmäßiger Buchführung, Rn. 102.

792 Vgl. BAETGE, J./KIRSCH, H.-J., Grundsätze ordnungsmäßiger Buchführung, Rn. 102.

793 Vgl. BAETGE, J./KIRSCH, H.-J./THIELE, S., Bilanzen, S. 173 f; BAETGE, J./KIRSCH, H.-J., Grundsätze ordnungsmäßiger Buchführung, Rn. 102.

794 Vgl.; BAETGE, J./KIRSCH, H.-J., Grundsätze ordnungsmäßiger Buchführung, Rn. 102.

795 Vgl. BAETGE, J./KIRSCH, H.-J./THIELE, S., Bilanzen, S. 174.

796 Vgl. THIELE, S./STELLBRINK, J./ZIESEMER, S., Rechnungslegung im Einzelabschluss, Rn. 69.

ergibt sich somit wie beim Aktivierungsgrundsatz erst durch die gesetzlichen Vorschriften.[797]

Die handelsrechtliche Unterscheidung zwischen abstrakter Passivierungsfähigkeit nach GoB und konkreter Passivierungsfähigkeit unter Beachtung der von den GoB abweichenden gesetzlichen Vorschriften lässt sich auch in das Neue Kommunale Finanzmanagement übertragen. Dies wird auch durch den Wortlaut des § 41 Abs. 1 GemHVO deutlich, gemäß dem der Jahresabschluss sämtliche Schulden zu enthalten hat, **soweit in der Gemeindeordnung oder in dieser Verordnung nichts anderes bestimmt ist.**[798]

Auch im Neuen Kommunalen Finanzmanagement ist ein Sachverhalt nach dem Passivierungsgrundsatz abstrakt passivierungsfähig, sofern die folgenden Kriterien kumulativ erfüllt sind:[799]

- Es muss eine Verpflichtung der Gemeinde vorliegen,
- aus der Verpflichtung muss eine wirtschaftliche Belastung resultieren und
- die Verpflichtung muss quantifizierbar sein.

Schulden umfassen sowohl Verbindlichkeiten als auch Rückstellungen. Eine Verbindlichkeit liegt vor, sofern sowohl das Bestehen als auch die Höhe einer Verpflichtung sicher ist.[800] Eine Verpflichtung ist dagegen als Rückstellung zu passivieren, sofern das Bestehen und/oder die Höhe der Verpflichtung unsicher sind.[801]

Ebenso wie im HGB ist im Neuen Kommunalen Finanzmanagement zwischen Außenverpflichtungen und Innenverpflichtungen zu unterscheiden.[802] Besteht eine Verpflich-

---

797 Vgl. BAETGE, J./KIRSCH, H.-J., Grundsätze ordnungsmäßiger Buchführung, Rn. 103.

798 Vgl. FUDALLA, M./TÖLLE, M./WÖSTE, C./ZUR MÜHLEN, M., Bilanzierung und Jahresabschluss in der Kommunalverwaltung, S. 59; vgl. zu der entsprechenden Interpretation im Handelsrecht BAETGE, J./KIRSCH, H.-J./THIELE, S., Bilanzen, S. 171.

799 Vgl. MODELLPROJEKT „DOPPISCHER KOMMUNALHAUSHALT IN NRW“, Neues Kommunales Finanzmanagement, S. 272; FUDALLA, M./TÖLLE, M./WÖSTE, C./ZUR MÜHLEN, M., Bilanzierung und Jahresabschluss in der Kommunalverwaltung, S. 54; vgl. hierzu auch allgemein DIEMER, R., Neukonzeption des kommunalen Rechnungswesens, S. 235; LÜDER, K., Ordnungsmäßigkeits-Grundsätze, S. 609; LÜDER, K., § 17 Vermögensrechnung, Rn. 26; WELLER, N./CASTELLI, T., Kommunaler Jahresabschluss, S. 22.

800 Vgl. FUDALLA, M./TÖLLE, M./WÖSTE, C./ZUR MÜHLEN, M., Bilanzierung und Jahresabschluss in der Kommunalverwaltung, S. 177.

801 Vgl. FUDALLA, M./TÖLLE, M./WÖSTE, C./ZUR MÜHLEN, M., Bilanzierung und Jahresabschluss in der Kommunalverwaltung, S. 54.

802 Vgl. hierzu INNENMINISTERIUM NORDRHEIN-WESTFALEN (Hrsg.), Neues Kommunales Finanzmanagement, S. 586-596; vgl. kritisch zur Bilanzierung von Pensionsrückstellungen nach IFRS KIRSCH, H.-J./KURZ, L., Pensionsrückstellungen, S. 441-451.

tung gegenüber Dritten, liegt eine Außenverpflichtung vor. Hierunter fallen im Neuen Kommunalen Finanzmanagement bspw. die Pensionsverpflichtungen nach den beamtenrechtlichen Vorschriften (§ 36 Abs. 1 Satz 1 GemHVO).[803] Bei Innenverpflichtungen liegt keine Verpflichtung gegenüber einem Dritten vor, vielmehr besteht eine wirtschaftliche Verpflichtung der Gemeinde gegenüber sich selbst. Im Neuen Kommunalen Finanzmanagement sind Rückstellungen für die unterlassene Instandhaltung von Sachanlagen anzusetzen (§ 36 Abs. 3 Satz 1 GemHVO). Die Gemeinde muss diese Verpflichtung erfüllen, da sie ansonsten mit Schwierigkeiten bei der Fortführung der Verwaltungstätigkeit rechnen muss.

Die konkrete Passivierungsfähigkeit ergibt sich auch im Neuen Kommunalen Finanzmanagement erst durch die gesetzlichen Vorschriften. Der Passivierungsgrundsatz wird durch verschiedene gesetzliche Vorschriften ergänzt, so dass neben den Verbindlichkeiten und den Rückstellungen auch bestimmte Posten passiviert werden dürfen bzw. müssen, die nicht die Bedingungen des Passivierungsgrundsatzes erfüllen. Hierzu gehören das Eigenkapital und die passivischen Rechnungsabgrenzungsposten.

422.5 Die Definitionsgrundsätze für den Jahreserfolg

422.51 Das Realisationsprinzip

Das handelsrechtliche Realisationsprinzip ist in § 252 Abs. 1 Nr. 4 Halbsatz 2 HGB kodifiziert. Gewinne sind demnach „nur zu berücksichtigen, wenn sie am Abschlußstichtag realisiert sind." Das Realisationsprinzip enthält zwei Komponenten; zum einen wird mit dem Realisationsprinzip indirekt festgelegt, dass Vermögensgegenstände bei ihrem Zugang mit ihren Anschaffungs- bzw. Herstellungskosten zu bewerten sind.[804] Dieses sogenannte AK/HK-Prinzip ist in § 253 Abs. 1 Satz 1 kodifiziert.[805] Beschaffungsvorgänge werden somit erfolgsneutral in der Bilanz abgebildet.[806]

803 Vgl. hierzu INNENMINISTERIUM NORDRHEIN-WESTFALEN (Hrsg.), Neues Kommunales Finanzmanagement, S. 195

804 Vgl. BAETGE, J./ZIESEMER, S., § 252 HGB, Rn. 182.

805 Vgl. BAETGE, J./KIRSCH, H.-J., Grundsätze ordnungsmäßiger Buchführung, Rn. 85; BAETGE, J./KIRSCH, H.-J./THIELE, S., Bilanzen, S. 133.

806 Vgl. BAETGE, J./ZIESEMER, S., § 252 HGB, Rn. 182; hierbei wird unterstellt, „dass ein Gut im Zeitpunkt des Erwerbs für den Erwerber einen bewerteten Nutzen in Höhe des Kaufpreises besitzt", so BAETGE, J./KIRSCH, H.-J./THIELE, S., Bilanzen, S. 133.

Zum anderen legt das Realisationsprinzip fest, dass Vermögensgegenstände so lange höchstens mit ihren Anschaffungs- bzw. Herstellungskosten anzusetzen sind, bis eine eventuelle Wertsteigerung durch den Absatzmarkt bestätigt und objektiviert ist.[807] Das Realisationsprinzip bestimmt damit auch den Zeitpunkt, zu dem die Vermögensgegenstände den „Wertsprung zum Absatzmarkt“[808] geschafft haben (Realisationszeitpunkt).[809]

Der handelsrechtliche Realisationszeitpunkt ist erreicht, sofern die folgenden vier Kriterien kumulativ erfüllt sind:[810]

- Ein Kaufvertrag wurde abgeschlossen.
- Die geschuldete Lieferung oder Leistung wurde erbracht.
- Die Güter haben den Verfügungsbereich des zur Lieferung oder Leistung verpflichteten Unternehmens verlassen.
- Das Geschäft ist abrechnungsfähig.

Die Realisation einzelgeschäftlicher Gewinne ist somit an den Umsatz gebunden.[811] Der handelsrechtliche Realisationszeitpunkt ist auf einen klassischen Produktionsbetrieb ausgerichtet, wobei insbesondere Beschaffungs-, Produktions- und Absatzrisiken eliminiert werden.[812] Als übergeordnetes Realisationskriterium gilt dabei der quasi-sichere Erfolgsbeitrag.[813] Das Realisationsprinzip dient dem Rechenschaftszweck des Jahresabschlusses und leistet auf Grund der objektiven, vorsichtigen Gewinnermittlung auch einen Beitrag zur Kapitalerhaltung.[814]

Das Realisationsprinzip ist im Neuen Kommunalen Finanzmanagement in § 32 Abs. 1 Nr. 3 Halbsatz 2 GemHVO explizit kodifiziert. Auch hier enthält es zwei Komponenten; zum einem legt das Realisationsprinzip auch im Neuen Kommunalen Finanzmanagement indirekt fest, dass Vermögensgegenstände bei Zugang mit ihren Anschaffungs-/Herstellungskosten zu bewerten sind. Das AK/HK-Prinzip ist auch in § 91 Abs. 2 Satz 1 Nr. 1 GO kodifiziert. Zum anderen legt das Realisationsprinzip den Realisationszeitpunkt fest. Vermögensgegenstände sind so lange höchstens mit ihren Anschaffungs- oder

807 Vgl. BAETGE, J./ZIESEMER, S., § 252 HGB, Rn. 199.
808 BAETGE, J./KIRSCH, H.-J./THIELE, S., Bilanzen, S. 134.
809 Vgl. BAETGE, J./ZIESEMER, S., § 252 HGB, Rn. 182.
810 Vgl. BAETGE, J./KIRSCH, H.-J./THIELE, S., Bilanzen, S. 134.
811 Vgl. BAETGE, J./KIRSCH, H.-J., Grundsätze ordnungsmäßiger Buchführung, Rn. 86.
812 Vgl. BAETGE, J./ZIESEMER, S., § 252 HGB, Rn. 190.
813 Vgl. BAETGE, J./ZIESEMER, S., § 252 HGB, Rn. 190 m. w. N..
814 Vgl. BAETGE, J./KIRSCH, H.-J., Grundsätze ordnungsmäßiger Buchführung, Rn. 86.

Herstellungskosten zu bewerten, bis ihre Wertsteigerung durch den Absatzmarkt bestätigt wurde.

Während bei Unternehmen die Hauptertragsquelle die Umsatzerlöse sind und die Gewinnrealisierung an den Umsatzakt gebunden ist, d. h. an die Erbringung der eigenen Lieferung oder Leistung, werden die Erträge in der öffentlichen Verwaltung zu einem großen Teil durch Steuererhebungen erzielt.[815] Steuern sind gemäß § 3 Abs. 1 Satz 1 AO „Geldleistungen, die nicht eine Gegenleistung für eine besondere Leistung darstellen und von einem öffentlich-rechtlichen Gemeinwesen zur Erzielung von Einnahmen allen auferlegt werden, bei denen der Tatbestand zutrifft, an den das Gesetz die Leistungspflicht knüpft". Zu den kommunalen Steuern gehören bspw. die Gewerbesteuer sowie die Grundsteuer A und B.[816] Steuererträgen steht keine direkte Lieferung oder Leistung der Gemeinde gegenüber, so dass der Realisationszeitpunkt nicht an den Umsatzakt anknüpfen kann.[817] Die entsprechenden Steuern werden durch einen gemeindlichen Bescheid erhoben. Erträge sind hier realisiert, wenn ein Rechtsanspruch der Gemeinde besteht.[818]

Die (sinngemäße) Anwendung des handelsrechtlichen Realisationsprinzips in der Rechnungslegung von Gebietskörperschaften ist nicht unumstritten. So wird in Teilen des Schrifttums eine Erweiterung des handelsrechtlichen Realisationsprinzips vorgeschlagen.[819] Kernidee dieses Konzeptes ist, bei der Bewertung von Vermögensgegenständen zwischen Verwaltungsvermögen und realisierbarem Vermögen zu differenzieren. Auch die Gliederung der Bilanz folgt hierbei dieser Unterteilung.[820]

815 Vgl. BREIDERT, U./RÜDINGER, A., Eignung der handelsrechtlichen GoB, S. 38; LÜDER, K., § 17 Vermögensrechnung, Rn. 14; SCHAEFER, C., Ansatz von Erträgen ohne Gegenleistung, S. 216.

816 Vgl. INNENMINISTERIUM NORDRHEIN-WESTFALEN (Hrsg.), Neues Kommunales Finanzmanagement, S. 375.

817 Vgl. LÜDER, K., Ordnungsmäßigkeits-Grundsätze, S. 607.

818 Vgl. INNENMINISTERIUM NORDRHEIN-WESTFALEN (Hrsg.), Neues Kommunales Finanzmanagement, S. 376; vgl. zum Realisationszeitpunkt von Steuern auch BUDÄUS, D., Weiterentwicklung des öffentlichen Haushalts- und Rechnungswesens, S. 149; BREIDERT, U./RÜDINGER, A., Eignung der handelsrechtlichen GoB, S. 38-41; HENKES, J., Der Jahresabschluss kommunaler Gebietskörperschaften, S. 135-140; LÜDER, K., § 17 Vermögensrechnung, Rn. 14.

819 So exemplarisch ARBEITSKREIS „INTEGRIERTE VERBUNDRECHNUNG", Grundsätze ordnungsmäßiger Buchführung, S. 889; BUDÄUS, D., Zum aktuellen Reformstand, S. 59; LÜDER, K., Ordnungsmäßigkeits-Grundsätze, S. 607 f.; a. A. bspw. BÖCKING, H.-J./DUTZI, A., Rechnungslegung, S. 417 f.; BREIDERT, U./RÜDINGER, A., Eignung der handelsrechtlichen GoB, S. 35; EIBELSHÄUSER, M., Bilanzierungsgrundsätze und öffentliche Rechnungslegung, S. 622 f.

820 Vgl. HINZMANN, C., Rechnungslegung, S. 39; LÜDER, K., § 17 Vermögensrechnung, Rn. 3.

Zum Verwaltungsvermögen gehören die zur Aufgabenerfüllung erforderlichen Teile des öffentlichen Vermögens, wie beispielsweise Verwaltungsgebäude, Schulen, Straßen, Brücken, Kanalisation sowie Kultur- und Naturgüter.[821] Dieses Verwaltungsvermögen ist in der Bilanz mit den fortgeführten Anschaffungs- oder Herstellungskosten, entsprechend dem Handelsrecht, anzusetzen.[822] Insoweit ergibt sich hier keine Veränderung des Realisationsprinzips.

Das realisierbare Vermögen umfasst jene Vermögensgegenstände der Verwaltung, die nicht mehr öffentlichen Aufgaben gewidmet und ohne Beeinträchtigung der Aufgabenerfüllung veräußerbar sind.[823] Hierzu können beispielsweise Beteiligungen, Bau- und Bauerwartungsland, land- und forstwirtschaftlich genutztes Grundvermögen, Mietshäuser, Brauereien, Restaurants und Hotels gehören.[824] Das realisierbare Vermögen ist mit dem Zeitwert (Verkehrswert, Kurswert oder Marktwert) zu bewerten.[825] Für die Ertragsrealisation ist ausreichend, dass jederzeit die Möglichkeit zur Veräußerung der entsprechenden Vermögensgegenstände besteht, eine tatsächliche Veräußerung ist nicht erforderlich.[826] Positive Erfolgsbeiträge müssen somit lediglich realisierbar sein.[827]

Mit der Vermögenstrennung soll der Einblick in die Vermögens- und Finanzlage einer Gebietskörperschaft verbessert werden.[828] Die Aufdeckung der stillen Reserven des realisierbaren Vermögens verdeutlicht das Schuldendeckungspotenzial der Gemeinde und

821 Vgl. exemplarisch AHLGRIMM, C., Neugestaltung des öffentlichen Haushaltswesens, S. 29; HENKES, J., Der Jahresabschluss kommunaler Gebietskörperschaften, S. 396; LÜDER, K., Neues öffentliches Haushalts- und Rechnungswesen, S. 51; STREIM, H., Grundsätzliche Anmerkungen, S. 260.

822 Vgl. exemplarisch ARBEITSKREIS „INTEGRIERTE VERBUNDRECHNUNG", Grundsätze ordnungsmäßiger Buchführung, S. 890.

823 Vgl. NOTHEIS, K., Neues kommunales Rechnungswesen, S. 26.

824 Vgl. LÜDER, K., § 17 Vermögensrechnung, Rn. 48; HENKES, J., Der Jahresabschluss kommunaler Gebietskörperschaften, S. 396 m. w. N.; LÜDER, K./HINZMANN, C./KAMPMANN, B./OTTE, R., Vergleichende Analyse öffentlicher Rechnungssysteme, S. 96; LÜDER, K., Neues öffentliches Haushalts- und Rechnungswesen, S. 50; PFNÜR, A., Bewertung von Immobilien im öffentlichen Rechnungswesen, S. 590.

825 Vgl. ARBEITSKREIS „INTEGRIERTE VERBUNDRECHNUNG", Grundsätze ordnungsmäßiger Buchführung, S. 890; BUDÄUS, D., Zum aktuellen Reformstand, S. 61; HINZMANN, C., Rechnungslegung, S. 42; LÜDER, K., Ordnungsmäßigkeits-Grundsätze, S. 609.

826 Vgl. BUDÄUS, D., Zum aktuellen Reformstand, S. 59.

827 Vgl. ARBEITSKREIS „INTEGRIERTE VERBUNDRECHNUNG", Grundsätze ordnungsmäßiger Buchführung, S. 889.

828 Vgl. LÜDER, K., § 17 Vermögensrechnung, Rn. 3.

ermöglicht die Ermittlung der Nettogesamtverschuldung.[829] So wird deutlich, in welchem Umfang Verwaltungsvermögen kreditfinanziert ist.[830]

Die Unterscheidung in realisierbares und nicht-realisierbares Vermögen wird in Teilen des Schrifttums indes auch kritisch gesehen.[831] Die Abgrenzung zwischen unterschiedlich zu bewertenden Vermögensarten sei willkürfrei kaum möglich,[832] bei Aufgabe des handelsrechtlichen Realisationsprinzips drohten „massive Entobjektivierungen"[833] der Bilanz.[834] Objektivierungen sind indes gerade auch in der kommunalen Rechnungslegung besonders notwendig.[835] Zudem wären negative Auswirkungen auf die Kapitalerhaltung die Folge. Darüber hinaus könnte eine regelmäßige Neubewertung sehr aufwendig sein.[836]

Auch im Rahmen der Konzeption des Neuen Kommunalen Finanzmanagements in Nordrhein-Westfalen wurde, insbesondere im Zusammenhang mit der Vermögensbewertung, die Übernahme des handelsrechtlichen Realisationsprinzips intensiv abgewägt.[837] Insbesondere der Mangel an Objektivität und Vergleichbarkeit sowie ein Verlust an Wirtschaftlichkeit führten im Ergebnis zur Ablehnung von Zeitwerten in der kommunalen Bilanz und einer Aufweichung des handelsrechtlichen Realisationsprinzips.[838] Indes

829 Vgl. AHLGRIMM, C., Neugestaltung des öffentlichen Haushaltswesens, S. 29; ARBEITSKREIS „INTEGRIERTE VERBUNDRECHNUNG", Grundsätze ordnungsmäßiger Buchführung, S. 890; BEHM, C., Die Umsetzung des Speyerer Verfahrens, S. 53; BUDÄUS, D., Zum aktuellen Reformstand, S. 60 f.; LÜDER, K., Neues öffentliches Haushalts- und Rechnungswesen, S. 51; LÜDER, K., § 17 Vermögensrechnung, Rn. 3.

830 Vgl. LÜDER, K., Neues öffentliches Haushalts- und Rechnungswesen, S. 51; LÜDER, K., § 17 Vermögensrechnung, Rn. 3.

831 Vgl. exemplarisch BOLSENKÖTTER, H., Integriertes öffentliches Rechnungswesen, S. 42 f.; DIEMER, R., Neukonzeption des kommunalen Rechnungswesens, S. 246; EIBELSHÄUSER, M., Bilanzierungsgrundsätze und öffentliche Rechnungslegung, S. 622 f.; GRIMBERG, M./KNÖDLER, M., Erfassung und Bewertung kommunaler Gebäude, S. 19; HENKES, J., Der Jahresabschluss kommunaler Gebietskörperschaften, S. 398-400; ULRICH, G., Bewertung des kommunalen Sachanlagevermögens, S. 43 f.; WIRTZ, H., Grundsätze ordnungsmäßiger öffentlicher Buchführung, S. 189.

832 DIEMER, R., Neukonzeption des kommunalen Rechnungswesens, S. 246.

833 So EIBELSHÄUSER, M., Bilanzierungsgrundsätze und öffentliche Rechnungslegung, S. 623.

834 Vgl. auch DETEMPLE, P./MARETTEK, C., Bewertung öffentlicher Immobilien, S. 31; WIRTZ, H., Grundsätze ordnungsmäßiger öffentlicher Buchführung, S. 189.

835 Vgl. hierzu auch Abschnitt 422.21.

836 Vgl. ULRICH, G., Bewertung des kommunalen Sachanlagevermögens, S. 43; WIRTZ, H., Grundsätze ordnungsmäßiger öffentlicher Buchführung, S. 189.

837 Vgl. MODELLPROJEKT „DOPPISCHER KOMMUNALHAUSHALT IN NRW", Neues Kommunales Finanzmanagement, S. 39 sowie S. 178-184.

838 Vgl. MODELLPROJEKT „DOPPISCHER KOMMUNALHAUSHALT IN NRW", Neues Kommunales Finanzmanagement, S. 39.

wird in der Literatur zutreffend auf die Möglichkeit verwiesen, außerbilanziell im Anhang oder im Lagebericht über realisierbare Vermögensgegenstände zu berichten.[839]

422.52 Die Grundsätze der Abgrenzung der Sache und der Zeit nach

Das Realisationsprinzip wird im Handelsrecht durch die Grundsätze der Abgrenzung der Sache und der Zeit nach ergänzt.[840] Der **Grundsatz der Abgrenzung der Sache nach** fordert, den Erträgen jene Aufwendungen gegenüberzustellen, die erforderlich waren, um diese Erträge zu realisieren.[841] Insoweit wird unterstellt, dass zwischen Werteverzehr und Werteentstehung eine Mittel-Zweck-Beziehung besteht.[842] Aufwendungen werden als Mittel interpretiert, Erträge zu erwirtschaften. MOXTER spricht davon, dass die Aufwendungen jenen Erträgen zuzuordnen sind, die sie alimentieren.[843]

Der **Grundsatz der Abgrenzung der Zeit nach** regelt die Periodisierung zeitraumbezogener sowie außerordentlicher Aufwendungen und Erträge.[844] Nach diesem Grundsatz werden zeitraumbezogene Aufwendungen und Erträge, wie bspw. Mieten, den einzelnen Rechnungsperioden pro rata temporis zugerechnet.[845] Darüber hinaus werden jene Aufwendungen erfasst, die dem Grundsatz der Sache nach eigentlich bereits in früheren Perioden zu berücksichtigen gewesen wären, indes erst später bekannt wurden.[846] Auch Aufwendungen, die ohne Gegenleistung entstehen, wie bspw. getätigte Schenkungen, sind im Geschäftsjahr des Bekanntwerdens zu berücksichtigen.[847]

Das Realisationsprinzip wird auch im Neuen Kommunalen Finanzmanagement durch die Grundsätze der Abgrenzung der Sache und der Zeit nach ergänzt. Dem **Grundsatz der Abgrenzung der Sache nach** sind den realisierten Erträgen die ihnen zurechenbaren

839 Vgl. WIRTZ, H., Grundsätze ordnungsmäßiger öffentlicher Buchführung, S. 189; in Bezug auf das Handelsrecht SCHULZE-OSTERLOH, J., IFRS und HGB-Reform, S. 422.

840 Vgl. BAETGE, J./KIRSCH, H.-J./THIELE, S., Bilanzen, S. 135; LEFFSON, U., Die Grundsätze ordnungsmäßiger Buchführung, S. 301-331.

841 Vgl. BAETGE, J./KIRSCH, H.-J., Grundsätze ordnungsmäßiger Buchführung, Rn. 87; BAETGE, J./ZÜLCH, H., Rechnungslegungsgrundsätze, Rn. 79.

842 Vgl. LEFFSON, U., Die Grundsätze ordnungsmäßiger Buchführung, S. 300; BAETGE, J./ZIESEMER, S., § 252 HGB, Rn. 187.

843 Vgl. MOXTER, A., Das Realisationsprinzip, S. 1783 f.

844 Vgl. BAETGE, J./KIRSCH, H.-J., Grundsätze ordnungsmäßiger Buchführung, Rn. 88.

845 Vgl. BAETGE, J./ZÜLCH, H., Rechnungslegungsgrundsätze, Rn. 80.

846 Vgl. BAETGE, J./ZIESEMER, S., § 252 HGB, Rn. 187.

847 Vgl. BAETGE, J./ZIESEMER, S., § 252 HGB, Rn. 187.

Aufwendungen gegenüberzustellen. Insoweit wird auch hier unterstellt, dass zwischen Aufwendungen und Erträgen eine Mittel-Zweck-Beziehung besteht. Dies könnte bspw. bei öffentlich-rechtlichen Leistungsentgelten wie Gebühren gegeben sein.[848] Ein Kausalzusammenhang zwischen Aufwendungen und Erträgen ist indes nicht immer gegeben.[849] Ein wesentlicher Teil der Erträge von kommunalen Gebietskörperschaften, wie bspw. Steuern, beruht nicht auf Austauschbeziehungen, den Erträgen stehen keine direkten Gegenleistungen gegenüber. Im Schrifttum wird dem Grundsatz der Abgrenzung der Sache nach in der Rechnungslegung der öffentlichen Verwaltung lediglich eine untergeordnete Bedeutung beigemessen.[850]

Das Realisationsprinzip wird daneben durch den **Grundsatz der Abgrenzung der Zeit nach** ergänzt. Zeitraumbezogenen Erträgen werden die Aufwendungen pro rata temporis gegenübergestellt. Ein Beispiel hierfür sind privatrechtliche Mietzinsen, die auch bei kommunalen Gebietskörperschaften häufig Erträge darstellen. Außerordentliche Erträge und Aufwendungen sind in der Periode zu verrechnen, in der sie anfallen. Gleiches gilt für Aufwendungen, die ohne Gegenleistung entstehen. Entsprechende Geschäftsvorfälle bestehen häufig bei kommunalen Gebietskörperschaften. Für die Rechnungslegung der öffentlichen Verwaltung wird dem Grundsatz der Abgrenzung der Zeit nach im Schrifttum eine verstärkte Bedeutung beigemessen.[851]

422.6 Die Kapitalerhaltungsgrundsätze

422.61 Das Imparitätsprinzip

Das Imparitätsprinzip dient der Kapitalerhaltung. Ebenso wie das Realisationsprinzip ist es in § 252 Abs. 1 Nr. 4 HGB kodifiziert. Demnach sind im Jahresabschluss „alle vorhersehbaren Risiken und Verluste, die bis zum Abschlussstichtag entstanden sind, zu berücksichtigen“. Somit werden künftige negative Erfolgsbeiträge, die bereits im abzuschließenden Geschäftsjahr verursacht, aber noch nicht realisiert sind, bereits in der Erkenntnisperiode antizipiert und als Aufwand in die Gewinn- und Verlustrechnung eingestellt und

848 Vgl. SCHAEFER, C., Mergers & Acquisitions im öffentlichen Sektor, S. 205.

849 Vgl. LÜDER, K., Ordnungsmäßigkeits-Grundsätze, S. 608.

850 Vgl. exemplarisch ARBEITSKREIS „INTEGRIERTE VERBUNDRECHNUNG“, Grundsätze ordnungsmäßiger Buchführung, S. 889.

851 Vgl. exemplarisch ARBEITSKREIS „INTEGRIERTE VERBUNDRECHNUNG“, Grundsätze ordnungsmäßiger Buchführung, S. 889.

nicht erst in der Realisationsperiode berücksichtigt.[852] Hierdurch soll die Ausschüttung von Erfolgsbeiträgen vermieden werden, die in künftigen Perioden zur Deckung der dann realisierten Verluste benötigt werden.[853]

Positive Erfolgsbeiträge dürfen dagegen nicht antizipiert werden, da dies einen Verstoß gegen das Realisationsprinzip darstellen würde. Positive und negative Erfolgsbeiträge werden somit imparitätisch behandelt.[854] Diese asymmetrische Berücksichtigung von positiven und negativen Erfolgsbeiträgen kann mit dem vermuteten Anreiz der Unternehmensleitung, eher ein günstiges Bild der Unternehmenssituation zu zeigen als ein ungünstiges, begründet werden. Dieser Anreiz wird auf diese Art nach oben beschränkt.[855]

Konkretisiert wird das Imparitätsprinzip durch die Niederstwertvorschriften für das Anlagevermögen (§ 253 Abs. 2 HGB) und für das Umlaufvermögen (§ 253 Abs. 3 HGB) sowie die Pflicht zur Bildung von Rückstellungen für drohende Verluste aus schwebenden Geschäften (§ 249 Abs. 1 Satz 1 HGB).[856] Darüber hinaus wird das Imparitätsprinzip durch weitergehende Abschreibungswahlrechte **ergänzt**. Hierzu gehört das Wahlrecht zur Abschreibung von Gegenständen des Umlaufvermögens gemäß § 253 Abs. 3 Satz 3 HGB.[857] Das Imparitätsprinzip wird durch diese Regelung auf Wertminderungen ausgedehnt, die erst nach dem Abschlussstichtag zu erwarten sind.[858] Ein weiteres Beispiel für die Ergänzung des Imparitätsprinzips sind die Abschreibungswahlrechte auf das Anlage- und Umlaufvermögen nach § 253 Abs. 4 HGB, die (willkürliche) Unterbewertungen des Vermögens zulassen.[859]

Durch das Neue Kommunale Finanzmanagement wurde auch das Imparitätsprinzip in der Gemeindehaushaltsverordnung verankert. § 32 Abs. 1 Nr. 3 GemHVO verlangt –

---

852 Vgl. BAETGE, J./KIRSCH, H.-J./THIELE, S., Bilanzen, S. 137.

853 Vgl. BAETGE, J./ZIESEMER, S., § 252 HGB, Rn. 162.

854 Vgl. BAETGE, J./KIRSCH, H.-J., Grundsätze ordnungsmäßiger Buchführung, Rn. 105.

855 Vgl. WAGENHOFER, A./EWERT, R., Externe Unternehmensrechnung, S. 12.

856 Vgl. BAETGE, J./ZIESEMER, S., § 252 HGB, Rn. 13.

857 Vgl. BAETGE, J./KIRSCH, H.-J., Grundsätze ordnungsmäßiger Buchführung, Rn. 105. Mit dem BilMoG wird dieses Wahlrecht abgeschafft, vgl. hierzu BAETGE, J./KIRSCH, H.-J./SOLMECKE, H., Auswirkungen des BilMoG auf die Zwecke des handelsrechtlichen Jahresabschlusses, S. 17.

858 Vgl. THIELE, S./PRIGGE, C., § 253 HGB, Rn. 441-450.

859 Kritisch hierzu KIRSCH, H.-J., Vom Bilanzrichtlinien-Gesetz zum Transparenz- und Publizitätsgesetz, S. 753. Kapitalgesellschaften und haftungsbeschränkte Personenhandelsgesellschaften dürfen nach § 279 Abs. 1 Satz 1 HGB von dieser Vorschrift keinen Gebrauch machen. Zudem wird auch dieses Wahlrecht mit dem BilMoG abgeschafft, vgl. hierzu BAETGE, J./KIRSCH, H.-J./SOLMECKE, H., Auswirkungen des BilMoG auf die Zwecke des handelsrechtlichen Jahresabschlusses, S. 17.

§ 252 Abs. 1 Nr. 4 HGB entsprechend – „alle vorhersehbaren Risiken und Verluste, die bis zum Abschlussstichtag entstanden sind, zu berücksichtigen“. Somit sind auch im Neuen Kommunalen Finanzmanagement erwartete, aber noch nicht realisierte negative Erfolgsbeiträge aus eingeleiteten Geschäften zu antizipieren. Künftige Haushaltsjahre werden hierdurch von Aufwand freigestellt.

Das Imparitätsprinzip wird auch im Neuen Kommunalen Finanzmanagement durch weitere Vorschriften **konkretisiert**, die die Antizipation von zum Abschlussstichtag entstandenen und vorhersehbaren negativen Erfolgsbeiträgen fordern. Hierzu gehören die Niederstwertvorschriften für Vermögensgegenstände des Anlagevermögens (§ 35 Abs. 5 Satz 1 GemHVO) und des Umlaufvermögens (§ 35 Abs. 7 GemHVO).[860] Ebenfalls kodifiziert wurde die Pflicht zur Bildung einer Rückstellung für drohende Verluste aus schwebenden Geschäften (§ 36 Abs. 5 GemHVO).[861]

Die handelsrechtlichen Wahlrechte zur Abschreibung von Gegenständen des Umlaufvermögens nach § 253 Abs. 3 Satz 3 HGB sowie von Gegenständen des Anlage- und Umlaufvermögens nach § 253 Abs. 4 HGB, die im alten Handelsrecht das Imparitätsprinzip **ergänzen**, wurden im Neuen Kommunalen Finanzmanagement nicht umgesetzt.[862] Dies erscheint auch nur folgerichtig, da das Neue Kommunale Finanzmanagement zum einen sich an den Rechnungslegungsvorschriften für Kapitalgesellschaften orientiert und diese gemäß § 279 Abs. 1 Satz 1 HGB von § 253 Abs. 4 HGB keinen Gebrauch machen dürfen und zum anderen die Einschränkung von Wahlrechten des HGB ein erklärtes Ziel des Gesetz- und Verordnungsgebers war.[863]

Die Anwendung des handelsrechtlichen Imparitätsprinzips in der kommunalen Rechnungslegung ist umstritten.[864] Die Ablehnung des Imparitätsprinzips ist dabei eng ver-

---

860 Auch in der Handreichung des Innenministeriums wird die Verpflichtung zur Vornahme außerplanmäßiger Abschreibungen als Konkretisierung des Imparitätsprinzips bezeichnet, vgl. hierzu INNENMINISTERIUM NORDRHEIN-WESTFALEN (Hrsg.), Neues Kommunales Finanzmanagement, S. 553; vgl. auch WIRTZ, H., Grundsätze ordnungsmäßiger öffentlicher Buchführung, S. 102. Vgl. ausführlich zu den Niederstwertvorschriften RETTLER, S., § 35 GemHVO, S. 14 f. und S. 16-18.

861 Vgl. hierzu INNENMINISTERIUM NORDRHEIN-WESTFALEN (Hrsg.), Neues Kommunales Finanzmanagement, S. 601-603; FUDALLA, M./TÖLLE, M./WÖSTE, C./ZUR MÜHLEN, M., Bilanzierung und Jahresabschluss in der Kommunalverwaltung, S. 173 f.; RETTLER, S., § 36 GemHVO, S. 13 f.

862 Vgl. HENKES, J., Der Jahresabschluss kommunaler Gebietskörperschaften, S. 240; allgemein befürwortend BRIXNER, H. C./HARMS, J./NOE, H. W., Verwaltungs-Kontenrahmen, Kapitel D, Rn. 195.

863 Vgl. MODELLPROJEKT „DOPPISCHER KOMMUNALHAUSHALT IN NRW“, Neues Kommunales Finanzmanagement, S. 39.

864 So BUDÄUS, D., Weiterentwicklung des öffentlichen Haushalts- und Rechnungswesens, S. 149.

bunden mit den Vorbehalten gegenüber dem Zweck der Kapitalerhaltung.[865] So wird als Begründung angeführt, das Gläubigerschutzprinzip sei für die Rechnungslegung von Gemeinden irrelevant und auch das Imparitätsprinzip habe somit keine Bedeutung.[866] Im Ergebnis wird deshalb bspw. auch der Ansatz von Drohverlustrückstellungen ausgeschlossen.[867]

In der Literatur wird die Anwendung des Imparitätsprinzips in der kommunalen Rechnungslegung indes auch befürwortet.[868] So wird im Schrifttum bspw. auch explizit die verpflichtende Passivierung von Rückstellungen für drohende Verluste aus schwebenden Geschäften gefordert.[869] Diese Ansicht lässt sich auch vor dem Hintergrund der angestrebten intergenerativen Gerechtigkeit und dem besonderen Schutz künftiger Generationen sinnvoll begründen.[870] So sind die aus einem schwebenden Geschäft (bspw. verlustträchtige Bauprojekte, Mietverhältnisse oder Kreditgeschäfte) drohenden Verluste im Verwaltungshandeln der Vergangenheit begründet.[871] Werden diese drohenden Verluste nun sofort als Aufwand erfasst, so belasten die getroffenen (Fehl-)Entscheidungen nicht künftige Generationen oder Parlamentsmehrheiten.[872]

Gemäß § 36 Abs. 5 GemHVO ist die Gemeinde verpflichtet, für drohende Verluste aus schwebenden Geschäften Rückstellungen anzusetzen, sofern der voraussichtliche Verlust nicht geringfügig sein wird. Gleichwohl wird der Ansatz von Drohverlustrückstellungen im kommunalen Bereich eher selten sein.[873] Absatzgeschäfte sind im kommunalen Be-

865 Vgl. Abschnitt 421.3.

866 Vgl. BUDÄUS, D., Weiterentwicklung des öffentlichen Haushalts- und Rechnungswesens, S. 149.

867 Vgl. BUDÄUS, D., Weiterentwicklung des öffentlichen Haushalts- und Rechnungswesens, S. 150.

868 Vgl. exemplarisch ÖFA DES HFA, IDW ERS ÖFA 1, Rn. 15.

869 Vgl. BOLSENKÖTTER, H., Integriertes öffentliches Rechnungswesen, S. 32 und S. 58, BOLSENKÖTTER, H./OETTLE, K, Rückstellungen, S. 191; EIBELSHÄUSER, M., Bilanzierungsgrundsätze und öffentliche Rechnungslegung, S. 623; KÄMPFER, G./BREIDERT, U., Zweckentsprechende Bilanzierung, S. 121, ÖFA DES HFA, IDW ERS ÖFA 1, Rn. 41; STREIM, H., Grundsätzliche Anmerkungen, S. 263; WINDMÖLLER, R., Ansatz und Bewertung, S. 175.

870 Vgl. BÖCKING, H.-J./DUTZI, A., Rechnungslegung, S. 417; EIBELSHÄUSER, M., Bilanzierungsgrundsätze und öffentliche Rechnungslegung, S. 623; KÄMPFER, G./BREIDERT, U., Zweckentsprechende Bilanzierung, S. 121.

871 Vgl. EIBELSHÄUSER, M., Bilanzierungsgrundsätze und öffentliche Rechnungslegung, S. 623.

872 Vgl. KÄMPFER, G./BREIDERT, U., Zweckentsprechende Bilanzierung, S. 121; vgl. hierzu auch BRIXNER, H. C./HARMS, J./NOE, H. W., Verwaltungs-Kontenrahmen, Kapitel D, Rn. 180.

873 Vgl. HÄFNER, P., Doppelte Buchführung, S. 190; vgl. zu möglichen Anwendungsfällen HENKES, J., Der Jahresabschluss kommunaler Gebietskörperschaften, S. 384 f.; FUDALLA, M./TÖLLE, M./WÖSTE, C./ZUR MÜHLEN, M., Bilanzierung und Jahresabschluss in der Kommunalverwaltung, S. 174 f.

reich eher die Ausnahme. Explizit keine Drohverlustrückstellungen dürfen in der Bilanz angesetzt werden, sofern „einzelne Leistungen der Gemeinde wirtschaftlich betrachtet von vornherein als verlustbringend zu bewerten sind, diese aus Gründen der örtlichen Bedarfsdeckung gleichwohl von der Gemeinde erbracht werden“[874]. Dies gilt auch, „wenn die Gemeinde bei der Festsetzung der Höhe von Entgelten für gemeindliche Leistungen auf die Erhebung kostendeckender Erträge verzichtet“[875]. Als Begründung wird in der Handreichung angeführt, dass in diesen Fällen auf die Gleichwertigkeit der geschäftlichen Leistungen durch die Gemeinde bewusst verzichtet wurde.[876]

422.62 Das Vorsichtsprinzip

Eng verbunden mit dem Imparitätsprinzip ist das Vorsichtsprinzip als zweiter Kapitalerhaltungsgrundsatz. Der Grundsatz der Vorsicht ist handelsrechtlich in § 252 Abs. 1 Nr. 4 HGB kodifiziert. Er verlangt vom Bilanzierenden, seine Vermögensgegenstände und Schulden vorsichtig zu bewerten.[877]

Das Vorsichtsprinzip wird in der Literatur unterschiedlich interpretiert. Teile des Schrifttums sehen das Vorsichtsprinzip als Oberprinzip, das in das Realisationsprinzip, das Imparitätsprinzip und in die Ansatzgrundsätze ausstrahle.[878] Demnach sollte sich der Rechnungslegende eher ärmer als reicher rechnen.[879] Aktiva sind bei einer solchen Interpretation des Vorsichtsprinzips im Zweifel eher zu niedrig und Passiva eher zu hoch zu bewerten.[880]

Eine solche einseitige Auslegung des Vorsichtsprinzips wird den Zwecken des Jahresabschlusses indes nicht gerecht.[881] So führt diese asymmetrische Bilanzierungsweise zwar in der abzuschließenden Periode zu einer Gewinnminderung und somit auch zu einem

874 INNENMINISTERIUM NORDRHEIN-WESTFALEN (Hrsg.), Neues Kommunales Finanzmanagement, 602.

875 INNENMINISTERIUM NORDRHEIN-WESTFALEN (Hrsg.), Neues Kommunales Finanzmanagement, 602.

876 Vgl. hierzu INNENMINISTERIUM NORDRHEIN-WESTFALEN (Hrsg.), Neues Kommunales Finanzmanagement, S. 602; vgl. zum Handelsrecht hinsichtlich bewusster Verlustgeschäfte MOXTER, A., Grundsätze ordnungsmäßiger Rechnungslegung, S. 121 m. w. N.

877 Vgl. BAETGE, J./KIRSCH, H.-J./THIELE, S., Bilanzen, S. 140.

878 Vgl. hierzu BAETGE, J./ZIESEMER, S., § 252 HGB, Rn. 141 m. w. N.

879 Vgl. LEFFSON, U., Die Grundsätze ordnungsmäßiger Buchführung, S. 466.

880 Vgl. BAETGE, J./ZÜLCH, H., Rechnungslegungsgrundsätze, Rn. 94.

881 Vgl. BAETGE, J./ZIESEMER, S., § 252 HGB, Rn. 143.

geringeren Ausschüttungspotenzial,[882] allerdings werden hierbei stille Rücklagen gebildet, die für den Jahresabschlussadressaten häufig nicht zu erkennen sind und die insoweit zu einer Informationsverfälschung führen.[883] Problematisch ist aber vor allem die stille Auflösung der stillen Rücklagen in den folgenden Geschäftsjahren. Verluste aus der gewöhnlichen Geschäftslage können dann durch realisierte Buchgewinne verschleiert werden.[884] Die Jahresabschlussadressaten werden dann mit zu positiven Informationen über die wirtschaftliche Lage des Unternehmens getäuscht.[885]

Das Vorsichtsprinzip ist vielmehr immer dann anzuwenden, „wenn bzgl. künftiger Sachverhalte unsichere Erwartungen beim Bilanzierenden vorliegen."[886] Wichtige Anwendungsfälle sind die Schätzung der voraussichtlichen Nutzungsdauer von abnutzbaren Vermögensgegenständen sowie die Schätzung der voraussichtlichen wirtschaftlichen Belastung durch die Inanspruchnahme aus Rückstellungen.[887] Aus der Schätzbandbreite möglicher Werte sollte dann zwar im Zweifel eher ein pessimistischer als ein optimistischer ausgewählt werden, unrealistische Werte und Ausreißer sind indes nicht zu berücksichtigen.[888] Der bilanzierte Wert muss sowohl dem Rechenschafts- als auch dem Kapitalerhaltungszweck gerecht werden.[889] Eine willkürliche Unterbewertung von Aktiva bzw. eine willkürliche Überbewertung von Passiva ist indes nicht zulässig.[890] Der Grundsatz der Willkürfreiheit begrenzt hier das Vorsichtsprinzip.[891]

Das Vorsichtsprinzip wird im Neuen Kommunalen Finanzmanagement in § 32 Abs. 1 Nr. 3 GemHVO aufgeführt: „Es ist vorsichtig zu bewerten, ..." Fraglich ist indes, wie das Vorsichtsprinzip hier zu interpretieren ist. Die Annahme eines dominierenden Vorsichtsprinzips, das in andere Prinzipien ausstrahlt, erscheint dabei auch im Neuen Kommunalen Finanzmanagement nicht sinnvoll. Die systematische Unterbewertung von Aktiva bzw. Überbewertung von Passiva wird auch im Neuen Kommunalen Finanzma-

882 Vgl. BAETGE, J./KIRSCH, H.-J./THIELE, S., Bilanzen, S. 140.

883 Vgl. BAETGE, J./ZIESEMER, S., § 252 HGB, Rn. 142.

884 Vgl. hierzu BAETGE, J./KIRSCH, H.-J./THIELE, S., Bilanzen, S. 140.

885 Vgl. zur Problematik stiller Rücklagen LEFFSON, U., Die Grundsätze ordnungsmäßiger Buchführung, S. 84-88.

886 BAETGE, J./KIRSCH, H.-J./THIELE, S., Bilanzen, S. 140.

887 Vgl. BAETGE, J./ZIESEMER, S., § 252 HGB, Rn. 145.

888 Vgl. BAETGE, J./ZIESEMER, S., § 252 HGB, Rn. 144; BAETGE, J./ZÜLCH, H., Rechnungslegungsgrundsätze, Rn. 94.

889 Vgl. BAETGE, J./KIRSCH, H.-J./THIELE, S., Bilanzen, S. 141.

890 Vgl. SELCHERT, F. W., § 252 HGB; Rn. 87.

891 Vgl. BAETGE, J./ZÜLCH, H., Rechnungslegungsgrundsätze, Rn. 94.

nagement den Jahresabschlusszwecken nicht gerecht, da hier, genauso wie im HGB, ein Ausgleich zwischen Rechenschaft und Kapitalerhaltung angestrebt wird.[892]

Die Bildung stiller Rücklagen führt zu einer Verzerrung der Darstellung der Lage der Gemeinde und beeinträchtigt die Rechenschaft. Besonders problematisch ist auch die stille Auflösung von stillen Rücklagen in späteren Haushaltsjahren, bspw. durch den Verkauf von Immobilien zu einem Preis oberhalb des Buchwertes. Durch die Realisierung von Buchgewinnen können so Verluste aus der gewöhnlichen Verwaltungstätigkeit verschleiert werden, ein Vorgehen, das auch dem Schutz künftiger Generationen nicht förderlich ist.

Das Vorsichtsprinzip dürfte vielmehr auch im Neuen Kommunalen Finanzmanagement einschlägig sein, wenn hinsichtlich der Bewertung künftiger Sachverhalte unsichere Erwartungen beim Bilanzierenden vorliegen. Wichtige Anwendungsfälle sind auch hier die Schätzung der voraussichtlichen Nutzungsdauer von abnutzbaren Vermögensgegenständen sowie der voraussichtlichen wirtschaftlichen Belastung durch die Inanspruchnahme aus Rückstellungen. Ebenso wie im Handelsrecht ist dann aus einer Schätzbandbreite möglicher Werte im Zweifel ein eher pessimistischer als ein optimistischer Wert zu wählen, willkürliche Unterbewertungen sind indes nicht zulässig.

422.7 Das Zusammenwirken der einzelnen GoB innerhalb des GoB-Systems

Das handelsrechtliche GoB-System dient der Interessenregelung. Die enthaltenen GoB stehen in einer wechselseitigen Beziehung zueinander und dürfen nicht isoliert betrachtet werden.[893] Kein GoB ist dabei allen anderen GoB über- oder untergeordnet.[894] Einzelne GoB werden jeweils von anderen GoB inhaltlich konkretisiert, erweitert oder beschränkt.[895] Diese gegenseitige Abstützung und Ergänzung von GoB wird von BAETGE/KIRSCH/THIELE als „Eiffelturm-Prinzip"[896] bezeichnet. Hierdurch wird verdeutlicht,

892 Vgl. zu dem ausgeglichen Verhältnis von Rechenschaft und Kapitalerhaltung Abschnitt 421.4.

893 Vgl. BAETGE, J./KIRSCH, H.-J./THIELE, S., Bilanzen, S. 142.

894 Vgl. BAETGE, J./ZIESEMER, S., § 252 HGB, Rn. 5.

895 Vgl. BAETGE, J./KIRSCH, H.-J./THIELE, S., Bilanzen, S. 142; BAETGE, J./ZIESEMER, S., § 252 HGB, Rn. 5.

896 BAETGE, J./KIRSCH, H.-J./THIELE, S., Bilanzen, S. 142.

dass es im GoB-System kaum einen GoB gibt, auf den verzichtet werden kann, ohne den Bestand des gesamten Systems zu gefährden.[897]

Die Ausführungen in Abschnitt 422. zeigen, dass die einzelnen handelsrechtlichen GoB im Neuen Kommunalen Finanzmanagement sinngemäß anzuwenden sind. Der Gesetz- und Verordnungsgeber hat einzelne GoB explizit kodifiziert[898] und hinsichtlich verschiedener nicht-kodifizierter GoB bewusst zum Ausdruck gebracht, dass diese im Neuen Kommunalen Finanzmanagement anzuwenden sind.[899] Einschränkungen, Relativierungen oder grundlegende Veränderungen einzelner GoB sind eher nicht ersichtlich. Diese Ansicht wird gestützt durch die Erläuterungen des Gesetz- und Verordnungsgebers und die Entstehungsgeschichte des Neuen Kommunalen Finanzmanagements. Auch ist nicht zu erkennen, dass ein einzelner GoB allen anderen GoB über- oder untergeordnet ist. Das handelsrechtliche GoB-System im Sinne des Eiffelturm-Prinzips, das sich durch die wechselseitige inhaltliche Konkretisierung, Erweiterung oder Beschränkung und die fehlende Dominanz eines Grundsatzes auszeichnet, ist vielmehr sinngemäß auch im Neuen Kommunalen Finanzmanagement anzuwenden.

423. Zwischenfazit

Die Ausführungen in Abschnitt 421. zeigten zunächst, dass die Zwecke des handelsrechtlichen Jahresabschlusses sinngemäß auch im kommunalen Jahresabschluss gelten. In Abschnitt 422. wurden die handelsrechtlichen GoB dargestellt und daraufhin untersucht, ob sie im Neuen Kommunalen Finanzmanagement kodifiziert wurden oder ob gegebenenfalls Relativierungen vorgenommen wurden. Dabei zeigte sich, dass die handelsrechtlichen GoB nicht relativiert werden und soweit zur Auslegung von Bilanzierungssachverhalten in der kommunalen Rechnungslegung herangezogen werden können und müssen.

Im Folgenden soll nun exemplarisch die entsprechende Anwendung der handelsrechtlichen GoB in der kommunalen Rechnungslegung gezeigt werden und somit eine Konkretisierung im Kontext des Neuen Kommunalen Finanzmanagements für einen konkreten

897 Vgl. hierzu BAETGE, J./KIRSCH, H.-J., Grundsätze ordnungsmäßiger Buchführung, Rn. 50; BAETGE, J./KIRSCH, H.-J./THIELE, S., Bilanzen, S. 142; BAETGE, J./ZÜLCH, H., Rechnungslegungsgrundsätze, Rn. 40.

898 Vgl. bspw. den Grundsatz der Einzelbewertung (Abschnitt 422.33), das Realisationsprinzip (Abschnitt 422.51), das Imparitätsprinzip (Abschnitt 422.61) sowie das Vorsichtsprinzip (Abschnitt 422.62).

899 Vgl. exemplarisch den Aktivierungsgrundsatz (Abschnitt 422.41).

Fall erfolgen. Als Anwendungsbeispiel wird hierfür die Bewertung des Sachanlagevermögens gewählt. Kommunale Gebietskörperschaften besitzen in der Regel in großem Umfang Vermögensgegenstände des Sachanlagevermögens, so dass der Bewertung des Sachanlagevermögens eine „überragende Bedeutung"[900] zukommt. Grundstücke und bauliche Anlagen umfassen im Regelfall mehr als 80 % des kommunalen Vermögens.[901] Zudem ist die Bewertung des Sachanlagevermögens ein wesentlicher Einflussfaktor auf den Haushaltsausgleich.[902]

43 Die Rechnungslegung im Neuen Kommunalen Finanzmanagement am Beispiel der Bewertung des Sachanlagevermögens

431. Überblick über das Sachanlagevermögen

Die Gliederung der Bilanz im Neuen Kommunalen Finanzmanagement orientiert sich am Handelsrecht. Bei den Aktiva wird unterschieden in Anlagevermögen, Umlaufvermögen und Aktive Rechnungsabgrenzung. Als Anlagevermögen sind nur Gegenstände auszuweisen, die dazu bestimmt sind, dauernd der Aufgabenerfüllung der Gemeinde zu dienen (§ 33 Abs. 1 Satz 2 GemHVO). Ist der Vermögensgegenstand zur kurzfristigen Nutzung, zum Verbrauch oder zum Verkauf vorgesehen, so ist er im Umlaufvermögen anzusetzen.[903] Der Wert eines Vermögensgegenstandes ist für die Abgrenzung nicht von Bedeutung.[904] Bei der Zuordnung ist vielmehr auf die wirtschaftliche Zweckbestimmung sowie auf den Willen der Gemeinde abzustellen.[905] Beabsichtigt die Gemeinde bspw. auf einem neu erworbenen Grundstück ein Verwaltungsgebäude zu errichten, so ist das Grundstück im Anlagevermögen auszuweisen.[906] Erwirbt die Gemeinde hingegen ein

---

900 VOGELPOTH, N./DÖRSCHELL, A., Internationale Rechnungslegungsstandards, S. 759; so auch WINDMÖLLER, R., Ansatz und Bewertung, S. 170.

901 Vgl. MARETTEK, C./DÖRSCHELL, A./HELLENBRAND, A., Kommunales Vermögen, S. 38.

902 Vgl. HENKES, J., Der Jahresabschluss kommunaler Gebietskörperschaften, S. 230.

903 Vgl. INNENMINISTERIUM NORDRHEIN-WESTFALEN (Hrsg.), Neues Kommunales Finanzmanagement, S. 636 f.

904 Vgl. INNENMINISTERIUM NORDRHEIN-WESTFALEN (Hrsg.), Neues Kommunales Finanzmanagement, S. 559.

905 Vgl. INNENMINISTERIUM NORDRHEIN-WESTFALEN (Hrsg.), Neues Kommunales Finanzmanagement, S. 559; so auch BAETGE, J./KIRSCH, H.-J./THIELE, S., Bilanzen, S. 293.

906 Vgl. RETTLER, S., § 33 GemHVO, S. 2.

Grundstück, um es in Bauland umzuwandeln und anschließen zu verkaufen, so ist das Grundstück dem Umlaufvermögen zuzuordnen.[907]

Die Zuordnung eines Vermögensgegenstandes zum Anlage- oder Umlaufvermögen ist für den Jahresabschluss der Gemeinde von besonderer Bedeutung, weil von dieser Zuordnung auch die Zuordnung der zugehörigen Ein- und Auszahlungen in der Finanzrechnung abhängt.[908] Wird ein Vermögensgegenstand dem Anlagevermögen zugeordnet, handelt es sich bei der Anschaffung oder der Veräußerung um Zahlungen der Investitionstätigkeit während eine Zuordnung zum Umlaufvermögen zu Zahlungen aus der laufenden Verwaltungstätigkeit führt.[909] Die Anschaffung von Vermögensgegenständen des Anlagevermögens darf durch Kredite finanziert werden.[910] Daneben ist auch die Folgebewertung eines Vermögensgegenstandes von der Zuordnung zum Anlage- oder zum Umlaufvermögen abhängig.[911]

Das Anlagevermögen selbst wird unterteilt in immaterielle Vermögensgegenstände, Sachanlagen und Finanzanlagen. Auch diese Gliederung entspricht dem handelsrechtlichen Referenzmodell. Die weitere Untergliederung des Sachanlagevermögens weicht indes vom HGB ab und trägt den Besonderheiten von Gemeinden Rechnung. Dies verdeutlicht die Abbildung 4.

Die detaillierte Gliederung berücksichtigt auch die große Bedeutung des Sachanlagevermögens für die Gemeinde.[912] Die Vermögensgegenstände des Sachanlagevermögens einer Gemeinde dienen dabei vielfältigen unterschiedlichen Aufgaben. Wie bei erwerbswirtschaftlichen Unternehmen trägt ein Teil der Vermögensgegenstände zur Erreichung von Ertragszielen bei.[913] Darüber hinaus verfügen kommunale Gebietskörperschaften aber auch in erheblichem Umfang über Vermögensgegenstände, die vorrangig der Erfüllung

907 Vgl. RETTLER, S., § 33 GemHVO, S. 2.

908 So HENKES, J., Der Jahresabschluss kommunaler Gebietskörperschaften, S. 228 m. w. N.

909 Vgl. HENKES, J., Der Jahresabschluss kommunaler Gebietskörperschaften, S. 228 m. w. N.

910 Vgl. HENKES, J., Der Jahresabschluss kommunaler Gebietskörperschaften, S. 228.

911 Vgl. BAETGE, J./KIRSCH, H.-J./THIELE, S., Bilanzen, S. 294.

912 Vgl. BERNHARDT, H./MUTSCHLER, K./STOCKEL-VELTMANN, C., Kommunales Finanzmanagement NRW, S. 290.

913 Vgl. DETEMPLE, P./MARETTEK, C., Konzernabschlüsse für Gebietskörperschaften, S. 286; DÖRSCHELL, A./FRANKEN, L./SCHULTE, J., Die Bewertung öffentlicher Beteiligungen, S. 24.

von Sachzielen dienen, wie bspw. Infrastrukturvermögen und Schulen.[914] Diese Vermögensgegenstände dienen nicht direkt der Erzielung von Einzahlungsüberschüssen.[915]

Das Sachanlagevermögen
Unbebaute Grundstücke und grundstücksgleiche Rechte
Grünflächen
Ackerland
Wald, Forsten
Sonstige unbebaute Grundstücke
Bebaute Grundstücke und grundstücksgleiche Rechte
Kinder- und Jugendeinrichtungen
Schulen
Wohnbauten
Sonstige Dienst-, Geschäfts- und Betriebsgebäude
Infrastrukturvermögen
Grund und Boden des Infrastrukturvermögens
Brücken und Tunnel
Gleisanlagen mit Streckenausrüstung und Sicherheitsanlagen
Entwässerungs- und Abwasserbeseitigungsanlagen
Straßennetz mit Wegen, Plätzen und Verkehrslenkungsanlagen
Sonstige Bauten des Infrastrukturvermögens
Bauten auf fremdem Grund und Boden
Kunstgegenstände, Kulturdenkmäler
Maschinen und technische Anlagen, Fahrzeuge
Betriebs- und Geschäftsausstattung
Geleistete Anzahlungen, Anlagen im Bau

Abbildung 4: Gliederung des Sachanlagevermögens im Neuen Kommunalen Finanzmanagement

914 Vgl. MARETTEK, C./DÖRSCHELL, A./HELLENBRAND, A., Kommunales Vermögen, S. 61; DETEMPLE, P./MARETTEK, C., Konzernabschlüsse für Gebietskörperschaften, S. 286.

915 Vgl. BÖCKING, H.-J./DUTZI, A., Rechnungslegung, S. 417; EIBELSHÄUSER, M., Bilanzierungsgrundsätze und öffentliche Rechnungslegung, S. 621.

432. Abbildung im Jahresabschluss

432.1 Die Zugangsbewertung von Vermögensgegenständen des Sachanlagevermögens

432.11 Vorbemerkung

Der Wert eines Gutes ist abhängig vom Nutzen, den das Gut für ein Subjekt stiftet.[916] Ein erwerbswirtschaftliches Unternehmen bilanziert als Vermögensgegenstände Güter, die zur Erreichung des Ertragszieles beitragen.[917] Der Wert ergibt sich aus der Möglichkeit künftiger Nutzenstiftung für das Unternehmen. Da der individuelle Nutzen indes nicht intersubjektiv nachprüfbar ist und somit für eine objektive Rechenschaft ungeeignet erscheint, wird zur Objektivierung der Wert herangezogen, der für einen Vermögensgegenstand gezahlt wurde.[918] Im Handelsrecht wird dabei unterstellt, dass der Vermögensgegenstand im Erwerbszeitpunkt mindestens einen Nutzen in Höhe des Kaufpreises für den Bilanzierenden besitzt.[919]

Auch kommunale Gebietskörperschaften verfügen in größerem Umfang über Vermögensgegenstände, die ertragswirtschaftlichen Zwecken dienen.[920] Die oben genannten Aspekte lassen sich insoweit sinnvoll auf Gemeinden übertragen. Darüber hinaus verfügen Gemeinden aber auch über umfangreiches Vermögen, das keinen Ertrags- sondern Sachzielen dient.[921] Der Nutzen ist hierbei im Zusammenhang mit der Erreichung des Sachzieles zu sehen.[922] Dieser Nutzen ist ebenso wenig intersubjektiv nachprüfbar wie bei erwerbswirtschaftlichen Gütern, indes kann auch hier zur Objektivierung jener Wert herangezogen werden, der für den Vermögensgegenstand gezahlt wurde. Somit wird auch hier unterstellt, dass der Vermögensgegenstand im Erwerbszeitpunkt mindestens einen Nutzen in Höhe des Kaufpreises für die Gemeinde besitzt.[923]

Vermögensgegenstände sind gemäß § 91 Abs. 2 Nr. 1 GO höchstens mit Anschaffungs- oder Herstellungskosten, vermindert um die planmäßigen oder außerplanmäßigen Ab-

916 Vgl. LEFFSON, U., Die Grundsätze ordnungsmäßiger Buchführung, S. 255.

917 Vgl. WINDMÖLLER, R., Ansatz und Bewertung, S. 170 f.

918 Vgl. LEFFSON, U., Die Grundsätze ordnungsmäßiger Buchführung, S. 255.

919 Vgl. LEFFSON, U., Die Grundsätze ordnungsmäßiger Buchführung, S. 255.

920 Vgl. hierzu Abschnitt 431.

921 Vgl. KUSSMAUL, H./HENKES, J., Elemente Teil II, S. 550.

922 Vgl. MARETTEK, C./DÖRSCHELL, A./HELLENBRAND, A., Kommunales Vermögen, S. 62.

923 Vgl. WINDMÖLLER, R., Ansatz und Bewertung, S. 172; vgl. ähnlich auch MARETTEK, C./DÖRSCHELL, A./HELLENBRAND, A., Kommunales Vermögen, S. 66;

schreibungen, anzusetzen. Das Neue Kommunale Finanzmanagement übernimmt somit das handelsrechtliche AK/HK-Prinzip.[924] Folglich bilden die Anschaffungs- oder Herstellungskosten ebenso wie im Handelsrecht die wertmäßige Obergrenze für die Bewertung der Vermögensgegenstände im Jahresabschluss der Gemeinde.[925] Dies dient der Objektivierung des Jahresabschlusses.

432.12 Die Bewertung mit den Anschaffungskosten

In § 33 Abs. 2 GemHVO werden die Bestandteile der Anschaffungskosten näher bestimmt. Anschaffungskosten sind demnach jene Aufwendungen, „die geleistet werden, um einen Vermögensgegenstand zu erwerben und ihn in einen betriebsbereiten Zustand zu versetzen, soweit sie dem Vermögensgegenstand einzeln zugeordnet werden können. Zu den Anschaffungskosten gehören auch die Nebenkosten sowie die nachträglichen Anschaffungskosten. Minderungen des Anschaffungspreises sind abzusetzen" (§ 33 Abs. 2 GemHVO). Die Regelung in der GemHVO entspricht insoweit § 255 Abs. 1 HGB.[926] Die Ermittlung der Anschaffungskosten veranschaulicht auch die folgende Abbildung:

	Anschaffungspreis
-	Anschaffungspreisminderungen
+	Anschaffungsnebenkosten
+	Nachträgliche Anschaffungskosten
=	Anschaffungskosten

Abbildung 5: Die Ermittlung der Anschaffungskosten[927]

924 Vgl. zum AK/HK-Prinzip als Bestandteil des Realisationsprinzips sowie zu den Überlegungen hinsichtlich einer möglichen Modifikation des Realisationsprinzips im Rahmen des Modellprojektes Abschnitt 422.51.

925 Vgl. FLÜSHÖH, O., § 91 GO, S. 977; FUDALLA, M./TÖLLE, M./WÖSTE, C./ZUR MÜHLEN, M., Bilanzierung und Jahresabschluss in der Kommunalverwaltung, S. 64.

926 Vgl. auch BERNHARDT, H./MUTSCHLER, K./STOCKEL-VELTMANN, C., Kommunales Finanzmanagement NRW, S. 257; FUDALLA, M./TÖLLE, M./WÖSTE, C./ZUR MÜHLEN, M., Bilanzierung und Jahresabschluss in der Kommunalverwaltung, S. 64; RETTLER, S., § 33 GemHVO, S. 1.

927 Vgl. INNENMINISTERIUM NORDRHEIN-WESTFALEN (Hrsg.), Neues Kommunales Finanzmanagement, S. 560; LT-Drucksache 13/5567, S. 246; vgl. auch BAETGE, J./KIRSCH, H.-J./THIELE, S., Bilanzen, S. 195.

Der **Anschaffungspreis** eines Vermögensgegenstandes ergibt sich aus der Rechnung oder dem Kaufvertrag.[928] Der Anschaffungspreis umfasst dabei, im Gegensatz zum Handelsrecht,[929] auch die Umsatzsteuer, da die Verwaltung in der Regel nicht vorsteuerabzugsberechtigt ist.[930] Eine Ausnahme besteht für den Bereich der Betriebe gewerblicher Art (BgA).[931]

Bei einem entgeltlichen Erwerb eines Vermögensgegenstandes darf die bilanzierende Gemeinde, dem Grundsatz der Pagatorik entsprechend, nur den tatsächlich gezahlten Betrag aktivieren.[932] Deshalb sind bei der Bestimmung der Anschaffungskosten Anschaffungspreisminderungen vom Anschaffungspreis abzuziehen. Als **Anschaffungspreisminderungen** sind Rabatte und Skonti zu erfassen.[933] Ein gewährter Bonus darf dagegen nicht vom Anschaffungspreis abgezogen werden.

Zu den Anschaffungspreisminderungen zählen handelsrechtlich auch erhaltene Zuwendungen.[934] Handelsrechtlich sind dabei drei Möglichkeiten für die bilanzielle Abbildung denkbar, auf Grund der vielfältigen Bedingungen, die häufig an die Zuwendungsgewährung geknüpft sind, ist die bilanzielle Abbildung indes im Einzelfall genau zu prüfen:[935]

- Die Zuwendung könnte als Anschaffungskostenminderung berücksichtigt werden,
- Ansatz eines speziellen Passivpostens, der erfolgswirksam über die Nutzungsdauer des Vermögensgegenstandes aufgelöst wird oder
- sofortige erfolgswirksame Vereinnahmung der Zuwendung.

928 Vgl. RETTLER, S., § 33 GemHVO, S. 3.

929 Handelsrechtlich stellt die Umsatzsteuer für das Unternehmen einen durchlaufenden Posten dar, weil das Unternehmen sich diese als Vorsteuer vom Finanzamt erstatten lassen kann, vgl. BAETGE, J./KIRSCH, H.-J./THIELE, S., Bilanzen, S. 195.

930 Vgl. BRIXNER, H. C./HARMS, J./NOE, H. W., Verwaltungs-Kontenrahmen, Kapitel D, Rn. 172; HÄFNER, P., Doppelte Buchführung, S. 84; KUSSMAUL, H./HENKES, J., Doppik, S. 425; RETTLER, S., § 33 GemHVO, S. 3.

931 Vgl. BERNHARDT, H./MUTSCHLER, K./STOCKEL-VELTMANN, C., Kommunales Finanzmanagement NRW, S. 257; HÄFNER, P., Doppelte Buchführung, S. 84.

932 Vgl. FUDALLA, M./TÖLLE, M./WÖSTE, C./ZUR MÜHLEN, M., Bilanzierung und Jahresabschluss in der Kommunalverwaltung, S. 66.

933 Vgl. INNENMINISTERIUM NORDRHEIN-WESTFALEN (Hrsg.), Neues Kommunales Finanzmanagement, S. 560; vgl. zum Skonto auch MÜLHAUPT, L., Begriff und Wesen des Barzahlungsskontos, S. 921.

934 Vgl. BAETGE, J./KIRSCH, H.-J./THIELE, S., Bilanzen, S. 198; vgl. hierzu ausführlich UHLIG, A., Grundsätze ordnungsmäßiger Bilanzierung für Zuschüsse.

935 Vgl. BAETGE, J./KIRSCH, H.-J./THIELE, S., Bilanzen, S. 198.

Zuwendungen sind im kommunalen Bereich von großer Bedeutung.[936] So werden insbesondere Schulen und Kindergärten durch Landesmittel in Höhe von bis zu 50 % der Anschaffungskosten gefördert.[937] Für erhaltene Zuwendungen gelten im Gemeindehaushaltsrecht indes spezielle Regelungen (§ 43 Abs. 4 und 5 GemHVO). Erhaltene Zuwendungen für die Anschaffung eines Vermögensgegenstandes gehen demnach nicht als Anschaffungspreisminderungen in die Ermittlung der Anschaffungskosten ein.[938] Auch eine sofortige erfolgswirksame Vereinnahmung ist ausgeschlossen. Sie werden vielmehr durch die Bildung von Passivposten berücksichtigt.[939] Bei nicht abnutzbaren Vermögensgegenständen bleibt der Sonderposten bis zum Abgang des Vermögensgegenstandes in der Bilanz. Erst dann ist er in das Eigenkapital umzubuchen.[940] Zuwendungen, die die Gemeinde für die Anschaffung eines Vermögenswertes erhält und für die der Zuwendungsgeber die ertragswirksame Auflösung ausgeschlossen hat, sind in Höhe des noch nicht aktivierten Anteils der Vermögensgegenstände in einer Sonderrücklage zu passivieren (§ 43 Abs. 4 GemHVO).

Zu den **Anschaffungsnebenkosten** zählen alle Ausgaben im Zusammenhang mit der Beschaffung, die nötig sind, um den Gegenstand in einen betriebsbereiten Zustand zu versetzen, soweit sie diesem einzeln zugerechnet werden können. Zu den Anschaffungsnebenkosten gehören bspw. Aufwendungen für den Transport und die Montage eines Vermögensgegenstandes. Auch Aufwendungen für die Vergabe eines Auftrages gemäß § 25 GemHVO sind als Anschaffungsnebenkosten zu erfassen.[941]

936 Vgl. hierzu HENKES, J., Der Jahresabschluss kommunaler Gebietskörperschaften, S. 335 m. w. N.; vgl. hierzu auch EHRBAR-WULFEN, S., § 43 GemHVO, S. 5; FREYTAG, D./HAMACHER, C./WOHLAND, A., Neues Kommunales Finanzmanagement, S. 166; KUMMER, L., § 2 GemHVO, S. 3.

937 Vgl. HENKES, J., Der Jahresabschluss kommunaler Gebietskörperschaften, S. 335.

938 Vgl. INNENMINISTERIUM NORDRHEIN-WESTFALEN (Hrsg.), Neues Kommunales Finanzmanagement, S. 698; vgl. auch FUDALLA, M./TÖLLE, M./WÖSTE, C./ZUR MÜHLEN, M., Bilanzierung und Jahresabschluss in der Kommunalverwaltung, S. 66.

939 Vgl. zur bilanziellen Behandlung von Zuwendungen in der NKF-Eröffnungsbilanz auch SEMELKA, T./MEIER, N., Der Sonderposten, S. 36-39; vgl. zu den Sonderposten auch HUFNAGEL, W./SCHOOFS, H., Die Ermittlung der Sonderposten, S. 246-249; HUFNAGEL, W./KRUSE, A., Ermittlung des Sonderpostens, S. 153-157.

940 Vgl. INNENMINISTERIUM NORDRHEIN-WESTFALEN (Hrsg.), Neues Kommunales Finanzmanagement, S. 703.

941 Vgl. INNENMINISTERIUM NORDRHEIN-WESTFALEN (Hrsg.), Neues Kommunales Finanzmanagement, S. 561.

Als **nachträgliche Anschaffungskosten** sind z. B. beim Erwerb eines Grundstückes zu einem späteren Zeitpunkt noch anfallende Beiträge für die Erschließung anzusehen.[942] Auch spätere Erhöhungen des Kaufpreises durch Anpassungen auf Grund eines Gerichtsprozesses können als nachträgliche Anschaffungskosten zu bewerten sein.[943]

Gemeinden erhalten häufig Schenkungen in Form von Geld- oder Sachleistungen.[944] Die bilanzielle Behandlung eines unentgeltlich erworbenen Vermögensgegenstandes (z. B. im Fall einer Erbschaft, Schenkung oder Stiftung) ist im Handelsrecht umstritten. In der Literatur werden hier ein Aktivierungsverbot, ein Aktivierungswahlrecht sowie ein Aktivierungsgebot diskutiert.[945] Im Neuen Kommunalen Finanzmanagement werden Schenkungen bilanziell wie Zuwendungen behandelt.[946] Der Vermögensgegenstand wird in Höhe des vorsichtig geschätzten Zeitwertes aktiviert; in gleicher Höhe wird ein Sonderposten passiviert, der entsprechend den Abschreibungen erfolgswirksam aufgelöst wird.[947] Als Beispiel können Anschaffungen durch Fördervereine in Schulen oder bei der Feuerwehr genannt werden, die in das wirtschaftliche Eigentum der Gemeinde übergehen.[948] Auch Vermögensgegenstände, die durch eine Umwidmung (bspw. Kreisstraße in Gemeindestraße) in das Eigentum der Gemeinde übergehen, sind bilanziell als Schenkung zu berücksichtigen.[949]

---

942 Vgl. INNENMINISTERIUM NORDRHEIN-WESTFALEN (Hrsg.), Neues Kommunales Finanzmanagement, S. 561.

943 Vgl. INNENMINISTERIUM NORDRHEIN-WESTFALEN (Hrsg.), Neues Kommunales Finanzmanagement, S. 561; vgl. auch KAHLE, H., § 255 HGB, Rn. 111.

944 Vgl. INNENMINISTERIUM NORDRHEIN-WESTFALEN (Hrsg.), Neues Kommunales Finanzmanagement, S. 705; vgl. auch WIRTZ, H., Grundsätze ordnungsmäßiger öffentlicher Buchführung, S. 189.

945 Vgl. für einen Überblick WOHLGEMUTH, M., Die Anschaffungskosten, Rn. 71-73 m. w. N.; ADLER, H./DÜRING, W./SCHMALTZ, K., Rechnungslegung und Prüfung der Unternehmen, § 255 Rn. 83-88; KAHLE, H., § 255 HGB.

946 Vgl. INNENMINISTERIUM NORDRHEIN-WESTFALEN (Hrsg.), Neues Kommunales Finanzmanagement, S. 705.

947 Vgl. INNENMINISTERIUM NORDRHEIN-WESTFALEN (Hrsg.), Neues Kommunales Finanzmanagement, S. 705; vgl. auch FUDALLA, M./TÖLLE, M./WÖSTE, C./ZUR MÜHLEN, M., Bilanzierung und Jahresabschluss in der Kommunalverwaltung, S. 64.

948 Vgl. HENKES, J., Der Jahresabschluss kommunaler Gebietskörperschaften, S. 343; HUFNAGEL, W./SCHOOFS, H., Die Ermittlung der Sonderposten, S. 249.

949 Vgl. INNENMINISTERIUM NORDRHEIN-WESTFALEN (Hrsg.), Neues Kommunales Finanzmanagement, S. 705.

432.13 Die Bewertung mit den Herstellungskosten

Die Herstellungskosten sind der Wertmaßstab für die von der Gemeinde selbst hergestellten Vermögensgegenstände, bspw. die Errichtung eines Kinderspielplatzes durch Mitarbeiter des Bauhofs.[950] In der GemHVO werden Herstellungskosten definiert als „die Aufwendungen, die durch den Verbrauch von Gütern und die Inanspruchnahme von Diensten für die Herstellung eines Vermögensgegenstandes, seine Erweiterung oder für eine über seinen ursprünglichen Zustand hinausgehende wesentliche Verbesserung entstehen. Dazu gehören die Materialkosten, die Fertigungskosten und die Sonderkosten der Fertigung" (§ 33 Abs. 3 Satz 1 GemHVO). Diese Definition in der GemHVO stimmt mit § 255 Abs. 2 Satz 1 HGB überein. Die Wertuntergrenze der Herstellungskosten im Neuen Kommunalen Finanzmanagement entspricht der alten handelsrechtlichen Wertuntergrenze vor Verabschiedung des BilMoG.

Darüber hinaus können notwendige Materialgemeinkosten und Fertigungsgemeinkosten einbezogen werden (§ 33 Abs. 3 Satz 3 GemHVO). Hierfür bedarf es dann aber einer örtlich ausgestalteten Kosten- und Leistungsrechnung.[951] Gemeinkosten dürfen handelsrechtlich nur so weit berücksichtigt werden, wie sie auf den Zeitraum der Herstellung entfallen (§ 255 Abs. 2 Satz 5 HGB). In der Gemeindeordnung wird diese Einschränkung nicht explizit erwähnt. Indes wird in der Handreichung des Innenministeriums darauf verwiesen, dass Gemeinkosten nur berücksichtigt werden dürfen, soweit diese im Zeitraum der Herstellung anfallen.[952] Ebenso wie im Handelsrecht beschränkt sich der Begriff der Herstellungskosten auf aufwandsgleiche Kosten.[953] Nicht-pagatorische Teile der kalkulatorischen Kostenarten dürfen in die bilanziellen Herstellungskosten nicht miteinbezogen werden.[954]

Strittig ist, ob über die explizit genannten Gemeinkosten hinaus weitere Aufwendungen in die Herstellungskosten einbezogen werden dürfen. Die handelsrechtlichen Wahlrechte, angemessene Teile des Werteverzehrs des Anlagevermögens, Kosten der allgemeinen Verwaltung, Aufwendungen für soziale Einrichtungen, für freiwillige soziale Leistungen

950 Vgl. HENKES, J., Der Jahresabschluss kommunaler Gebietskörperschaften, S. 150.

951 Vgl. INNENMINISTERIUM NORDRHEIN-WESTFALEN (Hrsg.), Neues Kommunales Finanzmanagement, S. 563.

952 Vgl. INNENMINISTERIUM NORDRHEIN-WESTFALEN (Hrsg.), Neues Kommunales Finanzmanagement, S. 563.

953 Vgl. FUDALLA, M./TÖLLE, M./WÖSTE, C./ZUR MÜHLEN, M., Bilanzierung und Jahresabschluss in der Kommunalverwaltung, S. 68.

954 Vgl. LT-Drucksache 13/5567, S. 246; INNENMINISTERIUM NORDRHEIN-WESTFALEN (Hrsg.), Neues Kommunales Finanzmanagement, S. 562.

und für die Altersversorgung sowie Fremdkapitalzinsen in die Herstellungskosten einzubeziehen, werden in der GemHVO nicht explizit genannt.

Unstrittig ist das Einbeziehungsverbot für Verwaltungsgemeinkosten. Verwaltungsgemeinkosten dürfen nach der Gesetzesbegründung zum Neuen Kommunalen Finanzmanagement nicht einbezogen werden, „weil in diesem Bereich Gestaltungsspielräume ausgeschlossen werden sollen"[955].

Für ein Wahlrecht zur Einbeziehung angemessener Teile des Werteverzehrs des Anlagevermögens könnte angeführt werden, dass diese auch als Unterfall der Fertigungsgemeinkosten angesehen werden können,[956] und für die Fertigungsgemeinkosten insoweit in der GemHVO ein explizites Wahlrecht kodifiziert wurde. Diese Ansicht wird auch in der Handreichung des Innenministeriums vertreten.[957]

Für die weiteren Einbeziehungswahlrechte des Handelsrechts ist im Neuen Kommunalen Finanzmanagement von einem Einbeziehungsverbot auszugehen. Sie werden nicht explizit in der Gemeindehaushaltsverordnung genannt. Darüber hinaus besteht gerade auch im Bereich der Gemeinkosten erheblicher bilanzpolitischer Spielraum, und in Bezug auf die Verwaltungsgemeinkosten wurde eine Einbeziehung in die Herstellungskosten mit Verweis auf die damit verbundenen Gestaltungsspielräume verboten. Gegen eine weitergehende Aktivierung von Gemeinkosten würde auch sprechen, dass hierdurch der anzustrebende Haushaltsausgleich der aktuellen Periode begünstigt wird und künftige Haushaltjahre durch Abschreibungen belastet werden.[958] Die Gesetzesbegründung gibt an dieser Stelle keinen Hinweis auf die Intention des Gesetz- und Verordnungsgebers, in der

955 LT-Drucksache 13/5567, S. 247; so auch INNENMINISTERIUM NORDRHEIN-WESTFALEN (Hrsg.), Neues Kommunales Finanzmanagement, S. 562.

956 So IDW (Hrsg.), WP-Handbuch 2006, Abschnitt E, Rn 282.

957 Vgl. INNENMINISTERIUM NORDRHEIN-WESTFALEN (Hrsg.), Neues Kommunales Finanzmanagement, S. 563. A. A. MÜLLER, S./WELLER, N., Bilanzrechtsmodernisierungsgesetz und mögliche Änderungsnotwendigkeiten der kommunalen Einzelabschlüsse, S. 262.

958 RETTLER sieht die in der GemHVO genannten Bestandteile der Herstellungskosten als abschließend an und unterstellt ein Einbeziehungsverbot für alle nicht genannten Gemeinkosten, vgl. RETTLER, S., § 33 GemHVO, S. 6; für ein Einbeziehungswahlrecht für den Werteverzehr des Anlagevermögens sprechen sich BERNHARDT/MUTSCHLER/STOCKEL-VELTMANN aus, vgl. BERNHARDT, H./MUTSCHLER, K./STOCKEL-VELTMANN, C., Kommunales Finanzmanagement NRW, S. 264; so auch HENKES, J., Der Jahresabschluss kommunaler Gebietskörperschaften, S. 233; BRIXNER/HARMS/NOE fordern ohne direkten Bezug zum Neuen Kommunalen Finanzmanagement ein generelles Aktivierungsverbot für Gemeinkosten, vgl. BRIXNER, H. C./HARMS, J./NOE, H. W., Verwaltungs-Kontenrahmen, Kapitel D, Rn. 180; der ÖFA DES HFA fordert ohne direkten Bezug zum Neuen Kommunalen Finanzmanagement, eine generelle Pflicht zum Einbezug aller im HGB genannten Bestandteile, vgl. ÖFA DES HFA, IDW ERS ÖFA 1, Rn. 49.

Handreichung des Innenministeriums wird in der neuesten Auflage indes ein Einbeziehungsverbot festgestellt.[959]

Zu den Herstellungskosten zählen nicht nur die Ausgaben, die für die Neuschaffung eines Vermögensgegenstandes anfallen (Herstellung im engeren Sinne)[960], sondern auch Ausgaben für eine Erweiterung oder wesentliche Verbesserung eines bereits bestehenden Vermögensgegenstandes (nachträgliche Herstellungskosten).[961]

432.2 Die Folgebewertung von Vermögensgegenständen des Sachanlagevermögens

432.21 Die planmäßige Abschreibung

432.211. Vorbemerkung

Bei Vermögensgegenständen des Anlagevermögens, deren Nutzung zeitlich begrenzt ist, sind die Anschaffungs- oder Herstellungskosten um planmäßige Abschreibungen zu vermindern (§ 35 Abs. 1 Satz 1 GemHVO). Dieser um planmäßige Abschreibungen verminderte Wertansatz wird als fortgeführte Anschaffungs- oder Herstellungskosten bezeichnet.[962] Planmäßige Abschreibungen dienen im Neuen Kommunalen Finanzmanagement zum einen der Darstellung des Ressourcenverbrauchs eines Haushaltsjahres.[963] Zum anderen soll durch die Abschreibungen auch die Vermögenssituation der Gemeinde zutreffend abgebildet werden.[964]

---

959 Vgl. INNENMINISTERIUM NORDRHEIN-WESTFALEN (Hrsg.), Neues Kommunales Finanzmanagement, S. 564.

960 Zur Herstellung im engeren Sinne wird auch die Wiederherstellung eines vollständig verschlissenen Vermögensgegenstandes gezählt, vgl. KAHLE, H./HEINSTEIN, R./DAHLKE, A., Das Sachanlagevermögen, Rn. 86 m. w. N.

961 Vgl. INNENMINISTERIUM NORDRHEIN-WESTFALEN (Hrsg.), Neues Kommunales Finanzmanagement, S. 565; HUFNAGEL, W./JÜRGENS, A./SUDMANN, S., Die Abgrenzung von Instandhaltungsaufwendungen und aktivierungspflichtigen Herstellungskosten, S. 109-111; KAHLE, H., § 255 HGB, Rn. 136.

962 Vgl. BAETGE, J./KIRSCH, H.-J./THIELE, S., Bilanzen, S. 222.

963 Vgl. LT-Drucksache 13/5567, S. 247; MODELLPROJEKT „DOPPISCHER KOMMUNALHAUSHALT IN NRW", Neues Kommunales Finanzmanagement, S. 195; INNENMINISTERIUM NORDRHEIN-WESTFALEN (Hrsg.), Neues Kommunales Finanzmanagement, S. 573.

964 Vgl. LT-Drucksache 13/5567, S. 247; MODELLPROJEKT „DOPPISCHER KOMMUNALHAUSHALT IN NRW", Neues Kommunales Finanzmanagement, S. 195; INNENMINISTERIUM NORDRHEIN-WESTFALEN (Hrsg.), Neues Kommunales Finanzmanagement, S. 573.

Der Abschreibungsplan dokumentiert die Eckdaten für die Berechnung der planmäßigen Abschreibungen eines abnutzbaren Vermögensgegenstandes. Hierbei werden insbesondere der Abschreibungsausgangsbetrag (die AK/HK), die Nutzungsdauer und die Abschreibungsmethode festgelegt.[965] Die bilanzierende Gemeinde ist während der gesamten Nutzungsdauer an ihn gebunden. Der Abschreibungsplan kann als Ausprägung des Stetigkeitsprinzips interpretiert werden.[966] Er leistet auch einen Beitrag zur Objektivierung der Rechnungslegung.[967] Die Gemeinde muss für jeden abnutzbaren Vermögensgegenstand einen Abschreibungsplan aufstellen.[968]

432.212. Die Nutzungsdauer

Die Festlegung der Nutzungsdauer hat erhebliche Auswirkungen auf die Höhe der jährlichen Abschreibungen und damit auch auf den anzustrebenden Haushaltsausgleich.[969] Für die Bestimmung der wirtschaftlichen Nutzungsdauer von abnutzbaren Vermögensgegenständen ist die vom Innenministerium bekannt gegebene Abschreibungstabelle für Gemeinden zu Grunde zu legen (§ 35 Abs. 3 Satz 1 GemHVO). Bei der Bestimmung der Nutzungsdauern wurde dabei die Annahme zu Grunde gelegt, dass innerhalb dieser Nutzungszeiten von der Gemeinde die erforderliche Unterhaltung der Vermögensgegenstände zur Erhaltung ihrer Betriebsbereitschaft vorgenommen wird.[970] Abbildung 6 zeigt einen Auszug aus der NKF-Rahmentabelle der Gesamtnutzungsdauer für kommunale Vermögensgegenstände. Innerhalb des in der Abschreibungstabelle des Innenministeriums vorgegebenen Rahmens ist unter Berücksichtigung der tatsächlichen örtlichen Verhältnisse die Bestimmung der jeweiligen Nutzungsdauer so vorzunehmen, dass eine Stetigkeit für künftige Festlegungen von Abschreibungen gewährleistet wird (§ 35 Abs. 3 Satz 2 GemHVO).

---

965 Vgl. INNENMINISTERIUM NORDRHEIN-WESTFALEN (Hrsg.), Neues Kommunales Finanzmanagement, S. 575.

966 Vgl. ADLER, H./DÜRING, W./SCHMALTZ, K., Rechnungslegung und Prüfung der Unternehmen, § 253 HGB, Rn. 418; MOXTER, A., Grundsätze ordnungsmäßiger Rechnungslegung, S. 204.

967 Vgl. EIBELSHÄUSER, M., Abschreibungen und Realisationsprinzip, S. 159; MOXTER, A., Grundsätze ordnungsmäßiger Rechnungslegung, S. 204.

968 Vgl. INNENMINISTERIUM NORDRHEIN-WESTFALEN (Hrsg.), Neues Kommunales Finanzmanagement, S. 575.

969 Vgl. MODELLPROJEKT „DOPPISCHER KOMMUNALHAUSHALT IN NRW", Neues Kommunales Finanzmanagement, S. 195.

970 Vgl. INNENMINISTERIUM NORDRHEIN-WESTFALEN (Hrsg.), Neues Kommunales Finanzmanagement, S. 576.

Vermögensgegenstand	**Nutzungsdauer in Jahren**
Gebäude und bauliche Anlagen	
z. B. Hallenbäder	40-70
z. B. Wohnhäuser (auch Mehrfamilienhäuser)	50-80
Straßen, Wege, Plätze (Grundstückseinrichtungen)	
z. B. Brücken (Holzkonstruktion)	20-40
z. B. Brücken (Mauerwerk, Beton- oder Stahlkonstruktion)	50-100
Technische Anlagen (Betriebsanlagen)	
z. B. Bahnkörper, Gleisanlagen, Gleiseinrichtungen, Weichen	15-33
z. B. Windkraftanlagen	15-20
Maschinen und Geräte	
z. B. Parkscheinautomat	8-12
z. B. Spielgeräte	8-10
Büro- und Geschäftsausstattung	
z. B. Büromöbel	10-20
z. B. Computer und Zubehör	3-5
Fahrzeuge	
z. B. Bagger und sonstige Baufahrzeuge	8-12
z. B. Fahrräder	4-8

Abbildung 6: Auszug aus der NKF-Rahmentabelle der Gesamtnutzungsdauer für kommunale Vermögensgegenstände[971]

Nur in begründeten Ausnahmefällen sind Abweichungen zulässig.[972] Die Nutzungsdauer ist so festzulegen, dass eine außerplanmäßige Abschreibung möglichst vermieden wird.[973] Eine Übersicht über die örtlich festgelegten Nutzungsdauern der Vermögensgegenstände (Abschreibungstabelle) sowie ihre nachträglichen Änderungen sind der Aufsichtsbehörde auf Anforderung vorzulegen (§ 35 Abs. 3 GemHVO).

971 Auszug in enger Anlehnung an INNENMINISTERIUM NORDRHEIN-WESTFALEN (Hrsg.), Neues Kommunales Finanzmanagement, S. 910 f.

972 Vgl. INNENMINISTERIUM NORDRHEIN-WESTFALEN (Hrsg.), Neues Kommunales Finanzmanagement, S. 577.

973 Vgl. INNENMINISTERIUM NORDRHEIN-WESTFALEN (Hrsg.), Neues Kommunales Finanzmanagement, S. 574; vgl. hierzu auch HOYOS, M./SCHRAMM, M./RING, M., § 253 HGB, Rn. 239; WIELENBERG, S., Vorsichtige Rechnungslegung, S. 19.

Durch die Normierung der wirtschaftlichen Nutzungsdauer werden die Bilanzansätze somit in Grenzen objektiviert.[974] Gleichwohl verbleiben auf Grund der relativ großen Spannen Ermessensspielräume.[975] So beträgt diese Spanne bspw. bei Brücken (Mauerwerk, Beton- oder Stahlkonstruktion) 50 Jahre. Auf Grund der aufzustellenden Abschreibungstabelle sind die Nutzungsdauern für die Aufsichtsbehörde indes nachvollziehbar.

432.213. Die Abschreibungsmethoden

Die Wahl der Abschreibungsmethode legt fest, wie der Abschreibungsausgangswert auf die Jahre der Nutzung verteilt wird. Die Bestimmung zulässiger Abschreibungsmethoden für das Neue Kommunale Finanzmanagement wurde im Rahmen des Modellprojektes in Nordrhein-Westfalen intensiv diskutiert.[976] Hierbei galt es zu berücksichtigen, dass willkürliche Entscheidungen des Bilanzierenden soweit wie möglich vermieden werden sollten, um interkommunal vergleichbare Ergebnisse zu erzielen. Ein weiterer Aspekt war die Berücksichtigung des Grundsatzes der intergenerativen Gerechtigkeit. Die Abschreibungsmethoden sollen nicht zu einer unzulässigen Belastung nachfolgender Generationen durch eine Verschiebung von Aufwand in die Zukunft führen.[977] Die Möglichkeit der progressiven Abschreibung wurde deshalb für Gemeinden ausgeschlossen. Ein entsprechender Nutzungsverlauf ist bei den Sachanlagen von Gemeinden zum einen kaum denkbar, zum anderen wäre hiermit im ungünstigen Fall eine unzulässige Belastung künftiger Generationen verbunden.[978]

Gemäß § 35 Abs. 1 Satz 2 GemHVO sollen die Anschaffungs- oder Herstellungskosten linear auf die Haushaltsjahre verteilt werden, in denen der Vermögensgegenstand voraussichtlich genutzt wird.[979] Die degressive Abschreibung oder die Leistungsabschreibung

---

974 Vgl. BAETGE, J., Möglichkeiten der Objektivierung, S. 122-124.

975 Vgl. allgemein zum Konflikt zwischen bestmöglicher individueller Schätzung der Nutzungsdauer und Normierung auch BALLWIESER, W., Anforderungen des Kapitalmarkts, S. 162.

976 Vgl. MODELLPROJEKT „DOPPISCHER KOMMUNALHAUSHALT IN NRW“, Neues Kommunales Finanzmanagement, S. 195.

977 Vgl. MODELLPROJEKT „DOPPISCHER KOMMUNALHAUSHALT IN NRW“, Neues Kommunales Finanzmanagement, S. 195.

978 Vgl. MODELLPROJEKT „DOPPISCHER KOMMUNALHAUSHALT IN NRW“, Neues Kommunales Finanzmanagement, S. 195.

979 Die lineare Abschreibung wird in der handelsrechtlichen Praxis am häufigsten verwendet, vgl. THIELE, S./BREITHAUPT, J., § 253, Rn. 248.

können dann angewendet werden, wenn dies dem tatsächlichen Ressourcenverbrauch besser entspricht (§ 35 Abs. 1 Satz 2 und 3 GemHVO). Nach der Gesetzesbegründung ist in der Regel die lineare Abschreibung anzuwenden.[980] Abweichungen hiervon sind im Anhang zu erläutern (§ 44 Abs. 2 Nr. 5 GemHVO).

432.214. Die nachträgliche Änderung des Abschreibungsplans

Eine nachträgliche Veränderung des Abschreibungsplans ist im Neuen Kommunalen Finanzmanagement in verschiedenen Fällen vorgesehen. Zum einen ist die Restnutzungsdauer neu zu bestimmen, wenn durch Instandsetzung eines Vermögensgegenstandes des Anlagevermögens eine Verlängerung seiner wirtschaftlichen Nutzungsdauer erreicht wird (§ 35 Abs. 4 Satz 1 GemHVO). Instandsetzungen werden zusätzlich zur Unterhaltung eines Vermögensgegenstandes durchgeführt.[981] Insofern sind Instandsetzungsmaßnahmen solche, die nachträgliche Anschaffungs- oder Herstellungskosten begründen.[982] Wird durch die Instandsetzung die Nutzungsdauer verlängert, ist der Buchwert des Abschlussstichtages auf die neu festzulegende Restnutzungsdauer zu verteilen.[983] Ein vorübergehendes Aussetzen der Abschreibungen ist unzulässig.[984] Darüber hinaus ist zu berücksichtigen, dass nachträgliche Anschaffungs- oder Herstellungskosten auf die Restnutzungsdauer zu verteilen sind.[985]

Die Restnutzungsdauer ist zum anderen auch neu zu bestimmen, wenn in Folge einer voraussichtlich dauernden Wertminderung eine Verkürzung eintritt (§ 35 Abs. 4 Satz 2

980 Vgl. LT-Drucksache 13/5567, S. 248; so auch RETTLER, S., § 35 GemHVO, S. 2.

981 Vgl. INNENMINISTERIUM NORDRHEIN-WESTFALEN (Hrsg.), Neues Kommunales Finanzmanagement, S. 578.

982 Vgl. FUDALLA, M./TÖLLE, M./WÖSTE, C./ZUR MÜHLEN, M., Bilanzierung und Jahresabschluss in der Kommunalverwaltung, S. 97. Dies lässt sich daraus folgern, dass eine Neubestimmung der Restnutzungsdauer im Anschluss an die Durchführung einer Unterhaltungsmaßnahme nicht beabsichtigt sein kann, da die Nutzungsdauer eines Vermögensgegenstandes unter der Annahme ermittelt wird, dass regelmäßig Unterhaltungen erfolgen, vgl. hierzu FUDALLA, M./TÖLLE, M./WÖSTE, C./ZUR MÜHLEN, M., Bilanzierung und Jahresabschluss in der Kommunalverwaltung, S. 97 f. Nach handelsrechtlicher Terminologie wird zwischen Herstellungsausgaben und Erhaltungsaufwand differenziert, vgl. hierzu BAETGE, J./KIRSCH, H.-J./THIELE, S., Bilanzen, S. 316 f.

983 Vgl. INNENMINISTERIUM NORDRHEIN-WESTFALEN (Hrsg.), Neues Kommunales Finanzmanagement, S. 578.

984 Vgl. INNENMINISTERIUM NORDRHEIN-WESTFALEN (Hrsg.), Neues Kommunales Finanzmanagement, S. 578.

985 Vgl. INNENMINISTERIUM NORDRHEIN-WESTFALEN (Hrsg.), Neues Kommunales Finanzmanagement, S. 566.

GemHVO). Wird infolge eines Ereignisses die Restnutzungsdauer eines Vermögensgegenstandes verkürzt und deshalb eine außerplanmäßige Abschreibung erforderlich, so ist der Buchwert auf die neu festzulegende Restnutzungsdauer zu verteilen.[986]

Darüber hinaus ist eine Korrektur des Abschreibungsplans geboten, sofern eine Fehlschätzung der Nutzungsdauer festgestellt wird. Bei einer ursprünglich zu lange geschätzten Nutzungsdauer ist es in wesentlichen Fällen erforderlich, eine außerplanmäßige Abschreibung vorzunehmen; ansonsten ist es ausreichend, den Buchwert auf die veränderte restliche Nutzungsdauer zu verteilen.[987] Bei einer ursprünglich zu kurz geschätzten Nutzungsdauer ist der Buchwert auf die veränderte restliche Nutzungsdauer zu verteilen.

432.215. Die Abschreibung geringwertiger Wirtschaftsgüter

Zur Vereinfachung der Bilanzierung enthält die Gemeindehaushaltsverordnung für **geringwertige Vermögensgegenstände** eine explizite Bilanzierungsvereinfachung. Vermögensgegenstände des Anlagevermögens, deren Anschaffungs- oder Herstellungskosten wertmäßig den Betrag von 410 Euro ohne Umsatzsteuer nicht überschreiten, die selbständig genutzt werden können und einer Abnutzung unterliegen, sind als geringwertige Vermögensgegenstände zu erfassen und können im laufenden Haushaltsjahr vollständig abgeschrieben werden. § 33 Abs. 4 Satz 1 GemHVO gewährt insoweit ein Bewertungswahlrecht.[988]

Die Inanspruchnahme des Wahlrechts ist an mehrere Voraussetzungen geknüpft. Die Vermögensgegenstände dürfen zum einen den Betrag von 410 Euro ohne Umsatzsteuer nicht übersteigen.[989] Zudem muss es sich um einen abnutzbaren Vermögensgegenstand

---

986 Vgl. INNENMINISTERIUM NORDRHEIN-WESTFALEN (Hrsg.), Neues Kommunales Finanzmanagement, S. 578; RETTLER, S., § 35 GemHVO, S. 12.

987 Vgl. INNENMINISTERIUM NORDRHEIN-WESTFALEN (Hrsg.), Neues Kommunales Finanzmanagement, S. 577.

988 Vgl. FUDALLA, M./TÖLLE, M./WÖSTE, C./ZUR MÜHLEN, M., Bilanzierung und Jahresabschluss in der Kommunalverwaltung, S. 93. Die Regelung lehnt sich an § 6 Abs. 2 Satz 1 EStG a. F. an, vgl. auch RETTLER, S., § 33 GemHVO, S. 7. Darüber hinaus können Vermögensgegenstände bei einem Wert unter 60 Euro ohne Umsatzsteuer unmittelbar als Aufwand verbucht werden (§ 33 Abs. 4 GemHVO). § 33 Abs. 4 Satz 2 GemHVO gewährt insoweit ein Ansatzwahlrecht, vgl. FUDALLA, M./TÖLLE, M./WÖSTE, C./ZUR MÜHLEN, M., Bilanzierung und Jahresabschluss in der Kommunalverwaltung, S. 94.

989 Dabei ist zu berücksichtigen, dass Gemeinden in der Regel nicht vorsteuerabzugsberechtigt sind, vgl. BERNHARDT, H./MUTSCHLER, K./STOCKEL-VELTMANN, C., Kommunales Finanzmanage-

handeln. Darüber hinaus müssen die Vermögensgegenstände selbständig genutzt werden können. Die selbständige Nutzungsfähigkeit ist dann nicht gegeben, wenn der Vermögensgegenstand entsprechend seiner Zweckbestimmung im Rahmen der kommunalen Aufgabenerfüllung nur zusammen mit anderen Vermögensgegenständen genutzt werden kann.[990] So sind bspw. Rechner, Monitor, Drucker sowie Tastatur eines Computers eben nicht einzeln nutzbar und somit auch keine geringwertigen Vermögensgegenstände im Sinne des § 33 Abs. 4 GemHVO.[991]

Auch die Regelungen zur selbständigen Nutzbarkeit lehnen sich an das Steuerrecht an.[992] Dort sollen sie verhindern, dass Sacheinheiten in einzelne Teile zerlegt werden, um von der Sofortabschreibung Gebrauch machen zu können und so das Jahresergebnis zu minimieren.[993] Gemeinden werden in der Regel indes keinen Anreiz zur Vorverlagerung von Aufwendungen haben, da hierdurch der Haushaltsausgleich erschwert wird. Insoweit ist eher zu vermuten, „dass Gemeinden ohnehin nicht geneigt sein werden, von der Regelung zu geringwertigen Vermögensgegenständen zu extensiven Gebrauch zu machen“[994]. Gleichwohl kann die Sofortabschreibung von geringwertigen Vermögensgegenständen auf Grund von Wirtschaftlichkeitsüberlegungen sinnvoll sein.

432.22 Die außerplanmäßige Abschreibung

432.221. Vorbemerkung

Gemäß § 35 Abs. 5 Satz 1 GemHVO sind außerplanmäßige Abschreibungen bei einer voraussichtlich dauernden Wertminderung eines Vermögensgegenstandes des Anlagevermögens vorzunehmen. Dies wird als Niederstwertvorschrift bezeichnet und stellt eine Konkretisierung des Imparitätsprinzips dar.[995] Außerplanmäßige Abschreibungen dienen

---

ment NRW, S. 302; vgl. zu möglichen Auswirkungen des Unternehmenssteuerreformgesetz auf das kommunale Rechnungswesen GÖB, C./STEUP, L., Geringwertige Wirtschaftsgüter, S. 176-181.

990 Vgl. INNENMINISTERIUM NORDRHEIN-WESTFALEN (Hrsg.), Neues Kommunales Finanzmanagement, S. 566; RETTLER, S., § 33 GemHVO, S. 8.

991 Vgl. RETTLER, S., § 33 GemHVO, S. 8.

992 Vgl. RETTLER, S., § 33 GemHVO, S. 7 f.

993 Vgl. hierzu und im Folgenden FUDALLA, M./TÖLLE, M./WÖSTE, C./ZUR MÜHLEN, M., Bilanzierung und Jahresabschluss in der Kommunalverwaltung, S. 94.

994 FUDALLA, M./TÖLLE, M./WÖSTE, C./ZUR MÜHLEN, M., Bilanzierung und Jahresabschluss in der Kommunalverwaltung, S. 94.

995 So explizit INNENMINISTERIUM NORDRHEIN-WESTFALEN (Hrsg.), Neues Kommunales Finanzmanagement, S. 553.

dem Jahresabschlusszweck der Kapitalerhaltung. Hierdurch wird erreicht, dass künftige negative Erfolgsbeiträge die abzuschließende Periode belasten und künftige Haushaltsjahre hiervon freigehalten werden. Das handelsrechtliche Wahlrecht, bei einer vorübergehenden Wertminderung eine außerplanmäßige Abschreibung vorzunehmen, besteht im Neuen Kommunalen Finanzmanagement für das Sachanlagevermögen nicht.

432.222. Pflicht zur außerplanmäßigen Abschreibung

Im Neuen Kommunalen Finanzmanagement sind außerplanmäßige Abschreibungen bei einer **voraussichtlich dauernden Wertminderung** eines Vermögensgegenstandes des Anlagevermögens vorzunehmen. Demnach ist von dem unbestimmten Rechtsbegriff „voraussichtlich dauernde Wertminderung" abhängig, ob ein Abschreibungsverbot oder eine Abschreibungspflicht besteht. Nur bei einer voraussichtlich dauernden Wertminderung ist eine außerplanmäßige Abschreibung auf den niedrigeren beizulegenden Wert bei Gegenständen des Sachanlagevermögens vorzunehmen.

Eine voraussichtlich dauernde Wertminderung eines Vermögensgegenstandes des Sachanlagevermögens kann angenommen werden, wenn während eines erheblichen Teils der Restnutzungsdauer der beizulegende Wert unter dem planmäßigen Restbuchwert liegt.[996] Umstritten ist indes, was ein erheblicher Teil der Restnutzungsdauer ist. In der Handreichung des Innenministeriums wird hinsichtlich dieser Frage auf mindestens die Hälfte der Restnutzungsdauer verwiesen.[997] Darüber hinaus wird von einer dauerhaften Wertminderung ausgegangen, wenn diese mindestens fünf Jahre bestehen wird.[998] Dies ist auch sachgerecht, da eine über einen Zeitraum von fünf Jahren hinausgehende Prognose wenig verlässlich erscheint.[999]

Der Begriff des niedrigeren beizulegenden Wertes wird weder in der Gemeindeordnung noch in der Gemeindehaushaltsverordnung konkretisiert, so dass fraglich ist, wie er zu bestimmen ist. Für eine zweckentsprechende Bestimmung des beizulegenden Wertes ist insbesondere zu berücksichtigen, dass Vermögensgegenstände des Sachanlagevermögens

996 Vgl. RETTLER, S., § 35 GemHVO, S. 14.

997 Vgl. INNENMINISTERIUM NORDRHEIN-WESTFALEN (Hrsg.), Neues Kommunales Finanzmanagement, S. 579.

998 Vgl. INNENMINISTERIUM NORDRHEIN-WESTFALEN (Hrsg.), Neues Kommunales Finanzmanagement, S. 579.

999 Vgl. BAETGE, J./KIRSCH, H.-J./THIELE, S., Bilanzen, S. 251; eine lediglich vorübergehende Wertminderung liegt bei Vermögensgegenständen des Sachanlagevermögens tendenziell eher selten vor, vgl. hierzu RETTLER, S., § 35 GemHVO, S. 14.

in Gemeinden sehr heterogenen Zielen dienen. Bereits in Abschnitt 432.11 wurde gezeigt, dass Vermögensgegenstände sowohl Sachzielen als auch Finanzzielen dienen und sowohl einen finanziellen als auch einen nicht-finanziellen Nutzen für die Gemeinde erbringen können. Dies ist bei der Konkretisierung des beizulegenden Wertes zu berücksichtigen.

Zunächst soll im Folgenden der niedrigere beizulegende Wert für ertragbringendes Vermögen konkretisiert werden. Ertragbringendes Vermögen ist ebenso in der Privatwirtschaft vorzufinden, so dass die in der handelsrechtlichen Literatur grundsätzlich genannten Wertmaßstäbe auch im Neuen Kommunalen Finanzmanagement als Hilfswerte herangezogen werden könnten. Hierbei handelt es sich um den Ertragswert, den Einzelveräußerungspreis und den Wiederbeschaffungswert.[1000]

Der Ertragswert kann zwar als ein theoretisch zutreffendes Konzept für die Bewertung von Vermögensgegenständen des Anlagevermögens angesehen werden, da diese nämlich zur Erzielung von Einzahlungsüberschüssen dienen.[1001] Problematisch ist indes, dass die Zahlungsströme ungewiss sind und geschätzt werden müssen.[1002] Zudem können sie nur selten einem einzelnen Vermögensgegenstand zugerechnet werden,[1003] bspw. bei Mietshäusern, Gewerbeimmobilien oder Beteiligungen. Letztlich ist der Ertragswert bei Vermögensgegenständen des Sachanlagevermögens nur eingeschränkt zu objektivieren.[1004] Weitreichende Ermessensspielräume verbleiben, die eine Verwendung des Ertragswertes nur in Ausnahmefällen sinnvoll erscheinen lassen.[1005]

Der Ansatz eines Einzelveräußerungspreises als niedrigerer beizulegender Wert beugt einer Verlustrealisierung im Veräußerungsfall vor, indes kann er in der Regel nicht als zweckadäquater Wertmaßstab für Vermögensgegenstände des Sachanlagevermögens angesehen werden.[1006] Das Sachanlagevermögen ist definitionsgemäß dazu bestimmt,

---

1000 Vgl. ADLER, H./DÜRING, W./SCHMALTZ, K., Rechnungslegung und Prüfung der Unternehmen, § 253 HGB, Rn. 455; DÖRING, U./BUCHHOLZ, R., § 253 HGB, Rn. 158; ausführlich BREIDERT, U., Grundsätze ordnungsmäßiger Abschreibungen auf abnutzbare Anlagegegenstände, S. 23-26.

1001 Vgl. BAETGE, J./KIRSCH, H.-J./THIELE, S., Bilanzen, S. 218.

1002 Vgl. ADLER, H./DÜRING, W./SCHMALTZ, K., Rechnungslegung und Prüfung der Unternehmen, § 253 HGB, Rn. 464; WOHLGEMUTH, M., Bewertungsmaßstäbe bei der Folgebewertung, Rn. 39.

1003 Vgl. DÖRING, U./BUCHHOLZ, R., § 253 HGB, Rn. 161.

1004 Vgl. BREIDERT, U., Grundsätze ordnungsmäßiger Abschreibungen auf abnutzbare Anlagegegenstände, S. 51.

1005 Vgl. BAETGE, J./KIRSCH, H.-J./THIELE, S., Bilanzen, S. 248.

1006 Vgl. BREIDERT, U., Grundsätze ordnungsmäßiger Abschreibungen auf abnutzbare Anlagegegenstände, S. 23 m. w. N.

dauernd der Aufgabenerfüllung der Gemeinde zu dienen (§ 33 Abs. 1 Satz 2 GemHVO). Sein Wert bestimmt sich für die Gemeinde durch die künftige Nutzung und nicht durch seine Veräußerung.[1007] Der Ansatz eines Einzelveräußerungspreises kommt deshalb eher in Betracht, wenn ein Vermögensgegenstand des Sachanlagevermögens zur baldigen Veräußerung bestimmt ist oder nicht mehr genutzt werden soll, bspw. bei Stilllegung.[1008] Hierbei ist dann der Verkaufserlös abzüglich aller Verkaufsaufwendungen anzusetzen.[1009] Aus Gründen der Vorsicht ist gegebenenfalls auch der Schrottwert nach Abzug von Abbruch- oder Demontagekosten zu verwenden. Der Einzelveräußerungswert ist als Untergrenze des niedrigeren beizulegenden Wertes anzusehen.[1010]

Als beizulegender Wert kann darüber hinaus der Wiederbeschaffungswert herangezogen werden. Durch die gesunkenen Beschaffungsmarktpreise haben Konkurrenten die Möglichkeit, die entsprechenden Vermögensgegenstände später günstiger zu beschaffen und sich somit Kostenvorteile durch geringere Abschreibungen zu verschaffen.[1011] Dies kann in künftigen Perioden dann zu sinkenden Absatzpreisen der hergestellten Erzeugnisse führen. Der exakte Antizipationsbetrag ist hierbei nur schwierig zu ermitteln. Eine Abschreibung auf den niedrigeren Beschaffungsmarktpreis ist aus Gründen der Vorsicht indes notwendig.[1012] Diese aus dem Handelsrecht stammende Argumentation lässt sich auf Vermögensgegenstände des Sachanlagevermögens der Gemeinde, die der Ertragserzielung dienen, übertragen. Im ertragswirtschaftlichen Bereich steht die Gemeinde in Konkurrenz zu weiteren Anbietern. Als Beispiele können hier Hotels, vermietete Immobilien oder Gewerbegebiete genannt werden. Gesunkene Beschaffungsmarktpreise können Konkurrenten die Möglichkeit bieten, die entsprechenden Vermögensgegenstände günstiger zu beschaffen und sich somit Kostenvorteile zu verschaffen. Dies kann in künftigen Perioden dann zu sinkenden Preisen führen. Gleichwohl besteht die Gefahr, nicht künf-

---

1007 Vgl. BREIDERT, U., Grundsätze ordnungsmäßiger Abschreibungen auf abnutzbare Anlagegegenstände, S. 23.

1008 Vgl. DÖRING, U./BUCHHOLZ, R., § 253 HGB, Rn. 160; THIELE, S./PRIGGE, C., § 253 HGB, Rn. 312.

1009 Vgl. THIELE, S./PRIGGE, C., § 253 HGB, Rn. 312.

1010 Vgl. ADLER, H./DÜRING, W./SCHMALTZ, K., Rechnungslegung und Prüfung der Unternehmen, § 253 HGB, Rn. 463.

1011 Vgl. ADLER, H./DÜRING, W./SCHMALTZ, K., Rechnungslegung und Prüfung der Unternehmen, § 253 HGB, Rn. 457; BAETGE, J./KIRSCH, H.-J./THIELE, S., Bilanzen, S. 250; kritisch hierzu EIBELSHÄUSER, M., Abschreibungen und Realisationsprinzip, S. 165.

1012 Vgl. BAETGE, J./KIRSCH, H.-J./THIELE, S., Bilanzen, S. 250.

tige Verluste sondern entgangene Gewinne zu erfassen.[1013] Opportunitätskosten sind indes keine zu erfassenden Verluste.[1014]

Fraglich ist indes, ob die drei genannten Wertmaßstäbe sinnvoll als Maßstab für den niedrigeren beizulegenden Wert für ertragloses Vermögen, wie bspw. Verwaltungsgebäude, Straßen oder Schulen, verwendet werden können. Ertragswerte erscheinen hierbei wenig sinnvoll, da Vermögensgegenstände, die Sachzielen dienen, ja gerade keine Erträge generieren. Auch Einzelveräußerungswerte sind nur sinnvoll, sofern tatsächlich eine Veräußerungsabsicht des Vermögensgegenstandes besteht.

Problematisch erscheint indes auch die Verwendung von Wiederbeschaffungswerten. Die Argumentation, dass das Verhalten von Konkurrenten bei gesunkenen Wiederbeschaffungswerten zu künftigen Umsatzeinbußen führt, kann nämlich nicht grundsätzlich auf ertragloses Vermögen übertragen werden. Ertragloses Vermögen dient nicht der Erzielung von Umsätzen, so dass die Gemeinde auch keine Umsatzeinbußen zu befürchten hat. Der nicht-finanzielle Nutzen des Vermögensgegenstandes für die Gemeinde ändert sich auch nicht zwangsläufig durch gesunkene Wiederbeschaffungswerte. Bei einer außerplanmäßigen Abschreibung auf Wiederbeschaffungswerte besteht vielmehr tendenziell die Gefahr, einen entgangenen Nutzen zu antizipieren und somit Opportunitätskosten zu berücksichtigen. Dies läuft indes einem sinngemäß auf die Rechnungslegung von Gebietskörperschaften übertragenen Imparitätsprinzip zuwider.

Deshalb wäre – statt auf Wiederbeschaffungswerte – darauf abzustellen, ob die Wertvorstellungen von den Verwaltungsleistungen, die unter Nutzung des Sachanlagevermögens bereitgestellt werden, dauerhaft gegenüber der Erstbewertung so gesunken sind, dass eine außerplanmäßige Abschreibung erforderlich ist.[1015] Bezugsgröße ist das Nutzenpotenzial entsprechend dem Zweck der Vermögensnutzung. Hierbei ist die Situation zum Zeitpunkt der Erstbewertung mit der Situation am Abschlussstichtag zu vergleichen. Außerplanmäßige Abschreibungen dürften tendenziell daher eher selten sein.[1016] Problematisch

1013 Vgl. EIBELSHÄUSER, M., Abschreibungen und Realisationsprinzip, S. 165.

1014 Vgl. BALLWIESER, W., § 253 HGB, Rn. 48.

1015 Vgl. hierzu BRIXNER, H. C./HARMS, J./NOE, H. W., Verwaltungs-Kontenrahmen, Kapitel D, Rn. 192.

1016 Vgl. BRIXNER, H. C./HARMS, J./NOE, H. W., Verwaltungs-Kontenrahmen, Kapitel D, Rn. 192.

ist indes, dass die Wertvorstellungen von den Verwaltungsleistungen kaum zu objektivieren sind.[1017]

432.223. Wahlrecht bei voraussichtlicher dauernder Wertminderung von Grund und Boden

Die Pflicht zur sofortigen Vornahme außerplanmäßiger Abschreibungen besteht nicht uneingeschränkt. Eine Ausnahme besteht im Neuen Kommunalen Finanzmanagement bei einer voraussichtlich dauernden Wertminderung von Grund und Boden, die durch die Anschaffung oder Herstellung von Infrastrukturvermögen hervorgerufen ist.[1018] Dies könnte bspw. der Fall sein, wenn ein ursprünglich für eine höherwertige Nutzung vorgesehenes und bewertetes Grundstück letztendlich für den Bau von Straßen, Brücken, Deponien oder Abwasserbeseitigungsanlagen verwendet wird und dadurch an Wert verliert.[1019] Hierbei können außerplanmäßige Abschreibungen bis zur Inbetriebnahme der Vermögensgegenstände linear auf den Zeitraum verteilt werden, in dem die Vermögensgegenstände angeschafft oder hergestellt werden (§ 35 Abs. 6 GemHVO). Wird das Wahlrecht in Anspruch genommen, so ist dies im Anhang zu erläutern (§ 35 Abs. 6 Satz 2 i. V. m. § 35 Abs. 5 Satz 3 GemHVO).

Mit der Regelung kommt der Gesetz- und Verordnungsgeber den besonderen Bedürfnissen der Gemeinden entgegen.[1020] Erstreckt sich die Herstellung des Vermögensgegenstandes, bspw. der Bau einer Straße, über einen mehrjährigen Zeitraum, führt die lineare Verteilung zu einer Entlastung der Einzelhaushalte.[1021] Nimmt die Gemeinde das Wahlrecht nicht in Anspruch, ist die eingetretene Wertminderung vollständig in einem Haushaltsjahr zu erfassen und belastet das Jahresergebnis. Der Haushaltsausgleich könnte so gefährdet werden, was die Durchführung der entsprechenden Maßnahmen behindern könnte.[1022] Kritisch zu sehen ist dieses Wahlrecht vor dem Hintergrund, dass im Neuen

1017 Auf die schwierige Messung des Nutzenpotenzials eines Vermögensgegenstandes verweist WINDMÖLLER, vgl. WINDMÖLLER, R., Ansatz und Bewertung, S. 172.

1018 Vgl. RETTLER, S., § 35 GemHVO, S. 16.

1019 Vgl. RETTLER, S., § 35 GemHVO, S. 16.

1020 Vgl. INNENMINISTERIUM NORDRHEIN-WESTFALEN (Hrsg.), Neues Kommunales Finanzmanagement, S. 580.

1021 Vgl. RETTLER, S., § 35 GemHVO, S. 16.

1022 Vgl. FUDALLA, M./TÖLLE, M./WÖSTE, C./ZUR MÜHLEN, M., Bilanzierung und Jahresabschluss in der Kommunalverwaltung, S. 95.

Kommunalen Finanzmanagement eigentlich Wahlrechte reduziert werden sollten.[1023] Durch die erforderlichen Angaben im Anhang kann eine überbetriebliche Vergleichbarkeit tendenziell aber gewährleistet werden.

432.224. Das Verhältnis von außerplanmäßigen Abschreibungen und der Passivierung von Rückstellungen für unterlassene Instandhaltungen von Sachanlagen

Gemäß § 36 Abs. 3 GemHVO sind für unterlassene Instandhaltungen von Sachanlagen Rückstellungen zu bilden. Dabei stellt sich die Frage, in welchem Verhältnis außerplanmäßige Abschreibungen, die gegebenenfalls auf Grund unterlassener Instandhaltungen erforderlich sind, und Rückstellungen für Instandhaltungen zueinander stehen. Die Pflicht zu einer außerplanmäßigen Abschreibung könnte nämlich in einem Konkurrenzverhältnis zur Passivierung von Rückstellungen für unterlassene Instandhaltungen stehen. Dies wäre der Fall, wenn die Voraussetzungen für beide Bilanzierungsalternativen gleichzeitig erfüllt sind.

Durch die verpflichtende Passivierung von Rückstellungen für unterlassene Instandhaltungen soll der in Gemeinden häufig besonders ausgeprägte Instandhaltungsstau bei Gebäuden und Infrastruktureinrichtungen zutreffend abgebildet werden.[1024] Der Verfall des kommunalen Vermögens soll verhindert werden, um die stetige Aufgabenerfüllung zu gewährleisten.[1025] Die Vorschrift ist auch im Zusammenhang mit § 90 Abs. 2 Satz 1 GO zu sehen, nach der die Gemeinde verpflichtet ist, ihre Vermögensgegenstände pfleglich und wirtschaftlich zu verwalten.[1026]

Die Bildung einer Rückstellung für unterlassene Instandhaltungen von Sachanlagen ist an bestimmte Voraussetzungen geknüpft. Zum einen muss eine notwendige Instandhaltung von Sachanlagen als bisher unterlassen bewertet werden (§ 36 Abs. 3 Satz 1 GemHVO). Zum anderen muss die Nachholung hinreichend konkret beabsichtigt sein

1023 Vgl. hierzu Abschnitt 422.22.

1024 Vgl. MODELLPROJEKT „DOPPISCHER KOMMUNALHAUSHALT IN NRW“, Neues Kommunales Finanzmanagement, S. 39.

1025 Vgl. RETTLER, S., § 36 GemHVO, S. 10.

1026 Vgl. INNENMINISTERIUM NORDRHEIN-WESTFALEN (Hrsg.), Neues Kommunales Finanzmanagement, S. 596.

(§ 36 Abs. 3 Satz 1 GO).[1027] Hierfür ist eine konkrete Umsetzungsplanung der Gemeinde erforderlich. Die Wahrscheinlichkeit der Realisierung der Instandhaltung ist besonders zu beachten. In diesem Zusammenhang ist auch die wirtschaftliche Leistungsfähigkeit der Gemeinde zu berücksichtigen.[1028] Eine hinreichend konkrete Absicht kann nur unterstellt werden, sofern die Maßnahme innerhalb der mittelfristigen Ergebnis- und Finanzplanung realisiert werden soll und in der mittelfristigen Ergebnis- und Finanzplanung veranschlagt ist.[1029] Die Instandhaltungsmaßnahme muss einzeln bestimmt und wertmäßig beziffert sein (§ 36 Abs. 3 Satz 2 GemHVO). Sie ist im Anhang offen zu legen und den betroffenen Vermögensgegenständen des Anlagevermögens zuzuordnen (§ 44 Abs. 2 Nr. 3 GemHVO). Die Rückstellung ist in Höhe jenes Betrages zu passivieren, der voraussichtlich bei der Nachholung der Instandhaltung notwendig wird.[1030]

Liegen die Voraussetzungen für die Passivierung einer Rückstellung für Instandhaltungen vor, so wird in der Regel keine außerplanmäßige Abschreibung vorzunehmen sein. Außerplanmäßige Abschreibungen sind im Neuen Kommunalen Finanzmanagement nur bei einer dauernden Wertminderung vorzunehmen. Eine dauernde Wertminderung ist nur gegeben, sofern diese mindestens fünf Jahre bestehen wird. Innerhalb dieser fünf Jahre ist indes die Instandhaltungsmaßnahme durchzuführen, ansonsten wäre die Passivierung einer Rückstellung nicht zulässig. Ein Konkurrenzverhältnis von der Pflicht zu einer außerplanmäßigen Abschreibung und der Passivierung von Rückstellungen für unterlassene Instandhaltungen wird somit in der Regel nicht vorliegen.[1031]

1027 FISCHER spricht sich allgemein dafür aus, für unterlassene Instandhaltungsmaßnahmen in jedem Fall Rückstellungen zu bilden, unabhängig davon, wann ihre Nachholung beabsichtigt ist, da nur so die tatsächliche Dimension des bekannten Instandhaltungsstaus in voller Höhe transparent wird, vgl. Fischer, E., Reform des Gemeindehaushaltsrechts, S. 92 f.

1028 Vgl. INNENMINISTERIUM NORDRHEIN-WESTFALEN (Hrsg.), Neues Kommunales Finanzmanagement, S. 597.

1029 Vgl. INNENMINISTERIUM NORDRHEIN-WESTFALEN (Hrsg.), Neues Kommunales Finanzmanagement, S. 597. In Einzelfällen kann auch ein Zeitraum von fünf Jahren zulässig sein, vgl. INNENMINISTERIUM NORDRHEIN-WESTFALEN (Hrsg.), Neues Kommunales Finanzmanagement, S. 597. Einen Zeitraum von fünf Jahren befürwortet auch BOLSENKÖTTER, vgl. BOLSENKÖTTER, H., Integriertes öffentliches Rechnungswesen, S. 58.

1030 Vgl. INNENMINISTERIUM NORDRHEIN-WESTFALEN (Hrsg.), Neues Kommunales Finanzmanagement, S. 596.

1031 Vgl. hierzu auch WIRTZ, H., Grundsätze ordnungsmäßiger öffentlicher Buchführung, S. 118.

432.23 Zuschreibungen

Wenn sich in einem späteren Haushaltsjahr nach einer außerplanmäßigen Abschreibung herausstellt, dass die Gründe für eine dauernde Wertminderung eines Vermögensgegenstandes des Anlagevermögens nicht mehr bestehen, so besteht ein grundsätzliches Wertaufholungsgebot (§ 35 Abs. 8 Satz 1 GemHVO).[1032] Die Wertaufholung schränkt die Bildung stiller Rücklagen ein und dient somit dem zutreffenden Einblick in die wirtschaftliche Lage der Gemeinde.[1033]

Das Zuschreibungsgebot bezieht sich nur auf den Wegfall der Gründe, die zu einer außerplanmäßigen Abschreibung führten. Zuschreibungen sind nicht zulässig, um planmäßige Abschreibungen rückgängig zu machen, bspw. für den Fall, dass die Nutzungsdauer eines Vermögensgegenstandes zu kurz geschätzt wurde.[1034]

Die Obergrenze für Zuschreibungen bilden die fortgeführten AK/HK.[1035] Im Ergebnis ergibt sich somit der Betrag, der sich auch ergeben hätte, wenn keine außerplanmäßige Abschreibung vorgenommen worden wäre.[1036] Zuschreibungen sind im Anhang zu erläutern (§ 35 Abs. 8 Satz 2 GemHVO). Hierdurch wird dem besonderen öffentlichen Informationsbedürfnis Rechnung getragen.[1037]

1032 Das Wertaufholungsgebot besteht nicht bei Vermögensgegenständen des Umlaufvermögens, hier besteht ein Wertaufholungsverbot, vgl. INNENMINISTERIUM NORDRHEIN-WESTFALEN (Hrsg.), Neues Kommunales Finanzmanagement, S. 582; vgl. kritisch hierzu IDW (Hrsg.), Stellungnahme zum Referentenentwurf eines Gesetzes über ein Neues Kommunales Finanzmanagement, S. 4.

1033 Vgl. BALLWIESER, W., § 280 HGB, Rn. 4; SIEGEL, T., Wertaufholung und Zuschreibung, Rn. 14 f.; vgl. hierzu auch INNENMINISTERIUM NORDRHEIN-WESTFALEN (Hrsg.), Neues Kommunales Finanzmanagement, S. 581.

1034 So BAETGE, J./KIRSCH, H.-J./THIELE, S., Bilanzen, S. 259 für das HGB. Auch die Ausführungen in der Handreichung des Innenministeriums beziehen sich nur auf Fälle, in denen der Grund für eine frühere außerplanmäßige Abschreibung entfallen ist, vgl. INNENMINISTERIUM NORDRHEIN-WESTFALEN (Hrsg.), Neues Kommunales Finanzmanagement, S. 581 f.

1035 Vgl. INNENMINISTERIUM NORDRHEIN-WESTFALEN (Hrsg.), Neues Kommunales Finanzmanagement, S. 581.

1036 Vgl. INNENMINISTERIUM NORDRHEIN-WESTFALEN (Hrsg.), Neues Kommunales Finanzmanagement, S. 581.

1037 Vgl. INNENMINISTERIUM NORDRHEIN-WESTFALEN (Hrsg.), Neues Kommunales Finanzmanagement, S. 582.

432.24 Bewertungsvereinfachungsverfahren

Gemäß § 34 Abs. 1 Satz 1 GemHVO können für Vermögensgegenstände des Sachanlagevermögens[1038], die regelmäßig ersetzt werden und deren Gesamtwert für die Gemeinde von nachrangiger Bedeutung ist, Festwerte gebildet werden, sofern der Bestand in seiner Größe, seinem Wert und seiner Zusammensetzung nur geringen Schwankungen unterliegt. In der Regel ist alle drei Jahre eine körperliche Bestandsaufnahme und vor der erstmaligen Bildung von Festwerten eine körperliche Inventur durchzuführen (§ 34 Abs. 1 Satz 2 GemHVO). Somit gelten für die Anwendung des Festwertverfahrens die gleichen Voraussetzungen wie im Handelsrecht.[1039]

Das Festwertverfahren stellt eine aus Gründen der Wirtschaftlichkeit zulässige Ausnahme des Grundsatzes der Einzelbewertung dar.[1040] Ihm liegt die Fiktion zu Grunde, dass sich die jährlichen Abschreibungen und Zugänge der entsprechenden Vermögensgegenstände wertmäßig entsprechen[1041] und die verschiedenen Vermögensgegenstände in gleich bleibender Menge und gleichbleibenden Wert für die Aufgabenerfüllung der Gemeinde benötigt werden.[1042] Kommunalspezifische Anwendungsgebiete des Festwertverfahrens sind bspw. Straßenschilder, Verkehrslenkungsanlagen und Einrichtungen von Schulen und Kindergärten.[1043]

Sofern die oben genannten Voraussetzungen erfüllt sind, dürfen die Vermögensgegenstände mit einer gleichbleibenden Menge und einem gleichbleibenden Wert in das Inventar und in die Bilanz aufgenommen werden.[1044] Mit der körperlichen Inventur wird dabei zunächst die Festmenge ermittelt. In einem zweiten Schritt ist dann die Festmenge mit einem Festwert zu bewerten.[1045]

1038 Für immaterielle Vermögensgegenstände und Finanzanlagen ist das Festwertverfahren nicht zulässig, vgl. BERNHARDT, H./MUTSCHLER, K./STOCKEL-VELTMANN, C., Kommunales Finanzmanagement NRW, S. 250; RETTLER, S., § 34 GemHVO, S. 2.

1039 Vgl. FREYTAG, D./HAMACHER, C./WOHLAND, A., Neues Kommunales Finanzmanagement, S. 222 f.; vgl. zu den Voraussetzungen RETTLER, S., § 34 GemHVO, S. 2 f.; vgl. zu den handelsrechtlichen Voraussetzungen NORDMEYER, A./GÖBEL, R., Sachanlagen, Rn. 201-209.

1040 Vgl. NORDMEYER, A./GÖBEL, R., Sachanlagen, Rn. 199.

1041 Vgl. FUDALLA, M./TÖLLE, M./WÖSTE, C./ZUR MÜHLEN, M., Bilanzierung und Jahresabschluss in der Kommunalverwaltung, S. 81.

1042 Vgl. RETTLER, S., § 34 GemHVO, S. 1.

1043 Vgl. RETTLER, S., § 34 GemHVO, S. 3.

1044 Vgl. FUDALLA, M./TÖLLE, M./WÖSTE, C./ZUR MÜHLEN, M., Bilanzierung und Jahresabschluss in der Kommunalverwaltung, S. 81.

1045 Vgl. hierzu umfassend RETTLER, S., § 34 GemHVO, S. 3 f.

Neben dem Festwert kann darüber hinaus für Aufwuchs, z. B. im Forstbereich, auch ein sogenanntes pauschaliertes Festwertverfahren angewendet werden. Hierbei ist eine Revision erst nach zehn Jahren sowie eine Neuberechnung des Forsteinrichtungswerks alle 20 Jahre durchzuführen (§ 34 Abs. 2 GemHVO). Hierdurch soll den Besonderheiten der Waldbewirtschaftung Rechnung getragen werden.[1046]

Zu konkretisieren ist zunächst der Anwendungsbereich dieser Vorschrift. Grundsätzlich werden unter Aufwuchs Pflanzen und Bäume verstanden, die fest mit dem Grund und Boden verwurzelt sind. Insoweit würde auch Aufwuchs in Parkanlagen, auf Friedhöfen, Spiel- und Sportplätzen sowie land- und forstwirtschaftlichen Flächen von der Regelung in § 34 Abs. 2 GemHVO erfasst werden.[1047] Der Verweis in § 34 Abs. 2 GemHVO auf das Forsteinrichtungswerk lässt indes erkennen, dass sich die Regelung nur auf die Bewertung von forstwirtschaftlichen Flächen bezieht und kommunale Grünflächen insoweit nicht erfasst werden.[1048] Auch in der Handreichung des Innenministeriums wird nur von der angemessenen Wertermittlung des Waldbestandes gesprochen.[1049]

Die Bewertung des Waldes kann somit in vereinfachter Form auf der Grundlage des Durchschnittsalters je Baumartengruppe erfolgen. Als Grundlage für die Wertermittlung dient dabei das Forsteinrichtungswerk.[1050]

44 Zwischenfazit

In Abschnitt 42 wurde zunächst der Bezugsrahmen für eine sachgerechte Bilanzierung konkreter Sachverhalte im Jahresabschluss von nordrhein-westfälischen Gemeinden herausgearbeitet. In einem ersten Schritt wurden hierfür in Abschnitt 421. die Zwecke des Jahresabschlusses analysiert. Der kommunale Jahresabschluss dient, ebenso wie der handelsrechtliche Jahresabschluss, der Dokumentation, der Rechenschaft und der Kapitalerhaltung. Dies bestätigt die enge Anlehnung des Neuen Kommunalen Finanzmanagements an das Handelsrecht.

1046 Vgl. LT-Drucksache 13/5567, S. 247.

1047 Vgl. RETTLER, S., § 34 GemHVO, S. 5.

1048 Vgl. RETTLER, S., § 34 GemHVO, S. 5. Vgl. zur Bedeutung des „grünen" Sachvermögens für Kommunen GÜSE, E., Bewertung der Grün- und Freiflächen, S. 169-175.

1049 Vgl. INNENMINISTERIUM NORDRHEIN-WESTFALEN, Neues Kommunales Finanzmanagement, S. 571.

1050 Vgl. INNENMINISTERIUM NORDRHEIN-WESTFALEN, Neues Kommunales Finanzmanagement, S. 571.

In einem zweiten Schritt wurde in Abschnitt 422. die Bedeutung der handelsrechtlichen GoB für den Jahresabschluss im Neuen Kommunalen Finanzmanagement analysiert. Auch hierbei wurde die Nähe des Neuen Kommunalen Finanzmanagements zum HGB deutlich. Zahlreiche handelsrechtliche GoB sind in Gemeindeordnung und Gemeindehaushaltsverordnung explizit genannt. Für weitere GoB bringt der Gesetz- und Verordnungsgeber zum Ausdruck, dass sie ebenfalls im Neuen Kommunalen Finanzmanagement anzuwenden sind. Relativierungen einzelner GoB sind eher nicht festzustellen.

In Abschnitt 43 wurde exemplarisch die Bewertung von Vermögensgegenständen des Sachanlagevermögens im kommunalen Jahresabschluss betrachtet. Den Rahmen für deren Bilanzierung bilden hierbei die relevanten Bilanzierungsvorschriften in Gemeindeordnung und Gemeindehaushaltsverordnung, die Jahresabschlusszwecke sowie die kodifizierten und nicht kodifizierten GoB.

Auch hierbei wurde deutlich, dass das HGB das Referenzmodell für das Neue Kommunale Finanzmanagement ist. Zahlreiche Regelungen des HGB sind ähnlich in Gemeindeordnung und Gemeindehaushaltsverordnung übernommen worden. So werden bspw. die Anschaffungskosten im Grundsatz wie im Handelsrecht bestimmt. Auch die Wertuntergrenze der Herstellungskosten entspricht der handelsrechtlichen.

Darüber hinaus wurde auch deutlich, dass sich verschiedene Regelungen im Neuen Kommunalen Finanzmanagement zwar an den handelsrechtlichen Vorschriften orientieren, aber durch abweichende Formulierungen noch interpretationsbedürftig sind. Dies trifft bspw. auf die Bestandteile der Herstellungskosten zu. Hier wäre es wünschenswert, die Regelungen in der Gemeindehaushaltsverordnung, bspw. im Rahmen der Überprüfung des Neuen Kommunalen Finanzmanagements gemäß § 10 NKFG, stärker zu konkretisieren.

Das Neue Kommunale Finanzmanagement wurde gegenüber dem HGB aber auch weiterentwickelt. So wurden durch die Vorgabe von Bandbreiten für die Nutzungsdauer von Vermögensgegenständen Ermessensspielräume begrenzt. Handelsrechtliche Wahlrechte wurden eingeschränkt. Darüber hinaus wird im Neuen Kommunalen Finanzmanagement auch der besonderen Bedeutung von Sachverhalten für kommunale Gebietskörperschaften Rechnung getragen. Dies äußert sich bspw. in expliziten Vorschriften für die Bilanzierung von Zuwendungen oder der Pflicht zur Passivierung von Instandhaltungsrückstellungen. Auch das Wahlrecht zur außerplanmäßigen Abschreibung bei einer voraussichtlich dauernden Wertminderung von Grund und Boden, die durch die Anschaffung oder Herstellung von Infrastrukturvermögen verursacht ist, berücksichtigt Besonderheiten kommunaler Gebietskörperschaften.

Es zeigte sich aber auch, dass die handelsrechtlichen GoB zur Auslegung von konkretisierungsbedürftigen Regelungen herangezogen werden müssen. Wichtigstes Beispiel hierfür war im Rahmen der exemplarischen Untersuchung die Bewertung von sachzielorientierten Vermögensgegenständen. Hier kann nicht direkt auf Lösungen des Referenzmodells (HGB) zurückgegriffen werden, die GoB können aber sinngemäß zur Lösung dieses Bilanzierungsproblems herangezogen werden.

Die Ausführungen in Kapitel 4 zeigten letztendlich, dass bei Anwendung der handelsrechtlichen Bilanzierungsgrundsätze in der Rechnungslegung von Gebietskörperschaften kommunalspezifische Sachverhalte zweckgerecht im Jahresabschluss abgebildet werden können. Gleichwohl finden sich Ansichten in der Literatur, die es bedauern, dass das HGB als Referenzmodell für die kommunale Rechnungslegung in Deutschland verwendet wird. Vielmehr wird auf Internationalisierungstendenzen der Rechnungslegung verwiesen und in diesem Zusammenhang über die IPSAS diskutiert. Diese Überlegungen werden im folgenden Kapitel 5 aufgegriffen.

5 International Public Sector Accounting Standards (IPSAS) als Grundlage der Rechnungslegung

51 Grundlagen der IPSAS-Rechnungslegung

511. Der Hintergrund der IPSAS

Die IPSAS sind internationale Rechnungslegungsstandards für den öffentlichen Sektor und werden vom International Public Sector Accounting Standards Board (IPSASB) herausgegeben, einem permanenten Fachausschuss der International Federation of Accountants (IFAC).[1051] Aufgabe des IPSASB ist die Entwicklung von qualitativ hochwertigen Rechnungslegungsstandards für den öffentlichen Sektor. Hierdurch soll eine Harmonisierung und weltweit vereinheitlichte Berichterstattung ermöglicht werden.[1052] Unterstützt wird das IPSASB durch zahlreiche internationale Organisationen und Kreditinstitute,[1053] ein observer ist zudem der IASB.

Auf der Basis von Studien und Forschungsberichten wurde 1996 ein Standardsetzungsprogramm mit dem Ziel initiiert, internationale Standards für das öffentliche Rechnungswesen zu erarbeiten. Dieses Standardsetzungsprogramm ist in zwei Phasen eingeteilt.[1054] In der ersten Phase des Projektes wurde ein Kern (core set) von 20 IPSAS entwickelt.[1055] Referenzmodell für jene IPSAS waren die zum 31. August 1997 veröffentlichten IAS in der damals gültigen Fassung. Die IFRS sind das Referenzmodell für die IPSAS, wobei die IPSAS den Entwicklungen bei den IFRS zeitlich etwas verzögert folgen.[1056] Die

---

1051 Im Jahr 1986 wurde von der International Federation of Accountants (IFAC) zunächst das Public Sector Committee (PSC) als ein ständiger Fachausschuss für Fragestellungen hinsichtlich der Rechnungslegung und Prüfung öffentlicher Institutionen eingerichtet. Im November 2006 wurde das PSC in International Public Sector Accounting Standards Board (IPSASB) umbenannt, vgl. hierzu exemplarisch ADAM, B., IPSAS, S. 397; HENKES, J., Der Jahresabschluss kommunaler Gebietskörperschaften, S. 536.

1052 Vgl. hierzu LÜDER, K., Reform des öffentlichen Rechnungswesens S. 11; MÜLLER-MARQUÉS BERGER, T., Kameralistik, S. I; VOGELPOTH, N./DÖRSCHELL, A., Internationale Rechnungslegungsstandards, S. 755.

1053 Vgl. WIRTZ, H., Grundsätze ordnungsmäßiger öffentlicher Buchführung, S. 72 m. w. N.; MÜLLER-MARQUÉS BERGER, T., Verpflichtungen aus Sozialpolitik, S. 41 f.; vgl. hierzu kritisch BUDÄUS, D., Zum aktuellen Reformstand, S. 58.

1054 Vgl. VOGELPOTH, N./DÖRSCHELL, A., Internationale Rechnungslegungsstandards, S. 752.

1055 Vgl. ADAM, B., Internationale Rechnungslegungsstandards für die öffentliche Verwaltung, S. 14; KUSSMAUL, H./HENKES, J., Kommunale Doppik und IPSAS, S. 190.

1056 Vgl. VOGELPOTH, N., Deutsche Haushaltsreformen, S. 633; vgl. auch SCHEDLER, K./KNECHTENHOFER, B., IPSAS, S. 549.

Standards wurden dabei geringfügig an die Besonderheiten des öffentlichen Sektors angepasst.[1057] Diese erste Phase wurde im Jahr 2002 abgeschlossen.

In der zweiten Phase des Standardsetzungsprogramms werden im Schwerpunkt IPSAS-Standards zu spezifischen Rechnungslegungsfragen des öffentlichen Sektors entwickelt.[1058] Darüber hinaus sind auch bestehende IPSAS-Standards regelmäßig zu überarbeiten, da sich die zu Grunde liegenden IAS/IFRS zwischenzeitlich geändert haben.[1059] Auch neu verabschiedete IAS/IFRS sind in die IPSAS zu transformieren.[1060] Dieses Vorgehen ist im Zusammenhang mit dem strategischen Ziel des IPSASB zu sehen, weitgehende Übereinstimmung von IPSAS und IFRS herzustellen.[1061] Die IPSAS sind somit ein dynamisches Regelwerk, das einer ständigen Weiterentwicklung unterliegt.[1062] Neben den aus den IFRS abgeleiteten Standards wurde auch ein Standard für eine kameralistische Rechnungslegung ausgearbeitet: Financial Reporting Under the Cash Basis of Accounting.[1063]

Die bestehenden IPSAS bilden keinesfalls ein vollständiges Regelwerk.[1064] So liegt derzeit z. B. noch kein IPSAS-Standard für die Bilanzierung von immateriellen Vermögenswerten vor.[1065] Auch im Bereich der Finanzinstrumente bestehen Regelungslücken.[1066] Gleiches gilt für den Bereich landwirtschaftlicher Vermögenswerte, deren Bedeutung im öffentlichen Sektor nicht unterschätzt werden sollte.[1067] IPSAS-Standards für die entsprechenden Bereiche sind in Vorbereitung.[1068]

1057 Vgl. ADAM, B., IPSAS, S. 401; VOGELPOTH, N., Deutsche Haushaltsreformen, S. 628.

1058 Vgl. BOLSENKÖTTER, H., Reform des deutschen öffentlichen Rechnungswesens und internationale Reformbestrebungen, S. 170; VOGELPOTH, N./DÖRSCHELL, A./VIEHWEGER, C., Rechnungslegung nach den IPSAS, S. 1001.

1059 Vgl. KUSSMAUL, H./HENKES, J., International Public Sector Accounting Standards, S. 233; MACKINTOSH, I, IFAC Public Sector Committee, S. 6 f.

1060 Vgl. HENKES, J., Der Jahresabschluss kommunaler Gebietskörperschaften, S. 541.

1061 Vgl. hierzu MÜLLER-MARQUÉS BERGER, T., Internationale Rechnungslegung für den öffentlichen Sektor, S. 13; MÜLLER-MARQUÉS BERGER, T./HÄFELE, M., Leistungen an Arbeitnehmer, S. 643.

1062 Vgl. HENKES, J., Der Jahresabschluss kommunaler Gebietskörperschaften, S. 541 m. w. N.

1063 Vgl. hierzu MÜLLER-MARQUÉS BERGER, T., Internationale Rechnungslegung für den öffentlichen Sektor, S. 143-150.

1064 Vgl. auch LÜDER, K., Internationale Harmonisierung, S. 352; PÜTTNER weist indes darauf hin, dass sich die IPSAS einem geschlossenen System annähern, vgl. PÜTTNER, G., Zur Internationalisierung des Rechnungswesens, S. 41.

1065 Vgl. BOLSENKÖTTER, H., Vermögensgegenstände, S. 107.

1066 Vgl. VOGELPOTH, N., Haushaltsplanung, S. 268; kritisch hierzu BOLSENKÖTTER, H., Einführung, S. 21.

1067 Auf fehlende Regeln zu Ansatz und Bewertung von land- und forstwirtschaftlichem Aufwuchs verweist LÜDER, K., Internationale Standards, S. 156; LÜDER, K., Internationale Harmonisierung,

Auch ein offizielles IPSAS-Framework, welches bei der Normierung und Auslegung der einzelnen Standards heranzuziehen wäre, besteht derzeit noch nicht, ist allerdings in Vorbereitung.[1069] Bei bestehenden Regelungslücken greift die Auffangvorschrift des IPSAS 3.[1070] Zunächst sind die Anforderungen und Anwendungsleitlinien in IPSAS heranzuziehen, die ähnliche Sachverhalte regeln (IPSAS 3.14 (a)). Ferner sind die in anderen IPSAS enthaltenen Definitionen, Erfassungskriterien und Bewertungskonzepte für Vermögenswerte, Schulden, Erträge und Aufwendungen zu berücksichtigen (IPSAS 3.14 (b)). Darüber hinaus können auch die jüngsten Verlautbarungen anderer Standardsetter herangezogen werden, sofern diese nicht in Konflikt zu den zuvor genannten Quellen stehen (IPSAS 3.15). Dies gilt insbesondere auch für Verlautbarungen des IASB einschließlich des IFRS-Frameworks.[1071]

Auf ein aus dieser Systematik folgendes Problem sei an dieser Stelle hingewiesen: die hierdurch steigende Komplexität. Durch die enge Anlehnung an die IFRS, die für kapitalmarktorientierte Konzerne konzipiert sind, ist zunächst eine hohe Grundkomplexität der IPSAS festzustellen.[1072] Diese wird noch gesteigert, da unter Umständen auf die IFRS zur Lösung ungeregelter Bilanzierungssachverhalte zurückgegriffen werden muss.[1073]

S. 351; VOGELPOTH, N./DÖRSCHELL, A., Internationale Rechnungslegungsstandards, S. 758; ADAM, B., Internationale Rechnungslegungsstandards für die öffentliche Verwaltung, S. 81 f.

1068 Vgl. für einen Überblick über das aktuelle Arbeitsprogramm des IPSASB STEIN, P., Die Bedeutung der Entwicklung von internationalen Rechnungslegungsnormen, S. 4 f.

1069 Das Conceptual Framework soll sich unter anderem mit den Zielen und dem Umfang der Rechnungslegung, den qualitativen Anforderungen, der Abgrenzung der bilanzierenden Einheit, den Posten des Jahresabschlusses, der Bilanzierung und Bewertung sowie dem Ausweis und der Darstellung beschäftigen. Zudem soll geklärt werden, wieweit die Berichterstattung zur öffentlichen Leistungserbringung, die Haushaltserstellung und die Berichterstattung über den Haushalt sowie die Berichterstattung über Regierungsprogramme, Sozialleistungen, Steuereinnahmen und Schuldenaufnahme ebenfalls in das Framework einbezogen werden sollen; vgl. VOGELPOTH, N./DÖRSCHELL, A./VIEHWEGER, C., Rechnungslegung nach den IPSAS, S. 1010.

1070 Vgl. IPSAS 3.12-15; vgl. hierzu MÜLLER-MARQUÉS BERGER, T., Internationale Rechnungslegung für den öffentlichen Sektor, S. 35; WIRTZ, H., Grundsätze ordnungsmäßiger öffentlicher Buchführung, S. 121.

1071 Vgl. hierzu MÜLLER-MARQUÉS BERGER, T., Internationale Rechnungslegung für den öffentlichen Sektor, S. 13.

1072 Vgl. ähnlich zur Komplexität der IFRS HENNRICHS, J., Pro und Contra, S. 480; SCHLEYER, H.-E., IFRS, S. 402.

1073 Vgl. hinsichtlich der Bilanzierung von Finanzinstrumenten HEINTGES, S./HÄRLE, P., Bilanzierung und Bewertung von Finanzinstrumenten, S. 145. Diese Systematik wurde auch im Zusammenhang mit dem SME-Projekt des IASB kritisch diskutiert, vgl. exemplarisch METH, D., Die IFRS als Grundlage der Rechnungslegung mittelständischer Unternehmen, S. 200-204 m. w. N. Vgl. zum SME-Projekt auch KIRSCH, H.-J./METH, D., Adressaten einer IFRS-Rechnungslegung für mittelständische Unternehmen, S. 7-12.

Bilanzierende Gebietskörperschaften müssen sich somit gegebenenfalls zusätzlich auch mit dem Gesamtwerk der IFRS auseinandersetzen. Abbildung 7 zeigt die derzeit bestehenden IPSAS im Überblick.[1074]

IPSAS	Bezeichnung	IAS/IFRS
IPSAS 1	Presentation of Financial Statements	IAS 1
IPSAS 2	Cash Flow Statements	IAS 7
IPSAS 3	Accounting Policies, Changes in Accounting Estimates and Errors	IAS 8
IPSAS 4	The Effects of Changes in Foreign Exchange Rates	IAS 21
IPSAS 5	Borrowing Costs	IAS 23
IPSAS 6	Consolidated Financial Statements and Accounting for Controlled Entities	IAS 27
IPSAS 7	Accounting for Investments in Associates	IAS 28
IPSAS 8	Financial Reporting of Interests in Joint Ventures	IAS 31
IPSAS 9	Revenue from Exchange Transactions	IAS 18
IPSAS 10	Financial Reporting in Hyperinflationary Economies	IAS 29
IPSAS 11	Construction Contracts	IAS 11
IPSAS 12	Inventories	IAS 2
IPSAS 13	Leases	IAS 17
IPSAS 14	Events after the Reporting Date	IAS 10
IPSAS 15	Financial Instruments: Disclosure and Presentation	IAS 32
IPSAS 16	Investment Property	IAS 40
IPSAS 17	Property, Plant and Equipment	IAS 16
IPSAS 18	Segment Reporting	IAS 14
IPSAS 19	Provisions, Contingent Liabilities, Contingent Assets	IAS 37
IPSAS 20	Related Party Disclosures	IAS 24
IPSAS 21	Impairment of Non-Cash-Generating Assets	(IAS 36)
IPSAS 22	Disclosure of Financial Information about the General Government Sector	
IPSAS 23	Revenue from Non-Exchange Transactions (Taxes and Transfers)	
IPSAS 24	Presentation of Budget Information in Financial Statements	
IPSAS 25	Employee Benefits	IAS 19
IPSAS 26	Impairment of Cash Generating Assets	IAS 36
Cash Basis IPSAS	Financial Reporting under the Cash Basis of Accounting	

Abbildung 7: Bestehende IPSAS im Überblick[1075]

1074 Die IPSAS-Standards können in englischer Sprache von der Homepage www.ifac.org kostenlos abgerufen werden.

1075 In enger Anlehnung an HENKES, J., Der Jahresabschluss kommunaler Gebietskörperschaften, S. 540; WIRTZ, H., Grundsätze ordnungsmäßiger öffentlicher Buchführung, S. 120.

Die IPSAS werden derzeit bspw. von supranationalen Organisationen wie den Vereinten Nationen, der Nato und der OECD angewendet.[1076] Verschiedene Staaten wie bspw. die Niederlande und Südafrika berücksichtigen die IPSAS in ihrer Rechnungslegung, ohne sie direkt anzuwenden. In Deutschland ist derzeit eine verpflichtende Anwendung der IPSAS nicht vorgesehen.[1077] Die kommunale Rechnungslegung auf Grundlage der doppelten Buchführung orientiert sich, wie exemplarisch in Kapitel 4 für Nordrhein-Westfalen dargestellt wurde, am HGB. Gleichwohl wird dies in Teilen der Literatur bedauert und diskutiert, die IPSAS als Grundlage der kommunalen Rechnungslegung zu nutzen.

512. Die Zwecke der Rechnungslegung nach IPSAS

Hinweise auf die Zwecke eines IPSAS-Abschlusses finden sich in Ermangelung eines Frameworks im Wesentlichen in IPSAS 1. Gemäß IPSAS 1.15 ist die Zielsetzung eines IPSAS-Abschlusses, Informationen über die Vermögens-, Finanz- und Ertragslage sowie über Cashflows zu vermitteln, die für einen weiten Kreis von Abschlussadressaten nützlich sind, Entscheidungen hinsichtlich der Zuteilung von Ressourcen zu treffen und zu beurteilen (IPSAS 1.15). Jahresabschlüsse sollen dabei den Bedürfnissen jener gerecht werden, die nicht in der Lage sind, Berichte für ihre spezifischen Informationsbedürfnisse zu verlangen. Als Adressaten eines IPSAS-Abschlusses werden die Steuerzahler, die Legislative, die Kreditgeber, die Lieferanten, die Medien und die Mitarbeiter genannt (IPSAS 1.3).

In IPSAS 1.15 wird betont, dass die IPSAS-Rechnungslegung der Vermittlung nützlicher Informationen für verschiedene Entscheidungssituationen und der Rechenschaft über die der Gebietskörperschaft überlassenen Ressourcen dient.[1078] Dies wird bspw. erreicht durch die Bereitstellung von Informationen über die Herkunft, die Zuteilung und die Verwendung finanzieller Ressourcen, von Informationen, wie die bilanzierende Einheit ihre Aktivitäten finanzierte und ihren Geldbedarf deckte sowie von Informationen, die

1076 Vgl. KUSSMAUL, H./HENKES, J., § 43 Öffentliche Verwaltung, Rn. 2.

1077 Vgl. HUFNAGEL, W./JÜRGENS, A., § 16 Finanzrechnung, Rn. 49; VOGELPOTH, N./POULLIE, M., Einführung der Doppik im Gemeindehaushaltsrecht, S. 525.

1078 Dies betonen auch HALLER, A./BLAB, D., Internationale Rechnungslegungsgrundsätze für den öffentlichen Sektor, S. 452; WIRTZ, H., Grundsätze ordnungsmäßiger öffentlicher Buchführung, S. 122; MÜLLER-MARQUÉS BERGER, T., Internationale Rechnungslegung für den öffentlichen Sektor, S. 15; vgl. hierzu auch VOGELPOTH, N., Vergleich der IPSAS, S. 25.

nützlich sind, die Fähigkeit der bilanzierenden Einheit zu schätzen, ihre Aktivitäten zu finanzieren und ihre Verbindlichkeiten und Verpflichtungen zu erfüllen (IPSAS 1.15).

Des Weiteren wird in IPSAS 1.16 ausgeführt, dass Jahresabschlüsse auch eine prognoseorientierte Funktion haben können, indem sie Informationen bereitstellen, die nützlich sind, um die Höhe künftig benötigter oder bereitgestellter Ressourcen sowie damit zusammenhängende Risiken und Unsicherheiten einzuschätzen. Darüber hinaus kann die Rechnungslegung den Adressaten Informationen zur Verfügung stellen, die kenntlich machen, ob Ressourcen in Übereinstimmung mit dem rechtsgültigen Budget oder gesetzlichen bzw. vertraglichen Vorgaben, durch gesetzgebende Behörden aufgestellte finanzielle Restriktionen eingeschlossen, beschafft und verwendet wurden (IPSAS 1.16).

Die genannten Informationsinhalte konkretisieren, dass die IPSAS-Rechnungslegung der Vermittlung nützlicher Informationen für verschiedene Entscheidungssituationen und der Rechenschaft über die der Gebietskörperschaft überlassenen Ressourcen dient.[1079] Um diese Zwecke zu erfüllen, liefert der Jahresabschluss Informationen über Vermögenswerte (assets), Schulden (liabilities), Eigenkapital (net assets/equity), Erlöse (revenues), Aufwendungen (expenses), weitere Veränderungen des Eigenkapitals (other changes in net assets/equity) und Cashflows (IPSAS 1.17). Einschränkend wird vermerkt, dass die Informationen des Jahresabschlusses wahrscheinlich nicht alle Zwecke erfüllen können. Dies gilt besonders, da Manager sowohl für das Erreichen einer Dienstleistungserbringung als auch finanzieller Ziele verantwortlich sind. Daher könnten auch ergänzende, bspw. nichtfinanzielle, Informationen bereitgestellt werden (IPSAS 1.18).

Die Zwecke der Rechnungslegung verdeutlichen die Nähe der IPSAS zu den IFRS. Sowohl die IPSAS als auch die IFRS sollen zum einen den Adressaten nützliche Informationen zur Fundierung von Entscheidungen vermitteln, zum anderen sind die Abschlüsse ein Instrument der Rechenschaft gegenüber den Adressaten. In IPSAS 1 werden darüber hinaus Informationsinhalte genannt, die die Zwecke der Rechnungslegung speziell im public sector konkretisieren und die so weder in IAS 1 noch im IFRS-Framework aufgeführt werden.

1079 Vgl. zu diesen beiden Zwecken auch CHIOMENTO, B., International Accounting Standards for the public sector, S. 36; in Bezug auf die IFRS LENNARD, A., Stewardship and the Objectives of Financial Statements, S. 51-66.

513. Die Grundsätze der Rechnungslegung nach IPSAS

Jahresabschlüsse haben die Vermögens-, Finanz- und Ertragslage sowie die Cashflows einer öffentlichen Einheit entsprechend den tatsächlichen Verhältnissen darzustellen (fair presentation).[1080] Hierfür sind vier qualitative Anforderungen (qualitative characteristics) an die Rechnungslegung zu beachten, damit die Informationen des Abschlusses für die Adressaten nützlich sind:[1081]

- Verständlichkeit (understandability),
- Relevanz (relevance),
- Verlässlichkeit (reliability) und
- Vergleichbarkeit (comparability).

Der Grundsatz der **Verständlichkeit** fordert, die Jahresabschlussinformationen so aufzubereiten, dass sie für den Adressaten leicht verständlich und nachvollziehbar sind.[1082] Dabei wird davon ausgegangen, dass der Adressat über angemessene Kenntnisse der Tätigkeiten sowie der Umwelt der bilanzierenden Einheit verfügt und bereit ist, die Jahresabschlussinformationen sorgfältig zu studieren.[1083] Dies führt indes nicht dazu, dass komplexe Informationen nicht zu veröffentlichen sind, weil diese für den Adressaten schwer zu verstehen wären.[1084] Der Grundsatz der Verständlichkeit ist vielmehr als ein „Qualitätsanspruch an die Form der Darstellung“[1085] zu interpretieren.[1086]

Die zweite qualitative Anforderung an Jahresabschlussinformationen ist die der **Relevanz**. Relevanz kann als eine auf den Entscheidungszweck gerichtete Eigenschaft desjenigen Sachverhaltes definiert werden, über den durch die Abbildung im Jahresabschluss infor-

---

1080 Vgl. IPSAS 1.27.

1081 Vgl. IPSAS 1.29 (b); vgl. hierzu auch HALLER, A./BLAB, D., Internationale Rechnungslegungsgrundsätze für den öffentlichen Sektor, S. 459; MÜLLER-MARQUÉS BERGER, T., Internationale Rechnungslegung für den öffentlichen Sektor, S. 22; die qualitativen Anforderungen werden im Anhang zu IPSAS 1 konkretisiert, bilden aber gemäß IPSAS 1, Appendix B einen integrativen Bestandteil von IPSAS 1, vgl. hierzu auch MÜLLER-MARQUÉS BERGER, T., Internationale Rechnungslegung für den öffentlichen Sektor, S. 22.

1082 Vgl. BAETGE, J./KIRSCH, H.-J./THIELE, S., Bilanzen, S. 148.

1083 Vgl. IPSAS 1, Appendix B.

1084 Vgl. IPSAS 1, Appendix B.

1085 So WOLLMERT, P./ACHLEITNER, A.-K., Konzeptionelle Grundlagen, S. 222, in Bezug auf die IFRS.

1086 Die qualitative Anforderung der Verständlichkeit im IPSAS-Abschluss entspricht dem Grundsatz der Klarheit und Übersichtlichkeit im Neuen Kommunalen Finanzmanagement, vgl. hinsichtlich dieses Zusammenhangs in Bezug auf die IFRS und das HGB auch BRÜGGEMANN, B., Berichterstattung im Anhang, S. 19.

miert werden soll.[1087] Relevante Informationen müssen dazu geeignet sein, eine Entscheidungssituation zu verbessern.[1088] Dies ist der Fall, wenn eine Information entweder eine vorhandene Alternativenhierarchie verändern kann oder dazu beiträgt, Unsicherheiten bei der Alternativenwahl zu reduzieren.[1089]

Informationen sind dann relevant für die Adressaten, wenn sie helfen, vergangene, derzeitige oder künftige Ereignisse zu beurteilen oder zurückliegende Beurteilungen zu bestätigen oder zu korrigieren.[1090] Relevante Informationen zeichnen sich folglich dadurch aus, dass sie einen predictive value und/oder einen confirmatory value aufweisen.[1091] Relevante Informationen können somit sowohl eine Prognose- als auch eine Kontrollfunktion haben.[1092]

Die Relevanz von Abschlussinformationen wird durch ihre Art (nature) und Wesentlichkeit (materiality) bestimmt.[1093] Eine Information gilt als wesentlich, wenn ein Weglassen oder eine fehlerhafte Darstellung einen Einfluss auf die Entscheidungen der Adressaten haben kann.[1094] Die Sekundäranforderung der Wesentlichkeit schränkt dabei implizit den Grundsatz der Vollständigkeit ein.[1095]

Die qualitative Eigenschaft der Relevanz gewährleistet indes lediglich, dass Informationen potenziell entscheidungsnützlich sind. Relevante Informationen müssen darüber hinaus auch verlässlich sein, damit sie insgesamt für die Adressaten entscheidungsnützlich sind.[1096] Informationen sind gemäß IPSAS dann verlässlich, wenn sie keine wesentlichen

1087 Vgl. KUHNER, C., Spannungsverhältnis, S. 531.

1088 Vgl. SCHEELE, A., Lageberichterstattung, S. 26.

1089 Vgl. BUSSE VON COLBE, W., Jahresabschluss als Informationsinstrument, S. 13; SCHILDBACH, T., Jahresabschluß und Markt, S. 8.

1090 Vgl. IPSAS 1, Appendix B; der Grundsatz der Relevanz ist somit durch einen hohen Abstraktionsgrad geprägt, vgl. SCHÖLLHORN, T./MÜLLER, M., Relevanz des Rahmenkonzepts, S. 1624.

1091 Vgl. zu diesen Begriffen IFAC (Hrsg.), IFAC IPSASB Meeting March 2008, Agenda Paper 2.3, Appendix 1.

1092 Vgl. METH, D., Die IFRS als Grundlage der Rechnungslegung mittelständischer Unternehmen, S. 25; SCHEELE, A., Lageberichterstattung, S. 26.

1093 Vgl. IPSAS 1, Appendix B.

1094 Vgl. IPSAS 1, Appendix B.

1095 Vgl. BAETGE, J./ZÜLCH, H., Rechnungslegungsgrundsätze, Rn. 232.

1096 Vgl. PLOCK, M., Ertragsrealisation, S. 23; die Entscheidungsnützlichkeit von Abschlussinformationen wird insbesondere durch diese beiden Merkmale, die Relevanz und die Verlässlichkeit, bestimmt. Auch IPSAS 8.12 schreibt vor, ungeregelte Bilanzierungsprobleme anhand dieser beiden Kriterien zu beurteilen, vgl. in Bezug auf die IFRS PLOCK, M., Ertragsrealisation, S. 22. BAETGE/ZÜLCH bezeichnen die Verlässlichkeit als „einen entscheidenden Eckpfeiler des Rechnungsle-

Fehler enthalten und frei von verzerrenden Einflüssen sind.[1097] Der Primärgrundsatz der **Verlässlichkeit** wird durch folgende Sekundärgrundsätze konkretisiert:[1098]

- Glaubwürdige Darstellung (faithful representation),
- wirtschaftliche Betrachtungsweise (substance over form),
- Willkürfreiheit bzw. Neutralität (neutrality),
- Vorsicht (prudence) bei der Ausfüllung von Ermessensspielräumen sowie
- Vollständigkeit (completeness).

Der **Grundsatz der glaubwürdigen Darstellung** verlangt, alle Geschäftsvorfälle und Sachverhalte glaubwürdig und den tatsächlichen Verhältnissen entsprechend gegenüber den Abschlussadressaten abzubilden.[1099] Die Abschlussadressaten müssen sich auf das verlassen können, was die Informationen darzustellen vorgeben oder was vernünftigerweise von ihnen erwartet werden kann.[1100]

Die Sekundäranforderung der **wirtschaftlichen Betrachtungsweise** verlangt, die im Jahresabschluss abgebildeten Geschäftsvorfälle sowie anderen Ereignisse entsprechend ihrem wirtschaftlichen Gehalt abzubilden und nicht ausschließlich nach ihrer rechtlichen Gestaltung (substance over form).[1101]

Nach dem Grundsatz der **Neutralität** müssen die Jahresabschlussinformationen frei von verzerrenden Einflüssen sein. Auswahl und Darstellung dürfen Entscheidungen und Beurteilungen der Adressaten nicht gezielt beeinflussen.[1102] Dies bedeutet auch, dass der Bilanzierende die Abschlussinformationen weder bilanzpolitisch motiviert auswählen noch bedingt durch seine eigene Voreingenommenheit die wirtschaftlichen Verhältnisse verzerrend darstellen darf.[1103] Der Grundsatz der Neutralität stellt eine „Leitlinie zur Ausübung von Wahlrechten und Ermessensspielräumen für die Bilanzierenden dar."[1104]

gungssystems", BAETGE, J./ZÜLCH, H., Rechnungslegungsgrundsätze, Rn. 237 in Hinblick auf die IFRS.

1097 Vgl. IPSAS 1, Appendix B.

1098 Vgl. IPSAS 1, Appendix B.

1099 BAETGE, J./ZÜLCH, H., Rechnungslegungsgrundsätze, Rn. 241.

1100 Vgl. IPSAS 1, Appendix B.

1101 Vgl. IPSAS 1, Appendix B; vgl. kritisch hinsichtlich der Zuordnung der wirtschaftlichen Betrachtungsweise zur Verlässlichkeit in den IFRS BALLWIESER, W., Informations-GoB, S. 120 f.; die Zuordnung in den IFRS befürwortend BRINKMANN, J., Rechnungslegung nach IFRS, S. 95.

1102 Vgl. IPSAS 1, Appendix B.

1103 Vgl. BAETGE, J./ZÜLCH, H., Rechnungslegungsgrundsätze, Rn. 245.

1104 So BAETGE, J./ZÜLCH, H., Rechnungslegungsgrundsätze, Rn. 245 in Bezug auf die IFRS.

Eine öffentliche Einheit ist bei der Aufstellung des Jahresabschlusses bei zahlreichen Sachverhalten mit Unsicherheiten konfrontiert, so dass verschiedene Werte lediglich geschätzt werden können.[1105] Dies gilt bspw. für die Nutzungsdauer von Vermögenswerten des Sachanlagevermögens. Die erforderlichen Schätzungen bedeuten Ermessensspielräume. Der Sekundärgrundsatz der **Vorsicht** dient hierbei als Bewertungsmaßstab bei der Ausübung von Ermessensspielräumen.[1106] Demnach dürfen bei Ermessensentscheidungen unter Unsicherheit Vermögenswerte oder Erträge nicht zu hoch, sowie Schulden oder Aufwendungen nicht zu niedrig angesetzt werden.[1107] Der Grundsatz der Vorsicht darf indes nicht bewusst überbetont werden. Unter Berufung auf das Vorsichtsprinzip dürfen keine stillen Reserven gebildet werden.[1108]

Jahresabschlussinformationen sind zudem nur dann als verlässlich anzusehen, wenn sie **vollständig** sind. Sämtliche Geschäftsvorfälle und sonstige Sachverhalte sind in einem IPSAS-Abschluss zu berücksichtigen.[1109] Würden Informationen fehlen, könnte dies zu einem falschen oder irreführenden und somit unzuverlässigen Jahresabschluss führen. Der Vollständigkeitsgrundsatz ist als umfassender Grundsatz zu verstehen, der sich sowohl auf den Ansatz als auch auf die Bewertung von Jahresabschlussposten bezieht.[1110] Der Grundsatz der Vollständigkeit wird eingeschränkt durch die Wesentlichkeit sowie durch Kosten-Nutzen-Überlegungen.[1111]

Das Qualitätskriterium der Verlässlichkeit gewinnt vor dem Hintergrund agencytheoretischer Überlegungen eine besondere Bedeutung.[1112] Interessenkonflikte und In-

---

1105 Vgl. KLAHOLZ, T., Wiederherstellungsverpflichtungen, S. 29 im Hinblick auf erwerbswirtschaftliche Unternehmen.

1106 Vgl. BAETGE, J./KIRSCH, H.-J./WOLLMERT, P./BRÜGGEMANN, P., Grundlagen der IFRS-Rechnungslegung, Rn. 58; NAUMANN, K.-P., Das Spannungsverhältnis zwischen Relevanz und Verlässlichkeit, S. 48.

1107 Vgl. IPSAS 1, Appendix B.

1108 Vgl. IPSAS 1, Appendix B; insgesamt hat der Grundsatz der Vorsicht einen geringeren Stellenwert als im Neuen Kommunalen Finanzmanagement. HALLER/BLAB betonen die Bedeutung des Kriteriums der Vorsicht auf Grund des Stellenwertes der Rechenschaft und der Zielsetzung der Generationengerechtigkeit, vgl. hierzu HALLER, A./BLAB, D., Internationale Rechnungslegungsgrundsätze für den öffentlichen Sektor, S. 461.

1109 Vgl. BAETGE, J./ZÜLCH, H., Rechnungslegungsgrundsätze, Rn. 247.

1110 Vgl. ADLER, H./DÜRING, W./SCHMALTZ, K., Rechnungslegung nach Internationalen Standards, Abschnitt 1, Rn. 80.

1111 Vgl. BAETGE, J./KIRSCH, H.-J./THIELE, S., Bilanzen, S. 149.

1112 Vgl. hierzu BERNDT, T., Wahrheits- und Fairnesskonzeptionen in der Rechnungslegung, S. 28-30; HOMMEL, M., Internationale Bilanzrechtskonzeptionen, S. 349 f. m. w. N.; KAISER, T., IFRS aus Investorensicht, S. 154.

formationsasymmetrien zwischen Prinzipal und Agent können dazu führen, dass der Agent Informationen zurückbehält oder Informationen manipuliert, um ansonsten aus der Rechenschaft resultierende Nachteile abzuwenden.[1113] Die Adressaten der Rechnungslegung werden den Wahrheitsgehalt der vermittelten, potenziell relevanten Informationen deshalb anzweifeln, sofern die Informationen nicht verlässlich sind, da sie sonst Gefahr laufen, getäuscht zu werden.[1114] Die Rechnungslegung ist folglich nur dann entscheidungsnützlich, sofern sie auch verlässlich, im Sinne von intersubjektiv nachprüfbar, ist und Ermessensspielräume, die der Agent zu seinem Vorteil verwenden kann, somit eingeschränkt sind.[1115]

Die Verlässlichkeit von Informationen ist indes auch dann erforderlich, wenn opportunistisches Verhalten ausgeschlossen würde. Der Agent handelt ebenso wie die Prinzipale in einer Welt unvollkommener Information. Selbst wenn ein Agent mit besten Absichten agiert, besteht somit die Möglichkeit, unrichtige Informationen zu veröffentlichen.[1116]

Die vierte qualitative Anforderung an Jahresabschlussinformationen ist die **Vergleichbarkeit.** Die qualitative Eigenschaft der Vergleichbarkeit umfasst dabei die zeitliche Vergleichbarkeit von Jahresabschlüsse im Zeitablauf sowie die zwischenbetriebliche Vergleichbarkeit.[1117] Die Vergleichbarkeit im Zeitablauf ermöglicht den Abschlussadressaten, Jahresabschlüsse über mehrere Perioden zu vergleichen, Tendenzen in der Entwicklung der Vermögens-, Finanz- und Ertragslage einer Gemeinde zu erkennen und somit die Entwicklung einer Gemeinde zu beurteilen.[1118] Die zwischenbetriebliche Vergleichbarkeit ermöglicht den Abschlussadressaten, die Vermögens-, Finanz- und Ertragslage verschie-

---

1113 Vgl. BAETGE, J./BALLWIESER, W., Zum bilanzpolitischen Spielraum der Unternehmensleitung, S. 203; vgl. auch EIERLE, B., Differenzierung der Unternehmensberichterstattung, S. 26; vgl. auch GASSEN/FISCHKIN/HILL, die die Annahme, es gebe keine Anreizkonflikte zwischen dem berichtenden Management und den Rechnungslegungsadressaten, als eine „wohl recht heroische Annahme" bezeichnen, vgl. GASSEN, J./FISCHKIN, M./HILL, V., Das Rahmenkonzept-Projekt des IASB und des FASB, S. 879.

1114 Vgl. HARTMANN-WENDELS, T., Rechnungslegung der Unternehmen, S. 344; SCHEELE, A., Lageberichterstattung, S. 28.

1115 Vgl. BRINKMANN, J., Rechnungslegung nach IFRS, S. 42-44; KIRSCH, H.-J./KOELEN, P., IFRS-Rechnungslegung, S. 282; KRÖNERT, B., Grundsätze informationsorientierter Rechnungslegung, S. 26.

1116 Vgl. zu diesem Aspekt der Notwendigkeit verlässlicher Informationen SCHEELE, A., Lageberichterstattung, S. 28.

1117 Vgl. IPSAS 1, Appendix B.

1118 Vgl. BAETGE, J./KIRSCH, H.-J./THIELE, S., Bilanzanalyse, S. 172.

dener Gemeinden zu vergleichen. Hierdurch können Rückschlüsse auf die Stellung einer Gemeinde im Vergleich zu einer anderen Gemeinde gezogen werden.[1119]

Für die Vergleichbarkeit von Abschlüssen ist es zudem erforderlich, die Bilanzierungs- und Bewertungsmethoden anzugeben sowie Änderungen der Methoden und daraus resultierende Auswirkungen aufzuzeigen.[1120] Solche Angaben sind bedeutsam, da die IPSAS, ebenso wie die IFRS, Wahlrechte und Ermessensspielräume enthalten.[1121]

Insbesondere die Grundsätze der Relevanz und der Verlässlichkeit stehen häufig in einem Spannungsverhältnis. Dieses Spannungsverhältnis ist bspw. auch den IFRS inhärent, kann indes nicht allgemein aufgelöst werden. Deshalb werden die Grundsätze der Relevanz und der Verlässlichkeit zusätzlich durch drei Nebenbedingungen (constraints on relevant and reliable information) ergänzt, um mögliche Zielkonflikte zu begrenzen:[1122]

- zeitnahe Berichterstattung (timeliness),
- Kosten-Nutzen-Abwägung (balance between benefit and cost) und
- Ausgewogenheit der qualitativen Anforderungen (balance between qualitative characteristics).

Der Grundsatz der Relevanz steht in direktem Zusammenhang mit der Zeitnähe der zu vermittelnden Informationen. Eine verspätete Informationsvermittlung reduziert die Relevanz der vermittelten Informationen.[1123] Indes konfligiert eine zeitnahe Berichterstattung häufig mit der Zuverlässigkeit der vermittelten Information. Bei einer frühzeitigen Berichterstattung können oftmals noch nicht alle Details des abzubildenden Sachverhaltes bekannt sein, sodass die Verlässlichkeit negativ beeinflusst wird.[1124] Die Nebenbedingung der zeitnahen Berichterstattung erfordert im Einzelfall abzuwägen, wann relevante Informationen mit einem Mindestmaß an Verlässlichkeit veröffentlicht werden können.[1125]

1119 Vgl. zum Vergleich von Gemeinden HENNIES, M., Bilanzpolitik und Bilanzanalyse im kommunalen Sektor, S. 132 f.; vgl. allgemein zur zwischenbetrieblichen Vergleichbarkeit BAETGE, J./KIRSCH, H.-J./THIELE, S., Bilanzanalyse, S. 173-176.

1120 Vgl. IPSAS 1, Appendix B.

1121 Vgl. HENDLER, M., Abbildung, S. 18.

1122 Vgl. IPSAS 1, Appendix B.

1123 Vgl. IPSAS 1, Appendix B; BAETGE, J./KIRSCH, H.-J./WOLLMERT, P./BRÜGGEMANN, P., Grundlagen der IFRS-Rechnungslegung, Rn. 67.

1124 Vgl. IPSAS 1, Appendix B; BAETGE, J./ZÜLCH, H., Rechnungslegungsgrundsätze, Rn. 253.

1125 So BAETGE, J./KIRSCH, H.-J./THIELE, S., Bilanzen, S. 149.

Zum einen entstehen auf Seite der bilanzierenden Gemeinde Kosten für Informationsbeschaffung, -aufbereitung und -auswertung.[1126] Zum anderen bringen die Jahresabschlussinformationen den Adressaten einen Informationsnutzen. Informationsnutzen und Informationskosten müssen abgewogen werden.[1127] Dieser Grundsatz der Wirtschaftlichkeit führt dazu, dass Jahresabschlussinformationen nur dann zu gewähren sind, wenn der Nutzen für die Adressaten größer ist als die mit der Informationsgewährung in Zusammenhang stehenden Kosten.[1128]

Als letzte Nebenbedingung wird eine Ausgewogenheit der qualitativen Eigenschaften der Jahresabschlussinformationen verlangt. Demnach muss im Fall von Zielkonflikten zwischen den qualitativen Anforderungen fachkundig beurteilt werden, welcher Anforderung Vorrang einzuräumen ist.[1129] Diese Abwägung hat auch die Zwecke des IPSAS-Abschlusses zu berücksichtigen.[1130]

Auch hinsichtlich der Grundsätze der Rechnungslegung wird die Nähe der IPSAS zu den IFRS deutlich. Die qualitativen Anforderungen, die in IPSAS 1 genannt werden, entsprechen jenen des IFRS-Frameworks.[1131]

514. Die Bestandteile eines IPSAS-Jahresabschlusses

Die Bestandteile eines IPSAS-Jahresabschlusses (Accrual Basis Accounting) werden in IPSAS 1.21 genannt. Hierzu gehört eine **Vermögensrechnung**, in der die Vermögenswerte und Schulden dargestellt werden. Dabei wird differenziert in kurzfristige und langfristige Vermögenswerte und Schulden. Eine Minimalgliederung der Vermögensrechnung wird in IPSAS 1.88 aufgeführt. In der **Ergebnisrechnung** werden die Aufwendungen und Erträge eines Jahres aufgeführt. Auch hierfür besteht eine Mindestgliederung (IPSAS 1.102).

Weiterer Bestandteil des IPSAS-Jahresabschlusses ist gemäß IPSAS 1.21 (c) eine **Eigenkapitalveränderungsrechnung.** Eigenkapitaländerungen sind in einem IPSAS-Abschluss

1126 Vgl. BRÖTZMANN, I., Sicherungsbeziehungen, S. 44 f.

1127 Vgl. IPSAS 1, Appendix B; BAETGE, J./KIRSCH, H.-J./THIELE, S., Bilanzen, S. 149 f.

1128 Vgl. BAETGE, J./ZÜLCH, H., Rechnungslegungsgrundsätze, Rn. 255.

1129 Vgl. IPSAS 1, Appendix B; BAETGE, J./KIRSCH, H.-J./WOLLMERT, P./BRÜGGEMANN, P., Grundlagen der IFRS-Rechnungslegung, Rn. 67.

1130 So BAETGE, J./ZÜLCH, H., Rechnungslegungsgrundsätze, Rn. 259 in Bezug auf die IFRS.

1131 Vgl. hierzu HALLER, A./BLAB, D., Internationale Rechnungslegungsgrundsätze für den öffentlichen Sektor, S. 459.

somit in einem separaten Rechenwerk darzustellen. Dies betrifft insbesondere erfolgsneutral zu erfassende Wertänderungen von bestimmten Vermögenswerten und Schulden (IPSAS 1.118 (c)). Hierunter fallen bspw. Wertänderungen, die sich bei der Neubewertung von Sachanlagen ergeben. Des Weiteren sind Effekte aus der Änderung von Bilanzierungs- und Bewertungsmethoden sowie aus der Korrektur von Fehlern zu zeigen (IPSAS 1.118 (d)).

Ebenso Bestandteil des IPSAS-Jahresabschlusses ist eine **Finanzrechnung** (IPSAS 1.21 (d)). Die Ausgestaltung der Finanzrechnung wird in IPSAS 2 normiert.[1132] In der Finanzrechnung werden die Cashflows differenziert nach der laufenden Tätigkeit, der Investitionstätigkeit und der Finanzierungstätigkeit dargestellt (IPSAS 2.18).[1133] Hierdurch wird dem Adressaten ein Einblick gewährt, wie die bilanzierende Einheit liquide Mittel erwirtschaftet und verwendet hat. Die Informationen des cash flow statement sind sowohl für Zwecke der Entscheidungsfindung als auch der Rechenschaft nützlich.[1134] Für die Adressaten ist die Finanzrechnung insbesondere auch bedeutend, da der Cashflow im Vergleich zum Periodenergebnis deutlich weniger durch Ermessensspielräume und Bilanzpolitik beeinflussbar ist.[1135]

Bestandteil des IPSAS-Jahresabschlusses ist gemäß IPSAS 1.21 (f) auch ein **Anhang**. IPSAS 1.129 gibt dafür eine grobe Gliederungsempfehlung vor. Darüber hinaus ergeben sich umfangreiche Berichtspflichten im Anhang auch aus einzelnen IPSAS-Standards. In diesen wird detailliert vorgegeben, welche zusätzlichen Informationen zur Abbildung eines bestimmten Sachverhaltes im Anhang offenzulegen sind.[1136]

So behandelt bspw. IPSAS 14 „Events After the Reporting Date" Ereignisse, die zwischen dem Jahresabschlussstichtag und dem Tag der Aufstellung eines Jahresabschlusses eingetreten sind.[1137] Hierbei wird zwischen sogenannten wertaufhellenden und wertbegründenden Ereignissen unterschieden.[1138] Während wertaufhellende Ereignisse in der Vermögens- und Ergebnisrechnung zu berücksichtigen sind, verlangt IPSAS 14 bei wesentli-

1132 IPSAS 2 orientiert sich eng an den Regelungen des IAS 7; vgl. ausführlich zu IPSAS 2 MÜLLER-MARQUÉS BERGER, T., Internationale Rechnungslegung für den öffentlichen Sektor, S. 28-32.

1133 Vgl. auch BERGMANN, A./GAMPER, A., Chancen und Gefahren der Anwendung von IPSAS, S. 620.

1134 Vgl. Objective of IPSAS 2.

1135 Vgl. BAETGE, J./KIRSCH, H.-J./THIELE, S., Bilanzanalyse, S. 345.

1136 So in Bezug auf die IFRS BRÜGGEMANN, B., Berichterstattung im Anhang, S. 40.

1137 Vgl. zum entsprechenden IAS 10 KIRSCH, H.-J./KOELEN, P., IAS 10.

1138 Vgl. WIRTZ, H., Grundsätze ordnungsmäßiger öffentlicher Buchführung, S. 134; MÜLLER-MARQUÉS BERGER, T., Internationale Rechnungslegung für den öffentlichen Sektor, S. 78.

chen wertbegründenden Ereignissen Anhangangaben.[1139] Umfangreiche Anhangangaben zu Finanzinstrumenten ergeben sich auch aus IPSAS 15 „Financial Instruments: Disclosure and Presentation".

IPSAS 18 verlangt zudem eine Segmentberichterstattung von der bilanzierenden Einheit.[1140] IPSAS 18 soll dazu beitragen, die Leistungsfähigkeit öffentlicher Einheiten in der Vergangenheit besser beurteilen zu können sowie die Ressourcenallokationen auf die einzelnen öffentlichen Aufgaben sichtbar zu machen. Insgesamt soll so die Transparenz der Finanzberichterstattung erhöht werden.[1141]

Im November 2006 wurde vom IPSASB ein Standard zur Darstellung von Budget-Informationen in Jahresabschlüssen veröffentlicht: IPSAS 24 „Presentation of Budget Information in Financial Statements".[1142] Durch die Gegenüberstellung der Vorgaben des Haushaltsplans und der tatsächlichen Haushaltsführung können die Adressaten prüfen, ob die Verwaltung innerhalb des gesetzten Rahmens gehandelt hat oder ob Abweichungen festzustellen sind (IPSAS 24.1). IPSAS 24 dient der Rechenschaft der bilanzierenden Einheit über die Einhaltung des Haushaltsplans.[1143]

IPSAS 24 befasst sich indes ausschließlich mit der Budgetberichterstattung, also mit der Darstellung von Budgetvergleichen im Jahresabschluss. Hierbei handelt es sich somit um eine Ex-Post-Sicht.[1144] Die Haushaltsplanung als solche sowie damit in Verbindung ste-

1139 Vgl. WIRTZ, H., Grundsätze ordnungsmäßiger öffentlicher Buchführung, S. 134.

1140 Der Standard orientiert sich an IAS 14, gewährt indes mehr Wahlrechte, vgl. hierzu REICHARD, C., Segmentberichterstattung nach IPSAS 18, S. 237. Die Änderungen in der Segmentberichterstattung mit der Verabschiedung von IFRS 8 wurden insoweit noch nicht in den IPSAS nachvollzogen.

1141 Vgl. Objective of IPSAS 18; vgl. ausführlich zu IPSAS 18 REICHARD, C., Segmentberichterstattung nach IPSAS 18, S. 233-248; SROCKE, I., Segmentberichterstattung im öffentlichen Sektor, S. 692-708.

1142 IPSAS 24 ist erstmals in der Berichtsperiode eines am 1. Januar 2009 oder danach beginnenden Geschäftsjahres anzuwenden. Eine frühere Anwendung wird empfohlen. Wendet eine bilanzierende Einheit des öffentlichen Sektors IPSAS 24 für Berichtsperioden an, die vor dem 1. Januar 2009 beginnen, so ist dies anzugeben (IPSAS 24.54); vgl. zu IPSAS 24 auch VAN SCHAIK, F./SANDERSON, I., Presentation of Budget Information in Financial Statements, S. 138-140.

1143 Vgl. IPSAS 24.1; vgl. hierzu auch BOLSENKÖTTER, H./POULLIE, M./VOGELPOTH, N., Reform des öffentlichen Haushaltswesens, S. 289 f.; VOGELPOTH, N./DÖRSCHELL, A./VIEHWEGER, C., Rechnungslegung nach den IPSAS, S. 1002.

1144 Vgl. BOLSENKÖTTER, H./POULLIE, M./VOGELPOTH, N., Reform des öffentlichen Haushaltswesens, S. 289.

hende Haushaltsgrundsätze werden weder in IPSAS 24 noch in einem anderen IPSAS behandelt.[1145]

IPSAS 24 gewährt zwei Darstellungsformen: Zum einen kann der Jahresabschluss um eine gesonderte Aufstellung über den Plan-Ist-Vergleich erweitert werden. In IPSAS 24.22 wird als beispielhafte Bezeichnung hierfür „Statement of Comparison of Budget and Actual Amounts" genannt („Bericht über den Vergleich von Haushaltsansätzen mit den Ist-Zahlen"[1146]). Zum anderen kann die Ergebnisrechnung bzw. Finanzrechnung um zusätzliche Spalten ergänzt werden. Dies ist indes nur möglich, sofern der Haushaltsplan und der Jahresabschluss auf einer vergleichbaren Basis aufgestellt werden.[1147] Darzustellen in den zusätzlichen Spalten sind die ursprünglichen und die endgültigen Planansätze sowie die Abweichungen zwischen den Zahlen des Haushaltsplans und den Ist-Zahlen.[1148]

Die IPSAS enthalten, ebenso wie die IFRS aber im Gegensatz zum Neuen Kommunalen Finanzmanagement, keine Verpflichtung zur Aufstellung eines Lageberichts.[1149] IPSAS 1 ermutigt lediglich die berichterstattende Einheit, zusätzliche Informationen zu veröffentlichen. Diese sollen die Adressaten unterstützen, die Leistung und die Verantwortlichkeit der Einheit einzuschätzen sowie Entscheidungen zu treffen. Zusätzliche Informationen können Details zum output und outcome mit Hilfe von performance indicators sowie Managementberichte enthalten. Darüber hinaus können auch Informationen hinsichtlich der Einhaltung rechtlicher Vorgaben gegeben werden.[1150]

Die Bestandteile eines IPSAS-Abschlusses entsprechen jenen eines IFRS-Abschlusses. Ein IPSAS-Abschluss ist aber um die in IPSAS 24 geregelte Darstellung von Budget-Informationen zu erweitern.

1145 Vgl. VOGELPOTH, N./DÖRSCHELL, A./VIEHWEGER, C., Rechnungslegung nach den IPSAS, S. 1002. VOGELPOTH stellt zur Diskussion, ob dies eine zu schließende Lücke oder ein begrüßenswerter Freiraum für nationale Lösungen ist, hält es indes für angebracht, international zumindest Haushaltsgrundsätze festzulegen, vgl. VOGELPOTH, N., Deutsche Haushaltsreformen, S. 630.

1146 So die Übersetzung von VOGELPOTH/DÖRSCHELL/VIEHWEGER, vgl. VOGELPOTH, N./DÖRSCHELL, A./VIEHWEGER, C., Rechnungslegung nach den IPSAS, S. 1002.

1147 Vgl. hierzu auch PETERS, E., Accrual Accounting, S. 637 f.

1148 Vgl. IPSAS 24.21-24.

1149 Vgl. zum Management-Commentary-Projekt des IASB KIRSCH, H.-J./SCHEELE, A., Management-Commentary, S. 89-91.

1150 Vgl. IPSAS 1.25 f.

515. Zwischenfazit und Implikationen für die weitere Untersuchung

Im Fokus der IPSAS-Rechnungslegung steht die Informationsfunktion. Den Adressaten sollen zum einen nützliche Informationen zur Fundierung von Entscheidungen gegeben werden, zum anderen dient die IPSAS-Rechnungslegung der Rechenschaft über das Handeln im abgelaufenen Haushaltsjahr.[1151] Problematisch ist indes, dass grundsätzlich eine Disharmonie zwischen beiden Zwecken festzustellen ist:[1152] Um sowohl den Zweck der Entscheidungsunterstützung als auch den Zweck der Rechenschaft optimal zu erfüllen, wäre es eigentlich erforderlich, zwei verschiedene Rechnungslegungen zu erstellen.[1153] Dies kann indes sehr aufwendig sein und zu nicht vertretbaren Belastungen für die bilanzierende Einheit führen. Somit bleibt, wenn beide Zwecke in einer Rechnung erfüllt werden sollen, nur die Möglichkeit eines Kompromisses.[1154] Diesen Kompromiss versuchen auch die IPSAS umzusetzen.

Im Schrifttum wird festgestellt, dass der Zweck der Rechenschaft im public sector besonders zu beachten ist.[1155] Soll die Rechnungslegung diesem Zweck gerecht werden, so ist insbesondere eine verlässliche Informationsvermittlung sicherzustellen. So resultiert für BUSSE VON COLBE aus der Rechenschaft „die Forderung nach Objektivität, d. h. möglichst weitgehender Freiheit von subjektiven Erwartungen, und Zuverlässigkeit der Rechnungslegung."[1156] KAHLE konstatiert, dass die Rechenschaftsfunktion „eine objektivierte Darstellung der Daten, d. h. eine von subjektiven Erwartungen und Bewertungsspielräumen freie sowie zuverlässige Rechnungslegung"[1157] verlangt. Die Bedeutung der Verlässlichkeit im Zusammenhang mit der Rechenschaftsfunktion der Rechnungslegung betont auch HALLER.[1158] Diese Aussagen wurden von GJESDAL empirisch bestätigt.[1159]

1151 Vgl. hierzu die Ausführungen in Abschnitt 512.

1152 Vgl. ausführlich COENENBERG, A. G./STRAUB, B., Rechenschaft versus Entscheidungsunterstützung, S. 22; vgl. hierzu auch BALLWIESER, W., Informationsfunktion der Rechnungslegung, S. 33 f.

1153 So COENENBERG, A. G./STRAUB, B., Rechenschaft versus Entscheidungsunterstützung, S. 22.

1154 Vgl. COENENBERG, A. G./STRAUB, B., Rechenschaft versus Entscheidungsunterstützung, S. 22.

1155 Vgl. IASB (Hrsg.), Information for Observers – Meeting April 2005, S. 6 m. w. N.; IFAC (Hrsg.), IFAC IPSASB Meeting March 2008, Agenda Paper 2.3, Rn. 3.27; IVES, M., Accountability and governmental financial reporting, S. 130; HALLER, A./BLAB, D., Internationale Rechnungslegungsgrundsätze für den öffentlichen Sektor, S. 458; IDW (Hrsg.), Stellungnahme Consultation Paper, S. 3; SIMPKINS, K., Conceptual Framework, S. 9.

1156 BUSSE VON COLBE, W., Unternehmenskontrolle durch Rechnungslegung, S. 45.

1157 KAHLE, H., Informationsversorgung, S. 104.

1158 Vgl. HALLER, A., Die Grundlagen der externen Rechnungslegung, S. 223.

Im Folgenden soll deshalb insbesondere untersucht werden, **wie verlässlich die IPSAS-Rechnungslegung** ist und wieweit Ermessensspielräume bei der Bilanzierung bestehen. Als Untersuchungsgegenstand wird hierfür exemplarisch auf Grund der großen Bedeutung erneut die Bewertung des Sachanlagevermögens gewählt.

52 Die Rechnungslegung nach IPSAS am Beispiel der Bewertung des Sachanlagevermögens

521. Vorbemerkung

Die Bilanzierung und Bewertung von Vermögenswerten des Sachanlagevermögens ist umfassend in IPSAS 17 „Property, Plant and Equipment" geregelt. IPSAS 17 orientiert sich dabei eng an IAS 16 und kann als übergreifende Vorschrift interpretiert werden, die grundsätzlich auf alle Sachanlagen angewendet wird, sofern nicht davon abweichende Vorschriften für bestimmte Sachanlagen bestehen.[1160] Sachanlagen werden in IPSAS 17.13 definiert als materielle Vermögenswerte, die von einer öffentlichen Verwaltung zur Herstellung oder Lieferung von Gütern, Dienstleistungen oder zur Vermietung an Dritte bzw. für Verwaltungszwecke gehalten werden und die erwartungsgemäß länger als eine Periode genutzt werden. Explizit von IPSAS 17 erfasst werden auch militärische Ausrüstungen und Infrastrukturvermögen (IPSAS 17.4). Für Kulturgüter (heritage assets)[1161] besteht ein Wahlrecht hinsichtlich des Ansatzes (IPSAS 17.9), so dass IPSAS 17 nur eingeschränkt angewendet werden muss.[1162]

Darüber hinaus besteht mit IPSAS 16 ein Rechnungslegungsstandard, der die Bilanzierung von als Finanzinvestition gehaltenen Immobilien (investment property) regelt.

1159 Vgl. GJESDAL, F., Accounting for Stewardship, S. 226. GJESDAL zeigt, dass in einer Rechnungslegung in der die Rechenschaftsfunktion im Vordergrund steht, „harte" Informationen wichtig sind, vgl. GJESDAL, F., Accounting for Stewardship, S. 226; vgl. ähnlich auch BAETGE, J./LIENAU, A., Gläubigerschutzgedanke, S. 67.

1160 Vgl. THIELE, S./ECKERT, T., IAS 16, Rn. 1.

1161 Als Beispiele hierfür werden in IPSAS 17.9 historische Gebäude und Denkmale, archäologische Stätten, Naturschutzgebiete und Reservate sowie Kunstwerke genannt.

1162 Vgl. ADAM, B., IPSAS, S. 416. Soweit Kulturgüter angesetzt werden, sind zwingend die Angabepflichten von IPSAS 17 zu beachten; die Bewertungsvorschriften des IPSAS 17 können, müssen aber nicht, beachtet werden, vgl. IPSAS 17.8. Der IPSASB hat im Februar 2006 ein Diskussionspapier zur Bilanzierung von Kulturgütern veröffentlicht, vgl. IFAC (Hrsg.), Accounting for Heritage Assets Under the Accrual Basis of Accounting; vgl. hierzu VOGELPOTH, N./MEINEN, J., Natur- und Kulturgüter in der öffentlichen Rechnungslegung, S. 974-977.

Vorbild für IPSAS 16 ist IAS 40. Investment properties werden in IPSAS 16.13 definiert als Immobilien, die zur Erzielung von Mieteinnahmen und/oder zum Zweck der Wertsteigerung gehalten werden (IPSAS 16.7). Ein Beispiel hierfür sind vermietete Geschäftshäuser. Solche Immobilien sind nicht nach IPSAS 17 zu bilanzieren. Die Abgrenzung zwischen beiden Kategorien kann indes schwierig sein.[1163] Hierbei bestehen weite Ermessensspielräume,[1164] die bilanzpolitisch genutzt werden können[1165] und die sich negativ auf die Verlässlichkeit der Rechnungslegung auswirken.

Sowohl IPSAS 16 als auch IPSAS 17 sind nicht anzuwenden auf biologische Vermögenswerte, die im Zusammenhang mit landwirtschaftlicher Tätigkeit stehen (IPSAS 16.5 sowie IPSAS 17.5). Ein wichtiges Beispiel hierfür ist forstwirtschaftlicher Aufwuchs, der ertragsorientiert bewirtschaftetet wird.[1166] Derzeit existiert allerdings auch kein anderer IPSAS-Standard, der die Bilanzierung der entsprechenden Vermögenswerte regelt.[1167] In IPSAS 17.5 sowie IPSAS 16.5 erfolgt in diesem Zusammenhang indes der explizite Hinweis, hierfür auf relevante internationale Rechnungslegungsstandards zurückzugreifen. In den IFRS wird die Bilanzierung von landwirtschaftlicher Tätigkeit in IAS 41 geregelt, der der folgenden Untersuchung, zusammen mit ED 36 „Agriculture“, zu Grunde gelegt werden wird.

Für Wertminderungen sind darüber hinaus IPSAS 21 und IPSAS 26 zu berücksichtigen. Beide Standards orientieren sich an IAS 36 „Impairment of Assets“. Die IPSAS unterscheiden für Wertminderungen zwischen zwei Arten von Vermögenswerten, cash-generating assets und non-cash-generating assets. Für jede der beiden Kategorien besteht ein eigener IPSAS-Standard. IPSAS 21 ist auf non-cash-generating assets anzuwenden, IPSAS 26 auf cash-generating assets. Mit dieser Differenzierung wird der Umstand berücksichtigt, dass im öffentlichen Sektor sowohl primär erwerbswirtschaftlich genutzte Vermögenswerte als auch primär sachzielbezogene Vermögenswerte vorhanden sind.[1168] IPSAS 21 und IPSAS 26 sind dabei nicht anzuwenden auf Sachanlagen, die nach dem

1163 Vgl. HEINTGES, S./BOGGEL A./WULBRAND, H., Immobilienvermögen nach dem Fair Value-Modell des IAS 40, S. 2037-2040.

1164 Vgl. ähnlich SROCKE, I., Konzernrechnungslegung in Gebietskörperschaften, S. 84.

1165 So DOHRN, M., Entscheidungsrelevanz, S. 184 in Bezug auf IAS 40.

1166 Vgl. zur zunehmenden Bedeutung der ertragsorientierten Bewirtschaftung in kommunalen Forstbetrieben BOLSENKÖTTER, H./DETEMPLE, P./MARETTEK, C., Eröffnungsbilanz der Gebietskörperschaft, S. 75.

1167 Der Entwurf eines IPSAS-Standards hierfür ist indes bereits veröffentlicht (ED 36).

1168 Vgl. VOGELPOTH, N./DÖRSCHELL, A./VIEHWEGER, C., Rechnungslegung nach den IPSAS, S. 1003.

Neubewertungsmodell bewertet werden[1169] sowie investment properties, die zum beizulegenden Zeitwert bewertet werden.[1170] Dieses Vorgehen wurde vom IPSASB damit begründet, dass in diesen Fällen ohnehin regelmäßig eine Neubewertung vorgenommen wird.[1171]

522. Die Zugangsbewertung von Vermögenswerten des Sachanlagevermögens

Sachanlagen sind bei Zugang mit ihren Anschaffungs- oder Herstellungskosten (at cost) zu bewerten.[1172] Die Anschaffungs- oder Herstellungskosten sind dabei der zum Zeitpunkt des Erwerbs oder der Herstellung eines Vermögenswertes entrichtete Betrag an Zahlungsmitteln oder Zahlungsmitteläquivalenten oder der beizulegende Zeitwert einer anderen Entgeltform (IPSAS 17.13).

Die Anschaffungskosten sind Bewertungsmaßstab für Vermögenswerte, die von Dritten erworben werden.[1173] Sie umfassen den Kaufpreis einschließlich Einfuhrzölle und nicht erstattungsfähiger Umsatzsteuern nach Abzug von Rabatten, Boni und Skonti (IPSAS 17.30 (a)), alle direkt zurechenbaren Kosten, die anfallen, um den Vermögenswert zu dem Standort und in einen betriebsbereiten Zustand zu bringen (IPSAS 17.30 (b)) sowie die erstmalig geschätzten Kosten für den Abbruch und das Abräumen des Gegenstandes (IPSAS 17.30 (c)).[1174]

Die Herstellungskosten sind Bewertungsmaßstab für selbsterstellte Vermögenswerte.[1175] Sie werden nach den gleichen Grundsätzen wie beim Erwerb eines Vermögenswertes ermittelt (IPSAS 17.36).[1176] Darüber hinaus verweist IPSAS 17.36 für die Bestimmung

1169 Vgl. IPSAS 21.2 (e) sowie IPSAS 26.2 (e).

1170 Vgl. IPSAS 21.2 (d) sowie IPSAS 26.2 (d).

1171 Vgl. hierzu kritisch VIEHWEGER, C., Wertminderungen von Zahlungsmittel generierenden Vermögenswerten, S. 247 f.; vgl. hierzu auch VOGELPOTH, N./DÖRSCHELL, A./VIEHWEGER, C., Rechnungslegung nach den IPSAS, S. 1005.

1172 Vgl. IPSAS 17.26.

1173 Vgl. MÜLLER-MARQUÉS BERGER, T., Internationale Rechnungslegung für den öffentlichen Sektor, S. 17.

1174 Vgl. hierzu BOLSENKÖTTER, H., Vermögensgegenstände, S. 99.

1175 Vgl. MÜLLER-MARQUÉS BERGER, T., Internationale Rechnungslegung für den öffentlichen Sektor, S. 17.

1176 Vgl. auch ADAM, B., Internationale Rechnungslegungsstandards für die öffentliche Verwaltung, S. 89.

der Herstellungskosten auf IPSAS 12. Die Herstellungskosten umfassen somit, wie in den IFRS, die produktionsbezogenen Vollkosten.[1177]

Häufig erhalten Gemeinden einen Vermögenswert durch eine Schenkung. Hinweise auf die bilanzielle Behandlung einer Schenkung nach IPSAS bietet IPSAS 23 „Revenue from Non-Exchange Transactions“. Wird ein Vermögenswert einer Gemeinde im Zuge einer Schenkung ohne Gegenleistung übertragen, so ist der Vermögenswert mit seinem beizulegenden Zeitwert zu bewerten und in der Vermögensrechnung der Gemeinde anzusetzen.[1178] Dabei realisiert die Gemeinde als Empfänger und künftiger Nutznießer des Vermögenswertes einen Ertrag in Höhe des beizulegenden Zeitwertes des erhaltenen Vermögenswertes.[1179] Bedingte Zuwendungen werden erst als Ertrag berücksichtigt, wenn die damit verbundenen Bedingungen eingetreten sind.[1180]

Auch investment properties sind bei Zugang mit ihren Anschaffungs- und Herstellungskosten zu bewerten, wobei auch die Transaktionskosten mit einzubeziehen sind (IPSAS 16.26). Biologische Vermögenswerte und landwirtschaftliche Erzeugnisse sind beim erstmaligen Ansatz zu ihrem beizulegenden Zeitwert abzüglich der geschätzten Verkaufskosten zu bewerten (IAS 41.12 und ED 36.15). Auf die Ermittlung des beizulegenden Zeitwerts wird in Abschnitt 523.3 eingegangen.

523. Die Folgebewertung von Vermögenswerten des Sachanlagevermögens

523.1 Vorbemerkung

Im Rahmen der Folgebewertung besteht für öffentliche Einheiten nach IPSAS 17.42 die Wahl zwischen dem Anschaffungskostenmodell (cost model) und dem Neubewertungs-

---

1177 Vgl. MÜLLER-MARQUÉS BERGER, T., Internationale Rechnungslegung für den öffentlichen Sektor, S. 18; vgl. für die IFRS BALLWIESER, W., IAS 16, Rn. 20; KIRSCH, H.-J./STEINHAUER, L., Rechnungslegung, S. 178.

1178 Vgl. IPSAS 23.42; vgl. THIELE, S./ECKERT, T., IAS 16, Rn. 197 in Hinblick auf die bilanzielle Behandlung nach IFRS.

1179 Vgl. IPSAS 23.48; vgl. THIELE, S./ECKERT, T., IAS 16, Rn. 197 in Hinblick auf die bilanzielle Behandlung nach IFRS.

1180 Vgl. MÜLLER-MARQUÉS BERGER, T., Internationale Rechnungslegung für den öffentlichen Sektor, S. 121; VOGELPOTH, N./DÖRSCHELL, A./VIEHWEGER, C., Rechnungslegung nach den IPSAS, S. 1006.

modell (revaluation model).[1181] Das Wahlrecht entspricht der Regelung in IAS 16.29. Dabei kann von einer Gleichwertigkeit beider Bewertungsmethoden ausgegangen werden.[1182] Hinweise, in welchen Fällen das Anschaffungskostenmodell und in welchen Fällen das Neubewertungsmodell angewendet werden soll, bestehen nicht.[1183] Grundsätzlich kann das Wahlrecht, das Anschaffungskostenmodell oder das Neubewertungsmodell zu verwenden, wegen des Stetigkeitsgebotes nicht jährlich neu in Anspruch genommen werden. Vielmehr ist eine ausgewählte Methode in der Regel beizubehalten.[1184]

Für investment properties besteht im Anschluss an die erstmalige Bewertung gemäß IPSAS 16.39 für die Gemeinde ein Wahlrecht, im Rahmen der Folgebewertung das cost model oder das fair value model anzuwenden. Diese Regelung entspricht jener in IAS 40.30. Die gewählte Bewertungsmethode ist dabei für alle investment properties einer Gemeinde bindend (IPSAS 16.39). Eine bevorzugte Methode wird in diesem Zusammenhang nicht festgelegt. Ebenso wie der IASB scheint der IPSASB indes die Bewertung zum beizulegenden Zeitwert zu präferieren, da der beizulegende Zeitwert in jedem Fall, also auch bei Wahl des cost model, zu ermitteln und im Anhang anzugeben ist.[1185] Darüber hinaus deutet auch der deutlich größere Regelungsumfang hinsichtlich des fair value model auf die Bevorzugung des beizulegenden Zeitwertes hin.[1186]

Die Bewertung zu fortgeführten Anschaffungs- oder Herstellungskosten sowie die Bewertung zum beizulegenden Zeitwert werden in den folgenden beiden Abschnitten sowohl für Sachanlagen als auch für investment properties diskutiert.

1181 Vgl. MÜLLER-MARQUÉS BERGER, T., Internationale Rechnungslegung für den öffentlichen Sektor, S. 91; vgl. auch SCHEINPFLUG, P., § 5 Sachanlagen, Rn. 101.

1182 So im Hinblick auf die IFRS BALLWIESER, W., IAS 16, Rn. 29; HAGEMEISTER, C., Sachanlagevermögen, S. 36. In der vorherigen Fassung von IPSAS 17, die auf dem damaligen IAS 16 (revised 1998) beruhte, wurde die Bewertung zu fortgeführten Anschaffungs- und Herstellungskosten als benchmark treatment und die Neubewertungsmethode als allowed alternative treatment bezeichnet. Mit Einführung der neuen Bezeichnungen kann von einer Gleichwertigkeit beider Methoden in den IFRS ausgegangen werden, vgl. BUCHHOLZ, R., Änderungen von IAS 16, S. 467.

1183 So ADAM, B., Internationale Rechnungslegungsstandards für die öffentliche Verwaltung, S. 199.

1184 Vgl. VOGELPOTH, N./DÖRSCHELL, A./VIEHWEGER, C., Bilanzierung und Bewertung von Sachanlagevermögen, S. 1368 f.; vgl. auch PELLENS, B./FÜLBIER, R. U./GASSEN, J., Internationale Rechnungslegung, S. 318.

1185 Vgl. ADAM, B., Internationale Rechnungslegungsstandards für die öffentliche Verwaltung, S. 94.

1186 Vgl. ADAM, B., Internationale Rechnungslegungsstandards für die öffentliche Verwaltung, S. 94.

523.2 Die Bewertung zu fortgeführten Anschaffungs- oder Herstellungskosten

Entscheidet sich die Gemeinde für die Anwendung des Anschaffungskostenmodells, ist ein Vermögenswert mit den Anschaffungs- oder Herstellungskosten abzüglich planmäßiger und außerplanmäßiger Abschreibungen[1187] zu bilanzieren (IPSAS 17.43). Grundstücke haben in der Regel eine unbestimmte Nutzungsdauer und sind deshalb nicht planmäßig abzuschreiben. Die fortgeführten Anschaffungs- oder Herstellungskosten sind beim Anschaffungskostenmodell die Wertobergrenze für die Bewertung.[1188]

Dem sogenannten Komponentenansatz folgend sind einzelne Komponenten der Vermögenswerte getrennt abzuschreiben, sofern ihr Wert im Verhältnis zum gesamten Vermögenswert wesentlich ist (IPSAS 17.59).[1189] Ein wichtiges Anwendungsbeispiel im öffentlichen Sektor ist das Straßenetz, bei dem häufig Straßenkörper, Brücken, Tunnel, Signalanlagen und Fußwege voneinander getrennt abgeschrieben werden (IPSAS 17.60).[1190]

Die planmäßigen Abschreibungen verteilen das Abschreibungsvolumen systematisch auf die Nutzungsdauer des Vermögenswertes (IPSAS 17.66). Das Abschreibungsvolumen ist dabei unter Berücksichtigung eines möglichen Restwertes zu ermitteln (IPSAS 17.69). Die Abschreibungsmethode hat dem erwarteten Verlauf des Verbrauchs des wirtschaftlichen Nutzens oder des Leistungspotenzials des Vermögenswertes zu entsprechen (IPSAS 17.76).[1191] Als mögliche Abschreibungsmethoden werden die lineare Abschreibungsmethode, die degressive Abschreibungsmethode sowie die leistungsabhängige Abschreibungsmethode genannt, ohne eine bestimmte Methode vorzuschreiben (IPSAS 17.78). Die Nutzungsdauer ist unter Berücksichtigung der erwarteten Nutzung, des physischen Verschleißes, technischer Überholung sowie rechtlicher oder ähnlicher Nutzungsbe-

---

1187 Vgl. zu den außerplanmäßigen Abschreibungen Abschnitt 523.4.

1188 Vgl. BUCHHOLZ, R., Änderungen von IAS 16, S. 467.

1189 Eine Wesentlichkeitsgrenze wird nicht vorgegeben. In den IFRS wird eine Komponente häufig als wesentlich angesehen, sofern ihr Wert mindestens 5 % der gesamten Anschaffungs- oder Herstellungskosten des Vermögenswertes ausmacht, vgl. hierzu ausführlich HAGEMEISTER, C., Sachanlagevermögen, S. 140-143; ANDREJEWSKI, K. C./BÖCKEM, H., Komponentenansatz, S. 78; THIELE, S./ECKERT, T., IAS 16, Rn. 248.

1190 Vgl. auch MÜLLER-MARQUÉS BERGER, T., Internationale Rechnungslegung für den öffentlichen Sektor, S. 92.

1191 Vgl. auch MÜLLER-MARQUÉS BERGER, T., Internationale Rechnungslegung für den öffentlichen Sektor, S. 92.

schränkungen zu schätzen (IPSAS 17.72).[1192] Restwert, Nutzungsdauer und angewandte Abschreibungsmethode sind jährlich zu überprüfen und gegebenenfalls gemäß IPSAS 3 anzupassen (IPSAS 17.67 und IPSAS 17.77).[1193]

Die Bewertung von investment properties zu fortgeführten Anschaffungs- und Herstellungskosten wird als cost model bezeichnet und lediglich in IPSAS 16.65 angeführt. Dabei wird auf die Regelungen des IPSAS 17 verwiesen. Im Ergebnis entspricht die Bewertung von investment properties zu fortgeführten Anschaffungs- und Herstellungskosten somit der Bewertung der Sachanlagen zu fortgeführten Anschaffungs- und Herstellungskosten nach IPSAS 17.

Die Bewertung zu fortgeführten Anschaffungs- oder Herstellungskosten eröffnet nur geringe Ermessensspielräume. Sie ist vergleichsweise verlässlich.[1194]

523.3 Die Bewertung zum beizulegenden Zeitwert

Das Sachanlagevermögen kann gemäß IPSAS 17.42 auch mit der Neubewertungsmethode bewertet werden. Die Vermögenswerte sind dann mit ihrem beizulegenden Zeitwert (fair value) in der Bilanz anzusetzen. Der beizulegende Zeitwert entspricht gemäß IPSAS 17.13 dem Betrag, zu dem der Vermögenswert zwischen sachverständigen, vertragswilligen und voneinander unabhängigen Geschäftspartnern getauscht werden könnte. Wird von der Gemeinde das Wahlrecht zur Neubewertung des Sachanlagevermögens in Anspruch genommen, sind alle Gegenstände einer Gruppe neu zu bewerten (IPSAS 17.51). Dies verhindert die Vermischung verschiedener Wertmaßstäbe innerhalb einer Gruppe[1195] und somit die Bildung von einem „Wertekonglomerat“[1196]. Zudem können so keine

1192 Vgl. VOGELPOTH, N./DÖRSCHELL, A./VIEHWEGER, C., Bilanzierung und Bewertung von Sachanlagevermögen, S. 1366.

1193 Vgl. MÜLLER-MARQUÉS BERGER, T., Internationale Rechnungslegung für den öffentlichen Sektor, S. 92; VOGELPOTH, N./DÖRSCHELL, A./VIEHWEGER, C., Bilanzierung und Bewertung von Sachanlagevermögen, S. 1367.

1194 Vgl. KESSLER, H., Fair Value, S. 65.

1195 Vgl. VOGELPOTH, N./DÖRSCHELL, A./VIEHWEGER, C., Bilanzierung und Bewertung von Sachanlagevermögen, S. 1368; vgl. für die IFRS PELLENS, B./FÜLBIER, R. U./GASSEN, J., Internationale Rechnungslegung, S. 321.

1196 ZÜLCH, H./LIENAU, A., Bilanzierung, S. 571.

selektiven Neubewertungen vorgenommen werden.[1197] Unterschiedliche Wertmaßstäbe bei verschiedenen Gruppen sind indes möglich, so dass wie in IAS 16 keinesfalls das gesamte Sachanlagevermögen einheitlich bewertet werden muss.[1198]

Der beizulegende Zeitwert von Grundstücken und Gebäuden wird in der Regel nach den auf dem Markt basierenden Daten ermittelt (IPSAS 17.45). Für technische Anlagen sowie Betriebs- und Geschäftsausstattung ist der fair value regelmäßig der durch Schätzungen ermittelte Marktwert (IPSAS 17.45). Die Schätzungen des Wertes sind dabei gewöhnlich von einem Gutachter vorzunehmen (IPSAS 17.45).

Für einige Vermögenswerte einer öffentlichen Verwaltung, bspw. für ein Parlamentsgebäude, kann es schwierig sein, einen Marktpreis zu bestimmen.[1199] Sofern kein aktiver Markt für einen Vermögenswert vorliegt, kann der fair value unter Bezug auf ähnliche Vermögenswerte ermittelt werden (IPSAS 17.47). Wenn bei Sachanlagen keine marktpreisorientierte Ermittlung des fair value möglich ist, so kann der beizulegende Zeitwert mittels Depreciated Replacement Cost Approach, Restoration Cost Approach oder Service Units Approach geschätzt werden (IPSAS 17.47 f.). Die genannten Methoden berücksichtigen, dass im public sector vielfach ertragloses Vermögen zu bewerten ist. Depreciated Replacement Cost Approach, Restoration Cost Approach oder Service Units Approach werden in IPSAS 21 "Impairment of Non-Cash-Generating Assets" näher beschrieben.[1200]

Bei Anwendung des Neubewertungsmodells ist eine regelmäßige Neubewertung erforderlich. Die Häufigkeit ist abhängig von den Schwankungen des Wertes des Vermögenswertes. Bei starken Schwankungen ist jährlich eine Neubewertung erforderlich.[1201] Ist eine Neubewertung erforderlich, so sind alle Vermögenswerte einer Gruppe neuzubewerten (IPSAS 17.51).[1202]

1197 Vgl. ADAM, B., Internationale Rechnungslegungsstandards für die öffentliche Verwaltung, S. 97; VOGELPOTH, N./DÖRSCHELL, A./VIEHWEGER, C., Bilanzierung und Bewertung von Sachanlagevermögen, S. 1368; vgl. für die IFRS SCHEINPFLUG, P., § 5 Sachanlagen, Rn. 123.

1198 Vgl. SCHMIDT, M./SEIDEL, T., Planmäßige Abschreibung, S. 597. So bestünde bspw. die Möglichkeit, den gesamten Fuhrpark entsprechend dem Anschaffungskostenmodell und ein Gebäude entsprechend dem Neubewertungsmodell zu bewerten, vgl. THIELE, S./ECKERT, T., IAS 16, Rn. 212.

1199 So IPSAS 17.46.

1200 Vgl. für diese Methoden Abschnitt 523.43.

1201 Vgl. HOFFMANN, W.-D., § 8 Anschaffungs- und Herstellungskosten, Rn. 66.

1202 Vgl. MÜLLER-MARQUÉS BERGER, T., Internationale Rechnungslegung für den öffentlichen Sektor, S. 91.

Die Neubewertung erfolgt wie nach IAS 16 zum Teil erfolgsneutral, zum Teil aber auch erfolgswirksam: Wertänderungen oberhalb der fortgeführten Anschaffungs- und Herstellungskosten sind erfolgsneutral in der Neubewertungsrücklage zu erfassen (IPSAS 17.54). Der neubewertete abnutzbare Vermögenswert wird in den Folgeperioden planmäßig abgeschrieben.[1203] Wertänderungen unterhalb der fortgeführten Anschaffungs- und Herstellungskosten sind erfolgswirksam zu erfassen (IPSAS 17.55).[1204] Die Abschreibungen auf den neubewerteten Betrag sind, auch wenn die Wertsteigerung erfolgsneutral oberhalb der fortgeführten Anschaffungs- und Herstellungskosten erfasst wurde, erfolgswirksam zu berücksichtigen.

Wertsteigerungen und Wertminderungen einzelner Vermögenswerte, die innerhalb einer einzelnen Gruppe von Sachanlagen auftreten, sind innerhalb dieser Gruppe zu saldieren, eine Saldierung mit Vermögenswerten anderer Gruppen ist indes nicht zulässig (IPSAS 17.56).[1205] Ein typisches Beispiel für eine Gruppe von Vermögenswerten des public sector sind Straßen.

Eine Gemeinde kann bei der Bewertung von investment properties gemäß IPSAS 16.39 auch das fair value model anwenden. Die gewählte Bewertungsmethode ist dabei für alle investment properties einer Gemeinde bindend (IPSAS 16.42). Entscheidet sich die Gemeinde für das fair value model, sind die investment properties mit ihrem beizulegenden Zeitwert zu bewerten. Der beizulegende Zeitwert entspricht dabei gemäß IPSAS 16.7 dem Betrag, zu dem der Vermögenswert zwischen sachverständigen, vertragswilligen und voneinander unabhängigen Geschäftspartnern getauscht werden könnte. Durch die Anwendung des fair value model ist auch eine Bewertung oberhalb der ursprünglichen Anschaffungs- und Herstellungskosten möglich, ohne den Wert über eine Veräußerung am Markt realisiert zu haben.[1206] Sachgerecht erscheint eine jährliche Neubewertung, da der fair value möglichst den aktuellen Marktwert abbilden soll.[1207]

1203 Vgl. hierzu die Ausführungen in Abschnitt 523.2.

1204 Vgl. hierzu auch MÜLLER-MARQUÉS BERGER, T., Internationale Rechnungslegung für den öffentlichen Sektor, S. 91.

1205 Vgl. hierzu VOGELPOTH, N./DÖRSCHELL, A./VIEHWEGER, C., Bilanzierung und Bewertung von Sachanlagevermögen, S. 1368.

1206 Vgl. HEINTGES, S./BOGGEL A./WULBRAND, H., Immobilienvermögen nach dem Fair Value-Modell des IAS 40, S. 2037.

1207 So BAETGE, J./ZÜLCH, H., Fair Value-Accounting, S. 554; BÖCKEM, H./SCHURBOHM, A, Bilanzierung von Immobilien, S. 42; PELLENS, B./FÜLBIER, R. U./GASSEN, J., Internationale Rechnungslegung, S. 344; ZÜLCH, H., Investment Properties, S. 67.

Das investment property ist im Rahmen der Folgebewertung zum beizulegenden Zeitwert nicht planmäßig abzuschreiben. Auch außerplanmäßige Abschreibungen sind nicht vorzunehmen.[1208] Wertänderungen werden ausschließlich über die Veränderungen des fair value erfasst.[1209] Dieses Vorgehen entspricht IAS 40. Ihm liegt die Annahme zu Grunde, dass der ermittelte fair value das Alter und den Zustand der investment property angemessen widerspiegelt, „so dass eine zusätzliche planmäßige oder außerplanmäßige Abschreibung einer Doppelerfassung von Wertminderungen gleichkäme."[1210] Wertänderungen werden, im Unterschied zur Neubewertungsmethode nach IPSAS 17, sofort erfolgswirksam in der Ergebnisrechnung erfasst (IPSAS 17.44). Der erfolgswirksamen Erfassung von Wertänderungen liegt dabei die Überlegung zu Grunde, dass investment properties jederzeit veräußert werden können.[1211]

Der beizulegende Zeitwert ist nach einer dreistufigen Vorgehensweise zu ermitteln.[1212] Der öffentlichen Verwaltung wird dabei empfohlen, den beizulegenden Zeitwert durch einen unabhängigen Gutachter bestimmen zu lassen (IPSAS 16.41).

Die beste Schätzung des fair value stellt der auf einem aktiven Markt notierte aktuelle Preis der Immobilie dar (IPSAS 16.45). Auf der zweiten Stufe des Bewertungskonzeptes ist der beizulegende Zeitwert hilfsweise auf der Basis der Marktwerte nahezu identischer Immobilien zu ermitteln (IPSAS 16.54). Dabei sollen die Vergleichsimmobilien in Bezug auf ihre wertbeeinflussenden Faktoren nahezu identisch mit der zu bewertenden Immobilie sein.[1213]

Kann der beizulegende Zeitwert auch auf der zweiten Stufe nicht ermittelt werden, ist er gemäß der dritten Stufe des Bewertungskonzeptes auf Basis anderer Informationsquellen

1208 Vgl. Abschnitt 521.

1209 Vgl. KÜTING, K./DAWO, S., Bewertung, S. 235 für die entsprechende Regelung in IAS 40.

1210 HOFFMANN, W.-D./FREIBERG, J., § 16 Finanzinvestition, Rn. 50.

1211 Vgl. DOHRN, M., Entscheidungsrelevanz, S. 178; vgl. auch BAETGE, J./ZÜLCH, H., Fair Value-Accounting, S. 554.

1212 Vgl. hierzu BAETGE, J./ZÜLCH, H., Fair Value-Accounting, S. 547; BAETGE, J./HOLLMANN, S., Zuverlässigkeit der Rechnungslegung nach IFRS, S. 362; KORMAIER, B., Fair Value-Ermittlung von Investment Properties nach IAS 40, S. 379; ZÜLCH, H., Investment Properties, S. 180-187; vgl. auch allgemein zur Bewertungshierarchie in den IFRS BAETGE, J., Fair Value-Accounting, S. 231 f.; BAETGE, J., Verwendung von DCF-Kalkülen, S. 16-22.

1213 Vgl. BAETGE, J./HOLLMANN, S., Zuverlässigkeit der Rechnungslegung nach IFRS, S. 362 f.; wertbeeinflussende Faktoren sind Art, Lage, Größe, Zustand (Alter, Bauqualität, bauliche Nutzung) und immobilienbezogene Verträge (bspw. Mietverträge), vgl. hierzu ausführlich BAETGE, J./ZÜLCH, H., Fair Value-Accounting, S. 556; ERNSTBERGER, J./KRAUS, C., Immobilienbewertung, S. 393; vgl. zur möglichen Datenermittlung BERENS, W./HOFFJAN, A., Immobilien, S 377.

zu bestimmen.[1214] Hierunter sind international anerkannte Immobilienbewertungsverfahren zu verstehen.[1215] Als Immobilienbewertungsverfahren werden das Vergleichswertverfahren (IPSAS 16.55 (a) und (b)) und das Discounted-Cash-Flow-Verfahren (IPSAS 16.55 (c)) genannt.

Kann die Gemeinde den beizulegenden Zeitwert einer investment property nicht mit Hilfe der genannten Bewertungsverfahren hinreichend sicher bestimmen, ist das investment property mit seinen fortgeführten Anschaffungs- oder Herstellungskosten zu bewerten (IPSAS 16.62).

Biologische Vermögenswerte, die im Zusammenhang mit landwirtschaftlicher Tätigkeit stehen, sind an jedem Bilanzstichtag mit ihrem beizulegenden Zeitwert abzüglich der geschätzten Veräußerungskosten zu bewerten (IAS 41.12 und ED 36.15). Der beizulegende Zeitwert entspricht dabei auch gemäß IAS 41.8 und ED 36.11 dem Betrag, zu dem der Vermögenswert zwischen sachverständigen, vertragswilligen und voneinander unabhängigen Geschäftspartnern getauscht werden könnte. Auch der beizulegende Zeitwert eines biologischen Vermögenswertes ist nach einer dreistufigen Vorgehensweise zu ermitteln. Wenn für einen biologischen Vermögenswert ein aktiver Markt vorliegt, so ist der notierte Preis in diesem Markt die angemessene Grundlage für die Bestimmung des beizulegenden Zeitwertes für den entsprechenden Vermögenswert (IAS 41.17 und ED 36.19). Ist ein aktiver Markt nicht vorhanden, hat die bilanzierende öffentliche Einheit der Ermittlung des beizulegenden Zeitwerts vergleichbare Marktpreise zu Grunde zu legen (IAS 41.18 und ED 36.20). Wenn für einen biologischen Vermögenswert marktbestimmte Preise oder Werte nicht verfügbar sind, ist der beizulegende Zeitwert als Barwert der erwarteten Cashflows zu schätzen (IAS 41.20 und ED 36.22).

Einer Bewertung zum beizulegenden Zeitwert wird häufig eine höhere Informationsrelevanz als den fortgeführten Anschaffungs- und Herstellungskosten unterstellt.[1216] Durch die vollständige Bewertung zum beizulegenden Zeitwert sollen Vermögenswerte möglichst marktnah in der Bilanz abgebildet werden.[1217] Durch eine Bewertung zum beizulegenden Zeitwert auch oberhalb der Anschaffungs- und Herstellungskosten werden stille

---

1214 Vgl. BAETGE, J./ZÜLCH, H., Fair Value-Accounting, S. 556; BAETGE, J./HOLLMANN, S., Zuverlässigkeit der Rechnungslegung nach IFRS, S. 363.

1215 Vgl. BAETGE, J./HOLLMANN, S., Zuverlässigkeit der Rechnungslegung nach IFRS, S. 363.

1216 Vgl. BÖCKING, H.-J./LOPATTA, K./RAUSCH, B., Fair Value-Bewertung, S. 99 f.; KESSLER, H., Fair Value, S. 70 f.; vgl. auch THIELE, S., Zeitbewertung, S. 633 f. m. w. N.

1217 Vgl. BAETGE, J./ZÜLCH, H., Fair Value-Accounting, S. 545; BAETGE, J./ZÜLCH, H./MATENA, S., Fair Value-Accounting, S. 365.

Reserven aufgedeckt, wodurch tendenziell ein besserer Einblick in die tatsächliche wirtschaftliche Lage gewährt wird.[1218] Zudem könnte der fair value unter Umständen eine bessere Prognose künftiger Zahlungsströme der entsprechenden Vermögenswerte ermöglichen, als dies fortgeführte Anschaffungs- und Herstellungskosten können.[1219]

Der potenziell höheren Relevanz der Informationen durch eine Bewertung zum beizulegenden Zeitwert steht indes häufig eine verringerte Verlässlichkeit der Informationen gegenüber. Relevanz und Verlässlichkeit stehen tendenziell in einem Spannungsverhältnis, das jedweden Rechnungslegungsnormen inhärent ist, indes nicht allgemeingültig aufgelöst werden kann. Die Ausführungen in Abschnitt 515. zeigen, dass die Rechenschaftsfunktion in der kommunalen Rechnungslegung tendenziell von besonderer Bedeutung ist und hierfür vor allem verlässliche Informationen erforderlich sind. Fraglich ist indes, ob die Bewertung zum beizulegenden Zeitwert stets eine ausreichende Verlässlichkeit gewähren kann.

Sofern für die betrachteten Vermögenswerte einer Gemeinde aktive Märkte existieren, sind gemäß der ersten Stufe der Bewertungshierarchie die Preise auf diesen Märkten die Grundlage für die Bestimmung des beizulegenden Zeitwertes. Beobachtbare Preise auf aktiven Märkten sind meist eindeutig intersubjektiv nachprüfbar, so dass die Wertermittlung als verlässlich einzustufen ist.[1220]

Fraglich ist indes, ob für die hier betrachteten Vermögenswerte aktive Märkte vorhanden sind. Gerade für Sachanlagen und investment properties muss dies bezweifelt werden. Häufig handelt es sich hierbei um Unikate, für die gerade keine aktiven Märkte vorhanden sind. Auch für biologische Vermögenswerte, die einen vergleichsweise langen Transformationsprozess durchlaufen wie bspw. Bäume der Forstwirtschaft, existieren häufig keine aktiven Märkte für alle möglichen Entwicklungszustände der Vermögenswerte.[1221]

Auf der zweiten Stufe der Bewertungshierarchie ist der beizulegende Zeitwert auf Basis ähnlicher Vermögenswerte auf ähnlichen Märkten zu bestimmen. Bereits hier ergeben sich erhebliche Ermessensspielräume für den Bilanzierenden bei der Wahl der Ver-

1218 Ein besserer Einblick in die wirtschaftliche Lage soll auch durch die Bewertung des sogenannten realisierbaren Vermögens zum Zeitwert gewährt werden, vgl. hierzu Abschnitt 422.51.

1219 Vgl. STREIM, H./BIEKER, M./ESSER, M., Vermittlung entscheidungsnützlicher Informationen durch Fair Values, S. 458.

1220 Vgl. BÖCKING, H.-J./DREISBACH, M./GROS, M., Wertmaßstab, S. 212 m. w. N.; so auch HITZ, J.-M., Fair value in der IFRS-Rechnungslegung, S. 1025; KESSLER, H., Fair Value, S. 65; SCHULZE-OSTERLOH, J., IFRS und HGB-Reform, S. 421.

1221 Vgl. PLOCK, M., Ertragsrealisation, S. 210.

gleichswerte. Gleichwohl wird es häufig nicht möglich sein, ähnliche Vermögenswerte zu identifizieren, da Sachanlagen und Immobilien eben häufig Unikate sind und die wertbeeinflussenden Faktoren insoweit zwischen den Vermögenswerten stark voneinander abweichen werden.[1222] Somit ist auch diese Vorgehensweise eher als Idealvorstellung zu charakterisieren.[1223] Ähnliches gilt für biologische Vermögenswerte, die einen vergleichsweise langen Transformationsprozess durchlaufen. Auch hier sind marktbestimmte Informationen nicht immer verfügbar.[1224]

In der Regel wird der beizulegende Zeitwert deshalb auf Basis von Discounted-Cash-Flow-Verfahren zu ermitteln sein. Die künftigen Zahlungsströme und der Diskontierungszinssatz als wesentliche Determinanten der Wertermittlung können indes nur geschätzt werden.[1225] Hierbei bieten sich dem Bilanzierenden erhebliche Ermessensspielräume, so dass die Verlässlichkeit des fair value als gering anzusehen ist.[1226]

Grundsätzlich wird der bilanzierenden Einheit empfohlen, den beizulegenden Zeitwert einer investment property durch einen unabhängigen Gutachter bestimmen zu lassen. Dieser verfügt in der Regel über größeren Sachverstand und mehr Erfahrung als die bilanzierende Gemeinde. Zudem besitzt er häufig umfangreiche Bestände mit Immobilienmarktdaten.[1227] Hierdurch soll die Zuverlässigkeit der Daten verbessert werden. Indes ist festzustellen, dass auch der Einsatz externer Gutachter die Ermittlung zuverlässiger Bewertungsinformationen nicht abschließend gewährleisten kann, da mitunter weit in die Zukunft reichende Prognosen zu erstellen sind und somit Bewertungsunsicherheiten verbleiben. Auch ein externer Immobiliensachverständiger kann „die unsicheren Bewertungsinformationen nicht in einen sicheren Zeitwert verwandeln."[1228]

1222 Vgl. BAETGE, J., Verwendung von DCF-Kalkülen, S. 17; TRAPPMANN, H./RANKER, D., Ermittlung bilanzieller Werte, S. 572.

1223 Vgl. OLBRICH, M., Zur Bilanzierung von als Finanzinvestition gehaltenen Immobilien, S. 348.

1224 Vgl. PLOCK, M., Ertragsrealisation, S. 259 f.

1225 Vgl. auch KAMPMANN, H., Rechnungslegung, S. 310.

1226 Vgl. BÖCKING, H.-J./DREISBACH, M./GROS, M., Wertmaßstab, S. 212; STREIM, H./BIEKER, M./ESSER, M., Fair Value Accounting, S. 103; vgl. zu Ermessensspielräumen bei der Fair Value-Bewertung auch KIRCHNER, C., Probleme von Ermessensspielräumen, S. 61-78.

1227 Vgl. hierzu und zur Notwendigkeit eines großen Datenbestandes für die Zeitwertbewertung von Immobilien ZÜLCH, H., Die Bilanzierung von Investment Properties, S. 256 und S. 312; WAGENHOFER, A., Bewerter, S. 321.

1228 BAETGE, J./HOLLMANN, S., Zuverlässigkeit der Rechnungslegung nach IFRS, S. 365. Zudem lässt sich auch durch den Einsatz von Gutachtern ein möglicher gezielter Missbrauch von Ermessensspielräumen nicht vollständig verhindern. So kennen professionelle Gutachter bestehende Freiräume eher besser. Die bilanzierende Einheit hat die Möglichkeit, den Gutachter unter Berücksichti-

Die Verlässlichkeit der Bewertung zum beizulegenden Zeitwert ist somit differenziert zu beurteilen. Zu konstatieren bleibt, dass die Verlässlichkeit des beizulegenden Zeitwerts mit zunehmender Entfernung von einem aktiven Markt abnimmt. Insbesondere auf den Stufen zwei und drei des Stufenkonzeptes zur Bestimmung des beizulegenden Zeitwertes bestehen erhebliche Ermessensspielräume für das bilanzierende Unternehmen.[1229] Dabei besteht die Gefahr, dass die bilanzierende Einheit die vorhandenen Ermessensspielräume systematisch zum eigenen Vorteil ausnutzt. Insbesondere in Zeiten schlechter wirtschaftlicher Lage besteht tendenziell ein Anreiz, fair values zu hoch auszuweisen.[1230] In diesem Zusammenhang ist die häufig angespannte Finanzsituation vieler Gebietskörperschaften zu berücksichtigen.[1231]

Im Ergebnis bestehen erhebliche Zweifel, ob bei der Bewertung zum beizulegenden Zeitwert in den IPSAS stets eine ausreichende Verlässlichkeit der Rechnungslegung gewährleistet ist. Vielmehr besteht die Gefahr einer „Entobjektivierung der Rechnungslegung."[1232]

523.4 Außerplanmäßige Abschreibungen

523.41 Abgrenzung von cash-generating assets und non-cash-generating assets

Für Wertminderungen unterscheiden die IPSAS zwischen zwei Arten von Vermögenswerten, cash-generating assets und non-cash-generating assets. Für jede der beiden Kategorien besteht ein eigener IPSAS-Standard. IPSAS 21 ist auf non-cash-generating assets anzuwenden, IPSAS 26 auf cash-generating assets. Mit dieser Differenzierung wird der Umstand berücksichtigt, dass im öffentlichen Sektor sowohl primär erwerbswirtschaftlich genutzte Vermögenswerte als auch primär sachzielbezogene Vermögenswerte vorhanden sind.[1233]

gung seiner Bereitschaft auszusuchen, auf die Wertvorstellungen des Bilanzierenden einzugehen, vgl. hierzu BALLWIESER, W./KÜTING, K./SCHILDBACH, T., Fair value, S. 537.

1229 Vgl. BÖCKING, H.-J./LOPATTA, K./RAUSCH, B., Fair Value-Bewertung, S. 101.

1230 Vgl. STREIM, H./BIEKER, M./ESSER, M., Fair Value Accounting, S. 103.

1231 Vgl. zu bilanzpolitischen Zielen im öffentlichen Sektor Abschnitt 323.

1232 So HITZ, J.-M., Fair value in der IFRS-Rechnungslegung, S. 1025.

1233 Vgl. VOGELPOTH, N./DÖRSCHELL, A./VIEHWEGER, C., Rechnungslegung nach den IPSAS, S. 1003.

Zahlungsmittelgenerierende Vermögenswerte (cash-generating assets) werden sowohl in IPSAS 21.14 bzw. IPSAS 21.16 als auch in IPSAS 26.13 bzw. IPSAS 26.14 übereinstimmend als solche Vermögenswerte definiert, die mit der Absicht gehalten werden, eine handelsübliche Rendite[1234] (commercial return) wie eine gewinnorientierte Einheit zu erzielen. Nicht-zahlungsmittelgenerierende Vermögenswerte (non-cash-generating assets) sind jene, die nicht in der Absicht gehalten werden, eine handelsübliche Rendite zu erzielen (IPSAS 21.14 und IPSAS 26.13).

In verschiedenen Fällen kann ein Vermögenswert sowohl sachzielbezogen als auch erwerbswirtschaftlich genutzt werden. So könnte eine Giftmüllentsorgungsanlage für die sichere Beseitigung medizinischer Abfälle eines staatlichen Krankenhauses zuständig sein, zugleich aber auch in geringem Maße medizinische Abfälle privater Krankenhäuser entgegennehmen. In diesen Fällen ist der jeweilige Vermögenswert entsprechend des Schwerpunktes der damit verfolgten Aktivitäten einzuordnen.[1235]

523.42 Wertminderungen bei cash-generating assets

Wertminderungen von zahlungsmittelgenerierenden Vermögenswerten werden in IPSAS 21 geregelt. Cash-generating assets werden im öffentlichen Sektor auf Grund der meist eher sachzielorientierten Aufgaben seltener anzutreffen sein als non-cash-generating assets.[1236] Dennoch sollte die Bedeutung nicht unterschätzt werden. So können bspw. wirtschaftlich genutzte Grundstücke wie vermietete Gebäude oder ein bewirtschafteter Wald hierunter fallen.[1237] IPSAS 26 nennt als Beispiel ein Krankenhaus, das ein Gebäude für Honorar zahlende Patienten nutzt.[1238]

Gemäß IPSAS 26.22 ist die bilanzierende Einheit dazu verpflichtet, an jedem Bilanzstichtag einzuschätzen, ob Anhaltspunkte für eine mögliche Wertminderung eines Vermö-

1234 So die Übersetzung von MÜLLER-MARQUÉS BERGER, T., Internationale Rechnungslegung für den öffentlichen Sektor, S. 106; VIEHWEGER, C., Wertminderungen von Zahlungsmittel generierenden Vermögenswerten, S. 1003.

1235 Vgl. IPSAS 21.16-21 sowie IPSAS 26.14-18.

1236 Vgl. VOGELPOTH, N./DÖRSCHELL, A./VIEHWEGER, C., Rechnungslegung nach den IPSAS, S. 1003 sowie IPSAS 26.15.

1237 Vgl. VOGELPOTH, N./DÖRSCHELL, A./VIEHWEGER, C., Rechnungslegung nach den IPSAS, S. 1003; VIEHWEGER, C., Wertminderungen von Zahlungsmittel generierenden Vermögenswerten, S. 246.

1238 Vgl. IPSAS 26.15.

genswertes vorliegen. Verschiedene Anhaltspunkte werden in IPSAS 26.25 genannt.[1239] Die aufgeführten Hinweise entsprechen weitgehend jenen in IAS 36. Liegen konkrete Anhaltspunkte für die Wertminderung eines Vermögenswertes vor, so hat die bilanzierende Einheit in einem Wertminderungstest den erzielbaren Betrag (recoverable amount) für den betreffenden Vermögenswert zu bestimmen (IPSAS 26.22). Der erzielbare Betrag wird dabei definiert als der höhere Wert aus Nettoveräußerungspreis (fair value less costs to sell) und Nutzungswert (value in use) (IPSAS 26.31).

Der beste Hinweis auf den Nettoveräußerungspreis ist zunächst der in einem bindenden Verkaufsvertrag zwischen unabhängigen Geschäftspartnern festgelegte Preis (IPSAS 26.38). Liegt eine derartige Vereinbarung nicht vor, wird der Vermögenswert indes an einem aktiven Markt gehandelt, so ist der Marktpreis abzüglich anfallender Veräußerungskosten heranzuziehen (IPSAS 26.39). Liegen weder eine Vereinbarung noch ein aktiver Markt vor, so ist der beizulegende Wert zu schätzen. Die bilanzierende öffentliche Einheit hat dabei das Ergebnis von Transaktionen ähnlicher Vermögenswerte in der jüngeren Vergangenheit zu berücksichtigen (IPSAS 26.40). Auch hierbei sind die Veräußerungskosten abzuziehen.

Der value in use ist der Barwert der geschätzten künftigen Cashflows, die aus der fortgesetzten Nutzung des Vermögenswertes und seiner Veräußerung am Ende seiner Nutzungsdauer erwartet werden (IPSAS 26.13). In IPSAS 26.43 werden dabei verschiedene Elemente genannt, die bei der Berechnung des Nutzungswertes zu beachten sind. Darüber hinaus werden für die Schätzungen der künftigen Cashflows (IPSAS 26.46-67) sowie für die Ermittlung des Diskontierungszinssatzes (IPSAS 26.68-70) Vorgaben aufgeführt. Die Regelungen entsprechen weitgehend IAS 36.

Ein Wertminderungsaufwand ist zu erfassen, wenn der erzielbare Betrag eines Vermögenswertes seinen Buchwert unterschreitet (IPSAS 26.72). Der Buchwert ist dann auf den erzielbaren Betrag zu reduzieren. Die voraussichtliche Dauer der Wertminderung ist unerheblich.

Falls der erzielbare Betrag indes für einen einzelnen Vermögenswert nicht verlässlich ermittelt werden kann, ist er für die zahlungsmittelgenerierende Einheit (cash-generating

1239 Hierbei wird zwischen externen und internen Informationsquellen unterschieden. Als externe Quellen werden bspw. die Minderung des Marktwertes, eine nachteilige Änderung der technischen, wirtschaftlichen oder rechtlichen Umwelt sowie ein Anstieg der Marktzinsen genannt. Als interne Quellen werden bspw. Hinweise auf einen physischen Schaden, eine veränderte künftige Nutzung des Vermögenswertes sowie Hinweise, dass die Leistungsfähigkeit eines Vermögenswertes bedeutend schlechter ist oder künftig sein wird als erwartet, genannt.

unit) zu bestimmen, zu der der Vermögenswert gehört (IPSAS 26.77). Eine zahlungsmittelgenerierende Einheit ist die kleinste identifizierbare Gruppe von Vermögenswerten, die mit dem Ziel gehalten werden, eine handelsübliche Rendite zu erwirtschaften, die Mittelzuflüsse aus der laufenden Nutzung von Vermögenswerten generieren und die weitestgehend unabhängig von den Mittelzuflüssen anderer Vermögenswerte oder anderer Gruppen von Vermögenswerten sind (IPSAS 26.13). Ein Wertminderungsaufwand für eine zahlungsmittelgenerierende Einheit ist zu erfassen, sofern der erzielbare Betrag der Einheit geringer ist als der Buchwert der Einheit (IPSAS 26.91). Der erzielbare Betrag einer zahlungsmittelgenerierenden Einheit ist, wie bei einem einzelnen Vermögenswert, der höhere der beiden Werte Nettoveräußerungspreis und Nutzungswert der zahlungsmittelgenerierenden Einheit (IPSAS 26.85). Die Vorschriften zur Ermittlung des Nettoveräußerungspreises und des Nutzungswertes sind auf die zahlungsmittelgenerierenden Einheiten analog anzuwenden (IPSAS 26.85). Der Wertminderungsaufwand ist gemäß IPSAS 26.91 anteilig auf die einzelnen Vermögenswerte der Einheit zu verteilen.[1240]

Der value in use ist ein in hohem Maße subjektiv geprägter Wert.[1241] Seine Parameter können nur eingeschränkt objektiviert werden.[1242] Bei der Ermittlung des value in use, insbesondere für zahlungsmittelgenerierende Einheiten,[1243] bestehen folglich weitreichende Ermessensspielräume,[1244] die sich negativ auf die Verlässlichkeit der Rechnungslegung auswirken.[1245] Allerdings ist zu berücksichtigen, dass der value in use, im Gegensatz zum beizulegenden Zeitwert in IPSAS 16, IPSAS 17 und IAS 41/ED 36, nur für Abwertungsfragen verwendet wird, und die Ermessensspielräume des Bilanzierenden somit nach oben durch die fortgeführten Anschaffungs- und Herstellungskosten begrenzt sind.[1246]

1240 Vgl. hierzu ausführlich MÜLLER-MARQUÉS BERGER, T., Internationale Rechnungslegung für den öffentlichen Sektor, S. 139.

1241 Vgl. LIENAU, A./ZÜLCH, H., Die Ermittlung des value in use, S. 329.

1242 Vgl. LIENAU, A./ZÜLCH, H., Die Ermittlung des value in use, S. 329; WEINDEL, M., Verlustabschreibungen, S. 179-184.

1243 Vgl. STREIM, H./BIEKER, M./ESSER, M., Vermittlung entscheidungsnützlicher Informationen durch Fair Values, S. 473.

1244 Vgl. KIRSCH, H.-J./KOELEN, P./TINZ, O., Berichterstattung Teil 1, S. 90 m. w. N.

1245 Vgl. LIENAU, A./ZÜLCH, H., Die Ermittlung des value in use, S. 329; ähnlich HOFFMANN, W.-D., § 11 Abschreibungen, Rn. 78.

1246 Vgl. ähnlich LÜDENBACH, N./HOFFMANN, W.-D., § 1 Rahmenkonzept, Rn. 38.

523.43 Wertminderungen bei non-cash-generating assets

Wertminderungen bei ertraglosem Vermögen werden in IPSAS 21 geregelt. Der Standard berücksichtigt, dass Vermögenswerte im öffentlichen Sektor häufig nicht in der Absicht gehalten werden, Erträge zu erwirtschaften.[1247] Dabei ist davon auszugehen, dass jenes Vermögen den bedeutenderen Teil der kommunalen Vermögenswerte umfasst. Die bilanzierende Gemeinde ist gemäß IPSAS 21.26 an jedem Bilanzstichtag dazu verpflichtet zu untersuchen, ob Anhaltspunkte für eine mögliche Wertminderung eines Vermögenswertes vorliegen. In IPSAS 21.27 werden hierbei verschiedene externe und interne Informationsquellen genannt, die auf die besonderen Charakteristika von non-cash-generating assets abgestimmt sind und insoweit in Teilen vom Referenzstandard IAS 36 abweichen. So ist bspw. die Veränderung von Marktzinssätzen nicht aufgeführt. Die Liste ist indes nicht abschließend (IPSAS 21.29).

Sofern Anhaltspunkte für die Wertminderung eines Vermögenswertes vorliegen, hat die Gemeinde in einem Wertminderungstest den erzielbaren Leistungsbetrag[1248] (recoverable service amount) zu bestimmen (IPSAS 21.26). Der recoverable service amount wird dabei definiert als der höhere der beiden Werte Nettoveräußerungspreis (fair value less costs to sell) und Nutzungswert (value in use).

Der Nettoveräußerungspreis ist der Betrag, der durch den Verkauf eines Vermögenswertes in einer Transaktion zu Marktbedingungen zwischen sachverständigen, vertragswilligen Parteien nach Abzug der Veräußerungskosten erzielt werden könnte (IPSAS 21.14). Die Ermittlung des Nettoveräußerungspreises (IPSAS 21.40-42) entspricht jener in IPSAS 26.[1249]

Der value in use wird in IPSAS 21 definiert als der Barwert seines verbleibenden Leistungspotenzials[1250] (present value of the asset's remaining service potential). Für die Ermittlung des value in use of a non-cash-generating asset werden drei Methoden vorgegeben: Depreciated Replacement Cost Approach, Restoration Cost Approach, Service Units Approach. Die Wahl der angemessenen Methode zur Bestimmung des value in use hängt

1247 Vgl. BOLSENKÖTTER, H., Vermögensgegenstände, S. 110.

1248 So die Übersetzung in MÜLLER-MARQUÉS BERGER, T., Internationale Rechnungslegung für den öffentlichen Sektor, S. 108; ähnlich VOGELPOTH/DÖRSCHELL/VIEHWEGER: „erzielbarer Betrag für das Leistungspotenzial" vgl. VOGELPOTH, N./DÖRSCHELL, A./VIEHWEGER, C., Rechnungslegung nach den IPSAS, S. 1004.

1249 Vgl. hierzu Abschnitt 523.42.

1250 So die Übersetzung in MÜLLER-MARQUÉS BERGER, T., Internationale Rechnungslegung für den öffentlichen Sektor, S. 109.

von der Verfügbarkeit der Daten und der Art der außerplanmäßigen Abschreibung ab (IPSAS 21.50).[1251]

Beim Depreciated Replacement Cost Approach wird der fortgeführte Wiederbeschaffungswert ermittelt. Die Wiederbeschaffungskosten eines Vermögenswertes werden dabei als Anschaffungs- oder Herstellungskosten zur Wiederbeschaffung seines Bruttoleistungspotenzials definiert (IPSAS 21.45). Diese werden durch Abschreibungen vermindert, um das bereits verringerte Leistungspotenzial des Vermögenswertes zu berücksichtigen.[1252]

Der Restoration Cost Approach (Restaurierungskostenansatz) berücksichtigt die Instandsetzungskosten, die erforderlich sind, um die Beeinträchtigung eines Vermögenswertes zu beseitigen.[1253] Ausgangspunkt dieses Ansatzes sind die um Abschreibungen geminderten Wiederbeschaffungskosten des Vermögenswertes, bevor die Wertminderung eingetreten ist. Diese werden um die Instandsetzungskosten vermindert (IPSAS 21.48).[1254] Der Restoration Cost Approach ist insbesondere anzuwenden, wenn Beschädigungen Ursache für eine Wertminderung sind (IPSAS 21.50).

Der Service Units Approach (Serviceeinheitenansatz) stellt auf die konkrete Verwendung des Vermögenswertes ab.[1255] Ausgangspunkt dieses Ansatzes sind, ebenso wie beim Restoration Cost Approach, die um Abschreibungen geminderten Wiederbeschaffungskosten des Vermögenswertes, bevor die Wertminderung eingetreten ist. Diese werden um die verlorenen Serviceeinheiten des Vermögenswertes vermindert (IPSAS 21.49).[1256] Hierdurch würde bspw. berücksichtigt werden, wenn in einem Gebäude statt zunächst zehn Etagen später lediglich acht Etagen genutzt werden. Die um Abschreibungen geminderten Wiederbeschaffungskosten des Vermögenswertes sind dann um 20 % zu kürzen.

Ein Wertminderungsaufwand ist zu erfassen, wenn der erzielbare Betrag eines Vermögenswertes seinen Buchwert unterschreitet (IPSAS 21.52). Der Buchwert ist dann auf den erzielbaren Betrag zu reduzieren. Die Wertminderung ist in der GuV zu erfassen.

1251 Vgl. hierzu MÜLLER-MARQUÉS BERGER, T., Internationale Rechnungslegung für den öffentlichen Sektor, S. 110.

1252 Vgl. MÜLLER-MARQUÉS BERGER, T., Internationale Rechnungslegung für den öffentlichen Sektor, S. 109.

1253 Vgl. WIRTZ, H., Grundsätze ordnungsmäßiger öffentlicher Buchführung, S. 141.

1254 Vgl. hierzu MÜLLER-MARQUÉS BERGER, T., Internationale Rechnungslegung für den öffentlichen Sektor, S. 110.

1255 Vgl. WIRTZ, H., Grundsätze ordnungsmäßiger öffentlicher Buchführung, S. 141.

1256 Vgl. hierzu MÜLLER-MARQUÉS BERGER, T., Internationale Rechnungslegung für den öffentlichen Sektor, S. 110.

Während in IPSAS 26 die Bildung von cash-generating units möglich ist, sofern der erzielbare Betrag für einen einzelnen Vermögenswert nicht verlässlich ermittelt werden kann, besteht eine entsprechende Regelung in IPSAS 21 nicht. Der IPSASB hatte zunächst über das Konzept sogenannter service-generating units beraten, letztlich aber festgestellt, dass ein solches Konzept nicht erforderlich sei, da es grundsätzlich möglich ist, das Leistungspotenzial eines einzelnen Vermögenswertes zu bestimmen.[1257] Zudem wurde die Gefahr unnötiger Komplexität gesehen.[1258]

IPSAS 21 berücksichtigt die Besonderheit des public sector, dass zahlreiche Vermögenswerte Sachzielen dienen und insoweit nicht primär erwerbswirtschaftlich genutzt werden. Der value in use wird dabei mit Hilfe der fortgeführten Wiederbeschaffungskosten ermittelt, die beim Restoration Cost Approach und beim Service Units Approach noch zu modifizieren sind. Wiederbeschaffungskosten sind indes häufig nur schwierig zu ermitteln.[1259] Bei der Ermittlung der fortgeführten Wiederbeschaffungskosten verbleiben dem Bilanzierenden Ermessensspielräume, so dass die Rechnungslegung nur eingeschränkt verlässlich ist.[1260] Ermessensspielräume durch die Bildung sogenannter service-generating units werden dem Bilanzierenden, im Gegensatz zu IPSAS 26, wo die Bildung von cash-generating units zulässig ist, indes nicht gewährt. Auch ist zu berücksichtigen, dass der value in use, ebenso wie in IPSAS 26, nur für Abwertungsfragen genutzt wird und die Ermessensspielräume durch die fortgeführten Anschaffungs- oder Herstellungskosten nach oben begrenzt werden.

523.5 Wertaufholungen

Das Vorgehen zur Feststellung der Notwendigkeit einer Wertaufholung ist ähnlich wie das Vorgehen zur Feststellung der Notwendigkeit einer Wertminderung.[1261] Eine öffentliche Einheit hat zu jedem Berichtsstichtag zu prüfen, ob Anhaltspunkte vorliegen, dass eine in Vorperioden vorgenommene Wertminderung eines Vermögenswertes nicht länger besteht oder sich vermindert hat. Dies gilt sowohl für cash-generating assets (IPSAS 26.99) als auch für non-cash-generating assets (IPSAS 21.59). In IPSAS 21.60 sowie

1257 Vgl. IPSAS 21.BC14.

1258 Vgl. IPSAS 21.BC14.

1259 Vgl. BALLWIESER, W., IFRS-Rechnungslegung, S. 112.

1260 Vgl. THIELE, S./ECKERT, T., IAS 16, Rn. 225; vgl. ähnlich auch BREIDERT, U., Grundsätze ordnungsmäßiger Abschreibungen auf abnutzbare Anlagegegenstände, S. 25 m. w. N.

1261 Vgl. VIEHWEGER, C., Wertminderungen von Zahlungsmittel generierenden Vermögenswerten, S. 247.

IPSAS 26.100 werden verschiedene Anhaltspunkte genannt, die aber keinesfalls abschließend zu verstehen sind.

Liegen konkrete Anhaltspunkte vor, so hat die bilanzierende Einheit erneut den erzielbaren Betrag für den betreffenden Vermögenswert zu bestimmen (IPSAS 26.99 und IPSAS 21.59). Sofern der neu ermittelte erzielbare Betrag den Buchwert übersteigt, muss eine Wertaufholung durchgeführt werden. Der Buchwert ist dann auf seinen erzielbaren Betrag zu erhöhen. Die Obergrenze für die Wertaufholung sind die fortgeführten Anschaffungs- oder Herstellungskosten (IPSAS 21.68 und IPSAS 26.106). Die Wertaufholung ist gemäß IPSAS 21.69 und IPSAS 26.108 grundsätzlich sofort erfolgswirksam in der Ergebnisrechnung zu erfassen.

53 Kritische Würdigung der IPSAS

Das Referenzmodell für die IPSAS sind die IFRS. Die IPSAS übernehmen weitgehend die Regelungen der IFRS, sofern besondere Anforderungen des public sector nicht Änderungen eines IFRS-Standards erfordern.[1262] Dieser Referenzmodellansatz, der Ähnlichkeiten zum Verhältnis von Neuem Kommunalen Finanzmanagement und HGB erkennen lässt, wird an verschiedenen Stellen deutlich.

Die Nähe der IPSAS zu den IFRS zeigt sich in den Zwecken der Rechnungslegung.[1263] Im Mittelpunkt der IPSAS-Rechnungslegung steht, vergleichbar mit den IFRS, die Informationsfunktion. Den Adressaten sollen zum einen nützliche Informationen zur Fundierung von Entscheidungen gegeben werden, zum anderen dient die Rechnungslegung der Rechenschaft über das Handeln im abgelaufenen Haushaltsjahr. Über die Informationsfunktion hinausgehende Funktionen werden weder mit den IPSAS noch mit den IFRS verfolgt.[1264] Auch die Grundsätze der Rechnungslegung entsprechen sich weitgehend.[1265] Gleiches gilt für die Bestandteile der Rechnungslegung.[1266] Die IPSAS regeln darüber hinaus die Budgetberichterstattung und berücksichtigen hierdurch die Bedeutung im public sector.[1267]

1262 Vgl. Abschnitt 511.

1263 Vgl. hierzu Abschnitt 512.

1264 Vgl. hinsichtlich der IFRS HENNRICHS, J., IFRS, S. 420.

1265 Vgl. zu den Grundsätzen der IPSAS-Rechnungslegung Abschnitt 513.

1266 Vgl. zu den Bestandteilen eines IPSAS-Jahresabschlusses Abschnitt 514.

1267 Vgl. Abschnitt 514.

Bei der Bewertung des Sachanlagevermögens zeigt sich bei einem Großteil der Bilanzierungsregeln zum einen erneut die inhaltliche Nähe der IPSAS zu den IFRS. Die Zugangsbewertung von Sachanlagen und investment properties erfolgt zu Anschaffungs- oder Herstellungskosten. Biologische Vermögenswerte sind sowohl nach IAS 41 als auch nach ED 36 bereits im Zeitpunkt des Zugangs mit ihrem beizulegenden Zeitwert zu bewerten.[1268] Im Rahmen der Folgebewertung können bzw. müssen Sachanlagen, investment properties und biologische Vermögenswerte zum beizulegenden Zeitwert bewertet werden.[1269] Zum anderen sehen die IPSAS aber auch Bilanzierungsregelungen für spezifische Sachverhalte des public sector vor, bei denen nicht auf das Referenzmodell IFRS zurückgegriffen werden kann. Ein wichtiges Beispiel hierfür ist die Bewertung von non-cash-generating assets im Rahmen der Neubewertungsmethode und bei Wertminderungen.[1270]

Fraglich ist indes, ob die enge Anlehnung der IPSAS an die IFRS immer sachgerecht ist. So ist festzustellen, dass die Rechenschaftsfunktion im public sector von besonderer Bedeutung ist und deshalb die durch die Rechnungslegung vermittelten Informationen insbesondere verlässlich, im Sinne von intersubjektiv nachprüfbar sein sollten.[1271] Eine hohe Verlässlichkeit der IPSAS-Rechnungslegung ist indes nicht immer gegeben. Besonders deutlich wird dies bei der Bestimmung des beizulegenden Zeitwerts, wenn keine aktiven Märkte vorliegen. Kann der beizulegende Zeitwert nicht durch einen Marktpreis bestimmt werden, so ist er durch anerkannte Bewertungsverfahren zu bestimmen. Hierdurch eröffnen sich dem Bilanzierenden indes große Ermessensspielräume, die die Verlässlichkeit der Rechnungslegung verringern.[1272]

Die Besonderheiten des public sector werden bei der Bewertung des Sachanlagevermögens somit nicht immer ausreichend beachtet. Positiv zu erwähnen ist in diesem Zusammenhang die Unterscheidung in cash-generating assets und non-cash-generating assets, die explizit die Charakteristika des public sector berücksichtigt. Darüber hinaus sollten die IPSAS aber eine höhere Aufmerksamkeit auf die Verlässlichkeit der Rechnungslegung legen und diese stärker gewichten. Diese Forderung wird bereits auch für die IFRS, das

1268 Vgl. Abschnitt 522.

1269 Vgl. Abschnitt 523.3.

1270 Vgl. hierzu die Abschnitte 523.3 sowie 523.43.

1271 Vgl. hierzu die Ausführungen in Abschnitt 515.

1272 Vgl. Abschnitt 523.3.

Referenzmodell für die IPSAS, erhoben,[1273] bekommt indes auf Grund der besonderen Bedeutung der Rechenschaftsfunktion im public sector zusätzliches Gewicht.

Mit der Vermeidung von Discounted-Cash-Flow-Verfahren in der IPSAS-Rechnungslegung wäre auch ein weiterer positiver Effekt verbunden. Gerade die Verwendung von Discounted-Cash-Flow-Verfahren erhöht die Komplexität der Rechnungslegung, was insbesondere für kleinere öffentliche Einheiten problematisch sein kann. Würde hierauf verzichtet werden, könnte der Aufwand für die Rechnungslegung gesenkt und so den Bedürfnissen kleinerer öffentlicher Einheiten besser entsprochen werden. In diesem Zusammenhang könnte auch erwogen werden, weitergehende Vereinfachungen in der Rechnungslegung für kleinere Gemeinden zu gewähren.[1274]

Deutliche Unterschiede weisen die IPSAS gegenüber dem Neuen Kommunalen Finanzmanagement auf. Ein IPSAS-Abschluss dient ausschließlich der Informationsvermittlung. Der Jahresabschluss des Neuen Kommunalen Finanzmanagements ist dagegen in das nordrhein-westfälische Haushaltsrecht eingebunden. Der Gesetz- und Verordnungsgeber in Nordrhein-Westfalen intendiert mit den Rechnungslegungsvorschriften des Neuen Kommunalen Finanzmanagements eine Interessenregelung, die in einem ausgeglichenen Verhältnis von Rechenschaft und Kapitalerhaltung zum Ausdruck kommt und die insbesondere dem Schutz heutiger und künftiger Bürger dient.[1275] Der Haushaltsausgleich, eine wesentliche Restriktion der kommunalen Haushaltswirtschaft, wird in Bezug auf das Jahresergebnis festgestellt.[1276] Darüber hinaus werden die Auslösetatbestände für die Aufstellung eines Haushaltssicherungskonzeptes anhand des Jahresabschlusses festgestellt.[1277] An den Jahresabschluss knüpfen somit Rechtsfolgen an.

Die unterschiedlichen Zwecksetzungen zeigen sich auch in konkreten Bilanzierungsregeln, so dass deutliche Unterschiede zwischen den IPSAS und dem Neuen Kommunalen Finanzmanagement im Hinblick auf die Bewertung von Sachanlagen bestehen. So umfassen bspw. die Herstellungskosten nach IPSAS die produktionsbezogenen Vollkosten, während im Neuen Kommunalen Finanzmanagement verpflichtend lediglich die Einzel-

---

1273 Vgl. exemplarisch BAETGE, J./ZÜLCH, H., Rechnungslegungsgrundsätze, Rn. 260-262.

1274 Anhaltspunkte für mögliche Vereinfachungen könnte das SME-Projekt des IASB bieten; vgl. hierzu ausführlich KIRSCH, H.-J./METH, D., Adressaten einer IFRS-Rechnungslegung für mittelständische Unternehmen, S. 7-12; METH, D., Die IFRS als Grundlage der Rechnungslegung mittelständischer Unternehmen, S. 177-206; KAJÜTER, P./SCHOBERT, J./ZAPP, P./LÜBBIG, M., IFRS im Mittelstand, S. 589-601.

1275 Vgl. hierzu Abschnitt 421.4.

1276 Vgl. Abschnitt 335.

1277 Vgl. zum Haushaltssicherungskonzept Abschnitt 335.3.

kosten einzubeziehen sind.[1278] Exemplarisch kann darüber hinaus auch die bilanzielle Behandlung von Schenkungen genannt werden. Nach IPSAS ist ein durch Schenkung erhaltener Vermögenswert zu aktivieren und ein Ertrag in Höhe des beizulegenden Zeitwertes dieses Vermögenswertes zu realisieren.[1279] Im Neuen Kommunalen Finanzmanagement wird der Vermögensgegenstand ebenfalls aktiviert, zudem aber auch ein Passivposten in gleicher Höhe angesetzt, so dass zunächst keine Ertragsrealisierung stattfindet.[1280] Ein signifikanter Unterschied zwischen Neuem Kommunalen Finanzmanagement und IPSAS ist die Bewertung von Sachanlagen zum beizulegenden Zeitwert. Während im Neuen Kommunalen Finanzmanagement die fortgeführten AK/HK die Wertobergrenze sind[1281] und Zeitwerte nur im Rahmen von Wertminderungen Eingang in die Rechnungslegung finden,[1282] ist nach IPSAS auch eine Bewertung oberhalb der AK/HK zum beizulegenden Zeitwert möglich.[1283] Letztlich zeigt sich, dass wesentliche Unterschiede, die zwischen den Referenzmodellen HGB und IFRS bestehen, auch in den Regelungen des Neuen Kommunalen Finanzmanagement und den IPSAS zum Ausdruck kommen.

In diesen Kontext sind die grundsätzlichen Forderungen aus Teilen der Literatur, die IPSAS in der kommunalen Rechnungslegung in Deutschland zu verwenden, einzuordnen. Kritisch zu sehen ist in diesem Zusammenhang der geringere Grad an Verlässlichkeit der IPSAS. Weitreichende Objektivierungen sind für den kommunalen Jahresabschluss vor dem Hintergrund der bestehenden Prinzipal-Agent-Problematik und dem angestrebten Schutz künftiger Bürger sinnvoll und erforderlich.[1284] Darüber hinaus knüpfen an den Jahresabschluss Rechtsfolgen an, weshalb Objektivierungen auch im Interesse der Rechtssicherheit von besonderer Bedeutung sind.[1285] Die umfassendere Verwendung von Zeitwerten in den IPSAS führt indes tendenziell zu einer Entobjektivierung der Rechnungslegung, so dass die IPSAS-Rechnungslegung eine geringeren Grad an Verlässlichkeit aufweist als die Rechnungslegung im Neuen Kommunalen Finanzmanagement. Aus diesem Grund sind die IPSAS nur eingeschränkt für die kommunale Rechnungslegung geeignet.

1278 Vgl. hierzu Abschnitt 432.13 und Abschnitt 522.
1279 Vgl. Abschnitt 522.
1280 Vgl. Abschnitt 432.12.
1281 Vgl. Abschnitt 422.51.
1282 Vgl. Abschnitt 432.22.
1283 Vgl. Abschnitt 523.3.
1284 Vgl. hierzu Abschnitt 422.21.
1285 Vgl. Abschnitt 422.21.

Darüber hinaus sind die Unterschiede zwischen den IPSAS und dem Neuen Kommunalen Finanzmanagement vor dem Gebot des Haushaltsausgleiches zu würdigen. Tendenziell werden Erträge nach IPSAS früher realisiert als im Neuen Kommunalen Finanzmanagement. Dies zeigte sich bei der Bilanzierung von Schenkungen und bei der erfolgswirksamen Bewertung zum beizulegenden Zeitwert. Hierdurch werden Erträge ausgewiesen, die nach dem Verständnis des Neuen Kommunalen Finanzmanagements noch nicht realisiert sind.[1286] Der Haushaltsausgleich könnte somit, je nach konkreter Umsetzung im kommunalen Haushaltsrecht, durch unrealisierte Erträge begünstigt werden. Der Haushaltsausgleich wäre in einer Rechnungslegung auf Basis der IPSAS somit tendenziell leichter zu erreichen. Der Schutz künftiger Bürger würde also folglich abgeschwächt werden.

„Wieviel" Schutz künftiger Bürger angestrebt wird und welche Aufwendungen und Erträge in den Haushaltsausgleich einbezogen werden sollen, ist letztlich vor allem eine politische Wertungsfrage. Kritisch erscheint aber insbesondere, unrealisierte, nicht durch einen Zahlungsvorgang objektivierte und dadurch mit Ermessensspielräumen behaftete und somit gestaltbare Erträge in den Haushaltsausgleich einzubeziehen.

Eine abschließende Würdigung der IPSAS im Hinblick auf ihre Eignung für die kommunale Rechnungslegung in Deutschland ist an dieser Stelle nicht möglich. Hierfür ist eine umfassendere Analyse der IPSAS erforderlich, in welche insbesondere weitere Bilanzierungssachverhalte einzubeziehen wären. Zumindest für die Bewertung des Sachanlagevermögens wurde aber deutlich, dass die IPSAS nicht uneingeschränkt für die kommunale Rechnungslegung geeignet sind. Eine Anwendung der IPSAS in Deutschland erscheint aus dieser Perspektive derzeit eher nicht sinnvoll. Gleichwohl können Regelungen der IPSAS durchaus als Ideengeber, insbesondere für die Bilanzierung spezifischer Sachverhalte von Gebietskörperschaften, genutzt werden.

1286 Vgl. kritisch hierzu in Bezug auf HGB und IFRS KIRSCH, H.-J., Mitgliedstaatenwahlrechte, S. 276.

6 Zusammenfassung und Ausblick

Die Rechnungslegung von Gebietskörperschaften befindet sich im Umbruch. Charakteristisch hierfür ist die Ablösung der Kameralistik durch die doppelte Buchführung. In Nordrhein-Westfalen findet dieser Prozess Ausdruck durch die Verabschiedung des Gesetzes über ein Neues Kommunales Finanzmanagement für Gemeinden (NKFG NRW). Diese Entwicklungen wurden zum Anlass genommen, zum einen das Neue Kommunale Finanzmanagement detailliert zu analysieren und zum anderen auch die IPSAS näher zu beleuchten. Die folgenden Ausführungen geben die wichtigsten Erkenntnisse der Untersuchung wieder:

In der Gemeinde liegen zahlreiche Prinzipal-Agent-Beziehungen vor, die durch Informationsasymmetrien und Interessenkonflikte geprägt sind. Die Rechnungslegung kann hierbei als Instrument genutzt werden, um Informationsasymmetrien zu reduzieren. Hierfür ist indes eine hinreichend verlässliche Berichterstattung eine wichtige Voraussetzung. Ist die Rechnungslegung nicht intersubjektiv nachprüfbar, besteht die Gefahr, dass das Management, welches den Jahresabschluss aufstellt, die veröffentlichten Informationen im eigenen Interesse darstellt.

Maßgeblichen Einfluss auf die Haushaltswirtschaft haben die allgemeinen Haushaltsgrundsätze. Wichtigster Grundsatz ist die Sicherung der stetigen Aufgabenerfüllung. Hierdurch wird deutlich, dass die Aufgabenerfüllung nicht nur im aktuellen Haushaltsjahr sondern auch in den Folgejahren gesichert sein muss und somit auch die Interessen künftiger Bürger zu berücksichtigen sind. Konkretisiert wird der Grundsatz der stetigen Aufgabenerfüllung durch den Grundsatz des Haushaltsausgleichs. Demnach muss der Haushalt jedes Jahr in Planung und Rechnung ausgeglichen sein. Dies ist der Fall, wenn der Gesamtbetrag der Erträge den Gesamtbetrag der Aufwendungen erreicht oder übersteigt. Der Haushaltsausgleich dient der Sicherung der stetigen Aufgabenerfüllung und der Gewährleistung intergenerativer Gerechtigkeit. Gleiches gilt für das Verbot der Überschuldung. Das Jahresergebnis als Saldo von Aufwand und Ertrag sowie das Eigenkapital wird dabei durch die Normen für den Ansatz und die Bewertung der Aktiva und Passiva bestimmt und ist somit von den zu Grunde liegenden Rechnungslegungsnormen abhängig. Diese Rechnungslegungsnormen sind indes konkretisierungsbedürftig.

Der Haushaltsplan ist die Grundlage der kommunalen Haushaltswirtschaft. Er muss spätestens einen Monat vor Beginn des Haushaltsjahres vorliegen und besteht aus Ergebnisplan, Finanzplan sowie entsprechenden Teilplänen. Der Haushaltsplan erfüllt eine finanzwirtschaftliche Funktion, eine administrative Lenkungsfunktion sowie eine wirtschafts- und sozialpolitische Programmfunktion.

Gegenstück des Haushaltsplans ist der zum Schluss des Haushaltsjahres aufzustellende Jahresabschluss. Er besteht aus Ergebnisrechnung, Finanzrechnung, Teilrechnungen, der Bilanz und dem Anhang. Darüber hinaus ist dem Jahresabschluss ein Lagebericht beizufügen. Der Jahresabschluss muss unter Beachtung der Grundsätze ordnungsmäßiger Buchführung ein den tatsächlichen Verhältnissen entsprechendes Bild der Vermögens-, Schulden-, Ertrags- und Finanzlage der Gemeinde vermitteln.

Die Zwecke des kommunalen Jahresabschlusses sind, ebenso wie die des handelsrechtlichen Jahresabschlusses, Dokumentation, Rechenschaft und Kapitalerhaltung. Gegenüber dem HGB wird der Rechenschaftszweck im Neuen Kommunalen Finanzmanagement erweitert, indem er auch die Rechenschaft über die Ausführung des Haushaltsplans einschließt. Der Zweck der Kapitalerhaltung berücksichtigt den Schutz künftiger Bürger. Die Zwecke des Jahresabschlusses sind dabei ausgewogen. Der Gesetz- und Verordnungsgeber strebt mit dem kommunalen Jahresabschluss eine Interessenregelung an, mit der heutige Bürger vor einer überzogenen finanziellen Belastung durch den Staat sowie künftige Generationen vor einer überzogenen Belastung durch die gegenwärtige Generation geschützt werden sollen.

Als Bezugsrahmen für eine sachgerechte Bilanzierung dienen nicht nur die Zwecke des Jahresabschlusses sondern auch die GoB. Diese ergänzen und konkretisieren im Neuen Kommunalen Finanzmanagement die Rechnungslegungsvorschriften und sind zur Lösung von konkreten Buchführungs- und Bilanzierungsprobleme heranzuziehen. Dies gilt indes nur, soweit in Gemeindeordnung oder Gemeindehaushaltsverordnung nichts anderes bestimmt ist. Werden die GoB in den kommunalen Vorschriften nicht konkretisiert, gelten sie deshalb sinngemäß wie im Handelsrecht. Abweichungen von den GoB aufgrund kommunaler Besonderheiten bedürfen daher einer expliziten Regelung in der Gemeindeordnung oder der Gemeindehaushaltsverordnung.

Der Gesetz- und Verordnungsgeber hat einzelne GoB, wie bspw. den Grundsatz der Einzelbewertung, das Realisationsprinzip, das Imparitätsprinzip sowie das Vorsichtsprinzip, explizit normiert. Bei verschiedenen nicht-kodifizierten GoB, wie bspw. dem Aktivierungsgrundsatz, wird explizit zum Ausdruck gebracht, dass diese im kommunalen Jahresabschluss anzuwenden sind. Hinweise auf Einschränkungen, Relativierungen oder grundlegende Veränderungen einzelner GoB sind eher nicht festzustellen. Ebenso wenig ist zu erkennen, dass ein einzelner GoB allen anderen über- oder untergeordnet ist. Vielmehr ist das handelsrechtliche GoB-System im Sinne des Eiffelturm-Prinzips sinngemäß auch im Neuen Kommunalen Finanzmanagement anzuwenden.

Bei einer exemplarischen Betrachtung der Bewertung von Vermögensgegenständen des Sachanlagevermögens im kommunalen Jahresabschluss wird ebenso deutlich, dass das

HGB als Referenzmodell für das Neue Kommunale Finanzmanagement dient. Verschiedene handelsrechtliche Regelungen, wie bspw. die Definition der Anschaffungskosten sowie die Wertuntergrenze der Herstellungskosten, sind mit ähnlichem Wortlaut in Gemeindeordnung und Gemeindehaushaltsverordnung übernommen worden. Andere Regelungen des Neuen Kommunalen Finanzmanagements orientieren sich zwar an den handelsrechtlichen Vorschriften, sind aber noch interpretationsbedürftig, wie bspw. die Wahlbestandteile der Herstellungskosten.

Gleichzeitig wird aber auch deutlich, dass das Neue Kommunale Finanzmanagement punktuell gegenüber dem HGB weiterentwickelt worden ist. Handelsrechtliche Wahlrechte und Ermessensspielräume werden eingeschränkt, indem bspw. eine Passivierungspflicht für bestimmte Instandhaltungsrückstellungen besteht und für die Nutzungsdauer von Vermögensgegenständen Bandbreiten vorgegeben werden. Andererseits werden Sachverhalte von besonderer Bedeutung für kommunale Gebietskörperschaften durch eigenständige Regelungen berücksichtigt. Im Neuen Kommunalen Finanzmanagement existieren, im Gegensatz zum HGB, explizite Vorschriften für die Bilanzierung von Zuwendungen. Darüber hinaus wird ein Wahlrecht zur außerplanmäßigen Abschreibung bei einer voraussichtlich dauernden Wertminderung von Grund und Boden, die durch die Anschaffung oder Herstellung von Infrastrukturvermögen verursacht ist, gewährt.

Die Reform der Rechnungslegung kommunaler Gebietskörperschaften ist indes nicht nur aus nationaler Perspektive zu betrachten. So existieren mit den IPSAS auch internationale Rechnungslegungsstandards für den public sector, die in Deutschland zwar nicht verpflichtend anzuwenden sind, gleichwohl aber in der Literatur intensiv im Hinblick auf ihre Eignung für die kommunale Rechnungslegung diskutiert werden.

Für die IPSAS besteht, vergleichbar mit dem HGB für das Neue Kommunale Finanzmanagement, ein Referenzmodell, an das sich die Rechnungslegungsstandards eng anlehnen: die IFRS. Sowohl die IPSAS als auch die IFRS dienen der Informationsvermittlung. Den Adressaten sollen zum einen nützliche Informationen zur Fundierung von Entscheidungen gegeben werden, zum anderen dient die Rechnungslegung der Rechenschaft über das Handeln im abgelaufenen Haushaltsjahr. Dies ist indes nicht unproblematisch, da grundsätzlich eine Disharmonie zwischen beiden Zwecken festzustellen ist, die sich in einer unterschiedlichen Bedeutung der Verlässlichkeit ausdrückt. Für die Rechenschaftsfunktion, die im public sector von besonderer Bedeutung ist, sind verstärkt verlässliche Informationen erforderlich.

Eine hohe Verlässlichkeit der IPSAS-Rechnungslegung ist dabei indes nicht immer gewährleistet. Besonders deutlich wird dies an der Bestimmung des beizulegenden Zeitwerts, wenn keine aktiven Märkte vorliegen und folglich anerkannte Bewertungsverfahren verwendet werden müssen, welche dem Bilanzierenden große Ermessensspielräume ermöglichen.

Die IPSAS unterscheiden sich hinsichtlich ihrer Zwecke vom Neuen Kommunalen Finanzmanagement. Während der IPSAS-Abschluss der Informationsvermittlung dient, intendiert der Gesetz- und Verordnungsgeber in Nordrhein-Westfalen mit den Rechnungslegungsvorschriften des Neuen Kommunalen Finanzmanagements eine Interessenregelung, die in einem ausgeglichenen Verhältnis von Rechenschaft und Kapitalerhaltung zum Ausdruck kommt. Der Jahresabschluss ist dabei eng in das allgemeine Haushaltsrecht eingebunden, was bspw. am Verbot der Überschuldung, der Pflicht zum Haushaltsausgleich und dem Sanktionsinstrument Haushaltssicherungskonzept deutlich wird. Mit dem Neuen Kommunalen Finanzmanagement sollen heutige und künftige Bürger geschützt werden.

Forderungen in der Literatur, die IPSAS als Grundlage der Rechnungslegung in Deutschland zu nutzen, sind vor dem Hintergrund der bestehenden Unterschiede zwischen IPSAS und Neuem Kommunalen Finanzmanagement nicht unkritisch zu sehen. Problematisch erscheinen vor allem die geringe Verlässlichkeit der IPSAS-Rechnungslegung sowie die frühzeitigere Erfassung von Erträgen. Im Hinblick auf die Bewertung des Sachanlagevermögens erscheint eine Anwendung der IPSAS in Deutschland daher derzeit nicht sinnvoll. Die IPSAS können für die kommunale Rechnungslegung in Deutschland aber Anhaltspunkte bei Bilanzierungsfragen liefern, bei denen das handelsrechtliche Referenzmodell keine Lösungen bietet, bspw. bei solchen im Zusammenhang mit non-cash-generating assets.

Auch wenn eine IPSAS-Einführung in Deutschland derzeit nicht abzusehen ist, wird zu diskutieren sein, ob eine erneute Überarbeitung von Gemeindeordnung und Gemeindehaushaltsverordnung in naher Zukunft erforderlich ist. Das HGB, welches das Referenzmodell für das Neue Kommunale Finanzmanagement ist, wurde im April 2009 durch das Bilanzrechtsmodernisierungsgesetz (BilMoG) grundlegend reformiert. Mögliche hieraus resultierende Auswirkungen auf die kommunale Rechnungslegung werden zu analysieren sein und voraussichtlich in die Frage münden, ob die zahlreichen Änderungen des HGB in die Regelungstexte von Gemeindeordnung und Gemeindehaushaltsverordnung übernommen werden sollen. Anpassungen an das BilMoG könnten dann auch zur Harmonisierung der kommunalen Rechnungslegung in Deutschland beitragen.

Quellenverzeichnis

Literaturverzeichnis

ABELN, BERND, Haushaltsausgleich und Budgetierung, in: WPg-Sonderheft 2004, S. 51-55 (Haushaltsausgleich und Budgetierung).

ADAM, BERIT, Internationale Rechnungslegungsstandards für die öffentliche Verwaltung (IPSAS) – Eine kritische Analyse unter besonderer Berücksichtigung ihrer Anwendbarkeit in Deutschland, Frankfurt am Main 2004 (Internationale Rechnungslegungsstandards für die öffentliche Verwaltung).

ADAM, BERIT, Analyse der Unterschiede zwischen den (beabsichtigten) kommunalen haushaltsrechtlichen Regelungen in NRW, Hessen und Niedersachsen, in: Der Gemeindehaushalt 2005, S. 150-157 (Unterschiede zwischen den kommunalen haushaltsrechtlichen Regelungen).

ADAM, BERIT, Internationale Rechnungslegungsstandards für die öffentliche Verwaltung (IPSAS) – eine Analyse ihrer Leistungsfähigkeit, in: KEUPER, FRANK/SCHAEFER, CHRISTINA (Hrsg.), Führung und Steuerung öffentlicher Unternehmen – Probleme, Politiken und Perspektiven entlang des Privatisierungsprozesses, Berlin 2005, S. 395-429 (IPSAS).

ADLER, HANS/DÜRING, WALTHER/SCHMALTZ, KURT, Rechnungslegung und Prüfung der Unternehmen, 6. Auflage, Stuttgart 1994/2001 (Rechnungslegung und Prüfung der Unternehmen).

ADLER, HANS/DÜRING, WALTHER/SCHMALTZ, KURT, Rechnungslegung nach Internationalen Standards, Stuttgart 2002 ff. (Rechnungslegung nach Internationalen Standards).

AHLGRIMM, CHRISTINE, Neugestaltung des öffentlichen Haushaltswesens auf der Grundlage des Ressourcenverbrauchskonzeptes, Baden-Baden 1999 (Neugestaltung des öffentlichen Haushaltswesens).

ALPARSLAN, ADEM, Strukturalistische Prinzipal-Agent-Theorie. Eine Reformulierung der Hidden-Action-Modelle aus der Perspektive des Strukturalismus, Wiesbaden 2006 (Strukturalistische Prinzipal-Agent-Theorie).

AMERKAMP, KURT, Reform des Gemeindehaushaltsrechts in Hessen – Konsequente Umsetzung führt zu mehr Wirtschaftlichkeit, in: Der Landkreis 2005, S. 33-35 (Reform des Gemeindehaushaltsrechts).

ANDRAE, SILVIO, Risikomanagement in der Kommune: Von der Sparkasse lernen, in: Finanzwirtschaft 2003, S. 42-48 (Risikomanagement in der Kommune).

ANDREJEWSKI, KAI C./BÖCKEM, HANNE, Praktische Fragestellungen der Implementierung des Komponentenansatzes nach IAS 16, Sachanlagen (Property, Plant and Equipment), in: KoR 2005, S. 75-81 (Komponentenansatz).

APRILL, RAINER, Anforderungen für eine Neuordnung des Haushalts- und Rechnungswesens des Bundes, in: Die Öffentliche Verwaltung 2008, S. 184-189 (Neuordnung des Haushalts- und Rechnungswesens).

ARBEITSKREIS BILANZRECHT DER HOCHSCHULLEHRER RECHTSWISSENSCHAFT, Zur Fortentwicklung des deutschen Bilanzrechts, in: BB 2002, S. 2372-2381 (Zur Fortentwicklung des deutschen Bilanzrechts).

ARBEITSKREIS „INTEGRIERTE VERBUNDRECHNUNG", Eckpunkte für die Grundsätze ordnungsmäßiger Buchführung im öffentlichen Haushalts- und Rechnungswesen auf Basis der Integrierten Verbundrechnung, in: WPg 2005, S. 887-890 (Grundsätze ordnungsmäßiger Buchführung).

BAETGE, JÖRG, Möglichkeiten der Objektivierung des Jahreserfolges, Düsseldorf 1970 (Möglichkeiten der Objektivierung).

BAETGE, JÖRG, Rechnungslegungszwecke des aktienrechtlichen Jahrsabschlusses, in: BAETGE, JÖRG/SCHNEIDER, DIETER (Hrsg.), Bilanzfragen. Festschrift zum 65. Geburtstag von Prof. Dr. Ulrich Leffson, Düsseldorf 1976, S. 11-30 (Rechnungslegungszwecke).

BAETGE, JÖRG, Fair Value-Accounting versus Realisations-, Imparitäts- und Vorsichtsprinzip, in: RWZ 2003, S. 230-237 (Fair Value-Accounting).

BAETGE, JÖRG, Verwendung von DCF-Kalkülen in der Bilanzierung nach IFRS, in: WPg 2009, S. 12-23 (Verwendung von DCF-Kalkülen).

BAETGE, JÖRG/BALLWIESER, WOLFGANG, Zum bilanzpolitischen Spielraum der Unternehmensleitung, in: BFuP 1977, S. 199-213 (Zum bilanzpolitischen Spielraum der Unternehmensleitung).

BAETGE, JÖRG/COMMANDEUR, DIRK, § 264 HGB, in: KÜTING, KARLHEINZ/WEBER, CLAUS-PETER (Hrsg.), Handbuch der Rechnungslegung, Kommentar zur Bilanzierung und Prüfung, 5. Auflage, Stuttgart 2002, S. 1-37 (§ 264 HGB).

BAETGE, JÖRG/FEY, DIRK/FEY, GERD, § 243 HGB, in: KÜTING, KARLHEINZ/WEBER, CLAUS-PETER (Hrsg.), Handbuch der Rechnungslegung, Kommentar zur Bilanzierung und Prüfung, 5. Auflage, Stuttgart 2002, S. 1-48 (§ 243 HGB).

BAETGE, JÖRG/FISCHER, THOMAS R./PASKERT, DIERK, Der Lagebericht. Aufstellung, Prüfung und Offenlegung, Stuttgart 1989 (Der Lagebericht).

BAETGE, JÖRG/HENDLER, MATTHIAS, Verlustvorsorgen und Bilanzkonzeption, in: BERTL, ROMUALD/EGGER, ANTON/GASSNER, WOLFGANG/LANG, MICHAEL. (Hrsg.), Verlustvorsorgen im Bilanz- und Steuerrecht, Wien 2000, S. 13-31 (Verlustvorsorgen und Bilanzkonzeption).

BAETGE, JÖRG/HOLLMANN, SEBASTIAN, Zur Zuverlässigkeit der Rechnungslegung nach IFRS, in: DÖRING, ULRICH/KUSSMAUL, HEINZ (Hrsg.), Spezialisierung und Internationalisierung – Entwicklungstendenzen der deutschen Betriebswirtschaftslehre – Festschrift für Günter Wöhe, München 2004, S. 347-378 (Zuverlässigkeit der Rechnungslegung nach IFRS).

BAETGE, JÖRG/KIRSCH, HANS-JÜRGEN, Grundsätze ordnungsmäßiger Buchführung, in: KÜTING, KARLHEINZ/WEBER, CLAUS-PETER (Hrsg.), Handbuch der Rechnungslegung, Kommentar zur Bilanzierung und Prüfung, 5. Auflage, Stuttgart 2002, Kapitel 4 (Grundsätze ordnungsmäßiger Buchführung).

BAETGE, JÖRG/KIRSCH, HANS-JÜRGEN/SOLMECKE, HENRIK, Auswirkungen des BilMoG auf die Zwecke des handelsrechtlichen Jahresabschlusses, Working Paper 1/2009, abrufbar unter http://www.wiwi.uni-muenster.de/baetge/zwecke.pdf, Stand: 31. August 2009 (Auswirkungen des BilMoG auf die Zwecke des handelsrechtlichen Jahresabschlusses).

BAETGE, JÖRG/KIRSCH, HANS-JÜRGEN/THIELE, STEFAN, Bilanzanalyse, 2. Auflage, Düsseldorf 2004 (Bilanzanalyse).

BAETGE, JÖRG/KIRSCH, HANS-JÜRGEN/THIELE, STEFAN, Konzernbilanzen, 7. Auflage, Düsseldorf 2007 (Konzernbilanzen).

BAETGE, JÖRG/KIRSCH, HANS-JÜRGEN/THIELE, STEFAN, Bilanzen, 9. Auflage, Düsseldorf 2007 (Bilanzen).

BAETGE, JÖRG/KIRSCH, HANS-JÜRGEN/WOLLMERT, PETER/BRÜGGEMANN, PETER, Kapitel II – Grundlagen der IFRS-Rechnungslegung, in: BAETGE, JÖRG/DÖRNER, DIETRICH/KLEEKÄMPER, HEINZ/WOLLMERT, PETER/KIRSCH, HANS-JÜRGEN (Hrsg.), Rechnungslegung nach IFRS – Kommentar auf der Grundlage des deutschen Bilanzrechts, 2. Auflage, Stuttgart 2003 (Grundlagen der IFRS-Rechnungslegung).

BAETGE, JÖRG/LIENAU, ACHIM, Der Gläubigerschutzgedanke im Mixed Fair Value-Modell des IASB, in: SCHNEIDER, DIETER/RÜCKLE, DIETER/KÜPPER, HANS-ULRICH/WAGNER, FRANZ W. (Hrsg.), Kritisches zu Rechnungslegung und Unternehmensbesteuerung – Festschrift zur Vollendung des 65. Lebensjahres von Theodor Siegel, Berlin 2005, S. 65-86 (Gläubigerschutzgedanke).

BAETGE, JÖRG/THIELE, STEFAN, Gesellschafterschutz versus Gläubigerschutz – Rechenschaft versus Kapitalerhaltung – Zu den Zwecken des deutschen Einzelabschlusses vor dem Hintergrund der internationalen Harmonisierung, in: BUDDE, WOLFGANG DIETER/MOXTER, ADOLF/OFFERHAUS, KLAUS (Hrsg.), Handelsbilanzen und Steuerbilanzen. Festschrift zum 70. Geburtstag von Prof. Dr. h.c. Heinrich Beisse, Düsseldorf 1997, S. 11-24 (Gesellschafterschutz versus Gläubigerschutz).

BAETGE, JÖRG/THIELE, STEFAN/MATENA, SONJA, Mittelbare Sicherung der Prüfungsqualität durch Enforcement geprüfter Jahres- und Konzernabschlüsse – Überlegungen aus ökonomischer Sicht, in: BFuP 2004, S. 201-218 (Mittelbare Sicherung der Prüfungsqualität).

BAETGE, JÖRG/ZIESEMER, STEFAN, § 252 HGB, in: BAETGE, JÖRG/KIRSCH, HANS-JÜRGEN/THIELE, STEFAN (Hrsg.), Bilanzrecht Kommentar – Handelsrecht mit Steuerrecht und den Regelungen des IASB, Bonn u. a. 2002 ff. (§ 252 HGB).

BAETGE, JÖRG/ZÜLCH, HENNING, Fair Value-Accounting, in: BFuP 2001, S. 543-562 (Fair Value-Accounting).

BAETGE, JÖRG/ZÜLCH, HENNING, Rechnungslegungsgrundsätze nach HGB und IFRS, in: WYSOCKI, KLAUS VON/SCHULZE-OSTERLOH, JOACHIM/HENNRICHS, JOACHIM/KUHNER, CHRISTOPH (Hrsg.), Handbuch des Jahresabschlusses in Einzeldarstellungen, Köln 2004, Abt. I/2 (Rechnungslegungsgrundsätze).

BAETGE, JÖRG/ZÜLCH, HENNING/MATENA, SONJA, Fair Value-Accounting – Ein Paradigmenwechsel auch in der kontinentaleuropäischen Rechnungslegung? (Teil A), in: StuB 2002, S. 365-372 (Fair Value-Accounting).

BALLWIESER, WOLFGANG, Ergebnisse der Informationsökonomie zur Informationsfunktion der Rechnungslegung, in: STÖPPLER, SIEGMAR (Hrsg.), Information und Produktion – Beiträge zur Unternehmenstheorie und Unternehmensplanung – Festschrift zum 60. Geburtstag von Prof. Dr. Waldemar Wittmann, Stuttgart 1985, S. 21-40 (Informationsfunktion der Rechnungslegung).

BALLWIESER, WOLFGANG, Ein Überblick über Ansätze zur ökonomischen Analyse des Bilanzrechts, in: BFuP 1996, S. 503-527 (Ansätze zur ökonomischen Analyse des Bilanzrechts).

BALLWIESER, WOLFGANG, Zum Nutzen handelsrechtlicher Rechnungslegung, in: BALLWIESER, WOLFGANG/MOXTER, ADOLF/NONNENMACHER, ROLF (Hrsg.), Rechnungslegung – Warum und wie, Festschrift für Hermann Clemm zum 70. Geburtstag, München 1996, S. 1-25 (Zum Nutzen handelsrechtlicher Rechnungslegung).

BALLWIESER, WOLFGANG, Chancen und Gefahren einer Übernahme amerikanischer RECHNUNGSLEGUNG, in: BUDDE, WOLFGANG DIETER/MOXTER, ADOLF/OFFERHAUS, KLAUS (Hrsg.), Handelsbilanzen und Steuerbilanzen. Festschrift zum 70. Geburtstag von Prof. Dr. h.c. Heinrich Beisse, Düsseldorf 1997, S. 25-43 (Chancen und Gefahren).

BALLWIESER, WOLFGANG, Anforderungen des Kapitalmarkts an Bilanzansatz- und Bilanzbewertungsregeln, in: KoR 2001, S. 160-164 (Anforderungen des Kapitalmarkts).

BALLWIESER, WOLFGANG, Informations-GoB – auch im Lichte von IAS und US-GAAP, in: KoR 2002, S. 115-121 (Informations-GoB).

BALLWIESER, WOLFGANG, § 280 HGB, in: BAETGE, JÖRG/KIRSCH, HANS-JÜRGEN/THIELE, STEFAN (Hrsg.), Bilanzrecht Kommentar – Handelsrecht mit Steuerrecht und den Regelungen des IASB, Bonn u. a. 2002 ff. (§ 280 HGB).

BALLWIESER, WOLFGANG, IAS 16 – Sachanlagen (Property, Plant and Equipment), in: BAETGE, JÖRG/DÖRNER, DIETRICH/KLEEKÄMPER, HEINZ/WOLLMERT, PETER/KIRSCH, HANS-JÜRGEN (Hrsg.), Rechnungslegung nach IFRS – Kommentar auf der Grundlage des deutschen Bilanzrechts, 2. Auflage, Stuttgart 2003, Ergänzungslieferung Juni 2005 (IAS 16).

BALLWIESER, WOLFGANG, IFRS-Rechnungslegung – Konzept, Regeln, Wirkungen, München 2006 (IFRS-Rechnungslegung).

BALLWIESER, WOLFGANG, Grundsätze ordnungsmäßiger Buchführung, in: CASTAN, EDGAR/BÖCKING, JOACHIM/HEYMANN, GERD/PFITZER, NORBERT/SCHEFFLER, EBERHARD (Hrsg.), Beck'sches Handbuch der Rechnungslegung, B 105, 24. Ergänzungslieferung, München 2007 (Grundsätze ordnungsmäßiger Buchführung).

BALLWIESER, WOLFGANG, Gläubigerschutz durch bilanzielle Kapitalerhaltung, in: Der Konzern 2007, S. 419-421 (Gläubigerschutz).

BALLWIESER, WOLFGANG, § 253 HGB, in: SCHMIDT, KARSTEN (Hrsg.), Münchener Kommentar zum Handelsgesetzbuch, 2. Auflage, München 2008 (§ 253 HGB).

BALLWIESER, WOLFGANG/KÜTING, KARLHEINZ/SCHILDBACH, THOMAS, Fair value – erstrebenswerter Wertansatz im Rahmen einer Reform der handelsrechtlichen Rechnungslegung?, in: BFuP 2004, 529-549 (Fair value).

BALS, HANSJÜRGEN/REICHARD, CHRISTOPH, Das neue kommunale Haushalts- und Rechnungswesen, in: BUDÄUS, DIETRICH/KÜPPER, WILLI/STREITFERDT, LOTHAR (Hrsg.), Neues öffentliches Rechnungswesen. Stand und Perspektiven. Festschrift für Klaus Lüder zum 65. Geburtstag, Wiesbaden 2000, S. 203-233 (Neues öffentliches Rechnungswesen).

BALS, HANSJÜRGEN/HACK, HANS, Neues kommunales Finanzmanagement (IV), in: Finanzwirtschaft 2001, S 283-288 (Neues kommunales Finanzmanagement).

BALS, HANSJÜRGEN, § 2 Grundzüge des Neuen Steuerungsmodells, in HENNEKE, HANS-GÜNTER/STROBL, HEINZ/DIEMERT, DÖRTE (Hrsg.), Recht der kommunalen Haushaltswirtschaft, Doppik – Neue Steuerung, München 2008, S. 29-54 (§ 2 Grundzüge des Neuen Steuerungsmodells).

BAUER, LUDWIG/MAIER, MICHAEL, Doppischer Haushaltsausgleich für Kommunen – ein kritischer Ländervergleich, in: Der Gemeindehaushalt 2004, S. 265-272 (Doppischer Haushaltsausgleich für Kommunen).

BAUER, LUDWIG/KIRCHMANN, ULRICH/SASS, JOHANNES, Mögliche Auswirkungen durch das Bilanzrechtsmodernisierungsgesetz (BilMoG) auf die kommunale Doppik, in: WPg 2009, S. 143-151 (Auswirkungen durch das Bilanzrechtsmodernisierungsgesetz).

BECKHOF, HEINER, Die Zielorientierung kommunalen Handelns – der „Zwilling" des Ressourcenverbrauchskonzepts im haushaltsrechtlichen Licht – Eine Betrachtung nach Neuem Kommunalen Haushalts- und Rechnungswesen in Niedersachsen (NKR) und nach Neuem Kommunalen Finanzmanagement in Nordrhein-Westfalen (NKF), in: Der Gemeindehaushalt 2007, S. 248-260 (Die Zielorientierung kommunalen Handelns).

BEHM, CHRISTIANE, Die Umsetzung des Speyerer Verfahrens in Baden-Württemberg und Niedersachsen, in: HILL, HERMANN (Hrsg.), Bestandsaufnahme und Perspektiven des Haushalts- und Finanzmanagements, Baden-Baden 2005, S. 47-62 (Die Umsetzung des Speyerer Verfahrens).

BEISSE, HEINRICH, Gläubigerschutz – Grundprinzip des deutschen Bilanzrechts, in: BEISSE, HEINRICH/LUTTER, MARCUS/NÄRGER, HERIBALD, (Hrsg.), Festschrift für Karl Beusch zum 68. Geburtstag am 31. Oktober 1993, Berlin u. a. 1993, S. 77-97 (Gläubigerschutz).

BEISSE, HEINRICH, Zum neuen Bild des Bilanzrechtssystems, in: BALLWIESER, WOLFGANG/BÖCKING, HANS-JOACHIM/DRUKARCZYK, JOCHEN/SCHMIDT, REINHARD H. (Hrsg.), Bilanzrecht und Kapitalmarkt, Festschrift zum 65. Geburtstag von Prof. Dr. Dr. h.c. Dr. h.c. Adolf Moxter, Düsseldorf 1994, S. 3-31 (Zum neuen Bild des Bilanzrechtssystems).

BERENS, WOLFGANG/BÜCKER, HANS-HERMANN/FINKEN, THORBEN, Einführung der Kosten- und Leistungsrechnung in Landesbildungseinrichtungen Nordrhein-Westfalens, in: krp 1998, S. 373-380 (Einführung der Kosten- und Leistungsrechnung).

BERENS, WOLFGANG/BUDÄUS, DIETRICH/BUSCHOR, ERNST/FISCHER, EDMUND/LÜDER, KLAUS/MUNDHENKE, EHRHARD/STREIM, HANNES, Keine Alternative zum Systemwechsel beim Rechungswesen – Einführung der integrierten Verbundrechung auf allen Verwaltungsebenen, in: innovative Verwaltung 2008, S. 10-13 (Keine Alternative zum Systemwechsel beim Rechungswesen).

BERENS, WOLFGANG/HOFFJAN, ANDREAS, Wertermittlung von Immobilien auf Basis vollständiger Finanzpläne, in: ZfbF 1995, S. 373-395 (Immobilien).

BERENS, WOLFGANG/HOFFJAN, ANDREAS, Meinungsspiegel – „Neue Steuerungsmodelle für die öffentlichen Verwaltungen und öffentlichen Dienstleistungsbereiche", in: BFuP 1997, S. 704-720 (Neue Steuerungsmodelle).

BERENS, WOLFGANG/HOFFJAN, ANDREAS, Jahresabschlusspolitische Sachverhaltsgestaltungen, in: Das Wirtschaftsstudium 1999, S. 1282-1294 (Jahresabschlusspolitische Sachverhaltsgestaltungen).

BERENS, WOLFGANG/HOFFJAN, ANDREAS, Sachverhaltsgestaltende Ergebniskosmetik, in: Das Wirtschaftsstudium 1999, S. 1324-1328 (Sachverhaltsgestaltende Ergebniskosmetik).

BERENS, WOLFGANG/MOSIEK, THOMAS/RÖHRIG, ANDREAS/GERHARDT, BRIGITTE, Outcome-orientiertes Management in der öffentlichen Verwaltung: Evolutionspfade zu einem wirkungsorientierten Controlling, in: BFuP 2004, S. 323-341 (Verwaltung).

BERENS, WOLFGANG/SCHMITTING, WALTER, Zum Verhältnis von Controlling, Interner Revision und Früherkennung vor dem Hintergrund der Corporate Governance, in: FREIDANK, CARL-CHRISTIAN (Hrsg.): Corporate Governance und Controlling, Heidelberg 2004, S. 51-75 (Controlling).

BERENS, WOLFGANG/SEGBERS, KLAUS/SIEMES, ANDREAS/BECKERMANN, WOLFGANG, Investitionscontrolling in der öffentlichen Verwaltung: Das Praxisbeispiel Airportpark am internationalen Flughafen Münster-Osnabrück in Greven, in: ZfCM 2004, S. 16-26 (Investitionscontrolling).

BERGMANN, ANDREAS/GAMPER, ANDREAS, Chancen und Gefahren der Anwendung von IPSAS – Erfahrungen anhand eines Pilotprojektes mit der Stadt Kloten, in: Der Schweizer Treuhänder 2004, S.618-624 (Chancen und Gefahren der Anwendung von IPSAS).

BERNDT, THOMAS, Wahrheits- und Fairnesskonzeptionen in der Rechnungslegung, Stuttgart 2005 (Wahrheits- und Fairnesskonzeptionen in der Rechnungslegung).

BERNHARDT, HORST, Halten die Regelungen des NKF in NRW den Anforderungen eines modernen kommunalen Finanzmanagements Stand? Eine Analyse und Bewertung anhand der Normierungen zu über- und außerplanmäßigen Aufwendungen bzw. Auszahlungen im Vergleich mit Vorschlägen anderer Bundesländer, in: Der Gemeindehaushalt 2005, S. 97-102 (Anforderungen eines modernen kommunalen Finanzmanagements).

BERNHARDT, HORST, Die Eröffnungsbilanz – Ihre Stellung im Reformprozess des kommunalen Haushalts- und Rechnungswesens, die Bedeutung ihrer Prüfung und Bestätigung, in: ZFK 2005, S. 265-271 (Die Eröffnungsbilanz).

BERNHARDT, HORST/MUTSCHLER, KLAUS/STOCKEL-VELTMANN, CHRISTOPH, Kommunales Finanzmanagement NRW, 5. vollständig überarbeitete Auflage, Witten 2008 (Kommunales Finanzmanagement NRW).

BICKEBÖLLER, HELGA/PEHLKE, GUNTRAM, Haushaltsausgleich in der Doppik, in: Der Gemeindehaushalt 2003, S. 97-101 (Haushaltsausgleich in der Doppik).

BICKEBÖLLER, HELGA/MÖLLER, FRANK, Politische Steuerung unter dem neuen Haushalts- und Rechnungswesen, in: PÜNDER, HERMANN (Hrsg.), Neues öffentliches Finanzmanagement. Das doppische Haushalts- und Rechnungswesen: Reform und erste Erfahrungen. Zweites Hamburger Kolloquium zum Öffentlichen Wirtschaftsrecht in der Bucerius Law School am 14. September 2006, Köln u. a. 2007, S. 65-79 (Politische Steuerung).

BISKOPING-KRIENING, LUDWIG, Das neue kommunale Finanzmanagement (NKF) in Nordrhein-Westfalen, in: Der Landkreis 2005, S. 30-32 (Das neue kommunale Finanzmanagement).

BÖCKEM, HANNE/SCHURBOHM, ANNE, Die Bilanzierung von Immobilien nach den International Accounting Standards, in: KoR 2002, S. 38-51 (Bilanzierung von Immobilien).

BÖCKING, HANS-JOACHIM/DREISBACH, MARIUS/GROS, MARIUS, Der fair value als Wertmaßstab im Handelsbilanzrecht und den IFRS – eine Diskussion vor dem Hintergrund des Referentenentwurfs des BilMoG in: Der Konzern 2008, S. 207-214 (Wertmaßstab).

BÖCKING, HANS-JOACHIM/DUTZI, ANDREAS, § 289 HGB, in: BAETGE, JÖRG/KIRSCH, HANS-JÜRGEN/THIELE, STEFAN (Hrsg.), Bilanzrecht Kommentar – Handelsrecht mit Steuerrecht und den Regelungen des IASB, Bonn u. a. 2002 ff.(§ 289 HGB).

BÖCKING, HANS-JOACHIM/DUTZI, ANDREAS, Die Rechnungslegung der Freien und Hansestadt Hamburg – Eine Analyse aus betriebswirtschaftlicher Sicht –, in: Der Konzern 2008, S. 415-425 (Rechnungslegung).

BÖCKING, HANS-JOACHIM/LOPATTA, KERSTIN/RAUSCH, BENJAMIN, Fair Value-Bewertung versus Anschaffungskostenprinzip – ein Paradigmenwechsel in der Rechnungslegung?, in: BIEG, HARTMUT/HEYD, REINHARD (Hrsg.), Fair Value – Bewertung in Rechnungswesen, Controlling und Finanzwirtschaft, München 2005, S. 83-105 (Fair Value-Bewertung).

BOEMLE, MAX, Der Jahresabschluss als Instrument der Rechenschaft – Herausforderung für Management und Revisionsstelle, in: Der Schweizer Treuhänder 1997, S. 19-24 (Der Jahresabschluss als Instrument der Rechenschaft).

BOLSENKÖTTER, HEINZ, Integriertes öffentliches Rechnungswesen. Konzeption einer Neugestaltung der Rechnungslegung und des Rechnungswesens öffentlicher Gebietskörperschaften, Frankfurt am Main 2000 (Integriertes öffentliches Rechnungswesen).

BOLSENKÖTTER, HEINZ, Integrierte Rechnungslegung für öffentliche Verwaltungen und Unternehmen, in: EDELING, THOMAS/JANN, WERNER/WAGNER, DIETER/REICHARD, CHRISTOPH (Hrsg.), Öffentliche Unternehmen – Entstaatlichung und Privatisierung?, Opladen 2001, S. 223-238 (Integrierte Rechnungslegung).

BOLSENKÖTTER, HEINZ, Reform des deutschen öffentlichen Rechnungswesens und internationale Reformbestrebungen, in: Der Gemeindehaushalt 2003, S. 169-178 (Reform des deutschen öffentlichen Rechnungswesens und internationale Reformbestrebungen).

BOLSENKÖTTER, HEINZ, Einführung, in: BOLSENKÖTTER, HEINZ (Hrsg.), Die Zukunft des öffentlichen Rechnungswesens – Reformtendenzen und internationale Entwicklungen, Baden-Baden 2007, S. 13-25 (Einführung).

BOLSENKÖTTER, HEINZ, Vermögensgegenstände nach HGB, Vermögenswerte nach IAS/IFRS und IPSAS – Begriffe, Erfassung und Bewertung, in: BOLSENKÖTTER, HEINZ (Hrsg.), Die Zukunft des öffentlichen Rechnungswesens – Reformtendenzen und internationale Entwicklungen, Baden-Baden 2007, S. 91-120 (Vermögensgegenstände).

BOLSENKÖTTER, HEINZ, „Öffentliche Erwerbsunternehmen" nach internationalen Rechnungslegungsstandards, in: BRÄUNIG, DIETMAR/GREILING, DOROTHEA (Hrsg.), Stand und Perspektiven der Öffentlichen Betriebswirtschaftslehre II, Festschrift für Prof. Dr. Dr. h.c. Peter Eichhorn anlässlich seiner Emeritierung, Berlin 2007, S. 641-648 (Öffentliche Erwerbsunternehmen).

BOLSENKÖTTER, HEINZ, Modernisierung des Bilanzrechts – Auswirkungen auf öffentliche Unternehmen und Verwaltungen, in: ZögU 2008, S. 302-310 (Modernisierung des Bilanzrechts).

BOLSENKÖTTER, HEINZ/DETEMPLE, PETER/MARETTEK, CHRISTIAN, Die Eröffnungsbilanz der Gebietskörperschaft – Erfassung und Bewertung von Vermögen und Schulden im Integrierten öffentlichen Rechnungswesen, Frankfurt am Main 2002 (Eröffnungsbilanz der Gebietskörperschaft).

BOLSENKÖTTER, HEINZ/OETTLE, KARL, Rückstellungen, Eventualforderungen und Eventualschulden nach HGB, IAS/IFRS und IPSAS – Begriffe, Erfassung und Bewertung, in: BOLSENKÖTTER, HEINZ (Hrsg.), Die Zukunft des öffentlichen Rechnungswesens – Reformtendenzen und internationale Entwicklungen, Baden-Baden 2007, S. 91-120 (Rückstellungen).

BOLSENKÖTTER, HEINZ/POULLIE, MICHAEL/VOGELPOTH, NORBERT, Zur Reform des öffentlichen Haushaltswesens, in: BOLSENKÖTTER, HEINZ (Hrsg.), Die Zukunft des öffentlichen Rechnungswesens – Reformtendenzen und internationale Entwicklungen, Baden-Baden 2007, S. 281-314 (Reform des öffentlichen Haushaltswesens).

BRÄUNING, DIETMAR, Rechnungswesen und Steuerung öffentlicher Verwaltungen in: BFuP 2004, S. 309-322 (Rechnungswesen und Steuerung).

BREIDERT, ULRIKE, Grundsätze ordnungsmäßiger Abschreibungen auf abnutzbare Anlagegegenstände, Düsseldorf 1994 (Grundsätze ordnungsmäßiger Abschreibungen auf abnutzbare Anlagegegenstände).

BREIDERT, ULRIKE/RÜDINGER, ANDREAS, Zur Eignung der handelsrechtlichen GoB für die Rechnungslegung der öffentlichen Verwaltung – Erste Erkenntnisse aus dem Reformprojekt in Hessen, in: Der Konzern 2008, S. 32-42 (Eignung der handelsrechtlichen GoB).

BREYER, WERNER, Das neue Steuerungsmodell bringt das Aus für die Kameralistik, in: Der Gemeindehaushalt 1998, S. 149-154 (Das neue Steuerungsmodell).

BRINKMANN, JÜRGEN, Zweckadäquanz der Rechnungslegung nach IFRS – Eine Untersuchung aus deutscher Sicht, Duisburg 2006 (Rechnungslegung nach IFRS).

BRINKMANN, JÜRGEN/RADDE, JENS, Der Anhang in der kommunalen Rechnungslegung – Anforderungen und Gestaltungsempfehlungen, Teil I, in: ZKF 2006, S. 145-150 (Der Anhang in der kommunalen Rechnungslegung Teil I).

BRINKMANN, JÜRGEN/RADDE, JENS, Der Anhang in der kommunalen Rechnungslegung – Anforderungen und Gestaltungsempfehlungen, Teil II, in: ZKF 2006, S. 175-178 (Der Anhang in der kommunalen Rechnungslegung Teil II).

BRINKMANN, JÜRGEN/RADDE, JENS, Die Lageberichterstattung der Kommunen gemäß § 48 GemHVO NRW – Anforderungen und Gestaltungsempfehlungen, in: Der Gemeindehaushalt 2006, S. 217-223 (Die Lageberichterstattung der Kommunen).

BRINKMEIER, HERMANN JOSEF, Kommunale Finanzwirtschaft, Band 2 Haushaltsrecht, 6., völlig überarbeitete und erweiterte Auflage, Köln u. a. 1997 (Kommunale Finanzwirtschaft).

BRINKMEIER, HERMANN JOSEF, Die tragenden Grundsätze des neuen Haushaltsrechts – § 75 GO (NKF) NRW, die zentrale Norm im Rechtsvergleich, in: Der Gemeindehaushalt 2005, S. 175-182 (Grundsätze des neuen Haushaltsrechts).

BRIXNER, HELGE C., Die Doppik als Grundlage des öffentlichen Rechnungswesens – Zwischenbilanz und Entscheidungshilfe bei der Haushaltsreform, in: DSWR 2005, S. 186-190 (Die Doppik als Grundlage des öffentlichen Rechnungswesens).

BRIXNER, HELGE C., Haushalt als Regierungsprogramm in Zahlen, in: BRÜGGEMEIER, MARTIN/SCHAUER, REINBERT/SCHEDLER, KUNO (Hrsg.), Controlling und Performance Management im öffentlichen Sektor – Festschrift für Prof. Dr. Dr. h.c. Dietrich Budäus zum 65. Geburtstag, Bern u. a. 2007, S. 123-131 (Haushalt als Regierungsprogramm in Zahlen).

BRIXNER, HELGE C./HARMS, JENS/NOE, HEINZ W., Verwaltungs-Kontenrahmen, München 2003 (Verwaltungs-Kontenrahmen).

BRÖTZMANN, INGO, Bilanzierung von güterwirtschaftlichen Sicherungsbeziehungen nach IAS 39 zum Hedge Accounting, Düsseldorf 2004 (Sicherungsbeziehungen).

BRÜGGEMANN, BENEDIKT, Die Berichterstattung im Anhang des IFRS-Abschlusses, Düsseldorf 2007 (Berichterstattung im Anhang).

BRÜMMERHOFF, DIETER, Finanzwissenschaft, 9., vollständig überarbeitete und erweiterte Auflage, München 2007 (Finanzwissenschaft).

BUCHHOLZ, RAINER, Änderungen von IAS 16 Sachanlagen durch das Improvement Project, in: StuB 2004, S. 467-468 (Änderungen von IAS 16).

BUDÄUS, DIETRICH, Reform des öffentlichen Haushalts- und Rechnungswesens und dafür erforderliche Grundsätze ordnungsmäßiger Buchführung (GoöB), in: MÜLLER, STEFAN (Hrsg.), Beiträge zum Finanz- Rechnungs- und Bankwesen – Stand und Perspektiven, Wiesbaden 2005, S. 607-623 (Grundsätze ordnungsmäßiger Buchführung).

BUDÄUS, DIETRICH, Reform des öffentlichen Haushalts- und Rechnungswesens in Deutschland, in: Die Verwaltung 2006, S. 187-214 (Reform des öffentlichen Haushalts- und Rechnungswesens in Deutschland).

BUDÄUS, DIETRICH, Aktuelle Situation und Weiterentwicklung des öffentlichen Haushalts- und Rechnungswesens, in: PROLL, UWE (Hrsg.), Neues kommunales Finanzmanagement – Rahmenbedingungen, Hintergründe, Potenziale und Fallstricke der Reform des Gemeindehaushalts, Köln 2006, S. 131-156 (Weiterentwicklung des öffentlichen Haushalts- und Rechnungswesens).

BUDÄUS, DIETRICH, Zum aktuellen Reformstand des öffentlichen Haushalts- und Rechnungswesens – Integrierte Verbundrechnung (IVR) und Grundsätze ordnungsmäßiger öffentlicher Buchführung (GoöB), in: BOLSENKÖTTER, HEINZ (Hrsg.), Die Zukunft des öffentlichen Rechnungswesens – Reformtendenzen und internationale Entwicklungen, Baden-Baden 2007, S. 45-67 (Zum aktuellen Reformstand).

BUDÄUS, DIETRICH, Sarrazins Rechnung geht nicht auf – Zur Notwendigkeit der Kosten-Leistungs-Rechnung (KLR) und der Doppik in öffentlichen Verwaltungen, in: Der Neue Kämmerer 2008, Nr. 3, S. 3 (Doppik in öffentlichen Verwaltungen).

BUDÄUS, DIETRICH/BEHM, CHRISTIANE/ADAM, BERIT, Reformen des öffentlichen Haushalts- und Rechnungswesens in Deutschland, in: Verwaltung und Management 2004, S. 228-233 (Reformen des öffentlichen Haushalts- und Rechnungswesens).

BUDÄUS, DIETRICH/HILGER, DENNIS, Reform des öffentlichen Haushalts- und Rechnungswesens – Stand und Perspektiven, in: SCHAUER, REINBERT (Hrsg.), Die „Kommunale Doppik“ – Theoretische und praktische Überlegungen zur Neuorganisation des kommunalen Rechnungswesens im Lichte internationaler Erfahrungen – Tagung an der Johannes Kepler Universität Linz, Linz 2007, S. 23-60 (Reform des öffentlichen Haushalts- und Rechnungswesens).

BUDÄUS, DIETRICH/HILGER, DENNIS, Reform des öffentlichen Haushalts- und Rechnungswesens in Deutschland – Konzepte, Umsetzungsstand und Entwicklungsperspektiven, in: Zeitschrift für Planung & Unternehmenssteuerung 2009, S. 377-396 (Reform).

BUDÄUS, DIETRICH/SROCKE, ISABELL, Public-Corporate-Governance-Kodex – Ein Ansatz zur Verbesserung des Steuerungs- und Kontrollsystems im öffentlichen Sektor, in: BLÜMLE, ERNST-BERND/PERNSTEINER, HELMUT/PURTSCHERT, ROBERT/ANDESSNER, RENÉ CLEMENS (Hrsg.), Öffentliche Verwaltung und Nonprofit-Organisationen, Festschrift für Reinbert Schauer, Wien 2003, S. 79-102 (Public-Corporate-Governance-Kodex).

BUSCH, MANFRED/LASARZIK, MAIK/HEILING, JENS, Steuerungspotenziale des kommunalen Konzernabschlusses, in: Zeitschrift für Planung & Unternehmenssteuerung 2009, S. 421-440 (Steuerungspotenziale des kommunalen Konzernabschlusses).

BUSSE VON COLBE, WALTHER, Die neuen Rechnungslegungsvorschriften aus betriebswirtschaftlicher Sicht, in: ZfbF 1987, S. 191-205 (Die neuen Rechnungslegungsvorschriften).

BUSSE VON COLBE, WALTHER, Die Entwicklung des Jahresabschlusses als Informationsinstrument, in: ZfbF-Sonderheft 32, Düsseldorf 1993, S. 11-29 (Jahresabschluss als Informationsinstrument).

BUSSE VON COLBE, WALTHER, Unternehmenskontrolle durch Rechnungslegung, in: SANDROCK, OTTO/JÄGER, WILHELM (Hrsg.), Internationale Unternehmenskontrolle und Unternehmenskultur – Beiträge zu einem Symposium, Tübingen 1994, S. 37-57 (Unternehmenskontrolle durch Rechnungslegung).

CHIOMENTO, BRUNO, International Accounting Standards for the public sector – The IFAC PSC Standards Project, in: Der Schweizer Treuhänder 1997, S. 35-40 (International Accounting Standards for the public sector).

COENENBERG, ADOLF G./STRAUB, BARBARA, Rechenschaft versus Entscheidungsunterstützung: Harmonie oder Disharmonie der Rechnungszwecke?, in: KoR 2008, S. 17-26 (Rechenschaft versus Entscheidungsunterstützung).

DETEMPLE, PETER/MARETTEK, CHRISTIAN, Konzernabschlüsse für Gebietskörperschaften – Konzeptionelle Grundlagen, in: ZögU 2000, S. 271-288 (Konzernabschlüsse für Gebietskörperschaften).

DETEMPLE, PETER/MARETTEK, CHRISTIAN, Die Bewertung öffentlicher Immobilien – Ergebnisse zur Wertbestimmung von Grundstücken und Gebäuden, in: VOP 2001, Nr. 3, S. 30-32 (Bewertung öffentlicher Immobilien).

DIECKMANN, JOCHEN, Rat und Verwaltung – Nimmt jeder die richtigen Aufgaben wahr?, in: BÖHRET, CARL/NOWACK, MATTHIAS (Hrsg.), Gesellschaftlich denken – kommunal handeln, Festschrift für Christian Roßkopf zum 65. Geburtstag, Mainz 1995, S. 109-121 (Rat und Verwaltung).

DIEDRICH, RALF/ROHDE, CLAUDIA, Unternehmensführung und -kontrolle auf Basis von Fair Value im Rechnungswesen, in: BIEG, HARTMUT/HEYD, REINHARD (Hrsg.), Fair Value – Bewertung in Rechnungswesen, Controlling und Finanzwirtschaft, München 2005, S. 702-717 (Unternehmensführung und -kontrolle).

DIEMER, ROLF, Neukonzeption des kommunalen Rechnungswesens – Vergleich des betriebswirtschaftlichen Gestaltungspotenzials von Doppik und Kameralistik, Wiesbaden 1996 (Neukonzeption des kommunalen Rechnungswesens).

DIEMERT, DÖRTE, Das Haushaltssicherungskonzept – Verfassungs- und haushaltsrechtliche Grundlagen in NRW unter Berücksichtigung des Neuen kommunalen Finanzmanagements, Stuttgart 2005 (Das Haushaltssicherungskonzept).

DIEMERT, DÖRTE, § 3 Generationengerechtigkeit im Haushaltsrecht, in: HENNEKE, HANS-GÜNTER/STROBL, HEINZ/DIEMERT, DÖRTE (Hrsg.), Recht der kommunalen Haushaltswirtschaft, Doppik – Neue Steuerung, München 2008, S. 55-66 (§ 3 Generationengerechtigkeit).

DIEMERT, DÖRTE, § 10 Haushaltsausgleich und Haushaltskonsolidierung, in: HENNEKE, HANS-GÜNTER/STROBL, HEINZ/DIEMERT, DÖRTE (Hrsg.), Recht der kommunalen Haushaltswirtschaft, Doppik – Neue Steuerung, München 2008, S. 178-205 (§ 10 Haushaltsausgleich).

DÖRING, ULRICH/BUCHHOLZ, RAINER, Teilkommentierung zu § 253 HGB, in: KÜTING, KARLHEINZ/WEBER, CLAUS-PETER (Hrsg.), Handbuch der Rechnungslegung, Kommentar zur Bilanzierung und Prüfung, 5. Aufl., Stuttgart 2002 (§ 253 HGB).

DOHRN, MATTHIAS, Entscheidungsrelevanz des Fair Value-Accounting am Beispiel von IAS 39 und IAS 40, Lohmar-Köln 2004 (Entscheidungsrelevanz).

DÖRSCHELL, ANDREAS/FRANKEN, LARS/SCHULTE, JÖRN, Die Bewertung öffentlicher Beteiligungen für die Zwecke einer kommunalen Eröffnungsbilanz, in: WPg 2007, S. 23-31 (Die Bewertung öffentlicher Beteiligungen).

DÖRSCHELL, ANDREAS/SCHULTE, JÖRN/HECK, CHRISTOPH, Grundzüge einer NKF-gestützten Gesamtsteuerung für Kommunen in NRW, in: Der Gemeindehaushalt 2007, S. 1-13 (Grundzüge).

DREYER, HEINRICH/LAMM, CHRISTIAN-PETER/KRÜGER, KARL-MICHAEL, Umstellung der Rechnungslegung der öffentlichen Hand im Bereich der Kommunen – eine neue Aufgabe für den Steuerberater?, in: StB 2004, S. 412-418 (Umstellung der Rechnungslegung).

EHRBAR-WULFEN, SILKE, § 41 GemHVO, in: SIEMONSMEIER, UWE u. a. (Hrsg.), Gemeindehaushaltsrecht Nordrhein-Westfalen, Kommentar, Wiesbaden 2005 (§ 41 GemHVO).

EHRBAR-WULFEN, SILKE, § 42 GemHVO, in: SIEMONSMEIER, UWE u. a. (Hrsg.), Gemeindehaushaltsrecht Nordrhein-Westfalen, Kommentar, Wiesbaden 2005 (§ 42 GemHVO).

EHRBAR-WULFEN, SILKE, § 43 GemHVO, in: SIEMONSMEIER, UWE u. a. (Hrsg.), Gemeindehaushaltsrecht Nordrhein-Westfalen, Kommentar, Wiesbaden 2005 (§ 43 GemHVO).

EIBELSHÄUSER, MANFRED, Abschreibungen und Realisationsprinzip, in: BUDDE, WOLFGANG DIETER/MOXTER, ADOLF/OFFERHAUS, KLAUS (Hrsg.), Handelsbilanzen und Steuerbilanzen. Festschrift zum 70. Geburtstag von Prof. Dr. h.c. Heinrich Beisse, Düsseldorf 1997, S. 153-169 (Abschreibungen und Realisationsprinzip).

EIBELSHÄUSER, MANFRED, Bilanzierungsgrundsätze und öffentliche Rechnungslegung, in: Der Konzern 2006, S. 618-624 (Bilanzierungsgrundsätze und öffentliche Rechnungslegung).

EIBELSHÄUSER, MANFRED, Ertragswerterhaltung als Ziel öffentlicher Unternehmen, in: BRÄUNIG, DIETMAR/GREILING, DOROTHEA (Hrsg.), Stand und Perspektiven der Öffentlichen Betriebswirtschaftslehre II, Festschrift für Prof. Dr. Dr. h.c. mult. Peter Eichhorn anlässlich seiner Emeritierung, Berlin 2007, S. 664-684 (Ertragswerterhaltung).

EICHHORN, PETER, Controlling für öffentliche Dienstleistungen – Die öffentliche BWL bricht sich Bahn, in: Controlling 2002, S. 213-217 (Controlling für öffentliche Dienstleistungen).

EICHHORN, PETER, New Governance bei öffentlichen Unternehmen, in: HARMS, JENS/REICHARD, CHRISTOPH (Hrsg.), Die Ökonomisierung des öffentlichen Sektors: Instrumente und Trends, Baden-Baden 2003, S. 175-181 (New Governance).

EIERLE, BRIGITTE, Die Entwicklung der Differenzierung der Unternehmensberichterstattung in Deutschland und Großbritannien – Ansatzpunkte für die Diskussion der zukünftigen Gestaltung der Abschlusserstellung nicht kapitalmarktorientierter Unternehmen in Deutschland, Frankfurt am Main 2004 (Differenzierung der Unternehmensberichterstattung).

ELBERS, MATTHIAS, Wunsch nach einheitlichen Standards – 1. Bundeskongress der Bundesarbeitsgemeinschaft der kommunalen Finanz-, Kassen- und Rechnungsbeamten, in: Der Neue Kämmerer 2008, Nr. 3, S. 5 (Einheitliche Standards).

ELLERICH, MARIAN, Die Bilanzierung von Beteiligungen an Sparkassen in der kommunalen Bilanz, in: WPg 2007, S. 202-209 (Die Bilanzierung von Beteiligungen).

ELLERICH, MARIAN, Keine Auswirkungen des BilMoG auf den kommunalen Jahresabschluss? – Zugleich ein Plädoyer gegen allzu bunte Blumensträuße, in: WPg 2009, S. I (Auswirkungen).

ELLERICH, MARIAN, Zur Reform der Rechnungslegung der öffentlichen Verwaltung in Deutschland, in: WEBER, CLAUS-PETER/LORSON, PETER/PFITZER, NORBERT/KESSLER, HARALD/WIRTH, JOHANNES (Hrsg.), Berichterstattung für den Kapitalmarkt – Festschrift für Karlheinz Küting zum 65. Geburtstag, Stuttgart 2009, S. 611-640 (Zur Reform der Rechnungslegung der öffentlichen Verwaltung in Deutschland).

ELLERICH, MARIAN/MITTAG, JÜRGEN, Die Abbildung einer Zweckverbandsmitgliedschaft im kommunalen Jahresabschluss, in: Der Gemeindehaushalt 2006, S. 31-39 (Die Abbildung einer Zweckverbandsmitgliedschaft).

ELSCHEN, RAINER, Agency-Theorie, in: DBW 1988, S. 248-250 (Agency-Theorie).

ERKES, HUBERT, Allgemeine Rücklage und Ausgleichsrücklage im Haushaltsausgleich des NKF – Problemanalyse und Lösungsvorschläge, in: Der Gemeindehaushalt 2005, S. 265-270 (Allgemeine Rücklage und Ausgleichsrücklage).

ERKES, HUBERT, Periodisierungsprinzip, Ermächtigungsübertragungen und Deckungsrücklage im Neuen Kommunalen Finanzmanagement (NKF) in Nordrhein-Westfalen, in: ZKF 2006, S. 197-202 (Periodisierungsprinzip).

ERNSTBERGER, JÜRGEN/KRAUS, CHRISTIAN, Immobilienbewertung nach den Vorschriften des IVSC und deren Anwendbarkeit nach IFRS, in: KoR 2008, S. 388-400 (Immobilienbewertung).

EULER, ROLAND, Paradigmenwechsel im handelsrechtlichen Einzelabschluss: Von den GoB zu den IAS?, in: BB 2002, S. 875-880 (Paradigmenwechsel im handelsrechtlichen Einzelabschluss).

EWERT, RALF, Rechnungslegung, Gläubigerschutz und Agency-Probleme, Wiesbaden 1986 (Agency-Probleme).

FINGER, STEFANIE, Staatsverschuldung und Verwaltungsreform in der Demokratie – Reforminstrumente und ihre politische Durchsetzbarkeit, Wiesbaden 2001 (Staatsverschuldung und Verwaltungsreform).

FISCHER, EDMUND, Die Kommunen erhalten ein neues Rechnungswesen: es geht um den Haushalt, in: Der Gemeindehaushalt 2001, S. 211-214 (Rechnungswesen).

FISCHER, EDMUND, Reform des Gemeindehaushaltsrechts: Ein Beitrag zu einer nachhaltigen Kommunalpolitik?!, in: PETERS, HEINZ-JOACHIM/WITT, PAUL (Hrsg.), Verwaltung und Politik – Festschrift für Hans-Jürgen Sperling, Stuttgart u. a. 2007, S. 86-96 (Reform des Gemeindehaushaltsrechts).

FISCHER, EDMUND, Neues Haushalts- und Rechnungswesen in der Diskussion – Stand und Perspektiven – Eine nicht ganz unkritische Würdigung, in: ZKF 2008, S. 1-8 (Neues Haushalts- und Rechnungswesen).

FLÜSHÖH, OLIVER, § 75 GO, in: KLEERBAUM, KLAUS-VIKTOR/PALMEN, MANFRED (Hrsg.), Gemeindeordnung Nordrhein-Westfalen – Kommentar für die kommunale Praxis, Recklinghausen 2008, S. 867-878 (§ 75 GO).

FLÜSHÖH, OLIVER, § 76 GO, in: KLEERBAUM, KLAUS-VIKTOR/PALMEN, MANFRED (Hrsg.), Gemeindeordnung Nordrhein-Westfalen – Kommentar für die kommunale Praxis, Recklinghausen 2008, S. 879-886 (§ 76 GO).

FLÜSHÖH, OLIVER, § 79 GO, in: KLEERBAUM, KLAUS-VIKTOR/PALMEN, MANFRED (Hrsg.), Gemeindeordnung Nordrhein-Westfalen – Kommentar für die kommunale Praxis, Recklinghausen 2008, S. 902-907 (§ 79 GO).

FLÜSHÖH, OLIVER, § 91 GO, in: KLEERBAUM, KLAUS-VIKTOR/PALMEN, MANFRED (Hrsg.), Gemeindeordnung Nordrhein-Westfalen – Kommentar für die kommunale Praxis, Recklinghausen 2008, S. 974-983 (§ 91 GO).

FLÜSHÖH, OLIVER, § 95 GO, in: KLEERBAUM, KLAUS-VIKTOR/PALMEN, MANFRED (Hrsg.), Gemeindeordnung Nordrhein-Westfalen – Kommentar für die kommunale Praxis, Recklinghausen 2008, S. 1002-1010 (§ 95 GO).

FÖRSCHLE, GERHART, § 248 HGB, in: ELLROTT, HELMUT/FÖRSCHLE, GERHART/HOYOS, MARTIN/WINKELJOHANN, NORBERT (Hrsg.), Beck'scher Bilanzkommentar, 6. Auflage, München 2006 (§ 248 HGB).

FÖRSCHLE, GERHART/KRONER, MATTHIAS, § 246 HGB, in: ELLROTT, HELMUT/FÖRSCHLE, GERHART/HOYOS, MARTIN/WINKELJOHANN, NORBERT (Hrsg.), Beck'scher Bilanzkommentar, 6. Auflage, München 2006 (§ 246 HGB).

FREUDENBERG, DIERK, Reform des öffentlichen Rechnungs- und Haushaltswesens, in: DAMKOWSKI, WOLF/PRECHT, CLAUS (Hrsg.), Moderne Verwaltung in Deutschland. Public Management in der Praxis, Stuttgart u. a. 1998, S. 223-238 (Reform des öffentlichen Rechnungs- und Haushaltswesens).

FREYTAG, DIETER/HAMACHER, CLAUS/WOHLAND, ANDREAS, Neues Kommunales Finanzmanagement (NKF) in Nordrhein-Westfalen – Kommentar, Stuttgart 2005 (Neues Kommunales Finanzmanagement).

FRISCHMUTH, BIRGIT, Reform des Gemeindehaushaltsrechts – Zum Beschluss der Innenministerkonferenz –, in: Der Gemeindehaushalt 2004, S. 97-102 (Beschluss der Innenministerkonferenz).

FRISCHMUTH, BIRGIT, Zur beschlossenen Reform des Gemeindehaushaltsrechts, in: ZKF 2004, S. 57-62 (Reform des Gemeindehaushaltsrechts).

FRISCHMUTH, BIRGIT, Die Chance zur Verwaltungsmodernisierung nutzen – Zum Stand der Reform des Gemeindehaushaltsrechts, in: ZKF 2006, S. 207-211 (Zum Stand der Reform des Gemeindehaushaltsrechts).

FRISCHMUTH, BIRGIT, Die Weichen sind gestellt – Doppik hält Einzug in die Stadtverwaltungen, in: PROLL, UWE (Hrsg.), Neues kommunales Finanzmanagement – Rahmenbedingungen, Hintergründe, Potenziale und Fallstricke der Reform des Gemeindehaushalts, Köln 2006, 9-16 (Doppik).

FRISCHMUTH, BIRGIT, Gesamtreform des öffentlichen Haushaltsrechts ist geboten – Chancen auf ein einheitliches öffentliches Rechnungswesen wahren, in: ZKF 2008, S. 49-54 (Gesamtreform des öffentlichen Haushaltsrechts).

FUDALLA, MARK, Rechenschaft als Jahresabschlusszweck im „Neuen Kommunalen Finanzmanagement" (NKF), in: Der Gemeindehaushalt 2008, S. 110-113 (Rechenschaft als Jahresabschlusszweck).

FUDALLA, MARK/ZUR MÜHLEN, MANFRED/WÖSTE, CHRISTIAN, Doppelte Buchführung in der Kommunalverwaltung – Basiswissen für das „Neue Kommunale Finanzmanagement" (NKF), 3., neu bearbeitete und erweiterte Auflage, Berlin 2007 (Doppelte Buchführung in der Kommunalverwaltung).

FUDALLA, MARK/TÖLLE, MARTIN/WÖSTE, CHRISTIAN/ZUR MÜHLEN, MANFRED, Bilanzierung und Jahresabschluss in der Kommunalverwaltung. Grundsätze für das „Neue Kommunale Finanzmanagement" NKF, Köln 2007 (Bilanzierung und Jahresabschluss in der Kommunalverwaltung).

GASSEN, JOACHIM/FISCHKIN, MICHAEL/HILL, VERENA, Das Rahmenkonzept-Projekt des IASB und des FASB: Eine normendeskriptive Analyse des aktuellen Stands, in: WPg 2008, S. 874-882 (Das Rahmenkonzept-Projekt des IASB und des FASB).

GJESDAL, FRØYSTEIN, Accounting for Stewardship, in: Journal of Accounting Research 1981, S. 208-231 (Accounting for Stewardship).

GLINDER, PETER, Kommunales Chancen- und Risikomanagement, in: Der Gemeindehaushalt 2008, S. 241-252 (Kommunales Chancen- und Risikomanagement).

GLÖCKNER ANDREAS/MÜHLENKAMP, HOLGER, Die kommunale Finanzkontrolle – Eine Darstellung und Analyse des Systems zur finanziellen Kontrolle von Kommunen, in: Zeitschrift für Planung & Unternehmenssteuerung 2009, S. 397-420 (Die kommunale Finanzkontrolle).

GÖB, CHRISTIAN/AVERBECK, HOLGER, Festlegung des Konsolidierungskreises einer Gemeinde für den Gesamtabschluss, in: Der Gemeindehaushalt 2009, S. 87-89 (Festlegung des Konsolidierungskreises).

GÖB, CHRISTIAN/STEUP, LIESELOTTE, Die neuen steuerlichen Regelungen für geringwertige Wirtschaftsgüter und ihre Auswirkungen auf das kommunale Rechnungswesen, in: Der Gemeindehaushalt 2008, S. 176-181 (Geringwertige Wirtschaftsgüter).

GREINERT, MARKUS, Weitergehende Anforderungen an den Konzernlagebericht durch E-DRS 20 sowie das Bilanzrechtsreformgesetz, in: KoR 2004, S. 51-60 (Weitergehende Anforderungen).

GRIMBERG, MICHAEL/KNÖDLER, MATTHIAS, Erfassung und Bewertung kommunaler Gebäude und des Infrastrukturvermögens – Praxisbeispiele und Lösungsvorschläge, Münster 2005 (Erfassung und Bewertung kommunaler Gebäude).

GROSSE LANWER, CLAUDIA/MUTSCHLER, KLAUS, Neues kommunales Finanzmanagement – Was ändert sich beim Haushaltsausgleich?, in: Der Gemeindehaushalt 2002, S. 7-10 (Neues kommunales Finanzmanagement).

GROSSE LANWER, CLAUDIA/STOCKEL-VELTMANN, CHRISTOPH, Das nordrhein-westfälische Modellprojekt „Doppik", in: Der Gemeindehaushalt 2000, S. 243-252 (Das nordrhein-westfälische Modellprojekt).

GRUNWALD, EKKEHARD, Die Analyse der kommunalen Bilanz, in: PROLL, UWE (Hrsg.), Neues kommunales Finanzmanagement – Rahmenbedingungen, Hintergründe, Potenziale und Fallstricke der Reform des Gemeindehaushalts, Köln 2006, S. 25-42 (Analyse der kommunalen Bilanz).

GÜNTHER, THOMAS/NIEPEL, MIRKO, Kommunales Beteiligungscontrolling – Ergebnisse einer empirischen Studie, in: Zeitschrift für Planung und Unternehmenssteuerung 2006, S. 323-343 (Kommunales Beteiligungscontrolling).

GÜNTHER, THOMAS/NIEPEL, MIRKO/SCHILL, OLIVER, Herausforderungen an die Umsetzung des Neuen Steuerungsmodells aus der Perspektive des Controlling, in: Controlling 2002, S. 219-231 (Herausforderungen).

GÜSE, EVA, Bewertung der Grün- und Freiflächen bei der Einführung der Doppik – Ergebnisse einer empirischen Untersuchung, in: Der Gemeindehaushalt 2008, S. 169-175 (Bewertung der Grün- und Freiflächen).

HABBEL, FRANZ-REINHARD, NKF – Ein wichtiger Baustein bei der Modernisierung der Verwaltung, in: PROLL, UWE (Hrsg.), Neues kommunales Finanzmanagement – Rahmenbedingungen, Hintergründe, Potenziale und Fallstricke der Reform des Gemeindehaushalts, Köln 2006, S. 43-52 (Modernisierung der Verwaltung).

HACK, ANDREAS, Kommunales Beteiligungscontrolling unter der Lupe, in: ZKF 2005, S. 1-4 (Kommunales Beteiligungscontrolling).

HADEL, BERNHARD/HUMMELSHEIM, MANFRED, Eine Überprüfung der Rechtsvorschriften für das Neue Kommunale Finanzmanagement in Nordrhein-Westfalen ist erforderlich – Die Stadt Wesseling hat drei Vorschläge eingebracht: Ausgleichsrücklage dynamisieren – Gewinnvortrag zulassen – Rückstellungen für Umlagezahlungen ermöglichen, in: Der Gemeindehaushalt 2008, S. 256-257 (Überprüfung der Rechtsvorschriften).

HÄFNER, PHILIPP, Doppelte Buchführung für Kommunen nach dem NKF – Einführung in die Praxis nach dem Neuen Kommunalen Finanzmanagement, 3., aktualisierte und erweiterte Auflage, Freiburg im Breisgau u. a. 2005 (Doppelte Buchführung).

HAFNER, WOLFGANG, Die Gemeinden brauchen ein einheitliches Haushaltsrecht auf kaufmännischer Basis, in: Der Gemeindehaushalt 2008, S. 1-9 (Einheitliches Haushaltsrecht).

HAGEMEISTER, CHRISTINA, Bilanzierung von Sachanlagevermögen nach dem Komponentenansatz des IAS 16, Düsseldorf 2004 (Sachanlagevermögen).

HAHN, HANNES, Der Rahmen ändert sich! Das Denken auch?, in: PROLL, UWE (Hrsg.), Neues kommunales Finanzmanagement – Rahmenbedingungen, Hintergründe, Potenziale und Fallstricke der Reform des Gemeindehaushalts, Köln 2006, S. 17-24 (Rahmen).

HALLER, AXEL, Die Grundlagen der externen Rechnungslegung in den USA – unter besonderer Berücksichtigung der rechtlichen, institutionellen und theoretischen Rahmenbedingungen, Stuttgart 1994 (Die Grundlagen der externen Rechnungslegung).

HALLER, AXEL, Positive Accounting Theory, in: DBW 1994, S. 597-612 (Positive Accounting Theory).

HALLER, AXEL/BLAB, DANIEL, Internationale Rechnungslegungsgrundsätze für den öffentlichen Sektor – Eine konzeptionelle Analyse der Anwendungsmöglichkeiten und -grenzen, in: Zeitschrift für Planung & Unternehmenssteuerung 2009, S. 441-465 (Internationale Rechnungslegungsgrundsätze für den öffentlichen Sektor).

HAMACHER, CLAUS, § 75 GO, in: ARTICUS, STEPHAN/SCHNEIDER, BERND (Hrsg.), Gemeindeordnung für das Land Nordrhein-Westfalen, 2. Auflage, Stuttgart 2004, S. 358-369 (§ 75 GO).

HARMS, JENS, Reformen der staatlichen Rechnungslegung in Deutschland – Entwicklungen und Anforderungen, in: WPg-Sonderheft 2004, S. 18-23 (Reformen der staatlichen Rechnungslegung).

HARTMANN-WENDELS, THOMAS, Rechnungslegung der Unternehmen und Kapitalmarkt aus informationsökonomischer Sicht, Heidelberg 1991 (Rechnungslegung der Unternehmen).

HAUSCHILD, MATTHIAS, Die weitere Entwicklung der Reform des Gemeindehaushaltsrechts, in: Der Landkreis 2006, S. 11-14 (Reform des Gemeindehaushaltsrechts).

HAX, HERBERT, Rechnungslegungsvorschriften – Notwendige Rahmenbedingungen für den Kapitalmarkt?, in: DOMSCH, MICHEL/EISENFÜHR, FRANZ/ORDELHEIDE, DIETER/PERLITZ, MANFRED (Hrsg.), Unternehmungserfolg: Planung – Ermittlung – Kontrolle, Walther Busse von Colbe, zum 60. Geburtstag, Wiesbaden 1988, S. 187-201 (Rechnungslegungsvorschriften).

HAX, HERBERT, Theorie der Unternehmung – Information, Anreize und Vertragsgestaltung, in: ORDELHEIDE, DIETER/RUDOLPH, BERND/BÜSSELMANN, ELKE (Hrsg.), Betriebswirtschaftslehre und Ökonomische Theorie, Stuttgart 1991, S. 51-72 (Theorie der Unternehmung).

HEINE, PETER, Doppik gefragt – Neues kommunales Haushaltsrecht – aktuelle Entwicklungen, in: Der Neue Kämmerer 2005, Nr. 1, S. 2 (Doppik).

HEINTGES, SEBASTIAN/BOGGEL ANJA/WULBRAND, HANNO, Immobilienvermögen nach dem Fair Value-Modell des IAS 40 – Aspekte aus der Praxis, in: DB 2008, S. 2037-2042 (Immobilienvermögen nach dem Fair Value-Modell des IAS 40).

HEINTGES, SEBASTIAN/HÄRLE, PHILIPP, Bilanzierung und Bewertung von Finanzinstrumenten nach IFRS und IPSAS, in: BOLSENKÖTTER, HEINZ (Hrsg.), Die Zukunft des öffentlichen Rechnungswesens – Reformtendenzen und internationale Entwicklungen, Baden-Baden 2007, S. 121-147 (Bilanzierung und Bewertung von Finanzinstrumenten).

HENDLER, MATTHIAS, Abbildung des Erwerbs und der Veräußerung von Anteilen an Tochterunternehmen nach der Interessentheorie und der Einheitstheorie – Eine Analyse vor dem Hintergrund des Rechnungsziels des IASB, Lohmar 2002 (Abbildung).

HENKES, JÖRG, Der Jahresabschluss kommunaler Gebietskörperschaften. Von der Verwaltungskameralistik zur kommunalen Doppik, Berlin 2008 (Der Jahresabschluss kommunaler Gebietskörperschaften).

HENNIES, MARC, Bilanzpolitik und Bilanzanalyse im kommunalen Sektor. Beurteilung der wirtschaftlichen Lage des Konzerns Kommune mit Hilfe der Informationsinstrumente des Neuen Rechnungswesens, München 2005 (Bilanzpolitik und Bilanzanalyse im kommunalen Sektor).

HENNRICHS, JOACHIM, Ausbau der Konzernrechnungslegung im Lichte internationaler Entwicklungen, in: ZGR 2000, S. 627-650 (Konzernrechnungslegung).

HENNRICHS, JOACHIM, IFRS – Eignung für Ausschüttungszwecke?, in: BFuP 2008, S. 415-432 (IFRS).

HENNRICHS, JOACHIM, Pro und Contra IFRS vs. BilMoG für den Mittelstand, in: Der Konzern 2008, S. 478-485 (Pro und Contra).

HERRE, ANDREA, Steuerung im Neuen Haushaltsrecht, in: Der Gemeindehaushalt 2009, S. 73-80 (Steuerung im Neuen Haushaltsrecht).

HETTICH, SILVIA, Zweckadäquate Gewinnermittlungsregeln, Frankfurt am Main 2008 (Zweckadäquate Gewinnermittlungsregeln).

HEWER, ALEXANDER, Finanzkontrolle im Neuen Öffentlichen Rechnungswesen, Hamburg 2003 (Finanzkontrolle im Neuen Öffentlichen Rechnungswesen).

HILGERS, DENNIS, Performance Management – Leistungserfassung und Leistungssteuerung in Unternehmen und öffentlichen Verwaltungen, Wiesbaden 2008 (Performance Management).

HINZMANN, CHRISTIANE, Neukonzeption staatlicher Rechnungslegung am Beispiel des Landes Nordrhein-Westfalen, Berlin 1993 (Rechnungslegung).

HITZ, JÖRG-MARKUS, Fair value in der IFRS-Rechnungslegung – Konzeption, Inhalt und Zweckmäßigkeit, in: WPg 2005, S. 1013-1027 (Fair value in der IFRS-Rechnungslegung).

HÖFLING, WOLFRAM, Ökonomische Theorie der Staatsverschuldung in rechtswissenschaftlicher Perspektive, in: ENGEL, CHRISTOPH/MORLOK, MARTIN (Hrsg.), Öffentliches Recht als ein Gegenstand ökonomischer Forschung, Tübingen 1998, S. 85-110 (Ökonomische Theorie der Staatsverschuldung).

HÖMBERG, REINHOLD/KÖNIG, MICHAEL, § 248 HGB, in: BAETGE, JÖRG/KIRSCH, HANS-JÜRGEN/THIELE, STEFAN (Hrsg.), Bilanzrecht Kommentar – Handelsrecht mit Steuerrecht und den Regelungen des IASB, Bonn u. a. 2002 ff. (§ 248 HGB).

HOFFJAN, ANDREAS, Budgetierung in der öffentlichen Verwaltung: Planfortschreibung – Zero Base Budgeting – Produktbudgetierung, in: Finanzwirtschaft 2000, S. 25-28 (Budgetierung).

HOFFMANN, WOLF-DIETER, § 8 Anschaffungs- und Herstellungskosten, Neubewertung, in: LÜDENBACH, NORBERT/HOFFMANN, WOLF-DIETER (Hrsg.), Haufe IFRS-Kommentar, Freiburg im Breisgau 2009, S. 315-359 (§ 8 Anschaffungs- und Herstellungskosten).

HOFFMANN, WOLF-DIETER, § 11 Außerplanmäßige Abschreibungen, Wertaufholung, in: LÜDENBACH, NORBERT/HOFFMANN, WOLF-DIETER (Hrsg.), Haufe IFRS-Kommentar, 7. Auflage, Freiburg im Breisgau 2009, S. 401-474 (§ 11 Abschreibungen).

HOFFMANN, WOLF-DIETER/FREIBERG, JENS, § 16 Als Finanzinvestition gehaltene Immobilien, in: LÜDENBACH, NORBERT/HOFFMANN, WOLF-DIETER (Hrsg.), Haufe IFRS-Kommentar, Freiburg im Breisgau 2009, S. 693-744 (§ 16 Finanzinvestition).

HOFFMANN-RIEM, WOLFGANG, Effizienz als Herausforderung an das Verwaltungsrecht, Einleitende Problemskizze, in: HOFFMANN-RIEM, WOLFGANG/SCHMIDT-ASSMANN, EBERHARDT (Hrsg.), Effizienz als Herausforderung für das Verwaltungsrecht, Baden-Baden 1998, S. 11-57 (Verwaltungsrecht).

HOMMEL, MICHAEL, Internationale Bilanzrechtskonzeptionen und immaterielle Vermögensgegenstände, in: ZfbF 1997, S. 345-369 (Internationale Bilanzrechtskonzeptionen).

HOYOS, MARTIN/SCHRAMM, MARIANNE/RING, MAXIMILIAN, § 253 HGB, in: ELLROTT, HELMUT/FÖRSCHLE, GERHART/HOYOS, MARTIN/WINKELJOHANN, NORBERT (Hrsg.), Beck'scher Bilanzkommentar, 6. Auflage, München 2006 (§ 253 HGB).

HUFNAGEL, WOLFGANG/JÜRGENS, ANDREAS, § 16 Finanzrechnung, in: HENNEKE, HANS-GÜNTER/STROBL, HEINZ/DIEMERT, DÖRTE (Hrsg.), Recht der kommunalen Haushaltswirtschaft, Doppik – Neue Steuerung, München 2008, S. 304-318 (§ 16 Vermögensrechnung).

HUFNAGEL, WOLFGANG/JÜRGENS, ANDREAS/SUDMANN, SILKE, Die Abgrenzung von Instandhaltungsaufwendungen und aktivierungspflichtigen Herstellungskosten im neuen Haushalts- und Rechnungswesen, in: Der Gemeindehaushalt 2007, S. 109-119 (Die Abgrenzung von Instandhaltungsaufwendungen und aktivierungspflichtigen Herstellungskosten).

HUFNAGEL, WOLFGANG/KRUSE, ANDREAS, Ermittlung des Sonderpostens Beiträge am Beispiel der Gemeinde Hille, in: Der Gemeindehaushalt 2008, S. 153-157 (Ermittlung des Sonderpostens).

HUFNAGEL, WOLFGANG/SCHOOFS, HUBERT, Die Ermittlung der Sonderposten bei der Einführung des NKF, in: Der Gemeindehaushalt 2005, S. 246-249 (Die Ermittlung der Sonderposten).

IASB (Hrsg.), Information for Observers, Joint IASB/FASB Meeting: 22. April 2005, London, Project: Conceptual Framework, Agenda Paper 4, abrufbar unter: http://www.iasb.org/NR/rdonlyres/51D3867D-D1D1-4178-B69F-631213D9F04F /0/0405bj04.pdf, Stand: 31. August 2009 (Information for Observers – Meeting April 2005).

IASB (Hrsg.), International Financial Reporting Standards 2009, London 2009 (IFRS 2009).

IDW (Hrsg.), IDW Stellungnahme: Referentenentwurf eines Gesetzes über ein Neues Kommunales Finanzmanagement für Gemeinden im Land Nordrhein-Westfalen (Kommunales Finanzmanagementgesetz – NKFG NRW), abrufbar unter: http://www.idw.de/idw/download/Finanzmanagementgesetz.pdf?id=369050& property=Inhalt, Stand: 31. August 2009 (Stellungnahme zum Referentenentwurf eines Gesetzes über ein Neues Kommunales Finanzmanagement).

IDW (Hrsg.), WP-Handbuch 2006, Band 1, bearbeitet von GEIB, GERD (u. a.), 13. Auflage, Düsseldorf 2006 (WP-Handbuch).

IDW (Hrsg.), IDW Stellungnahme: Referentenentwurf eines Gesetzes über das Neue Kommunale Haushalts- und Rechnungswesen, abrufbar unter: http://www.idw.de/idw/download/Sachsen__Kommunal.pdf?id=417112&property= Inhalt, Stand: 31. August 2009 (Stellungnahme zu dem Referentenentwurf eines Gesetzes über das Neue Kommunale Haushalts- und Rechnungswesen).

IDW (Hrsg.), IDW Stellungnahme: Consultation Paper „Conceptual Framework for General Purpose Financial Reporting by Public Sector Entities: The Objectives of Financial Reporting – The Scope of Financial Reporting – The Qualitative Characteristics of Information Included in General Purpose Financial Reports – The Reporting Entity“, abrufbar unter: http://www.idw.de/idw/download/ Conceptual__Framework.pdf?id=588882&property=Inhalt, Stand: 31. August 2009 (Stellungnahme Consultation Paper).

IFAC (Hrsg.), Handbook of International Public Sector Accounting Pronouncements, New York 2009 (Handbook of International Public Sector Accounting Pronouncements).

IFAC (Hrsg.), Consultation Paper "Accounting for Heritage Assets Under the Accrual Basis of Accounting", February 2006, abrufbar unter: http://www.ifac.org/Members/DownLoads/heritage_assets.pdf, Stand: 31. August 2009 (Accounting for Heritage Assets Under the Accrual Basis of Accounting).

IFAC (Hrsg.), IFAC IPSASB Meeting, March 2008 – Toronto, Canada, Agenda Item 2, abrufbar unter: http://www.ifac.org/PublicSector/Meeting-FileDL.php?FID=3810, Stand: 31. August 2009 (IFAC IPSASB Meeting March 2008).

IFAC (Hrsg.), ED 36 Agriculture, abrufbar unter: http://www.ifac.org/ Guidance/EXD-Download.php?EDFID=00307, Stand: 31. August 2009 (ED 36).

INNENMINISTERIUM NORDRHEIN-WESTFALEN (Hrsg.), Neues Kommunales Finanzmanagement – Eckpunkte einer Reform, Düsseldorf 1999 (Eckpunkte einer Reform).

INNENMINISTERIUM NORDRHEIN-WESTFALEN (Hrsg.), Kommunalrecht in Nordrhein-Westfalen, Gemeindeordnung, Kreisordnung und Auszüge aus weiteren Gesetzen, Düsseldorf 2007 (Kommunalrecht in Nordrhein-Westfalen).

INNENMINISTERIUM NORDRHEIN-WESTFALEN (Hrsg.), Neues Kommunales Finanzmanagement in Nordrhein-Westfalen – Handreichung für Kommunen, 3. Auflage, Düsseldorf 2008 (Neues Kommunales Finanzmanagement).

INNENMINISTERKONFERENZ, Auszug aus der Sammlung der zur Veröffentlichung freigegebenen Beschlüsse der 173. Sitzung der Ständigen Konferenz der Innenminister und -senatoren der Länder am 21. November 2003 in Jena, Beschluss Nr. 18, abrufbar unter: http://www.im.nrw.de/bue/doks/nkf_imk1103.pdf, Stand: 31. August 2009 (IMK-Beschluss).

IVES, MARTIN, Accountability and governmental financial reporting – Measuring performance in governmental reporting, in: Journal of Accountancy 1987, S. 130-134 (Accountability and governmental financial reporting).

JAHNKE, FRANK, Haushaltsausgleich im NKF, in: KLIEVE, LARS MARTIN (Hrsg.), Der doppische Haushalt – Neues Kommunales Finanzmanagement, Recklinghausen 2003, S. 83-97 (Haushaltsausgleich im NKF).

JENSEN, MICHAEL C./MECKLING, WILLIAM H., Theory of the Firm, Managerial Behaviour, Agency Costs and Ownership Structure, in: Journal of Financial Economics, 1976, S. 305-360 (Theory of the Firm).

JÜRGENS, ANDREAS, So lassen Sie das neue Haushalts- und Rechungswesen zu einem Erfolg werden, in: ZKF 2008, S. 153-155 (Das neue Haushalts- und Rechungswesen).

KÄMMERLING, GUIDO, Kommunale Rechnungsprüfung in NRW – mehr als nur eine Finanzkontrolle, in: Der Gemeindehaushalt 2009, S. 8-14 (Kommunale Rechnungsprüfung in NRW).

KÄMPFER, GEORG, Die Rechnungslegung privater Konzerne als Bezugsrahmen für öffentliche Verwaltungen, in: BUDÄUS, DIETRICH/KÜPPER, WILLI/STREITFERDT, LOTHAR (Hrsg.), Neues öffentliches Rechnungswesen. Stand und Perspektiven. Festschrift für Klaus Lüder zum 65. Geburtstag, Wiesbaden 2000, S. 323-345 (Die Rechnungslegung privater Konzerne).

KÄMPFER, GEORG/BREIDERT, ULRIKE, Zweckentsprechende Bilanzierung in den Jahresabschlüssen der hessischen Landesverwaltung, in: WPg-Sonderheft 2004, S. 119-129 (Zweckentsprechende Bilanzierung).

KAHLE, HOLGER, Internationale Rechnungslegung und ihre Auswirkungen auf die Steuerbilanz, Wiesbaden 2002 (Internationale Rechnungslegung).

KAHLE, HOLGER, Informationsversorgung des Kapitalmarkts über internationale Rechnungslegungsstandards, in: KoR 2002, S. 95-107 (Informationsversorgung).

KAHLE, HOLGER, § 255 HGB, in: BAETGE, JÖRG/KIRSCH, HANS-JÜRGEN/THIELE, STEFAN (Hrsg.), Bilanzrecht Kommentar – Handelsrecht mit Steuerrecht und den Regelungen des IASB, Bonn u. a. 2002 ff. (§ 255 HGB).

KAHLE, HOLGER/HEINSTEIN, RALF/DAHLKE, ANDREAS, Das Sachanlagevermögen, in: WYSOCKI, KLAUS VON/SCHULZE-OSTERLOH, JOACHIM/HENNRICHS, JOACHIM/KUHNER, CHRISTOPH (Hrsg.), Handbuch des Jahresabschlusses in Einzeldarstellungen, Köln 2004, Abt. II/9, S. 1-192 (Das Sachanlagevermögen).

KAISER, THOMAS, IFRS aus Investorensicht, in: KÜTING, KARLHEINZ/PFITZER, NORBERT/WEBER, CLAUS-PETER (Hrsg.), Internationale Rechnungslegung: Standortbestimmung und Zukunftsperspektiven – Kapitalmarktorientierte Rechnungslegung und integrierte Unternehmenssteuerung, Stuttgart 2006, S. 131-158 (IFRS aus Investorensicht).

KAJÜTER, PETER, Berichterstattung über Chancen und Risiken im Lagebericht, in: BB 2004, S. 427-433 (Chancen und Risiken im Lagebericht).

KAJÜTER, PETER/SCHOBERT, JOERG/ZAPP, PIERRE/LÜBBIG, MAIKE, IFRS im Mittelstand – Eine Beurteilung des ED IFRS for SMEs aus Sicht von sechs europäischen Ländern, in: KoR 2008, S. 589-601 (IFRS im Mittelstand).

KAMPMANN, BRIGITTE, Staatsverschuldung – Begrenzungskonzepte in der Kritik, Baden-Baden 1995 (Staatsverschuldung).

KAMPMANN, HELGA, Zur fragwürdigen Emanzipation der Informations- von der Dokumentationsfunktion der Rechnungslegung, in: SCHNEIDER, DIETER/RÜCKLE, DIETER/KÜPPER, HANS-ULRICH/WAGNER, FRANZ W. (Hrsg.), Kritisches zu Rechnungslegung und Unternehmensbesteuerung – Festschrift zur Vollendung des 65. Lebensjahres von Theodor Siegel, Berlin 2005, S. 299-319 (Rechnungslegung).

KEITZ, ISABELL VON, Immaterielle Güter in der internationalen Rechnungslegung. Grundsätze für den Ansatz von immateriellen Gütern in Deutschland im Vergleich zu den Grundsätzen in den USA und nach IASC, Düsseldorf 1997 (Immaterielle Güter).

KESSLER, HARALD, Ist der Fair Value fair?, in: BIEG, HARTMUT/HEYD, REINHARD (Hrsg.), Fair Value – Bewertung in Rechnungswesen, Controlling und Finanzwirtschaft, München 2005, S. 57-81 (Fair Value).

KIRCHNER, CHRISTIAN, Bilanzrecht und neue Institutionenökonomik: Interdisziplinäre Überlegungen, in: BUDDE, WOLFGANG DIETER/MOXTER, ADOLF/OFFERHAUS, KLAUS (Hrsg.), Handelsbilanzen und Steuerbilanzen, Festschrift zum 70. Geburtstag von Prof. Dr. h.c. Heinrich Beisse, Düsseldorf 1997, S. 267-283 (Bilanzrecht und neue Institutionenökonomik).

KIRCHNER, CHRISTIAN, Probleme von Ermessensspielräumen in der fair value-Bewertung nach Internationalen Rechnungslegungsstandards, in: ZfbF-Sonderheft 55, Düsseldorf 2006, S. 61-78 (Probleme von Ermessensspielräumen).

KIRSCH, HANS-JÜRGEN, Die Equity-Methode im Konzernabschluß, Düsseldorf 1990 (Die Equity-Methode im Konzernabschluß).

KIRSCH, HANS-JÜRGEN, Vom Bilanzrichtlinien-Gesetz zum Transparenz- und Publizitätsgesetz – die Entwicklung der deutschen Bilanzierungsnormen in den vergangenen 20 Jahren, in: WPg 2002, S. 743-755 (Vom Bilanzrichtlinien-Gesetz zum Transparenz- und Publizitätsgesetz).

KIRSCH, HANS-JÜRGEN, Zur Frage der Umsetzung der Mitgliedstaatenwahlrechte der EU-Verordnung zur Anwendung der IAS/IFRS, in: WPg 2003, S. 275-278 (Mitgliedstaatenwahlrechte).

KIRSCH, HANS-JÜRGEN, Die Objektivierung künftiger Zahlungsströme bei einer Bewertung nach IFRS, in: KIRSCH, HANS-JÜRGEN/THIELE, STEFAN (Hrsg.), Rechnungslegung und Wirtschaftsprüfung, Festschrift zum 70. Geburtstag von Jörg Baetge, Düsseldorf 2007, S. 359-380 (Die Objektivierung künftiger Zahlungsströme).

KIRSCH, HANS-JÜRGEN/BERENTZEN, CHRISTOPH, § 293 HGB, in: BAETGE, JÖRG/KIRSCH, HANS-JÜRGEN/THIELE, STEFAN (Hrsg.), Bilanzrecht Kommentar – Handelsrecht mit Steuerrecht und den Regelungen des IASB, Bonn u. a. 2002 ff. (§ 293 HGB).

KIRSCH, HANS-JÜRGEN/EWELT, CORINNA, Die Konvergenz von internem und externem Rechnungswesen: Vereinfachung und Qualitätssteigerung durch Vereinheitlichung, in: VOM BROCKE, JAN/BECKER, JÖRG (Hrsg.), Einfachheit in Wirtschaftsinformatik und Controlling – Festschrift für Heinz Lothar Grob, München 2008, S. 307-320 (Konvergenz).

KIRSCH, HANS-JÜRGEN/KÖHRMANN, HANNES, Grundlagen der Lageberichterstattung, in: CASTAN, EDGAR/BÖCKING, JOACHIM/HEYMANN, GERD/PFITZER, NORBERT/SCHEFFLER, EBERHARD (Hrsg.), Beck'sches Handbuch der Rechnungslegung, B 500, 28. Ergänzungslieferung, München 2007 (Grundlagen der Lageberichterstattung).

KIRSCH, HANS-JÜRGEN/KÖHRMANN, HANNES, Inhalt des Lageberichts, in: CASTAN, EDGAR/BÖCKING, JOACHIM/HEYMANN, GERD/PFITZER, NORBERT/SCHEFFLER, EBERHARD (Hrsg.), Beck'sches Handbuch der Rechnungslegung, B 510, 28. Ergänzungslieferung, München 2007 (Inhalt des Lagebericht).

KIRSCH, HANS-JÜRGEN/KOELEN, PETER, IFRS-Rechnungslegung und Unternehmensbewertung – Möglichkeiten und Grenzen bei Ersteller und Analysten, in: HEYD, REINHARD/KEITZ, ISABEL VON (Hrsg.), IFRS Management, München 2007 (IFRS-Rechnungslegung).

KIRSCH, HANS-JÜRGEN/KOELEN, PETER, IAS 10 – Ereignisse nach dem Bilanzstichtag, in: HENNRICHS, JOACHIM/KLEINDIECK, DETLEF/WATRIN, CHRISTOPH (Hrsg.), Münchener Kommentar zum Bilanzrecht, München 2009 (IAS 10).

KIRSCH, HANS-JÜRGEN/KOELEN, PETER/TINZ, OLIVER, Die Berichterstattung der DAX-30-Unternehmen in Bezug auf die Neuregelung des impairment only approach des IASB (Teil 1), in: KoR 2008, S. 88-97 (Berichterstattung Teil 1).

KIRSCH, HANS-JÜRGEN/KURZ, LÜDER, Pensionsrückstellungen nach IFRS – Eine kritische Analyse der Bilanzierung versicherungsmathematischer Gewinne und Verluste, in: Controlling und Rechnungslegung. Aktuelle Entwicklungen in Wissenschaft und Praxis, in: FREIDANK, CARL-CHRISTIAN/MÜLLER, STEFAN/WULF, INGE (Hrsg.), Wiesbaden 2008, S. 439-454 (Pensionsrückstellungen).

KIRSCH, HANS-JÜRGEN/METH, DIRK, Adressaten einer IFRS-Rechnungslegung für mittelständische Unternehmen, in: BB 2007, BB-Special 6, S. 7-12 (Adressaten einer IFRS-Rechnungslegung für mittelständische Unternehmen).

KIRSCH, HANS-JÜRGEN/NIMWEGEN, SEBASTIAN, Prüfung des Lageberichts, in: CASTAN, EDGAR/BÖCKING, JOACHIM/HEYMANN, GERD/PFITZER, NORBERT/SCHEFFLER, EBERHARD (Hrsg.), Beck'sches Handbuch der Rechnungslegung, B 520, 28. Ergänzungslieferung, München 2007 (Prüfung des Lageberichts).

KIRSCH, HANS-JÜRGEN/SCHEELE, ALEXANDER, E-DRS 20: Ausweitung der Lageberichterstattung zum Value Reporting?, in: BB 2003, S. 2733-2739 (Lageberichterstattung).

KIRSCH, HANS-JÜRGEN/SCHEELE, ALEXANDER, Neugestaltung von Prognose- und Risikoberichterstattung im Lagebericht durch das Bilanzrechtsreformgesetz, in: WPg 2005, S. 1149-1154 (Prognose- und Risikoberichterstattung im Lagebericht).

KIRSCH, HANS-JÜRGEN/SCHEELE, ALEXANDER, Diskussionspapier des IASB zum „Management-Commentary", in: WPg 2006, S. 89-91 (Management-Commentary).

KIRSCH, HANS-JÜRGEN/SCHEELE, ALEXANDER, Prüfung der Chancen- und Risikoberichterstattung im Lagebericht, in: FREIDANK, CARL-CHRISTIAN/PEEMÖLLER, VOLKER H. (Hrsg.), Corporate Governance und Interne Revision – Handbuch für die Neuausrichtung des Internal Auditings, Berlin 2008, S. 337-350 (Prüfung der Chancen- und Risikoberichterstattung).

KIRSCH, HANS-JÜRGEN/SIEFKE, KIRSTEN, § 275 HGB, in: BAETGE, JÖRG/KIRSCH, HANS-JÜRGEN/THIELE, STEFAN (Hrsg.), Bilanzrecht Kommentar – Handelsrecht mit Steuerrecht und den Regelungen des IASB, Bonn u. a. 2002 ff. (§ 275 HGB).

KIRSCH, HANS-JÜRGEN/STEINHAUER, LEIF, Zum Einfluss der internationalen Rechnungslegung auf das Controlling, in: FREIDANK, CARL-CHRISTIAN (Hrsg.), Corporate Governance und Controlling, Heidelberg 2004, S. 169-190 (Rechnungslegung).

KLAHOLZ, THOMAS, Rückbau- und Wiederherstellungsverpflichtungen im IFRS-Abschluss, Düsseldorf 2005 (Wiederherstellungsverpflichtungen).

KLAUS, PETER, Bürgernähe als logistisches Problem, in: BRÄUNIG, DIETMAR/GREILING, DOROTHEA (Hrsg.), Stand und Perspektiven der Öffentlichen Betriebswirtschaftslehre, Festschrift für Prof. Dr. Peter Eichhorn zur Vollendung des 60. Lebensjahres, Berlin 1999, S. 408-418 (Bürgernähe als logistisches Problem).

KLEIN, ARMIN/VERMEULEN, PETER, Öffentliche Rechnungslegung – von der Kameralistik zum Neuen kommunalen Finanzmanagement (NKF), in: KLEIN, ARMIN (Hrsg.), Kompendium Kulturmanagement – Handbuch für Studium und Praxis, 2., vollständig überarbeitete und erweiterte Auflage, München 2008, S. 403-430 (Öffentliche Rechnungslegung).

KLIEVE, LARS MARTIN, Der Jahresabschluss im NKF, in: KLIEVE, LARS MARTIN (Hrsg.), Der doppische Haushalt – Neues Kommunales Finanzmanagement, Recklinghausen 2003, S. 98-117 (Der Jahresabschluss im NKF).

KLIEVE, LARS MARTIN, § 75 GO, in: HELD, FRIEDRICH WILHELM u. a. (Hrsg.), Kommunalverfassungsrecht Nordrhein-Westfalen. Gemeindeordnung für das Land Nordrhein-Westfalen, Wiesbaden 1994 ff. (§ 75 GO).

KLIEVE, LARS MARTIN, § 76 GO, in: HELD, FRIEDRICH WILHELM u. a. (Hrsg.), Kommunalverfassungsrecht Nordrhein-Westfalen. Gemeindeordnung für das Land Nordrhein-Westfalen, Wiesbaden 1994 ff. (§ 76 GO).

KLIEVE, LARS MARTIN, § 84 GO, in: HELD, FRIEDRICH WILHELM u. a. (Hrsg.), Kommunalverfassungsrecht Nordrhein-Westfalen. Gemeindeordnung für das Land Nordrhein-Westfalen, Wiesbaden 1994 ff. (§ 84 GO).

KLIEVE, LARS MARTIN, § 86 GO, in: HELD, FRIEDRICH WILHELM u. a. (Hrsg.), Kommunalverfassungsrecht Nordrhein-Westfalen. Gemeindeordnung für das Land Nordrhein-Westfalen, Wiesbaden 1994 ff. (§ 86 GO).

KLIEVE, LARS MARTIN, § 89 GO, in: HELD, FRIEDRICH WILHELM u. a. (Hrsg.), Kommunalverfassungsrecht Nordrhein-Westfalen. Gemeindeordnung für das Land Nordrhein-Westfalen, Wiesbaden 1994 ff. (§ 89 GO).

KLIEVE, LARS MARTIN, § 95 GO, in: HELD, FRIEDRICH WILHELM u. a. (Hrsg.), Kommunalverfassungsrecht Nordrhein-Westfalen. Gemeindeordnung für das Land Nordrhein-Westfalen, Wiesbaden 1994 ff. (§ 95 GO).

KLIEVE, LARS MARTIN, § 96 GO, in: HELD, FRIEDRICH WILHELM u. a. (Hrsg.), Kommunalverfassungsrecht Nordrhein-Westfalen. Gemeindeordnung für das Land Nordrhein-Westfalen, Wiesbaden 1994 ff. (§ 96 GO).

KOELEN, PETER, Investitionstheoretische Bewertungskalküle in der IFRS-Rechnungslegung – Möglichkeiten und Grenzen einer unternehmenswertorientierteren Berichterstattung, Lohmar/Köln 2009 (Rechnungslegung).

KÖSTER, THOMAS, Keine Bilanzierung von Sparkassen im kommunalen Jahresabschluss, in: DStZ 2007, S. 619-629 (Bilanzierung von Sparkassen).

KOMMUNALE GEMEINSCHAFTSSTELLE FÜR VERWALTUNGSMANAGEMENT (Hrsg.), KGSt-Bericht Nr. 1/1995 „Vom Geldverbrauchs- zum Ressourcenverbrauchskonzept: Leitlinien für ein neues kommunales Haushalts- und Rechnungsmodell auf doppischer Grundlage", Köln 1995 (Vom Geldverbrauchs- zum Ressourcenverbrauchskonzept).

KORMAIER, BENEDIKT, Eignung des Income Capitalisation Model zur Fair Value-Ermittlung von Investment Properties nach IAS 40, in: KoR 2006, S. 378-385 (Fair Value-Ermittlung von Investment Properties nach IAS 40).

KOWALEWSKI, SANDRA, § 48 GemHVO, in: SIEMONSMEIER, UWE u. a. (Hrsg.), Gemeindehaushaltsrecht Nordrhein-Westfalen, Kommentar, Wiesbaden 2005 (§ 48 GemHVO).

KRÄMER, FRANZ/SENNEWALD, JÖRG, § 103 GO, in: HELD, FRIEDRICH WILHELM u. a. (Hrsg.), Kommunalverfassungsrecht Nordrhein-Westfalen. Gemeindeordnung für das Land Nordrhein-Westfalen, Wiesbaden 1994 ff. (§ 103 GO).

KRÖGER, CHRISTIAN, Mögliche Auswirkungen der internationalen Rechnungslegung auf das öffentliche Rechnungswesen in Deutschland – Stand und Perspektiven, in: MÜLLER, STEFAN (Hrsg.), Beiträge zum Finanz-, Rechnungs- und Bankwesen, Wiesbaden 2005, S. 627-635 (Auswirkungen der internationalen Rechnungslegung).

KRÖNERT, BJÖRN, Grundsätze informationsorientierter Rechnungslegung – Eine Untersuchung über die Erfüllung der Informationsfunktion von Jahresabschlüssen durch die US-GAAP, Sternenfels 2001 (Grundsätze informationsorientierter Rechnungslegung).

KÜNZER, ARNOLD, Jahresabschlussanalyse in der Landesverwaltung, in: Verwaltung und Management 2008, S. 148-153 (Jahresabschlussanalyse).

KÜTING, KARLHEINZ/DAWO, SASCHA, Anwendungsfälle der fair value-Bewertung bei nicht finanziellen Vermögenswerten im Rahmen der International Financial Reporting Standards (IFRS), in: KoR 2003, S. 228-241 (Bewertung).

KUHNER, CHRISTOPH, Das Spannungsverhältnis zwischen Einzelfallgerechtigkeit und Willkürfreiheit – im Recht und in der Rechnungslegung, in: BFuP 2001, S. 523-542 (Spannungsverhältnis).

KULOSA, MARCO, Die Steuerung wirtschaftlicher Aktivitäten von Kommunen – Eine betriebswirtschaftliche Analyse, Stuttgart 2003 (Die Steuerung wirtschaftlicher Aktivitäten).

KUMMER, LUTZ, § 1 GemHVO, in: SIEMONSMEIER, UWE u. a. (Hrsg.), Gemeindehaushaltsrecht Nordrhein-Westfalen, Kommentar, Wiesbaden 2005 (§ 1 GemHVO).

KUMMER, LUTZ, § 2 GemHVO, in: SIEMONSMEIER, UWE u. a. (Hrsg.), Gemeindehaushaltsrecht Nordrhein-Westfalen, Kommentar, Wiesbaden 2005 (§ 2 GemHVO).

KUMMER, LUTZ, § 4 GemHVO, in: SIEMONSMEIER, UWE u. a. (Hrsg.), Gemeindehaushaltsrecht Nordrhein-Westfalen, Kommentar, Wiesbaden 2005 (§ 4 GemHVO).

KUMMER, LUTZ, § 37 GemHVO, in: SIEMONSMEIER, UWE u. a. (Hrsg.), Gemeindehaushaltsrecht Nordrhein-Westfalen, Kommentar, Wiesbaden 2005 (§ 37 GemHVO).

KUMMER, LUTZ, § 38 GemHVO, in: SIEMONSMEIER, UWE u. a. (Hrsg.), Gemeindehaushaltsrecht Nordrhein-Westfalen, Kommentar, Wiesbaden 2005 (§ 38 GemHVO).

KUMMER, LUTZ, § 39 GemHVO, in: SIEMONSMEIER, UWE u. a. (Hrsg.), Gemeindehaushaltsrecht Nordrhein-Westfalen, Kommentar, Wiesbaden 2005 (§ 39 GemHVO).

KUMMER, LUTZ, § 40 GemHVO, in: SIEMONSMEIER, UWE u. a. (Hrsg.), Gemeindehaushaltsrecht Nordrhein-Westfalen, Kommentar, Wiesbaden 2005 (§ 40 GemHVO).

KUSSMAUL, HEINZ/HENKES, JÖRG, Die erweiterte Kameralistik in der Fassung des IMK-Beschlusses vom 21.11.2003, in: StB 2004, S. 451-459 (Die erweiterte Kameralistik).

KUSSMAUL, HEINZ/HENKES, JÖRG, Von der Kameralistik zur Doppik: Die Verwaltungskameralistik – Ursachen und Ergebnis der Reformbemühungen, in: StB 2005, S. 91-98 (Kameralistik).

KUSSMAUL, HEINZ/HENKES, JÖRG, Von der Kameralistik zur Doppik: Die kommunale Doppik – Bilanzierung und Bewertung in der kommunal-doppischen Bilanz unter Berücksichtigung der Bedeutung der Eröffnungsbilanz, in: StB 2005, S. 422-433 (Doppik).

KUSSMAUL, HEINZ/HENKES, JÖRG, Von der Kameralistik zur Doppik: Die kommunale Doppik – Der neue Haushaltsausgleich, in: StB 2005, S. 261-267 (Haushaltsausgleich).

KUSSMAUL, HEINZ/HENKES, JÖRG, Von der Kameralistik zur Doppik: Die kommunale Doppik – Grundstruktur des doppischen Kommunalhaushalts, in: StB 2005, S. 136-141 (Grundstruktur).

KUSSMAUL, HEINZ/HENKES, JÖRG, Kommunale Doppik und IPSAS, in: PiR 2006, S. 189-196 (Kommunale Doppik und IPSAS).

KUSSMAUL, HEINZ/HENKES, JÖRG, International Public Sector Accounting Standards (IPSAS) als Zukunft des öffentlichen Rechnungswesens?, in: PiR 2008, S. 231-234 (International Public Sector Accounting Standards).

KUSSMAUL, HEINZ/HENKES, JÖRG, Haushalts- und Jahresabschlussanalyse in der kommunalen Doppik –Anlässe, Bedeutung und Grenzen-, in: StuB 2008, S. 327-331 (Haushalts- und Jahresabschlussanalyse).

KUSSMAUL, HEINZ/HENKES, JÖRG, Haushalts- und Jahresabschlussanalyse in der kommunalen Doppik – Elemente von kommunalem Haushalt und Jahresabschluss als Analysebasis (I), in: StuB 2008, S. 464-471 (Elemente Teil I).

KUSSMAUL, HEINZ/HENKES, JÖRG, Haushalts- und Jahresabschlussanalyse in der kommunalen Doppik – Elemente von kommunalem Haushalt und Jahresabschluss als Analysebasis (II), in: StuB 2008, S. 548-554 (Elemente Teil II).

KUSSMAUL, HEINZ/HENKES, JÖRG, Haushalts- und Jahresabschlussanalyse in der kommunalen Doppik. Qualitative Analyse, in: StuB 2008, S. 937-943 (Qualitative Analyse).

KUSSMAUL, HEINZ/HENKES, JÖRG, § 43 Öffentliche Verwaltung (International Public Sector Accounting Standards – IPSAS), in: LÜDENBACH, NORBERT/HOFFMANN, WOLF-DIETER (Hrsg.), Haufe IFRS-Kommentar, Freiburg im Breisgau 2009, S. 2177-2209 (§ 43 Öffentliche Verwaltung).

KUSSMAUL, HEINZ/HENKES, JÖRG/PINKOS, ERICH, Vom drohenden Ende der Einnahmen-Überschussrechnung nach § 4 Abs. 3 EStG für kommunale Betriebe gewerblicher Art, in: WPg 2008, S. 978-983 (Kommunale Betriebe).

LEFFSON, ULRICH, Die Grundsätze ordnungsmäßiger Buchführung, 7. Auflage, Düsseldorf 1987 (Die Grundsätze ordnungsmäßiger Buchführung).

LENK, THOMAS/ROTTMANN, OLIVER, Public Corporate Governance in öffentlichen Unternehmen – Transparenz unter divergierender Interessenlage, in: ZögU 2007, S. 344-356 (Public Corporate Governance in öffentlichen Unternehmen).

LENK, THOMAS/ROTTMANN, OLIVER, Public Corporate Governance – Konzept und Wirkungen, in: ZögU 2008, Beiheft 36, S. 45-56 (Konzept und Wirkungen).

LENNARD, ANDREW, Stewardship and the Objectives of Financial Statements, in: Accounting in Europe 2007, Volume 4, S. 51-66 (Stewardship and the Objectives of Financial Statements).

LEVITT, ARTHUR, Spielen mit Zahlen – "The Numbers Game", in: DB 1998, S. 2544-2547 (The Numbers Game).

LIENAU, ACHIM/ZÜLCH, HENNING, Die Ermittlung des value in use nach IFRS – Eine Betrachtung der Einflussfaktoren des value in use vor dem Hintergrund der Vermittlung entscheidungsnützlicher Abschlussinformationen, in: KoR 2006, S. 319-329 (Ermittlung des value in use).

LINHOS, RAMON, Die Stadt als Konzern – Ansätze eines Konzernmanagements für Kommunen und ihre Beteiligungen, Potsdam 2005 (Die Stadt als Konzern).

LINHOS, RAMON, Das Management des kommunalen Konzerns, in: ZögU 2006, S. 367-389 (Management des kommunalen Konzerns).

LÖHR, DIRK, IAS (IFRS) versus HGB – Ein einzelwirtschaftspolitischer Paradigmenwechsel als Fortschritt, in: StuB 2003, S. 643-651 (Paradigmenwechsel).

LOITZ, RÜDIGER, Plädoyer für ein kaufmännisches Rechnungswesen bei den Gebietskörperschaften vor einem internationalem Hintergrund, in: DB 1999, S. 2125-2129 (Rechnungswesen).

LÜDENBACH, NORBERT/HOFFMANN, WOLF-DIETER, § 1 Rahmenkonzept (Framework), in: LÜDENBACH, NORBERT/HOFFMANN, WOLF-DIETER (Hrsg.), Haufe IFRS-Kommentar, Freiburg im Breisgau 2009, S. 27-78 (§ 1 Rahmenkonzept).

LÜDER, KLAUS, Öffentliches Rechnungswesen und Finanzkontrolle, in: VON ARNIM, HANS HERBERT (Hrsg.), Finanzkontrolle im Wandel – Vorträge und Diskussionsbeiträge der 15. Verwaltungswissenschaftlichen Arbeitstagung 1988 des Forschungsinstituts für öffentliche Verwaltung bei der Hochschule für Verwaltungswissenschaften Speyer, Berlin 1989, S. 133-148 (Öffentliches Rechnungswesen und Finanzkontrolle).

LÜDER, KLAUS, Haushalts- und Finanzplanung, in: KÖNIG, KLAUS/SIEDENTOPF, HEINRICH (Hrsg.), Öffentliche Verwaltung in Deutschland, Baden-Baden 1996, S. 417-432 (Haushalts- und Finanzplanung).

LÜDER, KLAUS, Ressourcenverbrauchsorientiertes Haushalts- und Rechnungswesen: Einige Anmerkungen zu den Konsequenzen für die Finanzkontrolle, in: BRÄUNIG, DIETMAR/GREILING, DOROTHEA (Hrsg.), Stand und Perspektiven der Öffentlichen Betriebswirtschaftslehre, Festschrift für Prof. Dr. Peter Eichhorn zur Vollendung des 60. Lebensjahres, Berlin 1999, S. 344-350 (Ressourcenverbrauchsorientiertes Haushalts- und Rechnungswesen).

LÜDER, KLAUS, Neues öffentliches Haushalts- und Rechnungswesen – Anforderungen, Konzept, Perspektiven, Berlin 2001 (Neues öffentliches Haushalts- und Rechnungswesen).

LÜDER, KLAUS, Internationale Standards für das öffentliche Rechnungswesen – Entwicklungsstand und Anwendungsperspektiven, in: EIBELSHÄUSER, MANFRED (Hrsg.), Finanzpolitik und Finanzkontrolle – Gedächtnisschrift für Udo Müller, Baden-Baden 2002, S. 151-166 (Internationale Standards).

LÜDER, KLAUS, Internationale Harmonisierung des öffentlichen Rechnungswesens?, in: BLÜMLE, ERNST-BERND/PERNSTEINER, HELMUT/PURTSCHERT, ROBERT/ANDESSNER, RENÉ CLEMENS (Hrsg.), Öffentliche Verwaltung und Nonprofit-Organisationen, Festschrift für Reinbert Schauer, Wien 2003, S. 341-357 (Internationale Harmonisierung).

LÜDER, KLAUS, Zur Reform des öffentlichen Rechnungswesens in Europa, in: WPg-Sonderheft 2004, S. 11-17 (Reform des öffentlichen Rechnungswesens).

LÜDER, KLAUS, Das Speyerer Verfahren vor dem Hintergrund neuerer internationaler Entwicklungen im öffentlichen Rechnungswesen, in: HILL, HERMANN (Hrsg.), Bestandsaufnahme und Perspektiven des Haushalts- und Finanzmanagements, Baden-Baden 2005, S. 35-45 (Das Speyerer Verfahren vor dem Hintergrund neuerer internationaler Entwicklungen).

LÜDER, KLAUS, Ordnungsmäßigkeits-Grundsätze für das Neue Öffentliche Haushalts- und Rechnungswesen, in: WPg 2006, S. 605-612 (Ordnungsmäßigkeits-Grundsätze).

LÜDER, KLAUS, Notwendige rechtliche Rahmenbedingungen für ein reformiertes staatliches Rechnungs- und Haushaltswesen, in: Die Öffentliche Verwaltung 2006, S. 641-648 (Notwendige rechtliche Rahmenbedingungen).

LÜDER, KLAUS, Ordnungsmäßigkeits-Grundsätze für das Neue Öffentliche Haushalts- und Rechnungswesen, in: JANN, WERNER/RÖBER, MANFRED/WOLLMANN, HELLMUT (Hrsg.), Public Management – Grundlagen, Wirkungen, Kritik, Festschrift für Christoph Reichard zum 65. Geburtstag, Berlin 2006, S. 187-203 (Haushalts- und Rechnungswesen).

LÜDER, KLAUS, § 17 Vermögensrechnung, in: HENNEKE, HANS-GÜNTER/STROBL, HEINZ/DIEMERT, DÖRTE (Hrsg.), Recht der kommunalen Haushaltswirtschaft, Doppik – Neue Steuerung, München 2008, S. 319-349 (§ 17 Vermögensrechnung).

LÜDER, KLAUS/HINZMANN, CHRISTIANE/KAMPMANN, BRIGITTE/OTTE, RALPH, Vergleichende Analyse öffentlicher Rechnungssysteme – Konzeptionelle Grundlagen für das staatliche Rechnungswesen mit besonderer Berücksichtigung der Bundesrepublik Deutschland, Speyer 1991 (Vergleichende Analyse öffentlicher Rechnungssysteme).

MACKINTOSH, IAN, Aus der Arbeit des IFAC Public Sector Committee, in: WPg-Sonderheft 2004, S. 3-7 (IFAC Public Sector Committee).

MAGIN, CHRISTIAN, Möglichkeiten und Grenzen der Jahresabschlussanalyse mit Kennzahlen eines kommunalen Haushalts, in: Der Gemeindehaushalt 2006, S. 202-206 (Möglichkeiten und Grenzen der Jahresabschlussanalyse).

MAGIN, CHRISTIAN, Kommunale Doppik: (Miss-)Verständnisse und Weiterentwicklungen, in: Der Gemeindehaushalt 2007, S. 175-180 (Kommunale Doppik).

MAIER, MICHAEL, Regelungen und Buchungssystematik des doppischen Haushaltsausgleichs für Kommunen, in: Der Gemeindehaushalt 2004, S. 197-202 (Regelungen und Buchungssystematik).

MARETTEK, CHRISTIAN, Konzept eines Integrierten öffentlichen Rechnungswesens, in: Finanzwirtschaft 2003, S. 32-37 (Konzept eines Integrierten öffentlichen Rechnungswesens).

MARETTEK, CHRISTIAN/DÖRSCHELL, ANDREAS/HELLENBRAND, ANDREAS, Kommunales Vermögen richtig bewerten, 2. Auflage, Freiburg im Breisgau u. a. 2006 (Kommunales Vermögen).

MATZ, JÜRGEN, Die Analyse kommunaler doppischer Jahresabschlüsse, in: Der Gemeindehaushalt 2007, S. 193-205 (Analyse kommunaler doppischer Jahresabschlüsse).

MATZ, JÜRGEN, Bilanzpolitik in der kommunalen Doppik – Teil 1, in: ZKF 2008, S. 193-200 (Bilanzpolitik in der kommunalen Doppik).

MEIER, NORBERT, Das Gebot der stetigen Aufgabenerfüllung gemäß § 75 Abs. 1 GO NRW im Spannungsverhältnis zum Überschuldungsverbot gemäß § 75 Abs. 7 GO NRW in Zeiten defizitärer kommunaler Haushalte, in: Der Gemeindehaushalt 2008, S. 158-160 (Das Gebot der stetigen Aufgabenerfüllung).

MERKT, HANNO, Der Kapitalschutz in Europa – ein rocher de bronze?, in: ZGR 2004, S. 305-323 (Kapitalschutz in Europa).

MERSCHBÄCHER GÜNTER, Öffentliche Rechnungssysteme in der Bundesrepublik Deutschland, Österreich und in der Schweiz. Bestandsaufnahme, Analyse und zweckorientierte Beurteilung, München 1987 (Öffentliche Rechnungssysteme).

METH, DIRK, Die IFRS als Grundlage der Rechnungslegung mittelständischer Unternehmen, Lohmar/Köln 2007 (Die IFRS als Grundlage der Rechnungslegung mittelständischer Unternehmen).

MEYER-PRIES, DIERK, Das kommunale Haushalts- und Rechnungswesen als Management-Instrument, in: SCHÖNEICH, MICHAEL (Hrsg.), Reformen im Rathaus – Die Modernisierung der kommunalen Selbstverwaltung, Köln 1996, S. 129-192 (Das kommunale Haushalts- und Rechnungswesen).

MITTAG, JÜRGEN/RADDE, JENS, Die Bilanzierungsfähigkeit von Pflichtmitgliedschaften in gesetzlichen Wasserverbänden im NKF, in: Der Gemeindehaushalt 2008, S. 252-255 (Bilanzierungsfähigkeit).

MODELLPROJEKT „DOPPISCHER KOMMUNALHAUSHALT IN NRW", Neues Kommunales Finanzmanagement, Betriebswirtschaftliche Grundlagen für das doppische Haushaltsrecht, 2., vollständig überarbeitete Auflage auf der Basis der Endergebnisse des Modellprojekts, Freiburg im Breisgau u. a. 2003 (Neues Kommunales Finanzmanagement).

MOXTER, ADOLF, Fundamentalgrundsätze ordnungsmäßiger Rechenschaft, in: BAETGE, JÖRG/SCHNEIDER, DIETER (Hrsg.), Bilanzfragen. Festschrift zum 65. Geburtstag von Prof. Dr. Ulrich Leffson, Düsseldorf 1976, S. 87-100 (Fundamentalgrundsätze).

MOXTER, ADOLF, Der Jahresabschluß im Widerstreit der Interessen – Ziele und Zielerreichung, in: BAETGE, JÖRG (Hrsg.), Der Jahresabschluß im Widerstreit der Interessen, Düsseldorf 1983, S. 11-20 (Der Jahresabschluß im Widerstreit der Interessen).

MOXTER, ADOLF, Das Realisationsprinzip – 1884 und heute, in: BB 1984, S. 1780-1786 (Das Realisationsprinzip).

MOXTER, ADOLF, Standort Deutschland: Zur Überlegenheit des deutschen Rechnungslegungsrechts, in: PEEMÖLLER, VOLKER H./UECKER, PETER (Hrsg.), Standort Deutschland: Grundsatzfragen und aktuelle Perspektiven für die Besteuerung, die Prüfung und das Controlling. Anton Heigl zum 65. Geburtstag, Berlin 1995, S. 31-41 (Standort Deutschland).

MOXTER, ADOLF, Grundwertungen in Bilanzrechtsordnungen – ein Vergleich von überkommenem deutschen Bilanzrecht und Jahresabschlussrichtlinie, in: BUDDE, WOLFGANG DIETER/MOXTER, ADOLF/OFFERHAUS, KLAUS (Hrsg.), Handelsbilanzen und Steuerbilanzen. Festschrift zum 70. Geburtstag von Prof. Dr. h.c. Heinrich Beisse, Düsseldorf 1997, S. 347-361 (Grundwertungen in Bilanzrechtsordnungen).

MOXTER, ADOLF, Grundsätze ordnungsmäßiger Rechnungslegung, Düsseldorf 2003 (Grundsätze ordnungsmäßiger Rechnungslegung).

MOXTER, ADOLF, Aktivierungspflicht für selbsterstellte immaterielle Anlagewerte?, in: DB 2008, S. 1514-1517 (Aktivierungspflicht).

MÜLHAUPT, LUDWIG, Begriff und Wesen des Barzahlungsskontos, in: DB 1963, S. 921-923 (Begriff und Wesen des Barzahlungsskontos).

MÜLLER, STEFAN/PAPENFUSS, ULF/SCHAEFER, CHRISTINA, Rechnungslegung und Controlling in Kommunen. Status quo und Reformansätze, Berlin 2009 (Rechnungslegung).

MÜLLER, STEFAN/WELLER, NIELS, Bilanzrechtsmodernisierungsgesetz (BilMoG) und mögliche Änderungsnotwendigkeiten der kommunalen Einzelabschlüsse, in: Verwaltung und Management 2008, S. 259-267 (Bilanzrechtsmodernisierungsgesetz).

MÜLLER-MARQUÉS BERGER, THOMAS, Verpflichtungen aus Sozialpolitik und deren bilanzielle Abbildung – Das Standards-Project des IFAC Public Sector Committee, in: WPg-Sonderheft 2004, S. 41-49 (Verpflichtungen aus Sozialpolitik).

MÜLLER-MARQUÉS BERGER, THOMAS, Internationale Rechnungslegung für den öffentlichen Sektor (IPSAS) – Grundlagen und Einzeldarstellungen, Stuttgart 2008 (Internationale Rechnungslegung für den öffentlichen Sektor).

MÜLLER-MARQUÉS BERGER, THOMAS, Kameralistik, NKF, Grundsätze staatlicher Doppik: What's next? – Aktuelles aus dem IPSAS-Board, in: WPg 2009, S. I (Kameralistik).

MÜLLER-MARQUÉS BERGER, THOMAS/HÄFELE, MARKUS, Leistungen an Arbeitnehmer: Entwurf eines IPSAS, in: WPg 2007, S. 643-646 (Leistungen an Arbeitnehmer).

NASSMACHER, HILTRUD/NASSMACHER, KARL-HEINZ, Kommunalpolitik in Deutschland, 2., völlig überarbeitete und aktualisierte Auflage, Wiesbaden 2007 (Kommunalpolitik in Deutschland).

NAUMANN, KLAUS-PETER, Das Spannungsverhältnis zwischen Relevanz und Verlässlichkeit in der Rechnungslegung – Ein Beitrag zur Fortentwicklung von HGB und IFRS, in: ZfB-Special Issue 6/2006, S. 43-75 (Spannungsverhältnis zwischen Relevanz und Verlässlichkeit).

NAUMANN, KLAUS-PETER/BREKER, NORBERT, Bewertungsprinzipien für die Rechnungslegung nach HGB, Bilanzsteuerrecht und IAS/IFRS, in: WYSOCKI, KLAUS VON/SCHULZE-OSTERLOH, JOACHIM/HENNRICHS, JOACHIM/KUHNER, CHRISTOPH (Hrsg.), Handbuch des Jahresabschlusses in Einzeldarstellungen, Köln 2004, Abt. I/2, S. 1-164 (Bewertungsprinzipien für die Rechnungslegung).

NIELAND, MARIUS/MEIER, NORBERT/SEMELKA, THOMAS/DÖRSCHELL, ANDREAS, Zur Bewertung von Sparkassen in der kommunalen Eröffnungsbilanz, in: Der Gemeindehaushalt 2006, S. 169-173 (Zur Bewertung von Sparkassen in der kommunalen Eröffnungsbilanz).

NIELAND, MARIUS/MEIER, NORBERT/SEMELKA, THOMAS, Zur Erfassung der Sparkassen nach dem NKF unter Berücksichtigung der Neufassung des Sparkassengesetzes NRW, in: Der Gemeindehaushalt 2007, S. 209-211 (Erfassung der Sparkassen nach dem NKF).

NIMWEGEN, SEBASTIAN, Vermeidung und Aufdeckung von Fraud – Möglichkeiten der internen Corporate Governance-Elemente, Lohmar/Köln 2009 (Vermeidung und Aufdeckung).

NORDMEYER, ANDREAS/GÖBEL, REIMUND, Sachanlagen, in: CASTAN, EDGAR/BÖCKING, JOACHIM/HEYMANN, GERD/PFITZER, NORBERT/SCHEFFLER, EBERHARD (Hrsg.), Beck'sches Handbuch der Rechnungslegung, B 212, 25. Ergänzungslieferung, München 2006 (Sachanlagen).

NOTHEIS, KLAUS, Neues kommunales Rechnungswesen (NKR) in Baden-Württemberg – Entscheidung für das Optionsmodell, in: Der Landkreis 2005, S. 22-28 (Neues kommunales Rechnungswesen).

ÖFA DES HFA, Entwurf IDW Stellungnahme zur Rechnungslegung: Rechnungslegung der öffentlichen Verwaltung nach den Grundsätzen der doppelten Buchführung (IDW ERS ÖFA 1), in: WPg 2001, S. 1405-1416 (IDW ERS ÖFA 1).

OELGEKLAUS, MICHAELA/BERNHARDT, HORST/MUTSCHLER, KLAUS/STOCKEL-VELTMANN, CHRISTOPH, Kommunales Haushalts- und Rechnungswesen DOPPIK Brandenburg, Witten 2007 (Kommunales Haushalts- und Rechnungswesen).

OLBRICH, MICHAEL, Zur Bilanzierung von als Finanzinvestition gehaltenen Immobilien nach IAS 40, in: BFuP 2003, S. 346-357 (Zur Bilanzierung von als Finanzinvestition gehaltenen Immobilien).

OSNER, ANDREAS, Theorie der Unternehmung und Praxis des Neuen Steuerungsmodells – Brauchbare Implikationen für die Reform der Kommunalverwaltung, in: LANG, EVA/BRUNTON, WILLIAM/EBERT, WERNER (Hrsg.), Kommunen vor neuen Herausforderungen – Festschrift für Werner Noll zum 65. Geburtstag, Berlin 1996, S. 49-81 (Theorie der Unternehmung).

OSNER, ANDREAS, Kommunale Organisations-, Haushalts- und Politikreform. Ökonomische Effizienz und politische Steuerung, Hamburg 2000 (Kommunale Organisations-, Haushalts- und Politikreform).

OSSADNIK, WOLFGANG, Wesentlichkeit als Bestimmungsfaktor für Angabepflichten in Anhang und Lagebericht, in: BB 1993, S. 1763-1767 (Wesentlichkeit).

OTTE, RALPH, Konzernabschlüsse im öffentlichen Bereich – Notwendigkeit und Zwecke konsolidierter Jahresabschlüsse von Gebietskörperschaften dargestellt am Beispiel der Bundesverwaltung der Bundesrepublik Deutschland, Frankfurt am Main 1990 (Konzernabschlüsse im öffentlichen Bereich).

OTTE, RALPH, Grundzüge einer Konzernrechnungslegung für Gebietskörperschaften, in: ZfbF 1991, S. 510-524 (Konzernrechnungslegung für Gebietskörperschaften).

PAARZ, MICHAEL, Investororientierte Bankrechnungslegung nach IFRS. Eine Analyse des IFRS 7 unter Berücksichtigung des Konzepts der Marktdisziplin nach Basel II, Düsseldorf 2007 (Investororientierte Bankrechnungslegung).

PAMPEL, JOCHEN R./SASS, JOHANNES, Entwicklungen im neuen öffentlichen und kaufmännischen Rechnungswesen – Vergleich in einer steuerungsorientierten und prozesssualen Perspektive, in: PÜNDER, HERMANN (Hrsg.), Neues öffentliches Finanzmanagement. Das doppische Haushalts- und Rechnungswesen: Reform und erste Erfahrungen. Zweites Hamburger Kolloquium zum Öffentlichen Wirtschaftsrecht in der Bucerius Law School am 14. September 2006, Köln u. a. 2007, S. 143-163 (Entwicklungen im neuen öffentlichen und kaufmännischen Rechnungswesen).

PEINER, WOLFGANG, Reform des Haushalts- und Rechnungswesens auf Landesebene, in: PÜNDER, HERMANN (Hrsg.), Neues öffentliches Finanzmanagement. Das doppische Haushalts- und Rechnungswesen: Reform und erste Erfahrungen. Zweites Hamburger Kolloquium zum Öffentlichen Wirtschaftsrecht in der Bucerius Law School am 14. September 2006, Köln u. a. 2007, S. 27-35 (Reform des Haushalts- und Rechnungswesens).

PELLENS, BERNHARD/FÜLBIER, ROLF UWE/GASSEN, JOACHIM, Internationale Rechnungslegung – IFRS 1 bis 8, IAS 1 bis 41, IFRIC-Interpretationen, Standardentwürfe – Mit Beispielen, Aufgaben und Fallstudie, 7., überarbeitete und erweiterte Auflage, Stuttgart 2008, (Internationale Rechnungslegung).

PETERS, ERIK, Accrual Accounting for Better Transparency and Credibility of Public Management, in: BRÄUNIG, DIETMAR/GREILING, DOROTHEA (Hrsg.), Stand und Perspektiven der Öffentlichen Betriebswirtschaftslehre II, Festschrift für Prof. Dr. Dr. h.c. mult. Peter Eichhorn anlässlich seiner Emeritierung, Berlin 2007, S. 636-640 (Accrual Accounting).

PFNÜR, ANDREAS, Bewertung von Immobilien im öffentlichen Rechnungswesen, in: BUDÄUS, DIETRICH/KÜPPER, WILLI/STREITFERDT, LOTHAR (Hrsg.), Neues öffentliches Rechnungswesen. Stand und Perspektiven. Festschrift für Klaus Lüder zum 65. Geburtstag. Wiesbaden 2000, S. 571-602 (Bewertung von Immobilien im öffentlichen Rechnungswesen).

PLOCK, MARCUS, Ertragsrealisation nach International Financial Reporting Standards (IFRS), Düsseldorf 2004 (Ertragsrealisation).

PRÜMM, AXEL J., Haushaltskonsolidierungsangebot mit Einführung des NKF-Gesetzes, in: Der Gemeindehaushalt 2006, S. 276-280 (Haushaltskonsolidierungsangebot).

PRÜMM, AXEL J., Recht und Politik einer Nothaushaltskommune. Zu den Bemühungen um kommunale Haushaltskonsolidierung. Eine Fallstudie, Köln 2007 (Recht und Politik einer Nothaushaltskommune).

PRÜMM, AXEL J., Die Sinnhaftigkeit der Bestellung eines Beauftragten („Sparkommissar") als ultima ratio zur Lösung von kommunalen Zahlungsschwierigkeiten, in: Der Gemeindehaushalt 2008, S. 125-127 (Bestellung eines Beauftragten).

PÜNDER, HERMANN, Haushaltsrecht im Umbruch – eine Untersuchung der Erfordernisse einer sowohl demokratisch legitimierten als auch effektiven und effizienten Haushaltswirtschaft am Beispiel der Kommunalverwaltung, Stuttgart 2003 (Haushaltsrecht im Umbruch).

PÜNDER, HERMANN, Der „doppische" Kommunalhaushalt – ein neuer Rechnungsstil für eine neue Kommunalverwaltung, in: Der Landkreis 2005, S. 18-22 (Kommunalhaushalt).

PÜTTNER, GÜNTER, Zur Internationalisierung des Rechnungswesens – Anmerkungen zur Begründung, zum Verfahren und zum Stand der Rechtsangleichung, in: BOLSENKÖTTER, HEINZ (Hrsg.), Die Zukunft des öffentlichen Rechnungswesens – Reformtendenzen und internationale Entwicklungen, Baden-Baden 2007, S. 29-44 (Internationalisierung des Rechnungswesens).

QUASDORFF, EDGAR, Neues Kommunales Finanzmanagement (NKF) in Nordrhein-Westfalen, in: HILL, HERMANN (Hrsg.), Bestandsaufnahme und Perspektiven des Haushalts- und Finanzmanagements, Baden-Baden 2005, S. 107-116 (Neues Kommunales Finanzmanagement).

QUASDORFF, EDGAR, Die Reform des kommunalen Haushalts- und Rechnungswesens – Nicht nur ein Erfahrungsbericht aus Nordrhein-Westfalen, in: PÜNDER, HERMANN (Hrsg.), Neues öffentliches Finanzmanagement. Das doppische Haushalts- und Rechnungswesen: Reform und erste Erfahrungen. Zweites Hamburger Kolloquium zum Öffentlichen Wirtschaftsrecht in der Bucerius Law School am 14. September 2006, Köln u. a. 2007, S. 37-60 (Die Reform des kommunalen Haushalts- und Rechnungswesens).

QUICK, RAINER/WOLZ, MATTHIAS, § 240 HGB, in: BAETGE, JÖRG/KIRSCH, HANS-JÜRGEN/THIELE, STEFAN (Hrsg.), Bilanzrecht Kommentar – Handelsrecht mit Steuerrecht und den Regelungen des IASB, Bonn u. a. 2002 ff. (§ 240 HGB).

QUICK, RAINER, § 256 HGB, in: BAETGE, JÖRG/KIRSCH, HANS-JÜRGEN/THIELE, STEFAN (Hrsg.), Bilanzrecht Kommentar – Handelsrecht mit Steuerrecht und den Regelungen des IASB, Bonn u. a. 2002 ff. (§ 256 HGB).

RAU, THOMAS, Der Bürgermeister ist stärker als der Vorstandsvorsitzende der AG, in: Der Gemeindehaushalt 2007, S. 241-248 (Der Bürgermeister).

REHM, HANNES/THOLEN, MICHAEL, Kommunalverschuldung – Befund, Probleme, Perspektiven, Berlin 2008 (Kommunalverschuldung).

REICHARD, CHRISTOPH, Segmentberichterstattung nach IPSAS 18 und Segmentierungsansätze im neuen kommunalen Haushalts- und Rechnungswesen, in: BOLSENKÖTTER, HEINZ (Hrsg.), Die Zukunft des öffentlichen Rechnungswesens – Reformtendenzen und internationale Entwicklungen, Baden-Baden 2007, S. 233-248 (Segmentberichterstattung nach IPSAS 18).

REICHARD, CHRISTOPH/BALS, HANSJÜRGEN, Resource-based Accounting and Output-Budgeting as Common Patterns of Public Sector Financial Management Reforms, in: BRÄUNING, DIETMAR/EICHHORN, PETER (Hrsg.), Evaluation and Accounting Standards in Public Management, Baden-Baden 2002 (Resource-based Accounting).

RETTLER, SANDRA, § 27 GemHVO, in: SIEMONSMEIER, UWE u. a. (Hrsg.), Gemeindehaushaltsrecht Nordrhein-Westfalen, Kommentar, Wiesbaden 2005 (§ 27 GemHVO).

RETTLER, SANDRA, § 33 GemHVO, in: SIEMONSMEIER, UWE u. a. (Hrsg.), Gemeindehaushaltsrecht Nordrhein-Westfalen, Kommentar, Wiesbaden 2005 (§ 33 GemHVO).

RETTLER, SANDRA, § 34 GemHVO, in: SIEMONSMEIER, UWE u. a. (Hrsg.), Gemeindehaushaltsrecht Nordrhein-Westfalen, Kommentar, Wiesbaden 2005 (§ 34 GemHVO).

RETTLER, SANDRA, § 35 GemHVO, in: SIEMONSMEIER, UWE u. a. (Hrsg.), Gemeindehaushaltsrecht Nordrhein-Westfalen, Kommentar, Wiesbaden 2005 (§ 35 GemHVO).

RETTLER, SANDRA, § 36 GemHVO, in: SIEMONSMEIER, UWE u. a. (Hrsg.), Gemeindehaushaltsrecht Nordrhein-Westfalen, Kommentar, Wiesbaden 2005 (§ 36 GemHVO).

RICHTER, MARTIN, Prüfung doppischer Jahresabschlüsse von Gebietskörperschaften, in: BLÜMLE, ERNST-BERND/PERNSTEINER, HELMUT/PURTSCHERT, ROBERT/ANDESSNER, RENÉ CLEMENS (Hrsg.), Öffentliche Verwaltung und Nonprofit-Organisationen, Festschrift für Reinbert Schauer, Wien 2003, S. 519-541 (Prüfung doppischer Jahresabschlüsse von Gebietskörperschaften).

RICHTER, RUDOLF/FURUBOTN, EIRIK G., Neue Institutionenökonomik, 3. Auflage, Tübingen 2003 (Neue Institutionenökonomik).

ROSE, JOACHIM, Einführung der kommunalen Doppik in Niedersachsen, in: ZKF 2006, S. 25-32 (Einführung der kommunalen Doppik).

ROTHERMEL, MICHAEL, Vorbemerkung §§ 49-52 GemHVO, in: SIEMONSMEIER, UWE u. a. (Hrsg.), Gemeindehaushaltsrecht Nordrhein-Westfalen, Kommentar, Wiesbaden 2005 (Vorbemerkung).

RUHNKE, KLAUS, Rechnungslegung nach IFRS und HGB – Lehrbuch zur Theorie und Praxis der Unternehmenspublizität, Stuttgart 2005 (Rechnungslegung nach IFRS).

SCHAEFER, CHRISTINA, Öffentliches Beteiligungscontrolling im Spannungsfeld zwischen politischem Handlungsdruck und nachhaltiger Daseinsvorsorge, in: KEUPER, FRANK/SCHAEFER, CHRISTINA (Hrsg.), Führung und Steuerung öffentlicher Unternehmen – Probleme, Politiken und Perspektiven entlang des Privatisierungsprozesses, Berlin 2005, S. 331-353 (Öffentliches Beteiligungscontrolling).

SCHAEFER, CHRISTINA, Mergers & Acquisitions im öffentlichen Sektor – Ausgewählte Probleme in der Bewertungsphase, in: KEUPER, FRANK/HÄFNER, MICHAEL/GLAHN, CARSTEN VON (Hrsg.), Der M&A-Prozess Konzepte, Ansätze und Strategien für die Pre- und Post-Phase, Wiesbaden 2006, S. 202-220 (Mergers & Acquisitions im öffentlichen Sektor).

SCHAEFER, CHRISTINA, Ansatz von Erträgen einschließlich solcher ohne Gegenleistung, in: BOLSENKÖTTER, HEINZ (Hrsg.), Die Zukunft des öffentlichen Rechnungswesens – Reformtendenzen und internationale Entwicklungen, Baden-Baden 2007, S. 209-229 (Ansatz von Erträgen ohne Gegenleistung).

SCHAEFER, CHRISTINA, Öffentliches Beteiligungscontrolling vor dem Hintergrund aktueller Reformentwicklungen im Rechnungswesen, in: BRÜGGEMEIER, MARTIN/SCHAUER, REINBERT/SCHEDLER, KUNO (Hrsg.), Controlling und Performance Management im öffentlichen Sektor – Festschrift für Prof. Dr. Dr. h.c. Dietrich Budäus zum 65. Geburtstag, Bern u. a. 2007, S. 281-289 (Öffentliches Beteiligungscontrolling).

SCHAEFER, CHRISTINA, Ziele des Öffentlichen Rechnungswesens im Kontext der Public Corporate Governance – Anspruch und Wirklichkeit, in: ZögU 2008, Beiheft 36, S. 101-114 (Ziele des Öffentlichen Rechnungswesens).

SCHAUER, REINBERT, Die „Kommunale Doppik“ – eine Notwendigkeit? Einführung in den Themenbereich, in: SCHAUER, REINBERT (Hrsg.), Die „Kommunale Doppik“ – Theoretische und praktische Überlegungen zur Neuorganisation des kommunalen Rechnungswesens im Lichte internationaler Erfahrungen – Tagung an der Johannes Kepler Universität Linz, Linz 2007, S. 7-22 (Kommunale Doppik).

SCHEDLER, KUNO/KNECHTENHOFER, BERNHARD, IPSAS als möglicher Leitfaden für aktuelle Entwicklungen in der Rechnungslegung öffentlicher Gemeinwesen in der Schweiz, in: BLÜMLE, ERNST-BERND/PERNSTEINER, HELMUT/PURTSCHERT, ROBERT/ANDESSNER, RENÉ CLEMENS (Hrsg.), Öffentliche Verwaltung und Nonprofit-Organisationen, Festschrift für Reinbert Schauer, Wien 2003, S. 543-559 (IPSAS).

SCHEELE, ALEXANDER, Strategieorientierte Lageberichterstattung – Eine kritische Analyse internationaler Entwicklungen vor dem Hintergrund des Management Commentary des IASB, Lohmar/Köln 2007 (Lageberichterstattung).

SCHEINPFLUG, PATRICK, § 5 Sachanlagen, in: BOHL, WERNER/RIESE, JOACHIM/SCHLÜTER, JÖRG (HRSG.), Beck'sches IFRS-Handbuch – Kommentierung der IFRS/IAS, 2., vollständig überarbeitete und erweiterte Auflage, München u. a. 2006, S. 129-191 (§ 5 Sachanlagen).

SCHEMMEL, LOTHAR, Staatsverschuldung und öffentliche Investitionen – Im ersten Schritt Schlupflöcher beseitigen – auf mittlere Sicht Kreditfinanzierung verbieten, Berlin 2006 (Staatsverschuldung und öffentliche Investitionen).

SCHILDBACH, THOMAS, Jahresabschluß und Markt, Berlin u. a. 1986 (Jahresabschluß und Markt).

SCHILDBACH, THOMAS, Internationale Rechnungslegungsstandards auch für deutsche Einzelabschlüsse?, in: BALLWIESER, WOLFGANG/BÖCKING, HANS-JOACHIM/DRUKARCZYK, JOCHEN/SCHMIDT, REINHARD H. (Hrsg.), Bilanzrecht und Kapitalmarkt, Festschrift zum 65. Geburtstag von Prof. Dr. Dr. h.c. Dr. h.c. Adolf Moxter, Düsseldorf 1994, S. 700-721 (Internationale Rechnungslegungsstandards).

SCHLEYER, HANNS-EBERHARD, IFRS – Chancen und Risiken für den Mittelstand, in: BALLWIESER, WOLFGANG/GREWE, WOLFGANG (Hrsg.), Herausforderungen an Wirtschaftsprüfung, Steuerberatung, Consulting und Corporate Finance – Festgabe 100 Jahre Südtreu/Deloitte 1907 bis 2007, München 2008, S. 387-411 (IFRS).

SCHMIDT, FRITZ, Die organische Tageswertbilanz, 3. Auflage, Leipzig 1929 (Nachdruck Wiesbaden 1951) (Die organische Tageswertbilanz).

SCHMID, HANSDIETER, Kommunale Kosten- und Leistungsrechnung – Teil I: Neues Steuerungsmodell, in: Finanzwirtschaft 2002, S. 46-48 (Kommunale Kosten- und Leistungsrechnung).

SCHMID, HANSDIETER, Kommunale Kosten- und Leistungsrechnung – Teil II: Wesen und Aufgaben der Kosten- und Leistungsrechnung, in: Finanzwirtschaft 2002, S. 96-98 (Kommunale Kosten- und Leistungsrechnung – Teil II).

SCHMIDT, MARTIN/SEIDEL, THORSTEN, Planmäßige Abschreibungen im Rahmen der Neubewertung des Sachanlagevermögens gemäß IAS 16: fehlende Systematik und Verstoß gegen das Kongruenzprinzip, in: BB 2006, S. 596-601 (Neubewertung des Sachanlagevermögens).

SCHNEIDER, DIETER, Wozu eine Reform des Jahresabschlusses? Oder: Jahresabschlusszwecke im Lichte der Temperaturmessung, in: BAETGE, JÖRG (Hrsg.), Der Jahresabschluß im Widerstreit der Interessen, Düsseldorf 1983, S. 131-155 (Reform des Jahresabschlusses).

SCHÖN, WOLFGANG, Gesellschafter-, Gläubiger- und Anlegerschutz im Europäischen Bilanzrecht, in: ZGR 2000, S. 706-742 (Gesellschafter-, Gläubiger- und Anlegerschutz).

SCHÖLLHORN, THOMAS/MÜLLER, MARTIN, Bedeutung und praktische Relevanz des Rahmenkonzepts (framework) bei Erstellung von IFRS-Abschlüssen nach zukünftigem „deutschen Recht“ (Teil I) – Darstellung unter Berücksichtigung der IAS-VO und des BilReG, in: DStR 2004, S. 1623-1627 (Relevanz des Rahmenkonzepts).

SCHULZE-OSTERLOH, JOACHIM, IFRS und HGB-Reform, in: BALLWIESER, WOLFGANG/GREWE, WOLFGANG (Hrsg.), Herausforderungen an Wirtschaftsprüfung, Steuerberatung, Consulting und Corporate Finance – Festgabe 100 Jahre Südtreu/Deloitte 1907 bis 2007, München 2008, S. 413-427 (IFRS und HGB-Reform).

SCHUSTER, FALKO, Neues Kommunales Finanzmanagement (NKF) – eine Zwischenbilanz, in: Der Gemeindehaushalt 2003, S. 148-151 (Neues Kommunales Finanzmanagement).

SCHUSTER, FALKO, Neues Kommunales Finanzmanagement und Rechnungswesen – Basiswissen NFK und NKR, München 2008 (Neues Kommunales Finanzmanagement und Rechnungswesen).

SCHUSTER, FALKO/BRINKMEIER, JOSEF, Das neue kommunale Finanzmanagement (NKF) des Landes Nordrhein-Westfalen – eine Betrachtung insbesondere aus der Sicht der öffentlichen Betriebswirtschaftslehre, in: Der Gemeindehaushalt 2001, S. 221-230 (Das neue kommunale Finanzmanagement).

SCHWARTING, GUNNAR, Grenzen der Kommunalverschuldung – Was leistet das kommunale Haushaltsrecht?, in: ZKF 1982, S. 82-88 (Grenzen der Kommunalverschuldung).

SCHWARTING, GUNNAR, 10 Jahre „Tilburger Modell" – Bilanz der Verwaltungsmodernisierung, in: Finanzwirtschaft 2002, S. 214-218 (Verwaltungsmodernisierung).

SCHWARTING, GUNNAR, Beteiligungsmanagement und -controlling in der Kommunalverwaltung – Einige wenig beachtete Aspekte, in: BFuP 2004, S. 342-354 (Beteiligungsmanagement und -controlling).

SCHWARTING, GUNNAR, Ein neues kommunales Haushaltsrecht – wichtige Fragen für die Ratsarbeit, in: ZKF 2005, S. 169-174 (Ein neues kommunales Haushaltsrecht).

SCHWARTING, GUNNAR, Vorbericht und Lagebericht – Zwischen Hochglanzbroschüre und Steuerungsinstrument, in: Der Gemeindehaushalt 2006, S. 265-268 (Vorbericht und Lagebericht).

SCHWARTING, GUNNAR, Haushaltskonsolidierung in Kommunen. Leitfaden für Rat und Verwaltung, 2., Auflage, Berlin 2006 (Haushaltskonsolidierung in Kommunen).

SCHWARTING, GUNNAR, § 7 Allgemeine Haushaltsgrundsätze, in: HENNEKE/HANS-GÜNTER/STROBL, HEINZ/DIEMERT, DÖRTE (Hrsg.), Recht der kommunalen Haushaltswirtschaft, Doppik – Neue Steuerung, München 2008, S. 132-143 (§ 7 Allgemeine Haushaltsgrundsätze).

SELCHERT, FRIEDRICH WILHELM, § 252 HGB, in: KÜTING, KARLHEINZ/WEBER, CLAUS-PETER (Hrsg.), Handbuch der Rechnungslegung, Kommentar zur Bilanzierung und Prüfung, 5. Auflage, Stuttgart 2002 (§ 252 HGB).

SEMELKA, THOMAS/MEIER, NORBERT, Der Sonderposten in der kommunalen NKF-Eröffnungsbilanz, in: Der Gemeindehaushalt 2008, S. 36-39 (Der Sonderposten).

SENNEWALD, JÖRG, Vorbemerkungen zu § 101 bis 106 GO (NKF), in: HELD, FRIEDRICH WILHELM u. a. (Hrsg.), Kommunalverfassungsrecht Nordrhein-Westfalen. Gemeindeordnung für das Land Nordrhein-Westfalen, Wiesbaden 1994 ff. (Vorbemerkungen).

SIEBEN, GÜNTER, Kritische Würdigung der externen Rechnungslegung unter besonderer Berücksichtigung von Scheingewinnen, in: ZfbF 1974, S. 153-168 (Rechnungslegung).

SIEFKE, MICHAEL, Externes Rechnungswesen als Datenbasis der Unternehmenssteuerung. Vergleich mit der Kostenrechnung und Shareholder-Value-Ansätzen, Wiesbaden 1999 (Externes Rechnungswesen).

SIMPKINS, KEVIN, The IASB/FASB Conceptual Framework Project's Preliminary Views on an Improved Conceptual Framework for Financial Reporting: The Objective of Financial Reporting and Qualitative Characteristics of Decision-useful Financial Reporting Information – Application to not-for-profit entities in the private and public sector, July 2006, abrufbar unter: http://www.frc.org.uk/documents/pagemanager/asb/Application%20to%20not-for-profit%20entities%20in%20the%20private%20and%20public%20sector.pdf, Stand: 31. August 2009 (Conceptual Framework).

SOMMER, CHRISTOF, § 1 GO, in: KLEERBAUM, KLAUS-VIKTOR/PALMEN, MANFRED (Hrsg.), Gemeindeordnung Nordrhein-Westfalen – Kommentar für die kommunale Praxis, Recklinghausen 2008, S. 101-113 (§ 1 GO).

SIEFKE, MICHAEL, Externes Rechnungswesen als Datenbasis der Unternehmenssteuerung – Vergleich mit der Kostenrechnung und Shareholder-Value-Ansätzen, Wiesbaden 1999 (Externes Rechnungswesen).

SIEGEL, THEODOR, Wertaufholung und Zuschreibung, in: CASTAN, EDGAR/BÖCKING, JOACHIM/HEYMANN, GERD/PFITZER, NORBERT/SCHEFFLER, EBERHARD (Hrsg.), Beck'sches Handbuch der Rechnungslegung, B 169, 18. Ergänzungslieferung, München 2003 (Wertaufholung und Zuschreibung).

SIGLOCH, JOCHEN, Einheitliche Gewinnermittlung nach Handels- und Steuerrecht – Utopie oder realistische Vision?, in: SCHNEIDER, DIETER/RÜCKLE, DIETER/KÜPPER, HANS-ULRICH/WAGNER, FRANZ W. (Hrsg.), Kritisches zu Rechnungslegung und Unternehmensbesteuerung – Festschrift zur Vollendung des 65. Lebensjahres von Theodor Siegel, Berlin 2005, S. 551-568 (Einheitliche Gewinnermittlung).

SPREMANN, KLAUS, Asymmetrische Information, in: ZfB 1990, S. 561-586 (Asymmetrische Information).

SPRISSLER, WOLFGANG, Gläubigerschutz durch Kapitalerhaltung?, in: IDW (Hrsg.), Kapitalmarktorientierte Unternehmensüberwachung – Chancen und Risiken – Bericht über die Fachtagung 2000 des IDW, Düsseldorf 2001, S. 85-104 (Gläubigerschutz durch Kapitalerhaltung).

SROCKE, ISABELL, Segmentberichterstattung für die interne Steuerung und externe Publizität im öffentlichen Sektor, in: WPg 2003, S. 692-708 (Segmentberichterstattung im öffentlichen Sektor).

SROCKE, ISABELL, Konzernrechnungslegung in Gebietskörperschaften unter Berücksichtigung von HGB, IAS/IFRS und IPSAS, Düsseldorf 2004 (Konzernrechnungslegung in Gebietskörperschaften).

SROCKE, ISABELL, Kapitalkonsolidierung im Rahmen der Erstellung der Konzernvermögensrechnung einer Gebietskörperschaft, in: Der Gemeindehaushalt 2004, S. 53-59 (Kapitalkonsolidierung).

SROCKE, ISABELL, Öffentliche Konzernrechnungslegung als zentrales Instrument der Reform des öffentlichen Rechnungswesens, in: BRÜGGEMEIER, MARTIN/SCHAUER, REINBERT/SCHEDLER, KUNO (Hrsg.), Controlling und Performance Management im öffentlichen Sektor – Festschrift für Prof. Dr. Dr. h.c. Dietrich Budäus zum 65. Geburtstag, Bern u. a. 2007, S. 271-279 (Öffentliche Konzernrechnungslegung).

SROCKE, ISABELL, Ausgewählte Fragestellungen der öffentlichen Konzernrechnungslegung unter Berücksichtigung internationaler Rechnungslegungsstandards, in: BOLSENKÖTTER, HEINZ (Hrsg.), Die Zukunft des öffentlichen Rechnungswesens – Reformtendenzen und internationale Entwicklungen, Baden-Baden 2007, S. 249-277 (Konzernrechnungslegung unter Berücksichtigung internationaler Rechnungslegungsstandards).

STALDER, KURT, Weiterentwicklung des öffentlichen Rechnungswesens, in: Der Schweizer Treuhänder 2005, S. 263-269 (Weiterentwicklung des öffentlichen Rechnungswesens).

STEIN, PATRICK, Die Bedeutung der Entwicklung von internationalen Rechnungslegungsnormen (IPSAS) für die öffentliche Verwaltung: Konvergenzprozess und auftretende Problemfelder sowie der aktuelle Entwicklungsstand im Bereich IPSAS, in: Der Gemeindehaushalt 2009, S. 1-7 (Die Bedeutung der Entwicklung von internationalen Rechnungslegungsnormen).

STRATMANN, JENNIFER/KÖNIG, REINER/MEIER, NORBERT, Zweifelsfragen betreffend die Genehmigung von Haushaltssatzungen und die Aufstellung von Haushaltssicherungskonzepten bei defizitären Erfolgsplänen im Rahmen des Neuen Kommunalen Finanzmanagements (NKF), in: ZKF 2006, S. 248-251 (Die Genehmigung von Haushaltssatzungen).

STREIM, HANNES, Das Wertaufholungsgebot – Eine zweckmäßige handelsrechtliche Schutzvorschrift. Zur gleichzeitigen Einführung und Wiederaufhebung des Wertaufholungsgebots im Regierungsentwurf des Bilanzrichtlinien-Gesetzes, in: WPg 1983, S. 671-683 (Wertaufholungsgebot).

STREIM, HANNES, Der kommunale Lagebericht als Ergänzung der Rechnungslegung von Gemeinden, in: EICHHORN, PETER (Hrsg.), Doppik und Kameralistik – Festschrift für Ludwig Mülhaupt zur Vollendung des 75. Lebensjahres, Baden-Baden 1987, S. 308-327 (Der kommunale Lagebericht).

STREIM, HANNES, Wahlrechte, in: CHMIELEWICZ, KLAUS/SCHWEITZER, MARCELL (Hrsg.), Handwörterbuch des Rechnungswesens, 3. Auflage, Stuttgart 1993, Sp. 2151-2160.

STREIM, HANNES, Die Erweiterung der kommunalen Rechnungslegung durch einen Lagebericht – Ein Beitrag zum Individual- und Funktionenschutz, in: LÜCKE, WOLFGANG (Hrsg.), Betriebswirtschaftliche Steuerungs- und Kontrollprobleme – Wissenschaftliche Tagung des Verbandes der Hochschullehrer für Betriebswirtschaft e. V. an der Universität Göttingen 1987,Wiesbaden 1988, S. 303-319 (Die Erweiterung der kommunalen Rechnungslegung).

STREIM, HANNES, Der Informationsgehalt einer auf kaufmännischen Grundsätzen basierenden Rechnungslegung von Gebietskörperschaften, in: BRÄUNIG, DIETMAR/GREILING, DOROTHEA (Hrsg.), Stand und Perspektiven der Öffentlichen Betriebswirtschaftslehre, Festschrift für Prof. Dr. Peter Eichhorn zur Vollendung des 60. Lebensjahres, Berlin 1999, S. 321-327 (Rechnungslegung von Gebietskörperschaften).

STREIM, HANNES, Grundsätzliche Anmerkungen zur kommunalen Rechnungslegung nach dem Speyerer Verfahren, in: BUDÄUS, DIETRICH/KÜPPER, WILLI/STREITFERDT, LOTHAR (Hrsg.), Neues öffentliches Rechnungswesen. Stand und Perspektiven. Festschrift für Klaus Lüder zum 65. Geburtstag. Wiesbaden 2000, S. 253-269 (Grundsätzliche Anmerkungen).

STREIM, HANNES, Rechnungslegung von Gebietskörperschaften – HGB versus IPSAS, in: BRÜGGEMEIER, MARTIN/SCHAUER, REINBERT/SCHEDLER, KUNO (Hrsg.), Controlling und Performance Management im öffentlichen Sektor – Festschrift für Prof. Dr. Dr. h.c. Dietrich Budäus zum 65. Geburtstag, Bern u. a. 2007, S. 291-298 (Rechnungslegung von Gebietskörperschaften).

STREIM, HANNES/BIEKER, MARCUS/ESSER, MAIK, Vermittlung entscheidungsnützlicher Informationen durch Fair Values – Sackgasse oder Licht am Horizont?, in: BFuP 2003, S. 457-479 (Vermittlung entscheidungsnützlicher Informationen durch Fair Values).

STREIM, HANNES/BIEKER, MARCUS/ESSER, MAIK, Fair Value Accounting in der IFRS-Rechnungslegung – eine Zweckmäßigkeitsanalyse, in: SCHNEIDER, DIETER/RÜCKLE, DIETER/KÜPPER, HANS-ULRICH/WAGNER, FRANZ W. (Hrsg.), Kritisches zu Rechnungslegung und Unternehmensbesteuerung – Festschrift zur Vollendung des 65. Lebensjahres von Theodor Siegel, Berlin 2005, S. 65-86 (Fair Value Accounting).

STREITFERDT, LOTHAR, Ansätze zu einer betriebswirtschaftlichen Reform des öffentlichen Rechnungswesens, in: BALLWIESER, WOLFGANG/BÖCKING, HANS-JOACHIM/DRUKARCZYK, JOCHEN/SCHMIDT, REINHARD H. (Hrsg.), Bilanzrecht und Kapitalmarkt, Festschrift zum 65. Geburtstag von Prof. Dr. Dr. h.c. Dr. h.c. Adolf Moxter, Düsseldorf 1994, S. 861-882 (Reform des öffentlichen Rechnungswesens).

STREITFERDT, LOTHAR, Das Neue Kommunale Rechnungswesen als Instrument zur Beurteilung der Wirtschaftlichkeit und der Wertschöpfung im öffentlichen Sektor, in: BUDÄUS, DIETRICH/KÜPPER, WILLI/STREITFERDT, LOTHAR (Hrsg.), Neues öffentliches Rechnungswesen. Stand und Perspektiven. Festschrift für Klaus Lüder zum 65. Geburtstag. Wiesbaden 2000, S. 271-299 (Das Neue Kommunale Rechnungswesen).

STREITFERDT, LOTHAR/EBERHARDT, TIM, Zur Entwicklung der Rechnungslegung der Städte, in: FREIDANK, CARL-CHRISTIAN (Hrsg.), Die deutsche Rechnungslegung und Wirtschaftsprüfung im Umbruch, München 2001, S. 203-215 (Entwicklung der Rechnungslegung).

STREITFERDT, LOTHAR/KRUSE, JÖRN, Agency-Probleme und Mitbestimmung in öffentlichen Unternehmen in der Bundesrepublik, in: LÜCKE, WOLFGANG (Hrsg.), Betriebswirtschaftliche Steuerungs- und Kontrollprobleme – Wissenschaftliche Tagung des Verbandes der Hochschullehrer für Betriebswirtschaft e. V. an der Universität Göttingen 1987, Wiesbaden 1988, S. 321-340 (Agency-Probleme).

STROBEL, HEINZ, Reform des Gemeindehaushaltsrechts – Aufgabe und Beitrag der Innenministerkonferenz, in: Der Landkreis 2005, S. 15-17 (Reform des Gemeindehaushaltsrechts).

THIELE, STEFAN, Das Eigenkapital im handelsrechtlichen Jahresabschluss, Düsseldorf 1998 (Jahresabschluss).

THIELE, STEFAN, § 246 HGB, in: BAETGE, JÖRG/KIRSCH, HANS-JÜRGEN/THIELE, STEFAN (Hrsg.), Bilanzrecht Kommentar – Handelsrecht mit Steuerrecht und den Regelungen des IASB, Bonn u. a. 2002 ff. (§ 246 HGB).

THIELE, STEFAN, Zeitbewertung und Rechnungslegungsgrundsätze – Hat der Fair Value eine Chance?, in: KIRSCH, HANS-JÜRGEN/THIELE, STEFAN (Hrsg.), Rechnungslegung und Wirtschaftsprüfung, Festschrift zum 70. Geburtstag von Jörg Baetge, Düsseldorf 2007, S. 625-643 (Zeitbewertung).

THIELE, STEFAN/BREITHAUPT, JOACHIM, § 253, in: BAETGE, JÖRG/KIRSCH, HANS-JÜRGEN/THIELE, STEFAN (Hrsg.), Bilanzrecht Kommentar – Handelsrecht mit Steuerrecht und den Regelungen des IASB, Bonn u. a. 2002 ff. (§ 253).

THIELE, STEFAN/BRÖTZMANN, INGO, § 243 HGB, in: BAETGE, JÖRG/KIRSCH, HANS-JÜRGEN/THIELE, STEFAN (Hrsg.), Bilanzrecht Kommentar – Handelsrecht mit Steuerrecht und den Regelungen des IASB, Bonn u. a. 2002 ff. (§ 243 HGB).

THIELE, STEFAN/ECKERT, TIM, IAS 16 Sachanlagen, in: THIELE, STEFAN/KEITZ, ISABEL VON/BRÜCKS, MICHAEL (Hrsg.), Internationales Bilanzrecht – Rechnungslegung nach IFRS – Kommentar, Bonn 2008 (IAS 16).

THIELE, STEFAN/PRIGGE, CORD, § 253, in: BAETGE, JÖRG/KIRSCH, HANS-JÜRGEN/THIELE, STEFAN (Hrsg.), Bilanzrecht Kommentar – Handelsrecht mit Steuerrecht und den Regelungen des IASB, Bonn u. a. 2002 ff. (§ 253).

THIELE, STEFAN/STELLBRINK, JÖRN/ZIESEMER, STEFAN, Rechnungslegung im Einzelabschluss, in: BAETGE, JÖRG/KIRSCH, HANS-JÜRGEN/THIELE, STEFAN (Hrsg.), Bilanzrecht Kommentar – Handelsrecht mit Steuerrecht und den Regelungen des IASB, Bonn u. a. 2002 ff. (Rechnungslegung im Einzelabschluss).

THIEME, WERNER, Kaufmännische Buchführung in der öffentlichen Verwaltung, in: Die öffentliche Verwaltung 2008, S. 433-441 (Kaufmännische Buchführung in der öffentlichen Verwaltung).

THORMANN, MARTIN, Die Gestaltung der kommunalen Eröffnungsbilanz im Hinblick auf den doppischen Haushaltsausgleich und eventuelle spätere Vermögensveräußerungen, in: Der Gemeindehaushalt 2008, S. 10-17 (Haushaltsausgleich).

TIETMEYER, FELIX BART, Die Reform des kommunalen Haushaltsrechts von 1974 – Eine wertende Untersuchung der Ziele, der Durchführung und Inhalte mit einem Ausblick auf die jüngsten Reformbestrebungen, Düsseldorf 2003 (Die Reform des kommunalen Haushaltsrechts).

TRAPPMANN, HELMUTH/RANKER, DANIEL, Bilanzrecht Betriebswirtschaftslehre und Bewertungspraxis: Ermittlung bilanzieller Werte am Beispiel des fair value von investment properties, in: WEBER, CLAUS-PETER/LORSON, PETER/PFITZER, NORBERT/KESSLER, HARALD/WIRTH, JOHANNES (Hrsg.), Berichterstattung für den Kapitalmarkt – Festschrift für Karlheinz Küting zum 65. Geburtstag, Stuttgart 2009, S. 565-592 (Ermittlung bilanzieller Werte).

UHLIG, ANNEGRET, Grundsätze ordnungsmäßiger Bilanzierung für Zuschüsse, Düsseldorf 1989 (Grundsätze ordnungsmäßiger Bilanzierung für Zuschüsse).

ULRICH, GRIT, Konzeptionen der Bewertung des kommunalen Sachanlagevermögens unter Berücksichtigung der Kriterien des HGB, in: Der Landkreis 2005, S. 42-44 (Bewertung des kommunalen Sachanlagevermögens).

VAN SCHAIK, FRANS/SANDERSON, IAN, Presentation of Budget Information in Financial Statements – IPSAS 24, in: Der Schweizer Treuhänder 2009, S. 138-140 (Presentation of Budget Information in Financial Statements).

VAUBEL, MARC-ALEXANDER, Joint Ventures im Konzernabschluß des Partnerunternehmens – Grundsätze zur Einbeziehung von Joint Ventures in den Konzernabschluß des Partnerunternehmens nach handelsrechtlichen Vorschriften im Vergleich zu den Regeln des IASC, Düsseldorf 2001 (Konzernabschluß).

VIEHWEGER, CATHÉRINE, Wertminderungen von Zahlungsmittel generierenden Vermögenswerten – Entwurf eines IPSAS, in: WPg 2007, S. 246-248 (Wertminderungen von Zahlungsmittel generierenden Vermögenswerten).

VOGEL, ROLAND, Der steinige Weg zu einem konsolidierten Gesamtabschluss für den Konzern „Stadt“, in: Der Gemeindehaushalt 2004, S. 151-155 (Gesamtabschluss).

VOGELPOTH, NORBERT, Die Bedeutung der Rechnungslegung für die Ökonomisierung des Staates, in: HARMS, JENS/REICHARD, CHRISTOPH (Hrsg.), Die Ökonomisierung des öffentlichen Sektors: Instrumente und Trends, Baden-Baden 2003, S. 275-293 (Bedeutung der Rechnungslegung).

VOGELPOTH, NORBERT, Vergleich der IPSAS mit dem deutschen Rechnungslegungsgrundsätzen für den öffentliche Bereich, in: WPg-Sonderheft 2004, S. 23-40 (Vergleich der IPSAS).

VOGELPOTH, NORBERT, Haushaltsplanung und internationale Rechnungslegung, in: BRÜGGEMEIER, MARTIN/SCHAUER, REINBERT/SCHEDLER, KUNO (Hrsg.), Controlling und Performance Management im öffentlichen Sektor – Festschrift für Prof. Dr. Dr. h.c. Dietrich Budäus zum 65. Geburtstag, Bern u. a. 2007, S. 263-270 (Haushaltsplanung).

VOGELPOTH, NORBERT, Deutsche Haushaltsreformen vor dem Hintergrund internationaler Harmonisierung, in: BRÄUNIG, DIETMAR/GREILING, DOROTHEA (Hrsg.), Stand und Perspektiven der Öffentlichen Betriebswirtschaftslehre II, Festschrift für Prof. Dr. Dr. h.c. mult. Peter Eichhorn anlässlich seiner Emeritierung, Berlin 2007, S. 628-635 (Deutsche Haushaltsreformen).

VOGELPOTH, NORBERT/DÖRSCHELL, ANDREAS, Internationale Rechnungslegungsstandards für öffentliche Verwaltungen – Das Standards-Project des IFAC Public Sector Committee, in: WPg 2001, S. 752-762 (Internationale Rechnungslegungsstandards).

VOGELPOTH, NORBERT/DÖRSCHELL, ANDREAS/VIEHWEGER, CATHÉRINE, Die Bilanzierung und Bewertung von Sachanlagevermögen nach den International Public Sector Accounting Standards, in: WPg 2002, S. 1360-1371 (Bilanzierung und Bewertung von Sachanlagevermögen).

VOGELPOTH, NORBERT/DÖRSCHELL, ANDREAS/VIEHWEGER, CATHÉRINE, Rechnungslegung nach den IPSAS – Aktuelle Entwicklungen, in: WPg 2007, S. 1001-1011 (Rechnungslegung nach den IPSAS).

VOGELPOTH, NORBERT/MEINEN, JÖRG, Natur- und Kulturgüter in der öffentlichen Rechnungslegung – Konsultationspapier des IPSAS Board, in: WPg 2008, S. 974-977 (Natur- und Kulturgüter in der öffentlichen Rechnungslegung).

VOGELPOTH, NORBERT/POULLIE, MICHAEL, Einführung der Doppik im Gemeindehaushaltsrecht der Bundesländer, in: WPg 2007, S. 517-525 (Doppik im Gemeindehaushaltsrecht).

VOGELPOTH, NORBERT/POULLIE, MICHAEL/VOSS, KATHARINA, Probleme im Zusammenwirken von HGB, BilMoG und kommunaler Rechnungslegung, in: WPg 2009, S. 83-89 (Probleme im Zusammenwirken von HGB, BilMoG und kommunaler Rechnungslegung).

VOLLMER-ZIMMERMANN, MAGDALENE, Neues Kommunales Finanzmanagement in NRW, in: Der Gemeindehaushalt 2004, S. 224-228 (Neues Kommunales Finanzmanagement).

WAGENFÜHRER, ANDREAS, Veränderungen des Haushaltsausgleich durch eine Reform des Gemeindehaushaltsrechts?, in: Der Gemeindehaushalt 2003, S. 7-12 (Veränderungen des Haushaltsausgleich).

WAGENHOFER, ALFRED, Rechnungslegung, in: JOST, PETER-J. (Hrsg.), Die Prinzipal-Agenten-Theorie in der Betriebswirtschaftslehre, Stuttgart 2001, S. 439-486 (Rechnungslegung).

WAGENHOFER, ALFRED, Die Zeit der (Markt-)Bewerter ist gekommen, in: IRZ 2008, S.320-321 (Bewerter).

WAGENHOFER, ALFRED/EWERT, RALF, Externe Unternehmensrechnung, 2., überarbeitete und erweiterte Auflage, Berlin u. a. 2007 (Externe Unternehmensrechnung).

WATRIN, CHRISTOPH, Internationale Rechnungslegung und Regulierungstheorie, Wiesbaden 2001 (Internationale Rechnungslegung).

WATRIN, CHRISTOPH, Sieben Thesen zur künftigen Regulierung der Rechnungslegung, in: DB 2001, S. 933-938 (Regulierung der Rechnungslegung).

WEINDEL, MARC, Grundsätze ordnungsmäßiger Verlustabschreibungen – Objektivierungskonzeptionen der Verlustantizipation durch außerplanmäßige Abschreibungen nach GoB und IFRS, Wiesbaden 2008 (Verlustabschreibungen).

WELLER, NIELS/CASTELLI, THORSTEN, Kommunaler Jahresabschluss, in: FEDERMANN, RUDOLF/KUSSMAUL,HEINZ/MÜLLER, STEFAN (Hrsg.), Handbuch der Bilanzierung, Freiburg im Breisgau 1960 ff., Stand: 2008 (Kommunaler Jahresabschluss).

WIEDMANN, HARALD, Die Bewertungseinheit im Handelsrecht, in: BALLWIESER, WOLFGANG/BÖCKING, HANS-JOACHIM/DRUKARCZYK, JOCHEN/SCHMIDT, REINHARD H. (Hrsg.), Bilanzrecht und Kapitalmarkt, Festschrift zum 65. Geburtstag von Prof. Dr. Dr. h.c. Dr. h.c. Adolf Moxter, Düsseldorf 1994, S. 453-482 (Bewertungseinheit im Handelsrecht).

WIELENBERG, STEFAN, Ausschüttungsbegrenzung und liquidationsfinanzierte Ausschüttungen – wie sinnvoll ist vorsichtige Rechnungslegung?, in: ZfbF 2009, S. 2-21 (Vorsichtige Rechnungslegung).

WINDMÖLLER, ROLF, Ansatz und Bewertung von Vermögen und Verbindlichkeiten in der Eröffnungsbilanz der neu gestalteten öffentlichen Rechnungslegung, in: EIBELSHÄUSER, MANFRED (Hrsg.), Finanzpolitik und Finanzkontrolle – Gedächtnisschrift für Udo Müller, Baden-Baden 2002, S. 168-177 (Ansatz und Bewertung).

WIRTZ, HOLGER, Grundsätze ordnungsmäßiger öffentlicher Buchführung, Berlin 2008 (Grundsätze ordnungsmäßiger öffentlicher Buchführung).

WOHLGEMUTH, MICHAEL, § 253 HGB, in: HOFBAUER, MAX A./KUPSCH, PETER (Hrsg.), Bonner Handbuch der Rechnungslegung, 2. Auflage, Berlin 2000 (§ 253 HGB).

WOHLGEMUTH, MICHAEL, Die Anschaffungskosten in der Handels- und Steuerbilanz, in: WYSOCKI, KLAUS VON/SCHULZE-OSTERLOH, JOACHIM/HENNRICHS, JOACHIM/KUHNER, CHRISTOPH (Hrsg.), Handbuch des Jahresabschlusses in Einzeldarstellungen, Köln 2004, Abt. I/9 (Die Anschaffungskosten).

WOHLGEMUTH, MICHAEL, Bewertungsmaßstäbe bei der Folgebewertung, in: WYSOCKI, KLAUS VON/SCHULZE-OSTERLOH, JOACHIM/HENNRICHS, JOACHIM/KUHNER, CHRISTOPH (Hrsg.), Handbuch des Jahresabschlusses in Einzeldarstellungen, Köln 2004, Abt. I/11 (Bewertungsmaßstäbe bei der Folgebewertung).

WOLLMERT, PETER/ACHLEITNER, ANN-KRISTIN, Konzeptionelle Grundlagen der IAS-Rechnungslegung (Teil I), in: WPg 1997, S. 209-222 (Konzeptionelle Grundlagen).

WUCHERPFENNIG, LUTZ, Staatsverschuldung in Deutschland – Ökonomische und verfassungsrechtliche Problematik, Baden-Baden 2007 (Staatsverschuldung in Deutschland).

WÜSTEMANN, JENS, Generally Accepted Accounting Principles: Zur Bedeutung und Systembildung der Rechnungslegungsregeln der USA, Berlin 1999 (Accounting Principles).

ZAHRADNIK, STEFAN, Das kommunale Rechnungswesen – Bestandsaufnahme und Reformbausteine, Düsseldorf 1997 (Das kommunale Rechnungswesen).

ZAHRADNIK, STEFAN, Reform des kommunalen Rechnungswesens – Argumente für die Einführung der Doppik, in: Der Gemeindehaushalt 2000, S. 40-45 (Reform des kommunalen Rechnungswesens).

ZAHRADNIK, STEFAN, Von der Kameralistik zur Doppik, in: KLIEVE, LARS MARTIN (Hrsg.), Der doppische Kommunalhaushalt – NKF in NRW, Recklinghausen 2005, S. 26-59 (Von der Kameralistik zur Doppik).

ZEIS, ADELHEID, Neues kommunales Haushaltsrecht für ein Neues Steuerungsmodell – Was kommt nach der Experimentierklausel?, Tübingen 1999 (Neues kommunales Haushaltsrecht).

ZEIS, ADELHEID, Analyse des kommunalen Jahresabschlusses – Instrument zur Ermittlung der dauernden Leistungsfähigkeit, in: ZKF 2007, S. 145-153 (Analyse des kommunalen Jahresabschlusses).

ZEITLER, FRANZ-CHRISTOPH, „Konservative Bilanzierung“ versus IAS – ein verlorener Kampf?, in: BUDDE, WOLFGANG DIETER/MOXTER, ADOLF/OFFERHAUS, KLAUS (Hrsg.), Handelsbilanzen und Steuerbilanzen. Festschrift zum 70. Geburtstag von Prof. Dr. h.c. Heinrich Beisse, Düsseldorf 1997, S. 599-608 (Konservative Bilanzierung).

ZIESEMER, STEFAN, Rechnungslegungspolitik in IAS-Abschlüssen und Möglichkeiten ihrer Neutralisierung, Düsseldorf 2002 (Rechnungslegungspolitik).

ZIMMERMANN, GEBHARD, Kostendeckung bei öffentlichen Dienstleistungen, in: BRÄUNIG, DIETMAR/GREILING, DOROTHEA (Hrsg.), Stand und Perspektiven der Öffentlichen Betriebswirtschaftslehre, Festschrift für Prof. Dr. Peter Eichhorn zur Vollendung des 60. Lebensjahres, Berlin 1999, S. 328-335 (Kostendeckung bei öffentlichen Dienstleistungen).

ZÜLCH, HENNING, Die Bilanzierung von Investment Properties nach IAS 40, Düsseldorf 2003 (Die Bilanzierung von Investment Properties).

ZÜLCH, HENNING, Investment Properties: Begriff und Bilanzierungsregeln nach IFRS, in: PiR 2005, S. 67 (Investment Properties).

ZÜLCH, HENNING, IAS 40 Als Finanzinvestition gehaltene Immobilien, in: THIELE, STEFAN/KEITZ, ISABEL VON/BRÜCKS, MICHAEL (Hrsg.), Internationales Bilanzrecht – Rechnungslegung nach IFRS – Kommentar, Bonn 2008 (IAS 40).

ZÜLCH, HENNING/LIENAU, ACHIM, Die Bedeutung der Steuerabgrenzung für die fair-value-Bilanzierung nicht-finanzieller Vermögenswerte nach den Rechnungslegungsvorschriften des IASB, in: WPg 2004, S. 565-576 (Bilanzierung).

ZUR MÜHLEN, MANFRED/LOITZ, RÜDINGER, Gründe und Gestaltungsoptionen für ein kaufmännisches Rechnungswesen bei Gebietskörperschaften, in: BB 1998, S. 578-585 (Gründe und Gestaltungsoptionen).

ZWEHL, WOLFGANG VON/ZUPANCIC, MICHAEL, Der kommunale Lagebericht – ein Instrument zur Verbesserung der kommunalen Rechnungslegung, in: Die Öffentliche Verwaltung 1990, S. 265-270 (Der kommunale Lagebericht).

ZWEHL, WOLFGANG VON/ZUPANCIC, MICHAEL, Die kommunale Rechnungslegung – Anspruch und Wirklichkeit, in: Die Öffentliche Verwaltung 1990, S. 223-229 (Die kommunale Rechnungslegung).

Verzeichnis der Rechtsquellen

Aktiengesetz (AktG) vom 06. September 1965 (BGBl. I S. 1089), zuletzt geändert durch Gesetz vom 17. Oktober 2008 (BGBl. I S. 2586).

Einkommensteuergesetz (EStG) in der Fassung der Bekanntmachung vom 19. Oktober 2002 (BGBl. I, S. 4210), zuletzt geändert durch Gesetz vom 20. April 2009 (BGBl. I, S. 774).

Gemeindeordnung für das Land Nordrhein-Westfalen (GO NRW) in der Fassung der Bekanntmachung vom 14. Juli 1994 (GV. NRW. S. 666), zuletzt geändert durch Art. 2 Gesetz über die Zusammenlegung der allgemeinen Kommunalwahlen mit den Europawahlen (KWahlZG) vom 24. Juni 2008 (GV. NRW. S. 514).

Gesetz über die Grundsätze des Haushaltsrechts des Bundes und der Länder (Haushaltsgrundsätzegesetz – HGrG) vom 19. August 1969 (BGBl. I S. 1273), zuletzt geändert durch Art. 1 des Gesetzes vom 31. Juli 2009 (BGBl. I S. 2580).

Gesetz über ein Neues Kommunales Finanzmanagement für Gemeinden im Land Nordrhein-Westfalen (Kommunales Finanzmanagementgesetz NRW – NKFG NRW) vom 16. November 2004 (GV. NRW. 2004 S. 644).

Gesetz zur Einführung des Neuen Kommunalen Finanzmanagements für Gemeinden im Land Nordrhein-Westfalen (NKF Einführungsgesetz NRW – NKFEG NRW) vom 16. November 2004 (GV. NRW. S. 644), zuletzt geändert durch Art. 6 GO-Reformgesetz vom 9. Oktober 2007 (GV. NRW. S. 380).

Gesetz zur Förderung der Stabilität und des Wachstums der Wirtschaft (StabG) vom 8. Juni 1967 (BGBl. I S. 582), zuletzt geändert durch Art. 135 der Verordnung vom 31. Oktober 2006 (BGBl. I S. 2407).

Grundgesetz für die Bundesrepublik Deutschland vom 23. Mai 1949 (BGBl. S. 1), zuletzt geändert durch Art. 1 des Gesetzes vom 19. März 2009 (BGBl. I S. 606).

Handelsgesetzbuch (HGB) vom 10. Mai 1897 (RGBl. S. 219-436), zuletzt geändert durch Gesetz vom 24. August 2002 (BGBl. I S. 3412).

Verfassung für das Land Nordrhein-Westfalen vom 18. Juni 1950 (GV. NRW. S. 127), zuletzt geändert durch Art. I Gesetz zur Änderung der Verfassung für das Land Nordrhein-Westfalen und zur Regelung eines Kostenfolgeabschätzungs- und eines Beteiligungsverfahrens gemäß Art. 78 Absatz 3 der Verfassung für das Land Nordrhein-Westfalen vom 22. Juni 2004 (GV. NRW. S. 360).

Verordnung über das Haushaltswesen der Gemeinden im Land Nordrhein-Westfalen (Gemeindehaushaltsverordnung NRW – GemHVO NRW) vom 16. November 2004 (GV. NRW., S. 644), berichtigt 2005 (GV. NRW. S. 15).

Verzeichnis der Rechtsmaterialien

LT-Drucksache 7/1143 vom 12.10.1971: Gesetzentwurf der Landesregierung – Entwurf eines Gesetzes zur Änderung der Gemeindeordnung, der Kreisordnung und anderer verfassungsrechtlicher Vorschriften des Landes Nordrhein-Westfalen.

LT-Drucksache 11/4983 vom 04.02.1993: Gesetzentwurf der Landesregierung – Gesetz zur Änderung der Gemeindeordnung, der Kreisordnung und anderer Kommunalverfassungsgesetze des Landes Nordrhein-Westfalen.

LT-Drucksache 13/5567 vom 18.06.2004: Gesetzentwurf der Landesregierung – Gesetz über ein Neues Kommunales Finanzmanagement für Gemeinden im Land Nordrhein-Westfalen (Kommunales Finanzmanagementgesetz NRW – NKFG NRW).

LT-Drucksache 14/3979 vom 19.03.2007: Gesetzentwurf der Landesregierung – Gesetz zur Stärkung der kommunalen Selbstverwaltung – GO-Reformgesetz.

Rechnungslegung und Wirtschaftsprüfung

Herausgegeben von Prof. (em.) Dr. Dr. h. c. Jörg Baetge, Münster, Prof. Dr. Hans-Jürgen Kirsch, Münster, und Prof. Dr. Stefan Thiele, Wuppertal

Band 14
Dirk Mahlstedt
IFRS und Bilanzrating – Eine empirische Untersuchung auf Basis von IFRS-Erstanwendern
Lohmar – Köln 2008 • 388 S. • € 55,- (D) • ISBN 978-3-89936-671-6

Band 15
Peter Koelen
Investitionstheoretische Bewertungskalküle in der IFRS-Rechnungslegung – Möglichkeiten und Grenzen einer unternehmenswertorientierteren Berichterstattung
Lohmar – Köln 2009 • 300 S. • € 59,- (D) • ISBN 978-3-89936-821-5

Band 16
Sebastian Nimwegen
Vermeidung und Aufdeckung von Fraud – Möglichkeiten der internen Corporate Governance-Elemente
Lohmar – Köln 2009 • 296 S. • € 59,- (D) • ISBN 978-3-89936-822-2

Band 17
Timo Haenelt
Die Zwischenberichterstattung nach IFRS – Eine empirische Analyse der gesetzlichen Vorschriften und der Anforderungen des Kapitalmarkts
Lohmar – Köln 2009 • 400 S. • € 66,- (D) • ISBN 978-3-89936-831-4

Band 18
Thorsten Melcher
Aufdeckung wirtschaftskrimineller Handlungen durch den Abschlussprüfer
Lohmar – Köln 2009 • 300 S. • € 59,- (D) • ISBN 978-3-89936-832-1

Band 19
Hannes Köhrmann
Die Rechnungslegung kommunaler Gebietskörperschaften – Eine Analyse der Regelungen des NKF und der IPSAS
Lohmar – Köln 2009 • 288 S. • € 58,- (D) • ISBN 978-3-89936-844-4

JOSEF EUL VERLAG